天基激光烧蚀操控空间碎片方法

洪延姬　金　星
叶继飞　常　浩　周伟静　李南雷　著

科 学 出 版 社
北　京

内 容 简 介

本书针对工程中人们对了解和掌握激光烧蚀操控空间碎片技术的迫切需求，紧密围绕撞击危害最大的厘米级空间碎片的轨道操控和尺寸较大的航天器废弃物的姿态操控问题，研究天基激光烧蚀操控空间碎片的方法。

在简要介绍激光烧蚀操控空间碎片技术发展现状的基础上，首先，通过分析描述空间碎片轨道和姿态运动常用的坐标系，研究在地球中心引力场、激光烧蚀力和大气阻力等共同作用下空间碎片的轨道运动分析方法；其次，通过建立激光烧蚀力和力矩计算模型，研究球体、圆柱体、长方体、半球体和圆锥体等典型空间碎片的激光烧蚀力和力矩的分析方法；再次，通过分析空间碎片的激光操控窗口与判据，研究球体、圆柱体和长方体等典型空间碎片的运动轨道的激光操控方法；最后，通过分析激光烧蚀消旋策略，研究薄板、圆柱体和长方体等典型空间碎片的运动姿态的激光操控方法。

本书内容简明扼要、物理概念清晰、实例丰富、实用性强，可供从事激光烧蚀操控空间碎片研究的科研人员和教学工作者参考使用。

图书在版编目（CIP）数据

天基激光烧蚀操控空间碎片方法/洪延姬等著. —北京：科学出版社，2020.11

ISBN 978-7-03-066126-5

Ⅰ. ①天… Ⅱ. ①洪… Ⅲ. ①烧蚀-应用-太空垃圾-垃圾处理-研究 Ⅳ. ①X738

中国版本图书馆 CIP 数据核字(2020)第 176221 号

责任编辑：张艳芬 纪四稳 / 责任校对：王 瑞
责任印制：吴兆东 / 封面设计：蓝 正

科学出版社 出版
北京东黄城根北街 16 号
邮政编码：100717
http://www.sciencep.com

北京建宏印刷有限公司 印刷

科学出版社发行 各地新华书店经销

*

2020 年 11 月第 一 版 开本：720×1000 1/16
2020 年 11 月第一次印刷 印张：14 3/4
字数：284 000

定价：198.00 元

（如有印装质量问题，我社负责调换）

前言

空间碎片是指人类航天活动在空间产生的各种废弃物，如火箭和卫星的部件与喷射物、爆炸和碰撞产生的空间碎片、其他航天器的废弃物。空间碎片主要分布在 1200km 以下轨道区域，轨道为小偏心率和较大倾角。随着人类航天活动的不断增加，空间碎片的数量也在迅速增加，这对空间站、飞船和卫星等造成严重的撞击威胁。

激光烧蚀操控空间碎片(以下简称激光操控空间碎片)的概念是利用激光辐照和烧蚀空间碎片表面，产生高速反喷激光等离子体羽流，在空间碎片表面产生激光烧蚀力和力矩，一方面利用激光烧蚀力改变空间碎片运动轨道，另一方面利用激光烧蚀力矩改变空间碎片运动姿态。

激光烧蚀操控的空间碎片对象主要有两类：一类是撞击危害最大的厘米级空间碎片，厘米级空间碎片撞击动能大，无法采用结构防护方法，而且数目众多，无法采用主动规避方法，因此厘米级空间碎片对航天器撞击危害最大；另一类是尺寸较大的航天器废弃物，尺寸较大的航天器废弃物数目很少、撞击概率很低，可采用主动规避方法防止撞击。对于尺寸较大的航天器废弃物，在机械臂抓捕和飞网网捕时出现抓捕位置难以确定、旋转脱手、飞网缠绕、产生二次空间碎片等难点问题，因此抓捕和网捕前可采用激光烧蚀操控方法，对其进行角速度的消旋处理。

伴随小型化、轻质化激光器技术的发展，天基激光操控空间碎片技术呈现出良好的应用前景。与地基激光操控空间碎片技术相比，天基激光烧蚀操控空间技术的激光作用距离为百公里级(地基为百公里级至千公里级)，具有易于实现空间碎片探测、跟踪、瞄准，不需要考虑大气传输效应影响等特点。另外，与机械臂抓捕、飞网网捕和挂接系链等方法相比，天基激光烧蚀操控空间技术具有利用光子远距离传输能量、与空间碎片非机械接触、无反作用力等特点，因此得到普遍关注。

本书第 1 章为激光操控空间碎片概述；第 2 章为空间碎片的运动轨道分析方法；第 3 章为空间碎片的激光烧蚀力和力矩分析方法；第 4 章为激光操控空间碎片运动轨道的方法；第 5 章为激光操控空间碎片运动姿态的方法。

在撰写本书的过程中，得到了解放军航天工程大学各级领导的大力支持，在此表示衷心感谢。邢宝玉、沈双晏、刘昭然、辛明原、祝超、吴波等为本书承担了图表编排、文字校对等工作，在此表示感谢。

限于作者水平，书中难免存在不足之处，希望读者批评指正。

洪延姬

2020 年 9 月

目　录

前言
第 1 章　激光操控空间碎片概述 …… 1
1.1　激光烧蚀空间碎片冲量耦合规律 …… 2
1.1.1　激光能量转化为反喷羽流动能 …… 2
1.1.2　激光烧蚀空间碎片冲量耦合效应 …… 3
1.2　激光操控空间碎片研究 …… 5
1.2.1　地基激光清除空间碎片 …… 5
1.2.2　天基激光清除空间碎片 …… 7
1.2.3　天基激光操控空间碎片 …… 9
参考文献 …… 10
第 2 章　空间碎片的运动轨道分析方法 …… 12
2.1　空间碎片的轨道要素和常用坐标系 …… 12
2.1.1　基本轨道要素 …… 12
2.1.2　常用坐标系 …… 14
2.1.3　坐标系的旋转变换 …… 15
2.1.4　常用坐标系之间旋转变换关系 …… 16
2.2　地球中心引力场中空间碎片椭圆轨道 …… 18
2.2.1　空间碎片的椭圆轨道运动 …… 19
2.2.2　空间碎片的圆轨道运动 …… 20
2.3　激光烧蚀力和大气阻力下空间碎片运动轨道分析方法 …… 21
2.3.1　轨道摄动方程 …… 21
2.3.2　小偏心率下空间碎片轨道摄动方程 …… 22
2.3.3　小偏心率下轨道摄动方程的求解 …… 24
2.4　空间碎片的冲量耦合效应和激光烧蚀力 …… 31
2.4.1　冲量耦合效应 …… 31
2.4.2　冲量耦合系数曲线 …… 32
2.4.3　激光烧蚀力 …… 33
2.5　空间碎片的大气阻力 …… 34
2.5.1　大气阻力 …… 35
2.5.2　大气密度随高度的变化 …… 35

2.5.3 大气阻力与激光烧蚀力比较 ······ 36
第 3 章 空间碎片的激光烧蚀力和力矩分析方法 ······ 40
3.1 空间碎片的激光操控方式 ······ 40
3.1.1 空间碎片的运动 ······ 40
3.1.2 基本激光操控方式 ······ 41
3.2 空间碎片获得激光烧蚀力和力矩的计算模型 ······ 42
3.2.1 单脉冲激光烧蚀冲量和激光烧蚀力计算模型 ······ 42
3.2.2 单脉冲激光烧蚀冲量矩和激光烧蚀力矩计算模型 ······ 44
3.3 球体空间碎片的冲量与激光烧蚀力 ······ 45
3.4 圆柱体空间碎片的冲量与激光烧蚀力 ······ 47
3.4.1 激光辐照圆柱体侧面情况 ······ 47
3.4.2 激光辐照圆柱体底面情况 ······ 48
3.4.3 冲量合成与激光烧蚀力 ······ 48
3.4.4 体固联坐标系下描述 ······ 49
3.4.5 圆盘和圆杆空间碎片的冲量与激光烧蚀力 ······ 52
3.5 长方体空间碎片的冲量与激光烧蚀力 ······ 54
3.5.1 激光辐照长方体侧面情况 ······ 55
3.5.2 激光辐照长方体底面情况 ······ 55
3.5.3 冲量合成与激光烧蚀力 ······ 55
3.5.4 体固联坐标系描述 ······ 56
3.5.5 立方体和薄板空间碎片的冲量和激光烧蚀力 ······ 58
3.6 半球体空间碎片的冲量与激光烧蚀力 ······ 60
3.6.1 激光辐照面分析 ······ 60
3.6.2 激光辐照面的投影面分析 ······ 61
3.6.3 单脉冲激光烧蚀冲量和冲量矩分析 ······ 62
3.6.4 体固联坐标系下激光烧蚀力和力矩 ······ 66
3.7 圆锥体空间碎片的冲量与激光烧蚀力 ······ 69
3.7.1 激光辐照面分析 ······ 69
3.7.2 激光辐照面的投影面分析 ······ 69
3.7.3 单脉冲激光烧蚀冲量和冲量矩分析 ······ 71
3.7.4 体固联坐标系下激光烧蚀力和力矩 ······ 77
第 4 章 激光操控空间碎片运动轨道的方法 ······ 81
4.1 激光烧蚀力作用下空间碎片运动轨道的分析方法 ······ 81
4.1.1 激光烧蚀力的作用方式分析 ······ 81
4.1.2 有激光烧蚀力时空间碎片运动轨道的分析方法 ······ 82
4.1.3 无激光烧蚀力时空间碎片运动轨道的分析方法 ······ 83
4.1.4 轨道摄动方程中相关变量的计算方法 ······ 84

4.2　空间碎片激光操控窗口与判据的分析方法 ……………………85
4.2.1　激光最大作用距离分析 ……………………85
4.2.2　空间碎片在平台前方运动的条件 ……………………85
4.2.3　激光最大发射角分析 ……………………86
4.2.4　激光操控窗口和判据 ……………………86
4.3　球体空间碎片运动轨道的激光操控方法 ……………………86
4.3.1　平台的轨道运动分析 ……………………87
4.3.2　球体空间碎片的轨道运动分析 ……………………88
4.3.3　球体空间碎片单位质量的激光烧蚀力分析 ……………………91
4.3.4　基本步骤和流程 ……………………93
4.3.5　计算分析 ……………………94
4.3.6　小结 ……………………107
4.4　圆柱体空间碎片运动轨道的激光操控方法 ……………………108
4.4.1　圆柱体空间碎片的初始轨道参数分析 ……………………108
4.4.2　圆柱体空间碎片的初始姿态运动分析 ……………………109
4.4.3　圆柱体空间碎片单位质量的激光烧蚀力分析 ……………………111
4.4.4　圆盘和圆杆空间碎片单位质量的激光烧蚀力分析 ……………………114
4.4.5　计算分析 ……………………116
4.5　长方体空间碎片运动轨道的激光操控方法 ……………………131
4.5.1　长方体空间碎片初始轨道参数分析 ……………………132
4.5.2　长方体空间碎片初始姿态运动分析 ……………………132
4.5.3　激光辐照方向单位矢量分析 ……………………134
4.5.4　激光烧蚀力方向单位矢量分析 ……………………135
4.5.5　长方体空间碎片单位质量的激光烧蚀力分析 ……………………137
4.5.6　薄板和长条杆空间碎片单位质量的激光烧蚀力分析 ……………………138
4.5.7　计算分析 ……………………139
4.5.8　小结 ……………………159
第5章　激光操控空间碎片运动姿态的方法 ……………………160
5.1　激光烧蚀力作用下空间碎片运动姿态的分析方法 ……………………160
5.1.1　近距离、小光斑、点覆盖激光操控的特点分析 ……………………160
5.1.2　空间碎片体固联坐标系 ……………………161
5.1.3　空间碎片姿态动力学方程 ……………………162
5.1.4　空间碎片姿态运动学方程 ……………………163
5.1.5　坐标旋转变换矩阵 ……………………163
5.1.6　空间碎片姿态运动分析方法 ……………………165

5.1.7 无外力矩作用下空间碎片姿态运动的特点 ········ 166
5.2 激光烧蚀力作用下空间碎片运动轨道的分析方法 ········ 169
5.2.1 近距离、小光斑、点覆盖下激光烧蚀力和力矩分析 ········ 169
5.2.2 有激光烧蚀力时空间碎片运动轨道的分析方法 ········ 176
5.2.3 无激光烧蚀力时空间碎片运动轨道的分析方法 ········ 176
5.2.4 激光操控窗口和判据 ········ 177
5.3 薄板空间碎片激光操控运动姿态分析方法 ········ 177
5.3.1 空间碎片和平台的初始轨道参数 ········ 177
5.3.2 空间碎片和平台的位置和速度 ········ 178
5.3.3 空间碎片运动姿态分析 ········ 179
5.3.4 激光烧蚀力和力矩 ········ 181
5.3.5 激光烧蚀消旋策略分析 ········ 183
5.3.6 基本步骤和流程 ········ 185
5.3.7 计算分析 ········ 186
5.3.8 小结 ········ 194
5.4 圆柱体空间碎片的激光操控运动姿态的方法 ········ 194
5.4.1 激光烧蚀力和力矩 ········ 194
5.4.2 激光烧蚀消旋策略分析 ········ 196
5.4.3 计算分析 ········ 200
5.4.4 小结 ········ 206
5.5 长方体空间碎片激光操控运动姿态的方法 ········ 206
5.5.1 激光烧蚀力和力矩 ········ 207
5.5.2 激光烧蚀消旋策略分析 ········ 212
5.5.3 计算分析 ········ 217
5.5.4 小结 ········ 224

第1章　激光操控空间碎片概述

在人类航天活动中，不可避免地产生了大量的空间碎片，常见的有火箭和卫星的残骸、空间目标碰撞产生的次级空间碎片、航天器的废弃物等[1]。数量庞大的空间碎片轨道自然衰减过程是非常缓慢的，据探测，空间碎片主要分布在1200km 以下的低轨区域，其轨道特征表现为小偏心率和较大倾角。数量庞大的空间碎片如果按照传统的自然衰减方式将会使未来的空间环境进一步恶化，最终导致空间环境不可用，对人类航天活动造成严重的撞击威胁[2]。

空间碎片对航天器撞击，已成为影响航天器寿命的重要因素之一，因此各国学者提出了机械臂抓捕和飞网网捕、挂接系链、空间碎片轨道设置冷雾/气凝胶层等各种对付空间碎片的方法[3-8]，其中激光清除空间碎片方法得到了普遍关注[9]。

早期的激光清除空间碎片的概念是利用激光辐照和烧蚀空间碎片表面，产生高速反喷激光等离子体羽流，在空间碎片表面产生激光烧蚀力，使得空间碎片在激光烧蚀力作用下减速并坠入大气层，最后在气动热作用下烧毁[10]。

随着激光清除空间碎片方法研究的深入，激光清除空间碎片的概念逐渐发展为激光操控空间碎片的概念[11]。激光操控空间碎片的对象可分为两类：一类是厘米级空间碎片的激光烧蚀操控。对于厘米级空间碎片，国际社会普遍认为它是威胁最大的空间碎片，因为其撞击动能大，数量多，很难采用被动式屏蔽防护层抵挡空间碎片的超高速撞击，现有防护技术仅能使在轨卫星抵挡小于 1cm 空间碎片的超高速撞击。通过激光烧蚀操控方法，使厘米级空间碎片的轨道、姿态发生变化，从而实现远距离、非接触式操控的目的。另一类是尺寸较大的航天器废弃物。对于大尺寸航天器废弃物，目前发展较为成熟的是通过机械臂抓捕、网捕等方式进行减缓消除，但在实际操控过程中，受重力梯度、解体时初始角速度等因素影响，一般大尺寸空间碎片处于旋转状态，抓捕过程中容易出现确定抓捕位置难、飞网缠绕、旋转脱手、产生二次空间碎片等难点，远距离激光操控方式可实现大尺寸空间碎片消旋的目的，从而为抓捕方式顺利进行奠定条件。

激光操控空间碎片是采用纳秒级脉宽的激光辐照和烧蚀空间碎片表面，具有瞬间加载激光烧蚀力和力矩的特点，即瞬间改变空间碎片运动状态的特点，并且由于通过激光辐照和烧蚀空间碎片，因此空间碎片对激光发射平台不存在反作用力。

激光操控空间碎片的方式分为地基激光操控空间碎片和天基激光操控空间碎

片。激光器部署在地基平台上就是地基激光操控空间碎片，其存在远距离探测和瞄准空间碎片及受大气传输效应影响等问题。激光器部署在天基平台上就是天基激光操控空间碎片，其存在能源供给和激光器小型化、轻质化问题。

1.1 激光烧蚀空间碎片冲量耦合规律

激光烧蚀力产生原理为：在激光辐照和烧蚀下，空间碎片表面迅速熔融、气化、离化，形成高速反喷激光等离子体羽流，将激光能量转化为羽流反喷动能，产生激光烧蚀力，使得空间碎片获得速度增量。

激光冲量耦合效应是指在激光辐照和烧蚀下，靶材表面熔融、气化、离化等形成高速反喷羽流[12]，使得空间碎片获得冲量的现象。

1.1.1 激光能量转化为反喷羽流动能

在激光操控空间碎片中，利用激光辐照下的冲量耦合效应，使得空间碎片获得激光烧蚀力或激光烧蚀力矩。一般在激光辐照下，激光与空间碎片材料相互作用，产生激光热耦合效应和激光冲量耦合效应[13,14]。激光热耦合效应是指在激光辐照下，部分激光能量被靶材表面反射，其余激光能量被靶材吸收并转化为热能的现象。激光冲量耦合效应是通过产生激光等离子体羽流，将激光能量转化为反喷羽流动能。研究表明，纳秒级脉宽激光具有良好的冲量耦合特性。

图 1.1 为激光烧蚀力产生的物理过程。在激光辐照和烧蚀下，空间碎片升温，达到熔点后进入熔融状态，达到气化点后进入气化状态，达到等离子体形成阈值后进入离化状态，所形成的蒸气反喷和等离子体反喷[15,16]使得空间碎片获得反喷冲量，对空间碎片产生激光烧蚀力。如果此激光烧蚀力对空间碎片质心产生力矩，那么进一步产生激光烧蚀力矩，并且离化产生的等离子体对后续激光辐照空间碎片产生等离子体屏蔽效应。

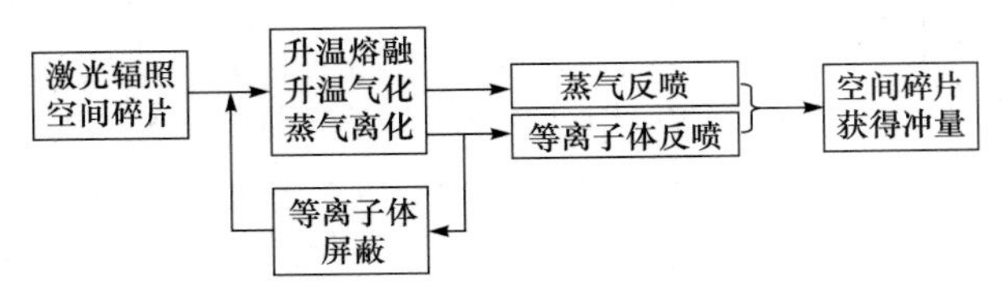

图 1.1 激光烧蚀力产生的物理过程

冲量耦合效应的主要影响因素为[17]：①激光波长、脉宽、功率密度等激光参数；②热导率、比热、密度、熔点和气化点等空间碎片材料参数；③介电常数、磁导率、电导率、激光波长等影响反射和吸收特性的参数。

冲量耦合效应采用冲量耦合系数定量表示。对于脉冲激光，设激光的单脉冲能量为 E_L，靶材所获得的冲量为 I_0，冲量耦合系数 C_m 为

$$C_m = \frac{I_0}{E_L} \tag{1.1}$$

式中，冲量耦合系数 C_m(单位为 N · s/J 或 N/W)反映消耗单位激光能量所获得的冲量，表示激光能量利用效率。

1.1.2　激光烧蚀空间碎片冲量耦合效应

为了增强冲量耦合效应，使得空间碎片获得最佳冲量耦合效果，各国学者开展了大量实验和仿真研究，认为纳秒级脉宽的脉冲激光适合激光操控空间碎片[18]。

美国的 Phipps 等[19,20]认为，在真空环境下，空间碎片所获得的冲量是由蒸气反喷和等离子体反喷引起的，随着激光强度的增大，空间碎片表面烧蚀气化、气化增强、蒸气离化，并且对于给定的激光能量，存在一个最佳激光脉宽，使得冲量耦合系数达到最大；或者对于给定的激光脉宽，存在一个最佳的激光功率密度，使得冲量耦合系数达到最大。

如图 1.2 所示，Phipps 等对不同激光波长、不同激光脉宽、不同激光能量密度，在真空环境下的大量实验数据进行了统计分析，发现纳秒级脉宽激光可在较低激光能量密度下获得最优的冲量耦合效果[21,22]。

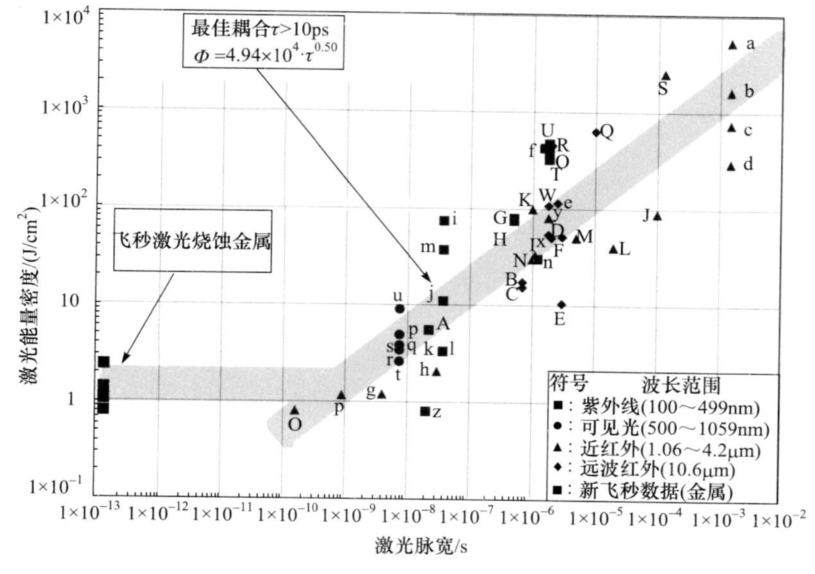

图 1.2　最优冲量耦合下入射激光能量密度与激光脉宽之间的关系

在地基激光清除空间碎片中，由于激光通过大气传输后辐照空间碎片，因此

必须考虑大气传输效应的影响。美国 Orion 计划的研究表明，激光波长 1μm 是适合的。在天基激光清除空间碎片中，不需要考虑大气传输效应的影响，主要是从激光器小型化、轻质化角度选择激光波长。

下面简述 Orion 计划关于大气传输效应的主要结论[23,24]：从大气吸收来看，可见光波段、1μm 附近波段、3～5μm 波段和 8～12μm 波段是常用的大气窗口。其中，可见光和 1μm 附近波段可获得较小的远场光斑，是适合的大气窗口，除了大气吸收的影响，还要考虑非线性折射、受激热瑞利散射、受激拉曼散射和热晕等非线性效应的影响。

图 1.3 给出激光波长为 1.06μm 时，各种非线性效应对近场功率密度的限制曲线(对其他波长限制曲线形状类似)。当脉宽小于 1μs 和发射镜口径大于 1m 时，可不考虑热晕影响；当脉宽小于 10ns 时，受激热瑞利散射和热晕影响都可忽略不计；当脉宽为 0.1～10ns 时，主要是受激拉曼散射的影响，因此限制了传输的激光功率密度。此时，波长越小，功率密度阈值越小，选择 1μm 波长优于可见光波段。

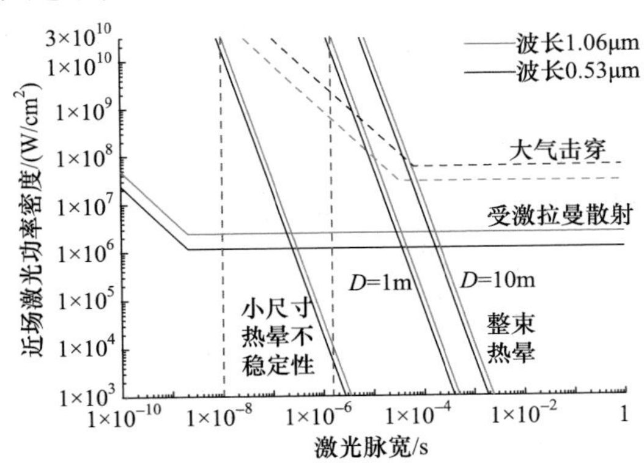

图 1.3　非线性效应对近场功率密度的限制曲线

在给定碎片材料、激光波长和脉宽条件下，冲量耦合系数随着激光功率密度变化的曲线，称为冲量耦合系数曲线。图 1.4 为冲量耦合系数随激光功率密度变化曲线，随着激光功率密度的增大，靶材表面熔融、气化，冲量耦合系数逐渐增大，当达到激光等离子体形成阈值功率密度时进一步离化，当激光功率密度再增大时，由于等离子体对后续入射激光的屏蔽效应，冲量耦合系数逐渐降低。

美国的 Phipps 等[17]进行了大量平面靶材的冲量耦合系数测量实验，并且通过单脉冲激光烧蚀冲量测量和激光等离子体羽流演化过程观测，提出了以下观点和结论：

(1) 当激光垂直辐照平面靶材时，单脉冲激光烧蚀冲量为

$$I_0=C_m E_L \tag{1.2}$$

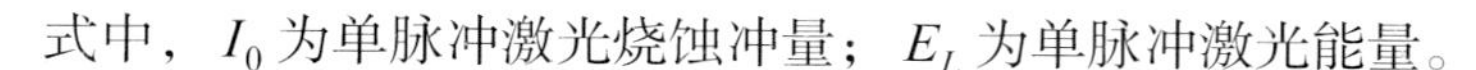

式中，I_0 为单脉冲激光烧蚀冲量；E_L 为单脉冲激光能量。

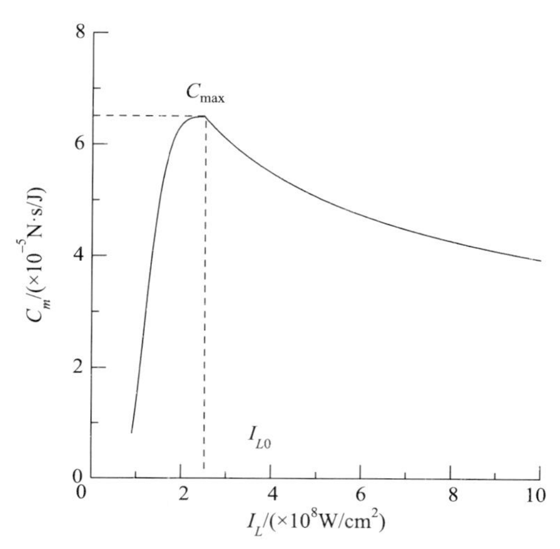

图 1.4　冲量耦合系数随激光功率密度变化曲线

(2) 当激光束斜向辐照平面靶材时，单脉冲激光烧蚀冲量为

$$I_0=C_m E_L \cos\alpha \tag{1.3}$$

式中，α 为激光辐照方向与平面靶材法向的夹角。

(3) 如果激光烧蚀力作用时间为 τ_L'，那么单脉冲平均激光烧蚀力 $\bar{F}_L$ 为

$$\bar{F}_L \tau_L' = I_0 \tag{1.4}$$

根据上述结论，采用曲面积分方法可求得球体、圆柱体、长方体等典型空间碎片的激光烧蚀力和力矩。

1.2　激光操控空间碎片研究

从 20 世纪 90 年代开始，国外先后开展了地基激光清除空间碎片、天基激光清除空间碎片、天基激光操控空间碎片等的研究。因此，从地基激光清除空间碎片、天基激光清除空间碎片研究，逐渐发展成激光操控空间碎片研究。

1.2.1　地基激光清除空间碎片

1989 年，Metzger 等[25]提出了天基激光清除空间碎片的构想；2002 年，Schall[26]提出了天基激光清除空间碎片的概念。将激光器部署在天基平台上，采用高功率密度激光辐照空间碎片，形成等离子体反喷羽流，产生速度增量，使得空间碎片减速降轨，坠入大气层中烧毁，而不是激光直接烧毁空间碎片。这种方法的优点

是不用考虑激光大气传输效应的影响，激光作用距离缩短为几万米，便于捕获、跟踪、瞄准和烧蚀空间碎片；缺点是在当时激光器技术发展条件下，尚无可备选的激光器技术。

Phipps 等[10,11,23,24]最先提出了地基激光清除空间碎片的概念(Orion 计划和方案)，与 Schall 等提出的天基激光清除空间碎片的概念相比，由于其作用距离为 1500km，远场光斑也较大，因此需要的单脉冲激光能量也很大(1～10kJ)。但是，与天基平台单位质量发射费用为 20000 美元/kg 相比，有必要在地面建立一个庞大的地基激光清除空间碎片系统。1996 年，Phipps[23]提出的 Orion 计划得到了美国国家航空航天局(National Aeronautics and Space Administration, NASA)和美国空军的联合资助，研究团队由美国空军菲利普斯实验室、麻省理工学院林肯实验室、NASA 马歇尔航天飞行中心、美国光学学会和天狼星集团有限公司等组成。该计划对激光器系统、光学跟踪瞄准系统、激光清除空间碎片机理等各个环节进行了较为系统的分析论证，最终形成了包含 Orion 系统概念设计、空间碎片捕获和跟踪、方案风险评估系统分析等内容的 NASA 报告。

如图 1.5 所示，Orion 计划提出了利用地基脉冲激光器，在天顶角 45°范围内激光清除厘米级空间碎片的方案。在随后的工作中，通过进一步改进，Orion 计划先后提出几种方案。方案一是利用单脉冲能量 5kJ、重频 1～5Hz、平均功率 5～25kW、波长 1.06μm、脉宽 5ns、直径 3.5m 发射口径的地基脉冲激光器，在 3 年内清除 30000 块 800km 以内尺寸为 1～10cm 的空间碎片，该方案在技术上接近成熟；方案二是利用单脉冲能量 20kJ、重频 1～5Hz、平均功率 20～100kW、波长 1.06μm、脉宽 0.1ns、直径 6m 发射口径的地基脉冲激光器，在 2 年内清除 125000 块 1500km 以内尺寸为 1～10cm 的空间碎片，该方案在技术上仍需提升；方案三是利用单脉冲能量 20kJ、重频 1Hz、平均功率 20kW、波长 530nm、脉宽 40ns、直径 6m 发射口径的地基脉冲激光器，在 2～4 年清除 300000 块 1000km 以内尺寸为 1～10cm 的空间碎片。

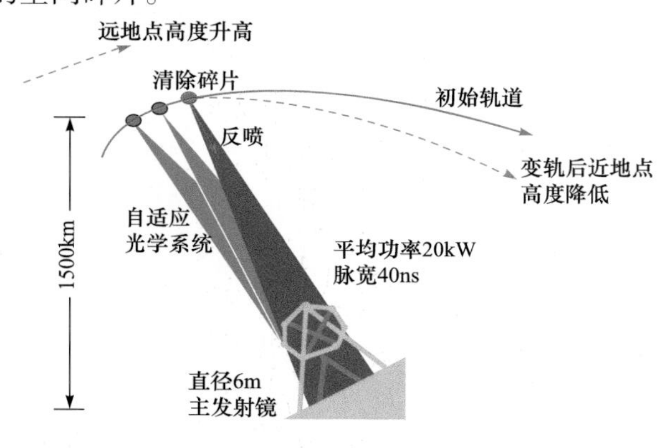

图 1.5　Orion 计划主要技术指标及清除空间碎片原理

2012 年，Phipps 等[11]重新评估了地基激光清除空间碎片研究的进展，包括展望未来清除大、小空间碎片所需的激光清除系统方案；激光辐照引出的空间碎片轨道变化计算；基于激光点火装置和激光惯性聚变能的高能激光器技术等。其指出激光清除在轨空间碎片方法是目前解决空间碎片问题的最为可行和有效的途径，同时指出了该方法除清除空间碎片以外的其他多种用途，例如对空间目标进行轨道修正以避免碰撞在轨航天器、精确控制大型空间目标再入大气层坠毁位置、将地球同步轨道上的空间碎片推入废弃轨道等。

1.2.2　天基激光清除空间碎片

近年来，伴随小型化、轻质化激光器技术的发展，天基激光清除空间碎片得到了国内外学者的关注[27]。表 1.1 为地基激光和天基激光清除空间碎片方法比较。

表 1.1　地基激光和天基激光清除空间碎片方法比较

方法	地基激光清除空间碎片	天基激光清除空间碎片
优点	① 激光器平均功率大，功率密度高； ② 激光器能源供给方便，易于维护	① 不受大气传输效应影响； ② 易于捕获、跟踪、瞄准和烧蚀空间碎片； ③ 适合指定轨道厘米级空间碎片清除或较大尺寸废弃物消旋操控
缺点	① 受大气传输效应影响； ② 远距离捕获、跟踪、瞄准和烧蚀空间碎片，难度较大	① 激光器和搭载平台发射成本高； ② 采用小型化、轻质化激光器技术； ③ 能源供给难度较大

2002 年，德国航天研究中心 Schall[26]提出了天基激光清除空间碎片的一种方案。搭载激光器的空间站轨道高度为 500km，激光器单脉冲能量为 1kJ，重频为 100Hz，平均功率为 100kW，脉宽为 100ns，波长为 1～2μm，发射镜直径为 2.5m，激光最大作用距离为 100km，远场光斑直径为 10cm，预计在多脉冲激光作用下使得直径为 10cm 和质量为 100g 的空间碎片获得速度增量为 115m/s，坠入大气层烧毁。

2013 年，美国阿拉巴马大学的 Palosz[28]提出了天基激光清除空间碎片系统的概念设计方案。其控制光路如图 1.6 所示，探测激光与清除激光共用一个光路，探测激光为低能量激光，清除激光为高能量激光，激光束方向由快速反射镜(fast steering mirror，FSM)进行控制，实现瞄准和发射激光。其具体控制方案为：①发射和接收探测激光，确定空间碎片与平台之间的相对位置，通常为偏角、仰角、距离等参数；②控制器对这 3 个相互独立的参数进行处理，生成电压信号并驱动快速反射镜；③镜面系统控制激光传输路径，发射清除激光辐照和烧蚀空间碎片；④位置传感器测量当前镜面的偏转角，反馈到控制器，从而实现探测、瞄准和烧蚀空间碎片。

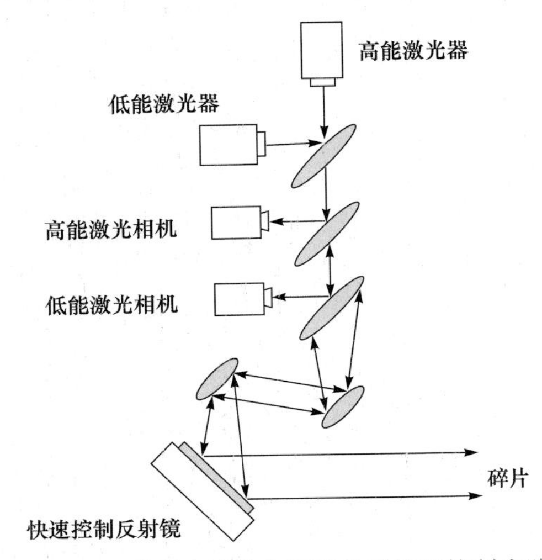

图 1.6　天基激光清除空间碎片系统的控制光路

2015 年，法国的 Quinn 等[29]基于半导体激光泵浦的高效率、高平均功率光纤激光系统，提出了天基激光清除国际空间站轨道高度空间碎片的系统设计方案。如图 1.7 所示，该天基系统主要由直径 2.6m 的极端宇宙天文观测台(extreme universe space observatory，EUSO)探测装置和国际相干放大网(international coherent amplification network，ICAN)高能光纤激光系统组成[30]，EUSO 望远镜用于探测和捕获空间碎片(粗定位)，ICAN 高能光纤激光系统用于精定位和清除空间碎片，高能光纤激光器光纤阵列数为 10^5，发射镜直径为 3m，激光最大作用距离为 70～170km。

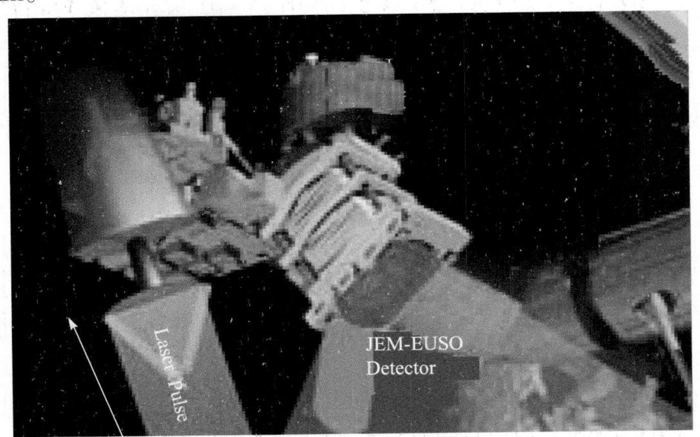

图 1.7　空间站轨道空间碎片激光清除系统及烧蚀空间碎片

Laser Pulse：激光脉冲；JEM-EUSO Detector：日本实验模块-极端空间宇宙天文台探测装置

该系统清除空间碎片过程为：①当空间碎片进入探测距离内时，扫描模块通过控制机构发射激光脉冲串对大范围空间进行扫描；②跟踪模块对空间碎片进行跟踪，当空间碎片进入最大激光作用距离内时，将信息传递给天基平台准备清除空间碎片；③天基平台控制机构控制激光光斑大小，发射激光并烧蚀空间碎片，实现空间碎片清除。

该系统清除空间碎片需要考虑以下问题：①根据光束质量和激光波长选择合适的激光光斑直径；②空间碎片和平台的相对速度大于 10km/s，反应时间应小于 10s，要求激光器具有高的平均功率和重频；③要求系统可靠性强。

1.2.3　天基激光操控空间碎片

对于较大尺寸的空间碎片，如废弃卫星、火箭末级等，受废弃前残余角动量、重力梯度、太阳光压等的影响，其姿态运动往往很复杂，甚至趋于自由翻滚运动。

对于这种翻滚旋转类较大尺度的空间碎片，当采用机械臂抓捕和飞网网捕方法时，空间碎片的姿态运动将导致空间碎片抓捕位置难以确定、空间碎片缠绕飞网、空间碎片旋转脱手等问题，甚至导致二次空间碎片的产生。如果在机械臂抓捕和飞网网捕前，采用消旋处理方法将其旋转角速度调整至相对静止状态，那么将对后续的机械臂抓捕和飞网网捕提供有利条件。因此，较大尺寸空间碎片的消旋已成为航天领域的研究热点[31]。

目前，空间碎片消旋处理方法分为接触式和非接触式两种。接触式方法主要有减速刷[32]、弹性小球碰撞消旋[33]，技术难度大且对操控平台存在反作用力；非接触式方法主要有电磁力[34]、气体冲击[35]、离子束等，操作方便。激光烧蚀消旋方法由于在一定距离外发射激光烧蚀空间碎片、通过激光辐照点的选择可方便施加各种激光烧蚀力矩、对操控平台无反作用力等特点，得到了国外学者的普遍关注。

2015 年，美国马里兰大学的 Kumar 等[36]率先在国际上提出了激光烧蚀消旋方法。如图 1.8 所示，激光烧蚀消旋系统近距离对失效火箭典型圆柱体废弃物进行消旋操控，采用空间碎片姿态动力学和运动学方法仿真研究表明，在圆柱体轴向角速度为 1°/s、径向角速度为 10°/s、冲量耦合系数为 21μN · s/J 条件下，利用 250W 平均功率的激光，在 2.5 天内能够对空间碎片进行消旋。

图 1.8　激光烧蚀消旋系统及烧蚀空间碎片形体

总之，激光操控空间碎片包含两部分：①利用激光烧蚀力对空间碎片运动轨道的操控；②利用激光烧蚀力矩对空间碎片运动姿态的操控。

参 考 文 献

[1] Kaplan M H. Survey of space debris reduction methods[C]//AIAA SPACE 2009 Conference & Exposition, Pasadena, 2009.

[2] Finkleman D. The dilemma of space debris[J]. American Scientist, 2014, 102(1): 26-33.

[3] Lewis H G, White A E, Crowther R, et al. Synergy of debris mitigation and removal[J]. Acta Astronautica, 2012, 81: 62-68.

[4] Kitamura S, Hayakawa Y, Kawamoto S. A reorbiter for large GEO debris objects using ion beam irradiation[J]. Acta Astronautica, 2014, 94(2): 725-735.

[5] Borja J A, Tun D. Deorbit process using solar radiation force[J]. Journal of Spacecraft and Rockets, 2006, 43(3): 685-687.

[6] Aslanov V, Yudintsev V. Dynamics of large space debris removal using tethered space tug[J]. Acta Astronautica, 2013, 91: 149-156.

[7] Bonnal C, Ruault J M, Desjean M C. Active debris removal: Recent progress and current trends[J]. Acta Astronautica, 2013, 85: 51-60.

[8] Braun V, Lüpken A, Flegel S, et al. Active debris removal of multiple priority targets[J]. Advances in Space Research, 2013, 51(9): 1638-1648.

[9] 洪延姬. 激光清除空间碎片方法[M]. 北京：国防工业出版社, 2013.

[10] Phipps C R, Albrecht G, Friedman H, et al. ORION: Clearing near-earth space debris using a 20kW, 530nm, earth-based, repetitively pulsed laser[J]. Laser and Particle Beams, 1996, 14(1): 1-44.

[11] Phipps C R, Baker K L, Libby S B, et al. Removing orbital debris with lasers[J]. Advances in Space Research, 2012, 49(9): 1283-1300.

[12] Leitz K H, Redlingshöfer B, Reg Y, et al. Metal ablation with short and ultrashort laser pulses[J]. Physics Procedia, 2011, 12: 230-238.

[13] Bulgakova N M, Bulgakov A V, Babich L P. Energy balance of pulsed laser ablation: Thermal model revised[J]. Applied Physics A, 2004, 79(4-6): 1323-1326.

[14] Sakai T. Impulse generation on aluminum target irradiated with Nd: YAG laser pulse in ambient gas[J]. Journal of Propulsion and Power, 2009, 25(2): 406-414.

[15] Bogaerts A, Chen Z. Effect of laser parameters on laser ablation and laser-induced plasma formation: A numerical modeling investigation[J]. Spectrochimica Acta Part B: Atomic Spectroscopy, 2005, 60(9-10): 1280-1307.

[16] Wu B, Shin Y C. Modeling of nanosecond laser ablation with vapor plasma formation[J]. Journal of Applied Physics, 2006, 99(8): 084310.

[17] Phipps C, Birkan M, Bohn W, et al. Laser-ablation propulsion[J]. Journal of Propulsion and Power, 2010, 26(4): 609-637.

[18] Esmiller B, Jacquelard C, Eckel H A, et al. Space debris removal by ground-based lasers: Main conclusions of the European project clean space[J]. Applied Optics, 2014, 53(31): 145-154.

[19] Phipps C, Luke J, Funk D, et al. Laser impulse coupling at 130fs[J]. Applied Surface Science, 2006, 252(13): 4838-4844.
[20] Phipps C. An alternate treatment of the vapor-plasma transition[J]. International Journal of Aerospace Innovations, 2011, 3(1): 45-50.
[21] Phipps C, Sinko J. Applying new laser interaction models to the ORION problem[J]. AIP Conference Proceedings, 2010, 1278(1): 492-501.
[22] Sinko J E, Phipps C R. Modeling CO_2 laser ablation impulse of polymers in vapor and plasma regimes[J]. Applied Physics Letters, 2009, 95(13): 131105.
[23] Phipps C R. Project ORION: Orbital debris removal using ground-based sensors and lasers[R]. Washington: NASA, 1996.
[24] Phipps C R, Reilly J P. ORION: Clearing near-earth space debris in two years using a 30kW repetitively pulsed laser. International symposium on gas flow and chemical lasers and high-power laser conference[J]. Proceedings of SPIE, 1997, 3092: 728-731.
[25] Metzger J D, LeClaire J R J, Howe S D, et al. Nuclear-powered space debris sweeper[J]. Journal of Propulsion and Power, 1989, 5(5): 582-590.
[26] Schall W O. Laser radiation for cleaning space debris from lower earth orbits[J]. Journal of Spacecraft and Rockets, 2002, 39(1): 81-91.
[27] Phipps C R. L'ADROIT – A spaceborne ultraviolet laser system for space debris clearing[J]. Acta Astronautica, 2014, 104(1):243-255.
[28] Palosz A. Higher order sliding mode control of laser pointing for orbital debris mitigation[J]. Dissertations & Theses Gradworks, 2013, 415:3234-3239.
[29] Quinn M N, Jukna V, Ebisuzaki T, et al. Space-based application of the CAN laser to LIDAR and orbital debris remediation[J]. The European Physical Journal Special Topics, 2015, 224(13): 2645-2655.
[30] Soulard R, Quinn M N, Tajima T, et al. ICAN: A novel laser architecture for space debris removal[J]. Acta Astronautica, 2014, 105(1):192-200.
[31] 路勇, 刘晓光, 周宇. 空间翻滚非合作目标消旋技术发展综述[J]. 航空学报, 2018, 39(1): 021302.
[32] Nishida S I, Kawamoto S. Strategy for capturing of a tumbling space debris[J]. Acta Astronautica, 2011, 68(1-2): 113-120.
[33] Matunaga S, Kanzawa T, Ohkami Y. Rotational motion-damper for the capture of an uncontrolled floating satellite[J]. Control Engineering Practice, 2001, 9(2): 199-205.
[34] Youngquist R C, Nurge M A, Starr S O, et al. A slowly rotating hollow sphere in a magnetic field: First steps to de-spin a space object[J]. American Journal of Physics, 2016, 84(3): 181-191.
[35] Nakajima Y, Mitani S, Tani H, et al. Detumbling space debris via thruster plume impingement[C]//AIAA/AAS Astrodynamics Specialist Conference, California, 2016.
[36] Kumar R, Sedwick R J. Despinning orbital debris before docking using laser ablation[J]. Journal of Spacecraft and Rockets, 2015, 52(4): 1129-1134.

第 2 章 空间碎片的运动轨道分析方法

空间碎片是指人类航天活动在空间产生的各种废弃物，如火箭和卫星的部件与喷射物、爆炸和碰撞产生的空间碎片、其他航天器的废弃物。当研究空间碎片运动状态时,可将其分解为空间碎片质心沿着轨道运动和空间碎片围绕质心运动，即可分解为质心轨道运动和姿态运动。

在激光操控空间碎片过程中，激光器安装在空间站等平台上，瞄准空间碎片发射激光束，通过激光远距离辐照和烧蚀空间碎片，形成激光等离子体反喷羽流，进而产生激光烧蚀力，使得空间碎片获得速度增量，达到操控空间碎片的目的，也就是通过激光辐照和烧蚀空间碎片，对其施加激光烧蚀力或激光烧蚀力矩，使其改变轨道和姿态。因此，研究空间碎片沿着轨道运动，以及分析空间碎片运动轨道的影响因素，是研究激光操控空间碎片的基础。

首先，阐述描述空间碎片运动轨道的常用坐标系；其次，阐述在地球中心引力场作用下空间碎片的轨道运动；再次，阐述在地球中心引力场及激光烧蚀力和大气阻力等共同作用下空间碎片的轨道运动；最后，阐述激光烧蚀力和大气阻力的基本特点。

2.1 空间碎片的轨道要素和常用坐标系

空间碎片的质心沿着轨道运动，采用轨道要素描述，并且根据研究问题需要在不同坐标系中描述空间碎片质心轨道运动。因此，需要讨论空间碎片的轨道要素和几种常用坐标系，以及坐标系之间的变换关系。

首先，阐述赤道惯性坐标系、轨道坐标系、径向横向坐标系、切向法向坐标系、体固联坐标系等常用坐标系；其次，阐述上述常用坐标系之间的旋转变换关系。

2.1.1 基本轨道要素

空间碎片的运动位置通常采用赤道惯性坐标系 XYZ 描述。坐标原点 O 在地球的质心；以地心引向春分点的射线方向为 X 轴方向；Z 轴垂直赤道平面，指向北极；Y 轴与 X 轴和 Z 轴形成右旋坐标系，如图 2.1 所示。

在赤道惯性坐标系 XYZ 中，确定质点沿着轨道运动的六个轨道参数，称为基本轨道要素或轨道根数。它们分别是：轨道倾角 i、升交点赤经Ω、轨道半长轴 a、轨道偏心率 e、近地点幅角ω、真近角 f，如图 2.1 所示。

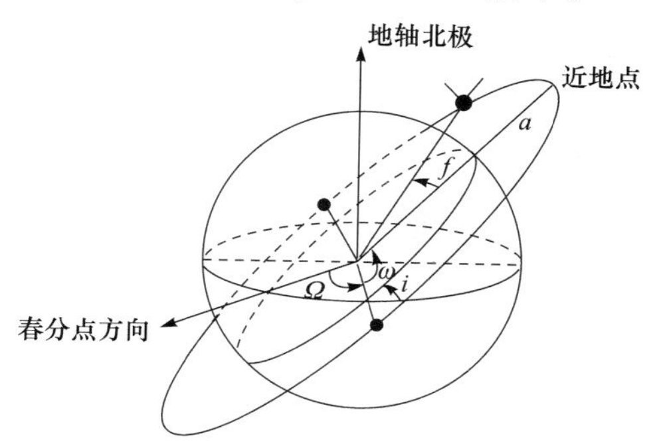

图 2.1　赤道惯性坐标系

(1) 轨道倾角 i：空间碎片轨道平面和地球赤道平面的夹角，即轨道平面法线方向和地球北极的夹角。轨道平面法线方向与空间碎片运动方向符合右手螺旋定则，取值为 $0° \leqslant i \leqslant 180°$。

显然，当 $0° \leqslant i < 90°$ 时，空间碎片沿轨道向东运动与地球自转方向一致，称为顺行轨道；当 $90° < i \leqslant 180°$ 时，空间碎片沿轨道向西运动与地球自转方向相反，称为逆行轨道。

(2) 升交点赤经Ω：在赤道平面内自 X 轴(春分点)沿地球自转方向到升交点的角度，取值为 $0° \leqslant W \leqslant 360°$。

轨道倾角和升交点赤经确定了轨道平面在赤道惯性坐标系中的空间方位。轨道平面与赤道平面的交线称为节线，也就是升交点与降交点的连线。

(3) 轨道半长轴 a：椭圆轨道的半长轴，确定椭圆轨道的大小，取值为$\alpha<a<\infty$。

(4) 轨道偏心率 e：椭圆轨道的偏心率，确定椭圆轨道的形状，取值为 $0 \leqslant e<1$。

轨道半长轴和轨道偏心率确定了轨道平面内椭圆轨道的大小和形状，当 $e=0$ 时，为圆轨道。

(5) 近地点幅角ω：在轨道平面内自升交点沿空间碎片运动方向到近地点的角度，取值为 $0° \leqslant w \leqslant 360°$。

近地点幅角确定了轨道平面内椭圆轨道长轴和近地点位置。

(6) 真近角 f：在任意时刻 t 空间碎片从近地点沿着其运动方向转过的角度，取值为 $0° \leqslant f \leqslant 360°$。

采用过近地点时刻 t_p 作为描述空间碎片运动的参考时刻，开普勒方程为

$$M = n(t - t_p) = E - e\sin E \tag{2.1}$$

式中，n 为平均角速率；M 为平近角；E 为偏近角。由偏近角可求得真近角，为

$$\sin f = \frac{\sqrt{1-e^2}\sin E}{1-e\cos E},\quad \cos f = \frac{\cos E - e}{1-e\cos E} \tag{2.2}$$

空间碎片在任意给定时刻 t 的位置，有时采用该时刻的升交点角距 u 表示，升交点角距 u 为 $u=\omega+f$。

2.1.2　常用坐标系

在常用坐标系中，采用不同坐标系来描述空间碎片运动的不同特征。例如，赤道惯性坐标系和轨道坐标系用于描述空间碎片质心轨道运动；切向法向坐标系用于描述空间碎片所受大气阻力；径向横向坐标系用于描述空间碎片所受激光烧蚀力；空间碎片体固联坐标系用于描述空间碎片姿态运动。

描述空间碎片的质心运动的坐标系如图 2.2 所示。XYZ 为赤道惯性坐标系(X 轴指向春分点，O 是地心)，与其对应的轨道坐标系为 PQW，Q 为 PW 所在平面的法向，原点为地心 O，$\hat{\boldsymbol{P}}$ 为由地心指向近地点的单位矢量，$\hat{\boldsymbol{Q}}$ 为在轨道平面内垂直 $\hat{\boldsymbol{P}}$ 的单位矢量，$\hat{\boldsymbol{W}}$ 为轨道平面法向单位矢量(与空间碎片旋转方向成右手螺旋为正)，PQW 构成右旋坐标系，PQ 平面为轨道面。

描述空间碎片所受作用力的坐标系如图 2.3 所示，径向横向坐标系 STW 以空间碎片质心 C 为原点，$\hat{\boldsymbol{S}}$ 为径向单位矢量(矢径 $\boldsymbol{r}$ 方向单位矢量)，$\hat{\boldsymbol{T}}$ 为横向单位矢量(矢径导数 $\dot{\boldsymbol{r}}$ 方向单位矢量，指向空间碎片运动方向为正)，$\hat{\boldsymbol{W}}$ 为轨道平面法向单位矢量(与空间碎片运动方向成右手螺旋为正)，STW 构成右旋坐标系。

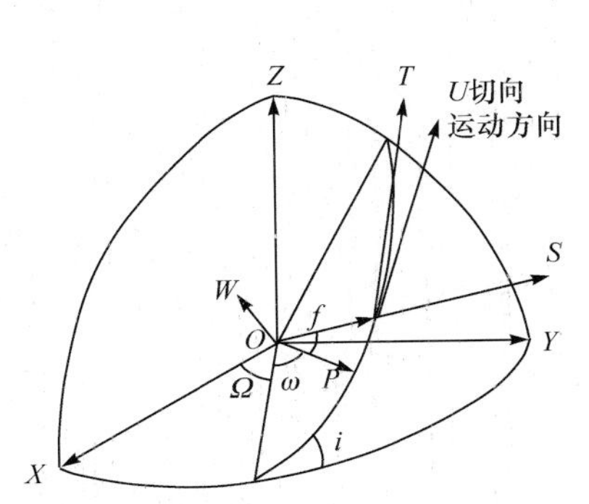

图 2.2　赤道惯性坐标系与轨道坐标系

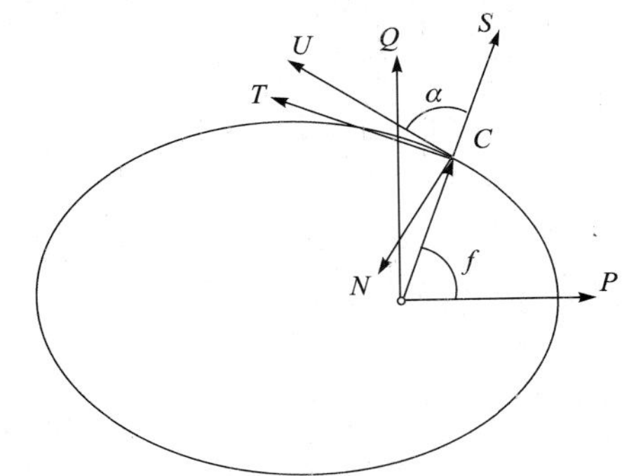

图 2.3　轨道坐标系、径向横向坐标系及切向法向坐标系

描述空间碎片所受大气阻力的坐标系如图 2.3 所示。切向法向坐标系 UNW 是以空间碎片质心 C 为原点，$\hat{\boldsymbol{U}}$ 为切向单位矢量(指向空间碎片运动方向为正)，$\hat{\boldsymbol{N}}$ 为轨道平面内轨道的法向单位矢量，$\hat{\boldsymbol{W}}$ 为轨道平面法向单位矢量(与空间碎片运动方向成右手螺旋为正)，UNW 构成右旋坐标系。

描述空间碎片运动姿态的坐标系如图 2.4 所示。空间碎片体固联坐标系 $X_bY_bZ_b$ 是以空间碎片质心 C 为原点、坐标轴与空间碎片惯性主轴重合的坐标系。径向横向坐标系依次围绕 W 旋转 ψ、围绕 T 旋转 θ、围绕 S 旋转 φ，到达体固联坐标系。

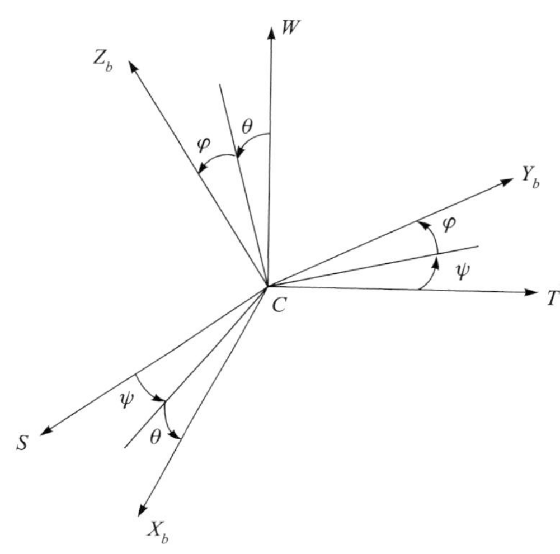

图 2.4　径向横向坐标系和体固联坐标系

2.1.3　坐标系的旋转变换

在激光操控空间碎片研究中，描述空间碎片运动特征的常用坐标系有赤道惯性坐标系(地心为原点)、轨道坐标系(地心为原点)、径向横向坐标系(空间碎片质心为原点)、切向法向坐标系(空间碎片质心为原点)、体固联坐标系(空间碎片质心为原点)等。根据空间碎片轨道运动和姿态运动的研究需求，进行坐标系之间的变换。

首先研究坐标系围绕单轴的旋转变换。原坐标系 XYZ 绕 X 轴或 Y 轴或 Z 轴旋转角度 θ，得到新坐标系 $X'Y'Z'$ (转角与转轴成右手螺旋时为正)，原坐标系中的矢量 $\boldsymbol{r}_X$ 和新坐标系中矢量 $\boldsymbol{r}_{X'}$ 分别为

$$\boldsymbol{r}_X = r_x\hat{\boldsymbol{X}} + r_y\hat{\boldsymbol{Y}} + r_z\hat{\boldsymbol{Z}}\ ,\quad \boldsymbol{r}_{X'} = r_{x'}\hat{\boldsymbol{X}}' + r_{y'}\hat{\boldsymbol{Y}}' + r_{z'}\hat{\boldsymbol{Z}}' \tag{2.3}$$

式中，$(\hat{\boldsymbol{X}},\hat{\boldsymbol{Y}},\hat{\boldsymbol{Z}})$ 和 $(\hat{\boldsymbol{X}}',\hat{\boldsymbol{Y}}',\hat{\boldsymbol{Z}}')$ 分别为坐标轴的单位矢量。以下标 X 表示坐标系 XYZ 中的矢量，以下标 X' 表示坐标系 $X'Y'Z'$ 中的矢量，令

$$\boldsymbol{r}_X = \begin{bmatrix} r_x \\ r_y \\ r_z \end{bmatrix},\quad \boldsymbol{r}_{X'} = \begin{bmatrix} r_{x'} \\ r_{y'} \\ r_{z'} \end{bmatrix} \tag{2.4}$$

则有

$$\boldsymbol{r}_{X'}=\boldsymbol{R}_X(\theta)\boldsymbol{r}_X\text{ , }\ \boldsymbol{r}_{X'}=\boldsymbol{R}_Y(\theta)\boldsymbol{r}_X\text{ , }\ \boldsymbol{r}_{X'}=\boldsymbol{R}_Z(\theta)\boldsymbol{r}_X \tag{2.5}$$

式中

$$\boldsymbol{R}_X(\theta)=\begin{bmatrix}1 & 0 & 0\\ 0 & \cos\theta & \sin\theta\\ 0 & -\sin\theta & \cos\theta\end{bmatrix},\boldsymbol{R}_Y(\theta)=\begin{bmatrix}\cos\theta & 0 & -\sin\theta\\ 0 & 1 & 0\\ \sin\theta & 0 & \cos\theta\end{bmatrix},\boldsymbol{R}_Z(\theta)=\begin{bmatrix}\cos\theta & \sin\theta & 0\\ -\sin\theta & \cos\theta & 0\\ 0 & 0 & 1\end{bmatrix} \tag{2.6}$$

式中，$\boldsymbol{R}(\theta)(R_X(\theta)$、$R_Y(\theta)$、$R_Z(\theta))$ 为旋转变换矩阵，是正交矩阵，其满足以下关系：

$$\boldsymbol{R}^{-1}(\theta)=\boldsymbol{R}^{\mathrm{T}}(\theta)=\boldsymbol{R}(-\theta) \tag{2.7}$$

如果原坐标系依次绕 X 轴、Y 轴和 Z 轴旋转角度φ、θ和ψ 得到新坐标系，原坐标系中的矢量为$\boldsymbol{r}_X$，在新坐标系中的矢量为$\boldsymbol{r}_{X'}$，那么坐标旋转变换关系为

$$\boldsymbol{r}_{X'}=\boldsymbol{R}_Z(\psi)\boldsymbol{R}_Y(\theta)\boldsymbol{R}_X(\varphi)\boldsymbol{r}_X \tag{2.8}$$

为了表示方便，在坐标系 XYZ 、PQW 、STW 、UNW 和 $X_bY_bZ_b$ 中，围绕第一个轴旋转用下标“1”表示；围绕第二个轴旋转用下标“2”表示；围绕第三个轴旋转用下标“3”表示。

2.1.4 常用坐标系之间旋转变换关系

描述空间碎片质心的轨道运动，采用赤道惯性坐标系和轨道坐标系较为方便；描述空间碎片在质心的作用力，采用径向横向坐标系和切向法向坐标系较为方便；描述空间碎片围绕质心的转动，采用体固联坐标系较为方便。下面讨论上述坐标系之间的旋转变换关系。

1. 轨道坐标系与赤道惯性坐标系

如图 2.2 所示，赤道惯性坐标系 XYZ 通过依次绕 Z 轴旋转 Ω 、绕 X 轴旋转 i 、绕 Z 轴旋转 ω，变换到轨道坐标系 PQW ，表示为

$$XYZ\to PQW:Z(\Omega)\to X(i)\to Z(\omega) \tag{2.9}$$

旋转变换矩阵为

$$\boldsymbol{Q}_{PX}=\boldsymbol{R}_3(\omega)\boldsymbol{R}_1(i)\boldsymbol{R}_3(\Omega) \tag{2.10}$$

同理，轨道坐标系 PQW 通过依次绕 W 轴旋转 $-\omega$ 、绕 P 轴旋转 $-i$ 、绕 W 轴旋转 $-\Omega$ ，变换到赤道惯性坐标系 XYZ ，表示为

$$PQW\to XYZ:W(-\omega)\to P(-i)\to W(-\Omega) \tag{2.11}$$

旋转变换矩阵为

$$\boldsymbol{Q}_{XP} = \boldsymbol{R}_3(-\Omega)\boldsymbol{R}_1(-i)\boldsymbol{R}_3(-\omega) \tag{2.12}$$

显然有

$$\begin{aligned}[\boldsymbol{Q}_{XP}]^{-1} &= [\boldsymbol{R}_3(-\Omega)\boldsymbol{R}_1(-i)\boldsymbol{R}_3(-\omega)]^{-1} = [\boldsymbol{R}_3(-\omega)]^{-1}[\boldsymbol{R}_1(-i)]^{-1}[\boldsymbol{R}_3(-\Omega)]^{-1} \\ &= \boldsymbol{R}_3(\omega)\boldsymbol{R}_1(i)\boldsymbol{R}_3(\Omega) = \boldsymbol{Q}_{PX}\end{aligned} \tag{2.13}$$

$$\begin{aligned}[\boldsymbol{Q}_{XP}]^{\mathrm{T}} &= [\boldsymbol{R}_3(-\Omega)\boldsymbol{R}_1(-i)\boldsymbol{R}_3(-\omega)]^{\mathrm{T}} = [\boldsymbol{R}_3(-\omega)]^{\mathrm{T}}[\boldsymbol{R}_1(-i)]^{\mathrm{T}}[\boldsymbol{R}_3(-\Omega)]^{\mathrm{T}} \\ &= \boldsymbol{R}_3(\omega)\boldsymbol{R}_1(i)\boldsymbol{R}_3(\Omega) = \boldsymbol{Q}_{PX}\end{aligned} \tag{2.14}$$

即旋转变换矩阵也是正交矩阵，并且正变换矩阵和反变换矩阵互逆或互为转置。

2. 径向横向坐标系与赤道惯性坐标系

如图 2.2 所示，赤道惯性坐标系 XYZ 通过依次绕 Z 轴旋转 Ω 、绕 X 轴旋转 i 、绕 Z 轴旋转 $\omega+f$ ，变换到径向横向坐标系 STW ，表示为

$$XYZ \to STW : Z(\Omega) \to X(i) \to Z(\omega+f) \tag{2.15}$$

旋转变换矩阵为

$$\boldsymbol{Q}_{SX} = \boldsymbol{R}_3(\omega+f)\boldsymbol{R}_1(i)\boldsymbol{R}_3(\Omega) \tag{2.16}$$

并且有

$$\boldsymbol{Q}_{XS} = [\boldsymbol{Q}_{SX}]^{-1} = [\boldsymbol{Q}_{SX}]^{\mathrm{T}} \tag{2.17}$$

3. 径向横向坐标系与切向法向坐标系

如图 2.3 所示，径向横向坐标系 STW 围绕 W 轴旋转 α ，变换到切向法向坐标系 UNW ，表示为

$$STW \to UNW : W(\alpha) \tag{2.18}$$

旋转变换矩阵为

$$\boldsymbol{Q}_{US} = \boldsymbol{R}_3(\alpha), \quad \boldsymbol{Q}_{SU} = [\boldsymbol{Q}_{US}]^{-1} = [\boldsymbol{Q}_{US}]^{\mathrm{T}} \tag{2.19}$$

式中

$$\boldsymbol{R}_3(\alpha) = \begin{bmatrix} \cos\alpha & \sin\alpha & 0 \\ -\sin\alpha & \cos\alpha & 0 \\ 0 & 0 & 1 \end{bmatrix}, \ \cos\alpha = \frac{e\sin f}{\sqrt{1+2e\cos f+e^2}}, \ \sin\alpha = \frac{1+e\cos f}{\sqrt{1+2e\cos f+e^2}} \tag{2.20}$$

4. 径向横向坐标系与体固联坐标系

如图 2.4 所示，径向横向坐标系 STW 依次绕 W 轴旋转 ψ 、绕 T 轴旋转 θ 、绕 S 轴旋转 φ ，变换到体固联坐标系 $X_bY_bZ_b$ ，表示为

$$STW \to X_bY_bZ_b : W(\psi) \to T(\theta) \to S(\varphi) \tag{2.21}$$

旋转变换矩阵为

$$\boldsymbol{Q}_{X_bS} = \boldsymbol{R}_1(\varphi)\boldsymbol{R}_2(\theta)\boldsymbol{R}_3(\psi) \tag{2.22}$$

转角(欧拉角) (φ,θ,ψ) 和角速度 $(\dot{\varphi},\dot{\theta},\dot{\psi})$ (角速度不是相互垂直的)表示了体固联坐标系 $X_bY_bZ_b$ 相对径向横向坐标系 STW 的转动关系，即描述了空间碎片的姿态运动。

图 2.5(图中上标“′”表示角速度)为转动角速度在体固联坐标系 $X_bY_bZ_b$ 中的分量，具体为

$$\begin{cases} \omega_{xb} = \dot{\varphi} - \dot{\psi}\sin\theta \\ \omega_{yb} = \dot{\theta}\cos\varphi + \dot{\psi}\cos\theta\sin\varphi \\ \omega_{zb} = -\dot{\theta}\sin\varphi + \dot{\psi}\cos\theta\cos\varphi \end{cases} \tag{2.23}$$

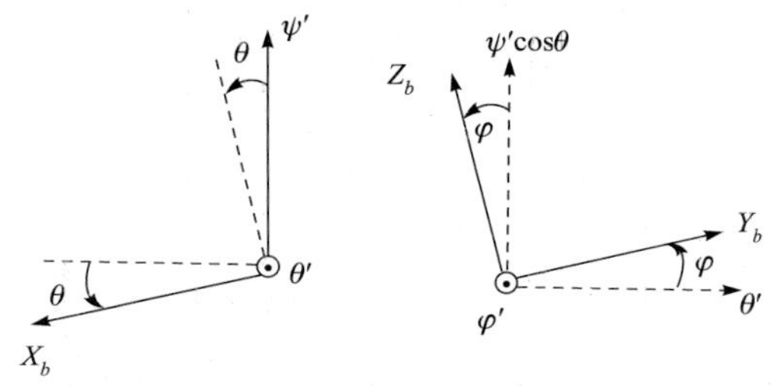

图 2.5　径向横向坐标系 STW 与体固联坐标系 $X_bY_bZ_b$ 之间角速度关系

将其写为矩阵形式，在空间碎片的体固联坐标系 $X_bY_bZ_b$ 中，角速度为

$$\begin{bmatrix} \omega_{xb} \\ \omega_{yb} \\ \omega_{zb} \end{bmatrix} = \begin{bmatrix} 1 & 0 & -\sin\theta \\ 0 & \cos\varphi & \cos\theta\sin\varphi \\ 0 & -\sin\varphi & \cos\theta\cos\varphi \end{bmatrix} \begin{bmatrix} \dot{\varphi} \\ \dot{\theta} \\ \dot{\psi} \end{bmatrix} \tag{2.24}$$

注意，该变换矩阵不是正交矩阵，其逆矩阵为

$$\begin{bmatrix} 1 & 0 & -\sin\theta \\ 0 & \cos\varphi & \cos\theta\sin\varphi \\ 0 & -\sin\varphi & \cos\theta\cos\varphi \end{bmatrix}^{-1} = \frac{1}{\cos\theta} \begin{bmatrix} \cos\theta & \sin\theta\sin\varphi & \sin\theta\cos\varphi \\ 0 & \cos\theta\cos\varphi & -\cos\theta\sin\varphi \\ 0 & \sin\varphi & \cos\varphi \end{bmatrix} \tag{2.25}$$

当 $\cos\theta \to 0$ 时，逆矩阵计算出现奇异性，即由 $(\omega_{xb},\omega_{yb},\omega_{zb})^{\mathrm{T}}$ 计算 $(\dot{\varphi},\dot{\theta},\dot{\psi})^{\mathrm{T}}$ 时出现奇异性。

2.2　地球中心引力场中空间碎片椭圆轨道

地球中心引力场是指将地球看成理想球形体，不考虑地球为非球形，以及其

他摄动因素(大气阻力、日月引力、太阳光压等)的情况。

2.2.1　空间碎片的椭圆轨道运动

在轨道坐标系 PQW 中，空间碎片的位置矢量为

$$\boldsymbol{r}_p = r\cos f \cdot \hat{\boldsymbol{P}} + r\sin f \cdot \hat{\boldsymbol{Q}} \tag{2.26}$$

$$r = \frac{a(1-e^2)}{1+e\cos f} \tag{2.27}$$

式中，r 为矢径大小(地心距)；a 为轨道半长轴；e 为轨道偏心率($0 \leqslant e < 1$)；f 为真近角。

空间碎片的速度矢量为

$$\boldsymbol{v}_p = \sqrt{\frac{\mu}{a(1-e^2)}}[-\sin f \cdot \hat{\boldsymbol{P}} + (e+\cos f)\hat{\boldsymbol{Q}}] \tag{2.28}$$

$$v = \sqrt{\mu\left(\frac{2}{r} - \frac{1}{a}\right)} \tag{2.29}$$

式中，μ为地心引力常数，可取 μ=3.98600436 ×10^5km^3/s^2 。

近地点半径和远地点半径分别为

$$r_p = a(1-e), \quad r_a = a(1+e) \tag{2.30}$$

平均角速度为

$$n = \sqrt{\frac{\mu}{a^3}} \tag{2.31}$$

沿椭圆轨道运动一周的时间为

$$T = 2\pi\sqrt{\frac{a^3}{\mu}} \tag{2.32}$$

平近角为

$$M = n(t - t_p) \tag{2.33}$$

式中，t_p 为过近地点时刻。

开普勒方程给出了平近角与偏近角的关系：

$$M = n(t - t_p) = E - e\sin E \tag{2.34}$$

式中，当 $t = t_p$ 时，$E = 0$ 。开普勒方程反映了偏近角随着时间的变化。

图 2.6 为椭圆轨道与辅助圆、真近角与偏近角，用公式具体表示为

$$\tan\frac{f}{2}=\sqrt{\frac{1+e}{1-e}}\tan\frac{E}{2} \tag{2.35}$$

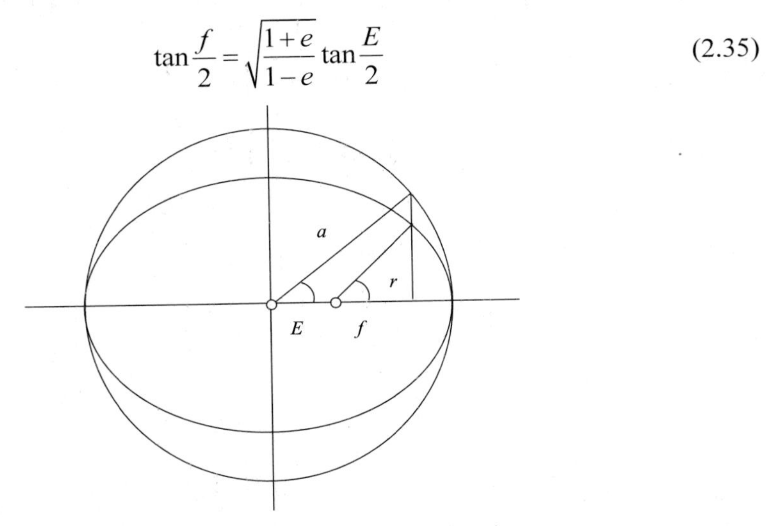

图 2.6　椭圆轨道与辅助圆、真近角与偏近角

在轨道坐标系 PQW 中，已知轨道要素 (a,e,i,Ω,ω,f) ，空间碎片在赤道惯性坐标系 XYZ 的位置矢量为

$$\boldsymbol{r}_X=\boldsymbol{Q}_{XP}\boldsymbol{r}_p=\boldsymbol{R}_3(-\Omega)\boldsymbol{R}_1(-i)\boldsymbol{R}_3(-\omega)\boldsymbol{r}_p \tag{2.36}$$

可得

$$\boldsymbol{r}_X=\begin{bmatrix}r_x\\r_y\\r_z\end{bmatrix}=\boldsymbol{Q}_{XP}\begin{bmatrix}r_P\\r_Q\\r_W\end{bmatrix}=\boldsymbol{R}_3(-\Omega)\boldsymbol{R}_1(-i)\boldsymbol{R}_3(-\omega)\begin{bmatrix}r\cos f\\r\sin f\\0\end{bmatrix} \tag{2.37}$$

同理，有

$$\boldsymbol{v}_X=\boldsymbol{Q}_{XP}\boldsymbol{v}_p=\boldsymbol{R}_3(-\Omega)\boldsymbol{R}_1(-i)\boldsymbol{R}_3(-\omega)\boldsymbol{v}_p \tag{2.38}$$

可得

$$\boldsymbol{v}_X=\begin{bmatrix}v_x\\v_y\\v_z\end{bmatrix}=\boldsymbol{Q}_{XP}\begin{bmatrix}v_P\\v_Q\\v_W\end{bmatrix}=\boldsymbol{R}_3(-\Omega)\boldsymbol{R}_1(-i)\boldsymbol{R}_3(-\omega)\sqrt{\frac{\mu}{p}}\begin{bmatrix}-\sin f\\e+\cos f\\0\end{bmatrix} \tag{2.39}$$

式中， $p=a(1-e^2)$ 。

2.2.2　空间碎片的圆轨道运动

对于圆轨道 $e=0$ 、 $r=a$ ，轨道平面内空间碎片速度为

$$v=\sqrt{\frac{\mu}{r}} \tag{2.40}$$

角速度和真近角随时间的变化为

$$n=\sqrt{\frac{\mu}{r^3}}\ ,\quad \frac{\mathrm{d}f}{\mathrm{d}t}=n=\frac{v}{r} \tag{2.41}$$

沿圆轨道运动一周的时间为

$$T=2\pi\sqrt{\frac{r^3}{\mu}} \tag{2.42}$$

2.3 激光烧蚀力和大气阻力下空间碎片运动轨道分析方法

空间碎片在地球引力场作用下，运动方程为

$$\frac{\mathrm{d}^2\boldsymbol{r}}{\mathrm{d}t^2}=-\mu\frac{\boldsymbol{r}}{r^3}+\boldsymbol{F} \tag{2.43}$$

式中，$\boldsymbol{r}$ 为赤道惯性坐标系中空间碎片位置矢量。式(2.43)等号右边的第一项表示地球中心引力场作用，第二项表示其他摄动力的作用，包括地球非球形、大气阻力、太阳光压、日月引力等。

在激光操控空间碎片中，需要分析激光烧蚀力和大气阻力对空间碎片轨道的影响，即在空间碎片运动方程中，可将激光烧蚀力和大气阻力看作摄动力，利用轨道摄动方程来研究和分析其运动轨道。

2.3.1 轨道摄动方程

在赤道惯性坐标系中，空间碎片的轨道参数为(a,e,i,Ω,ω,M)，其中，a为轨道半长轴，e为轨道偏心率，i为轨道倾角，Ω为升交点赤经，ω为近地点幅角，M为平近角。

摄动力采用空间碎片单位质量的作用力表示，在径向横向坐标系STW中，表示为

$$\boldsymbol{F}=F_S\hat{\boldsymbol{S}}+F_T\hat{\boldsymbol{T}}+F_W\hat{\boldsymbol{W}} \tag{2.44}$$

式中，径向力为F_S(径向增大方向为正)；横向力为F_T(指向运动方向为正)；法向力为F_W(垂直轨道平面，与运动方向成右手螺旋为正)。空间碎片轨道摄动方程为

$$\frac{\mathrm{d}a}{\mathrm{d}t}=\frac{2}{n\sqrt{1-e^2}}\left[F_S e\sin f+F_T\left(\frac{p}{r}\right)\right] \tag{2.45}$$

$$\frac{\mathrm{d}e}{\mathrm{d}t}=\frac{\sqrt{1-e^2}}{na}\left[F_S\sin f+F_T(\cos E+\cos f)\right] \tag{2.46}$$

$$\frac{\mathrm{d}i}{\mathrm{d}t}=\frac{r\cos u}{na^2\sqrt{1-e^2}}F_W \tag{2.47}$$

$$\frac{\mathrm{d}\Omega}{\mathrm{d}t}=\frac{r\sin u}{na^2\sqrt{1-e^2}\sin i}F_W \tag{2.48}$$

$$\frac{\mathrm{d}\omega}{\mathrm{d}t}=\frac{\sqrt{1-e^2}}{nae}\left[-F_S\cos f+F_T\left(1+\frac{r}{p}\right)\sin f\right]-\cos i\frac{\mathrm{d}\Omega}{\mathrm{d}t} \tag{2.49}$$

$$\frac{\mathrm{d}M}{\mathrm{d}t}=n+\frac{1-e^2}{nae}\left[F_S\left(\cos f-2e\frac{r}{p}\right)-F_T\left(1+\frac{r}{p}\right)\sin f\right] \tag{2.50}$$

式中，$u=\omega+f$。

在赤道惯性坐标系中，采用轨道参数(a,e,i,Ω,ω,M)描述空间碎片轨道运动，具有物理意义明确、简单、直观、方便的特点，但是，当偏心率$e\to 0$和$\sin i\to 0$时，上述方程出现奇异性。

对于椭圆轨道，当$\omega+f=0$或$\omega+f=\pi$(升交点或降交点)时，法向力F_W对轨道倾角改变影响最大；当$\omega+f=\pi/2$或$\omega+f=(3/2)\pi$时，法向力F_W对升交点赤经改变影响最大。

2.3.2 小偏心率下空间碎片轨道摄动方程

从空间碎片的分布来看，大多数空间碎片的偏心率较小、倾角较大，需要采用小偏心率下轨道摄动方程。小偏心率下轨道摄动方程通过变量代换方法，消除偏心率$e\to 0$所带来的奇异性。小偏心率下轨道摄动方程有多种表达式，此处，采用便于空间碎片轨道分析的一种表达式，其中开普勒方程采用迭代方法求解，并且详细分析和讨论了变量代换问题。

图 2.7 为小偏心率下变量代换，在轨道坐标系PQW中，定义偏心率矢量为$\boldsymbol{e}=e\hat{\boldsymbol{P}}$，赤道惯性坐标系$XYZ$围绕$Z$轴旋转$\Omega$，再围绕$X$轴旋转$i$，到达坐标系$X'Y'Z'$，在坐标系$X'Y'Z'$中，偏心率矢量的分量为

$$\xi=e_{Y'}=e\sin\omega\text{，}\quad \eta=e_{X'}=e\cos\omega \tag{2.51}$$

式中，ω为近地点幅角。显然，当偏心率$e\to 0$($e\neq 0$)时，可采用变量(ξ,η)表示近地点的位置。

当偏心率$e\to 0$($e\neq 0$)时，引入以下变量：

$$\begin{cases}\xi=e\sin\omega\\ \eta=e\cos\omega\\ \lambda=M+\omega\end{cases} \tag{2.52}$$

通过变量代换，可得轨道摄动方程为

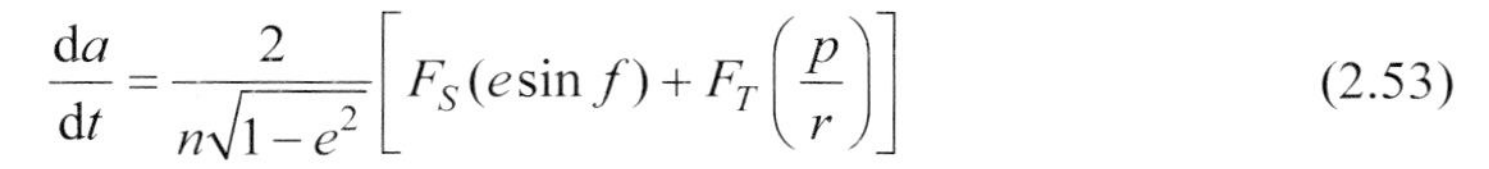

$$\frac{\mathrm{d}a}{\mathrm{d}t}=\frac{2}{n\sqrt{1-e^2}}\left[F_S(e\sin f)+F_T\left(\frac{p}{r}\right)\right] \tag{2.53}$$

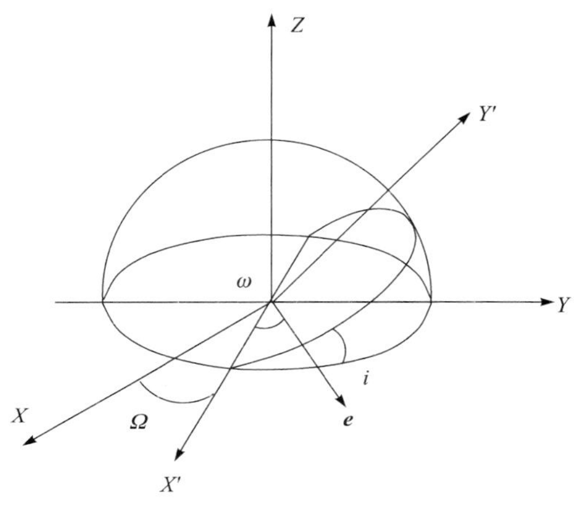

图 2.7　小偏心率下变量代换

$$\frac{\mathrm{d}i}{\mathrm{d}t}=\frac{r\cos u}{na^2\sqrt{1-e^2}}F_W \tag{2.54}$$

$$\frac{\mathrm{d}\Omega}{\mathrm{d}t}=\frac{r\sin u}{na^2\sqrt{1-e^2}\sin i}F_W \tag{2.55}$$

$$\frac{\mathrm{d}\xi}{\mathrm{d}t}=-\eta\cos i\frac{\mathrm{d}\Omega}{\mathrm{d}t}+\frac{\sqrt{1-e^2}}{na}\left[\begin{aligned}&-F_S\cos u+F_T(\sin u+\sin\tilde{u})\\&+F_T\frac{\eta(e\sin E)}{\sqrt{1-e^2}\left(1+\sqrt{1-e^2}\right)}\end{aligned}\right] \tag{2.56}$$

$$\frac{\mathrm{d}\eta}{\mathrm{d}t}=\xi\cos i\frac{\mathrm{d}\Omega}{\mathrm{d}t}+\frac{\sqrt{1-e^2}}{na}\left[\begin{aligned}&F_S\sin u+F_T(\cos u+\cos\tilde{u})\\&-F_T\frac{\xi(e\sin E)}{\sqrt{1-e^2}\left(1+\sqrt{1-e^2}\right)}\end{aligned}\right] \tag{2.57}$$

$$\begin{aligned}\frac{\mathrm{d}\lambda}{\mathrm{d}t}=&\,n-\cos i\frac{\mathrm{d}\Omega}{\mathrm{d}t}-\frac{2r}{na^2}F_S\\&+\frac{\sqrt{1-e^2}}{na\left(1+\sqrt{1-e^2}\right)}\left[-F_S(e\cos f)+F_T\left(1+\frac{r}{p}\right)(e\sin f)\right]\end{aligned} \tag{2.58}$$

式中，$u=\omega+f$；$\tilde{u}=\omega+E$。从而，将轨道参数 (a,e,i,Ω,ω,M) 表示的摄动方程变量代换为轨道参数 $(a,i,\Omega,\xi,\eta,\lambda)$ 表示的摄动方程。

此时，在赤道惯性坐标系 XYZ 中，空间碎片位置矢量和速度矢量分别为

$$\boldsymbol{r}_X = \boldsymbol{R}_3(-\Omega)\boldsymbol{R}_1(-i)\boldsymbol{R}_3(-\omega)\begin{bmatrix} r\cos f \\ r\sin f \\ 0 \end{bmatrix} = \boldsymbol{R}_3(-\Omega)\boldsymbol{R}_1(-i)\begin{bmatrix} r\cos u \\ r\sin u \\ 0 \end{bmatrix} \tag{2.59}$$

$$\begin{aligned}\boldsymbol{v}_X &= \boldsymbol{R}_3(-\Omega)\boldsymbol{R}_1(-i)\boldsymbol{R}_3(-\omega)\sqrt{\frac{\mu}{p}}\begin{bmatrix} -\sin f \\ e+\cos f \\ 0 \end{bmatrix} \\ &= \boldsymbol{R}_3(-\Omega)\boldsymbol{R}_1(-i)\sqrt{\frac{\mu}{p}}\begin{bmatrix} -(\sin u+\xi) \\ \cos u+\eta \\ 0 \end{bmatrix}\end{aligned} \tag{2.60}$$

式中，$\boldsymbol{R}(\cdot)$ 为单轴旋转变换矩阵，下标为旋转轴序号。

在上述摄动方程中，包括 $\sin\tilde{u}$ 和 $\cos\tilde{u}$ 、 $\sin u$ 和 $\cos u$ 、 $e\sin f$ 和 $e\cos f$ 、 $e\sin\varphi$ 、 r 和 p 等变换代换问题。

2.3.3 小偏心率下轨道摄动方程的求解

1. 开普勒方程的变换和迭代求解

将 $\xi = e\sin\omega$、 $\eta = e\cos\omega$和$\lambda = M+\omega$ 代入开普勒方程 $M = E - e\sin E$ ，可得

$$\lambda - \omega = E - e\sin(\tilde{u}-\omega) \tag{2.61}$$

整理得

$$\begin{aligned}\tilde{u} &= \lambda + e\sin(\tilde{u}-\omega) = \lambda + \sin\tilde{u}(e\cos\omega) - \cos\tilde{u}(e\sin\omega) \\ &= \lambda + \eta\sin\tilde{u} - \xi\cos\tilde{u}\end{aligned} \tag{2.62}$$

为了采用迭代法求解，令 $\tilde{u} = g(\tilde{u}) = \lambda + \eta\sin\tilde{u} - \xi\cos\tilde{u}$ ，可得

$$\begin{aligned}\frac{\mathrm{d}g(\tilde{u})}{\mathrm{d}\tilde{u}} &= \eta\cos\tilde{u} + \xi\sin\tilde{u} = e\cos\omega\cos\tilde{u} + e\sin\omega\sin\tilde{u} \\ &= e\cos(\tilde{u}-\omega) = e\cos E\end{aligned} \tag{2.63}$$

由于 $|\mathrm{d}g(\tilde{u})/\mathrm{d}\tilde{u}| = |e\cos E| \leqslant e < 1$ ，因此可迭代求解。由于 $\tilde{u} = \lambda + e\sin E$ ，$|\tilde{u}-\lambda| = |e\sin E| \leqslant e$ ，因此迭代起步初值可取 $\tilde{u}_0 = \lambda$ 。在给定 (ξ,η,λ) 条件下，根据开普勒方程迭代求解 $\tilde{u}$ ，进而计算 $\sin\tilde{u}$ 和 $\cos\tilde{u}$ 。

2. $e\sin E$ 和 $e\cos E$ 的变换和计算

$$\begin{aligned}e\sin E &= e\sin(\tilde{u}-\omega) = \sin\tilde{u}(e\cos\omega) - \cos\tilde{u}(e\sin\omega) \\ &= \eta\sin\tilde{u} - \xi\cos\tilde{u}\end{aligned} \tag{2.64}$$

$$
\begin{aligned}
e\cos E &= e\cos(\tilde{u}-\omega) = \cos\tilde{u}(e\cos\omega) + \sin\tilde{u}(e\sin\omega) \\
&= \eta\cos\tilde{u} + \xi\sin\tilde{u}
\end{aligned} \tag{2.65}
$$

3. r 和 p 的变换和计算

在轨道坐标系 PQW 中，偏近角 E 表示的地心距为 $r=a(1-e\cos E)$，故有

$$
r = a(1-e\cos E) = a(1-\eta\cos\tilde{u} - \xi\sin\tilde{u}) \tag{2.66}
$$

由于 $e^2=\xi^2+\eta^2$，因此有

$$
p = a(1-e^2) = a(1-\xi^2-\eta^2) \tag{2.67}
$$

4. $e\sin f$ 和 $e\cos f$ 的变换和计算

由于

$$
\begin{cases}
\sin f = \dfrac{\sqrt{1-e^2}\sin E}{1-e\cos E} \\
\cos f = \dfrac{\cos E - e}{1-e\cos E}
\end{cases} \tag{2.68}
$$

因此有

$$
e\sin f = \left(\frac{a}{r}\right)\sqrt{1-e^2}(e\sin E) = \left(\frac{a}{r}\right)\sqrt{1-e^2}(\eta\sin\tilde{u} - \xi\cos\tilde{u}) \tag{2.69}
$$

$$
\begin{aligned}
e\cos f &= \left(\frac{a}{r}\right)\left(e\cos E - e^2\right) = \left(\frac{a}{r}\right)\left(\eta\cos\tilde{u} + \xi\sin\tilde{u} - e^2\right) \\
&= \left(\frac{a}{r}\right)\left(\eta\cos\tilde{u} + \xi\sin\tilde{u} - \xi^2 - \eta^2\right)
\end{aligned} \tag{2.70}
$$

5. $\sin u$ 和 $\cos u$ 的变换和计算

先求 $\sin(f-E)$ 和 $\cos(f-E)$，即

$$
\begin{aligned}
\sin(f-E) &= \frac{1}{1-e\cos E}\left[\left(\sqrt{1-e^2}-1\right)\sin E\cos E + e\sin E\right] \\
&= \frac{1}{1-e\cos E}\left[-\frac{1}{\sqrt{1-e^2}+1}(\eta\sin\tilde{u} - \xi\cos\tilde{u})(\eta\cos\tilde{u} + \xi\sin\tilde{u}) + \eta\sin\tilde{u} - \xi\cos\tilde{u}\right] \\
&= \frac{a}{r}\left(-\frac{\eta^2\sin\tilde{u}\cos\tilde{u} - \xi\eta\cos^2\tilde{u} + \eta\xi\sin^2\tilde{u} - \xi^2\sin\tilde{u}\cos\tilde{u}}{\sqrt{1-e^2}+1} + \eta\sin\tilde{u} - \xi\cos\tilde{u}\right)
\end{aligned} \tag{2.71}
$$

$$\cos(f-E)=\frac{1}{1-e\cos E}\left[1-e\cos E-\frac{1}{\sqrt{1-e^2}+1}(e\sin E)^2\right]$$
$$=\frac{a}{r}\left[1-\eta\cos\tilde{u}-\xi\sin\tilde{u}-\frac{1}{\sqrt{1-e^2}+1}(\eta\sin\tilde{u}-\xi\cos\tilde{u})^2\right]$$
$$=\frac{a}{r}\left(1-\eta\cos\tilde{u}-\xi\sin\tilde{u}-\frac{\eta^2\sin^2\tilde{u}-2\eta\xi\sin\tilde{u}\cos\tilde{u}+\xi^2\cos^2\tilde{u}}{\sqrt{1-e^2}+1}\right) \tag{2.72}$$

从而，有

$$\sin u=\sin[(\omega+E)+(f-E)]=\sin\tilde{u}\cos(f-E)+\cos\tilde{u}\sin(f-E)$$
$$=\frac{a}{r}\left(\sin\tilde{u}-\eta\sin\tilde{u}\cos\tilde{u}-\xi\sin^2\tilde{u}\right.$$
$$\left.-\frac{\eta^2\sin^3\tilde{u}-2\eta\xi\sin^2\tilde{u}\cos\tilde{u}+\xi^2\sin\tilde{u}\cos^2\tilde{u}}{\sqrt{1-e^2}+1}\right)$$
$$+\frac{a}{r}\left(-\frac{\eta^2\sin\tilde{u}\cos^2\tilde{u}-\xi\eta\cos^3\tilde{u}+\eta\xi\sin^2\tilde{u}\cos\tilde{u}-\xi^2\sin\tilde{u}\cos^2\tilde{u}}{\sqrt{1-e^2}+1}\right.$$
$$\left.+\eta\sin\tilde{u}\cos\tilde{u}-\xi\cos^2\tilde{u}\right)$$
$$=\frac{a}{r}\left[(\sin\tilde{u}-\xi)-\frac{\eta(\eta\sin\tilde{u}-\xi\cos\tilde{u})}{1+\sqrt{1-e^2}}\right] \tag{2.73}$$

$$\cos u=\cos[(\omega+E)+(f-E)]=\cos\tilde{u}\cos(f-E)-\sin\tilde{u}\sin(f-E)$$
$$=\frac{a}{r}\left(\cos\tilde{u}-\eta\cos^2\tilde{u}-\xi\sin\tilde{u}\cos\tilde{u}\right.$$
$$\left.-\frac{\eta^2\sin^2\tilde{u}\cos\tilde{u}-2\eta\xi\sin\tilde{u}\cos^2\tilde{u}+\xi^2\cos^3\tilde{u}}{\sqrt{1-e^2}+1}\right)$$
$$+\frac{a}{r}\left(\frac{\eta^2\sin^2\tilde{u}\cos\tilde{u}-\xi\eta\sin\tilde{u}\cos^2\tilde{u}+\eta\xi\sin^3\tilde{u}-\xi^2\sin^2\tilde{u}\cos\tilde{u}}{\sqrt{1-e^2}+1}\right.$$
$$\left.-\eta\sin^2\tilde{u}+\xi\sin\tilde{u}\cos\tilde{u}\right)$$
$$=\frac{a}{r}\left[(\cos\tilde{u}-\eta)+\frac{\xi(\eta\sin\tilde{u}-\xi\cos\tilde{u})}{1+\sqrt{1-e^2}}\right] \tag{2.74}$$

6. 位置矢量和速度矢量的变换和计算

围绕第三轴旋转变换矩阵为

$$\boldsymbol{R}_3(\theta)=\begin{bmatrix}\cos\theta & \sin\theta & 0\\ -\sin\theta & \cos\theta & 0\\ 0 & 0 & 1\end{bmatrix} \tag{2.75}$$

故有

$$\boldsymbol{R}_3(-\omega)=\begin{bmatrix}\cos\omega & -\sin\omega & 0\\ \sin\omega & \cos\omega & 0\\ 0 & 0 & 1\end{bmatrix} \tag{2.76}$$

从而对于位置矢量和速度矢量，具体有

$$\boldsymbol{R}_3(-\omega)\begin{bmatrix}r\cos f\\ r\sin f\\ 0\end{bmatrix}=\begin{bmatrix}\cos\omega & -\sin\omega & 0\\ \sin\omega & \cos\omega & 0\\ 0 & 0 & 1\end{bmatrix}\begin{bmatrix}r\cos f\\ r\sin f\\ 0\end{bmatrix}=\begin{bmatrix}r\cos u\\ r\sin u\\ 0\end{bmatrix} \tag{2.77}$$

$$\begin{aligned}\boldsymbol{R}_3(-\omega)\sqrt{\frac{\mu}{p}}\begin{bmatrix}-\sin f\\ e+\cos f\\ 0\end{bmatrix}&=\sqrt{\frac{\mu}{p}}\begin{bmatrix}\cos\omega & -\sin\omega & 0\\ \sin\omega & \cos\omega & 0\\ 0 & 0 & 1\end{bmatrix}\begin{bmatrix}-\sin f\\ e+\cos f\\ 0\end{bmatrix}\\ &=\sqrt{\frac{\mu}{p}}\begin{bmatrix}-(\sin u+\xi)\\ \cos u+\eta\\ 0\end{bmatrix}\end{aligned} \tag{2.78}$$

7. $\mathrm{d}\xi/\mathrm{d}t$ 的变换

已知

$$\frac{\mathrm{d}e}{\mathrm{d}t}=\frac{\sqrt{1-e^2}}{na}\left[F_S\sin f+F_T(\cos E+\cos f)\right] \tag{2.79}$$

$$\frac{\mathrm{d}\omega}{\mathrm{d}t}=\frac{\sqrt{1-e^2}}{nae}\left[-F_S\cos f+F_T\left(1+\frac{r}{p}\right)\sin f\right]-\cos i\frac{\mathrm{d}\Omega}{\mathrm{d}t} \tag{2.80}$$

$$\frac{\mathrm{d}M}{\mathrm{d}t}=n+\frac{1-e^2}{nae}\left[F_S\left(\cos f-2e\frac{r}{p}\right)-F_T\left(1+\frac{r}{p}\right)\sin f\right] \tag{2.81}$$

证明

$$-F_T\cos\omega\sin E+F_T\left(\frac{r}{p}\right)\cos\omega\sin f=F_T\frac{(e\cos\omega)(e\sin E)}{\sqrt{1-e^2}\left(1+\sqrt{1-e^2}\right)} \tag{2.82}$$

即有

$$
\begin{aligned}
& -F_T\cos\omega\sin E + F_T\left(\frac{r}{p}\right)\cos\omega\sin f \\
&= -F_T\cos\omega\sin E + F_T\frac{1-e\cos E}{1-e^2}\cos\omega\frac{\sqrt{1-e^2}\sin E}{1-e\cos E} \\
&= -F_T\cos\omega\sin E + F_T\frac{1}{\sqrt{1-e^2}}\cos\omega\sin E \\
&= F_T\frac{1}{\sqrt{1-e^2}}\left(1-\sqrt{1-e^2}\right)\cos\omega\sin E = F_T\frac{(e\cos\omega)(e\sin E)}{\sqrt{1-e^2}\left(1+\sqrt{1-e^2}\right)}
\end{aligned} \tag{2.83}
$$

因此，有

$$
\begin{aligned}
\frac{\mathrm{d}\xi}{\mathrm{d}t} &= \frac{\mathrm{d}e}{\mathrm{d}t}\sin\omega + e\cos\omega\frac{\mathrm{d}\omega}{\mathrm{d}t} \\
&= \frac{\sqrt{1-e^2}}{na}\left[F_S\sin\omega\sin f + F_T(\sin\omega\cos E + \sin\omega\cos f)\right] \\
&\quad + \frac{\sqrt{1-e^2}}{na}\left[-F_S\cos\omega\cos f + F_T\left(1+\frac{r}{p}\right)\cos\omega\sin f\right] \\
&\quad - e\cos\omega\cos i\frac{\mathrm{d}\Omega}{\mathrm{d}t} \\
&= \frac{\sqrt{1-e^2}}{na}\left[\begin{matrix} -F_S\cos(\omega+f) + F_T\sin(\omega+f) + F_T\sin(\omega+E) \\ -F_T\cos\omega\sin E + F_T\left(\dfrac{r}{p}\right)\cos\omega\sin f \end{matrix}\right] \\
&\quad - e\cos\omega\cos i\frac{\mathrm{d}\Omega}{\mathrm{d}t} \\
&= \frac{\sqrt{1-e^2}}{na}\left[\begin{matrix} -F_S\cos(\omega+f) + F_T\sin(\omega+f) + F_T\sin(\omega+E) \\ +F_T\dfrac{(e\cos\omega)(e\sin E)}{\sqrt{1-e^2}\left(1+\sqrt{1-e^2}\right)} \end{matrix}\right] \\
&\quad - e\cos\omega\cos i\frac{\mathrm{d}\Omega}{\mathrm{d}t}
\end{aligned} \tag{2.84}
$$

8. $\mathrm{d}\eta/\mathrm{d}t$ 的变换

证明

$$
F_T\sin\omega\sin E - F_T\left(\frac{r}{p}\right)\sin\omega\sin f = -F_T\frac{(e\sin\omega)(e\sin E)}{\sqrt{1-e^2}\left(1+\sqrt{1-e^2}\right)} \tag{2.85}
$$

即有

$$
\begin{aligned}
&F_T \sin\omega \sin E - F_T\left(\frac{r}{p}\right)\sin\omega\sin f \\
&= F_T \sin\omega\sin E - F_T\frac{1-e\cos E}{1-e^2}\sin\omega\frac{\sqrt{1-e^2}\sin E}{1-e\cos E} \\
&= -F_T\frac{1}{\sqrt{1-e^2}}\left(1-\sqrt{1-e^2}\right)\sin\omega\sin E = -F_T\frac{(e\sin\omega)(e\sin E)}{\sqrt{1-e^2}\left(1+\sqrt{1-e^2}\right)}
\end{aligned}
\tag{2.86}
$$

因此，有

$$
\begin{aligned}
\frac{\mathrm{d}\eta}{\mathrm{d}t} &= \frac{\mathrm{d}e}{\mathrm{d}t}\cos\omega - e\sin\omega\frac{\mathrm{d}\omega}{\mathrm{d}t} \\
&= \frac{\sqrt{1-e^2}}{na}\left[F_S\cos\omega\sin f + F_T(\cos\omega\cos E + \cos\omega\cos f)\right] \\
&\quad - \frac{\sqrt{1-e^2}}{na}\left[-F_S\sin\omega\cos f + F_T\left(1+\frac{r}{p}\right)\sin\omega\sin f\right] + e\sin\omega\cos i\frac{\mathrm{d}\Omega}{\mathrm{d}t} \\
&= \frac{\sqrt{1-e^2}}{na}\left[\begin{aligned}&F_S\sin(\omega+f) + F_T\cos(\omega+f) + F_T\cos(\omega+E) \\ &+F_T\sin\omega\sin E - F_T\left(\frac{r}{p}\right)\sin\omega\sin f\end{aligned}\right] \\
&\quad + e\sin\omega\cos i\frac{\mathrm{d}\Omega}{\mathrm{d}t} \\
&= \frac{\sqrt{1-e^2}}{na}\left[\begin{aligned}&F_S\sin(\omega+f) + F_T\cos(\omega+f) + F_T\cos(\omega+E) \\ &-F_T\frac{(e\sin\omega)(e\sin E)}{\sqrt{1-e^2}\left(1+\sqrt{1-e^2}\right)}\end{aligned}\right] \\
&\quad + e\sin\omega\cos i\frac{\mathrm{d}\Omega}{\mathrm{d}t}
\end{aligned}
\tag{2.87}
$$

9. $\mathrm{d}\lambda/\mathrm{d}t$ 的变换

$$
\begin{aligned}
\frac{\mathrm{d}\lambda}{\mathrm{d}t} &= \frac{\mathrm{d}M}{\mathrm{d}t} + \frac{\mathrm{d}\omega}{\mathrm{d}t} \\
&= n + \frac{1-e^2}{nae}\left[F_S\left(\cos f - 2e\frac{r}{p}\right) - F_T\left(1+\frac{r}{p}\right)\sin f\right] \\
&\quad + \frac{\sqrt{1-e^2}}{nae}\left[-F_S\cos f + F_T\left(1+\frac{r}{p}\right)\sin f\right] - \cos i\frac{\mathrm{d}\Omega}{\mathrm{d}t}
\end{aligned}
$$

$$
\begin{aligned}
&= n - \cos i\frac{\mathrm{d}\Omega}{\mathrm{d}t} - \frac{2r}{na^2}F_S \\
&\quad + \frac{\sqrt{1-e^2}}{nae}\left[\begin{array}{l}\sqrt{1-e^2}F_S\cos f - \sqrt{1-e^2}F_T\left(1+\dfrac{r}{p}\right)\sin f \\ -F_S\cos f + F_T\left(1+\dfrac{r}{p}\right)\sin f\end{array}\right] \\
&= n - \cos i\frac{\mathrm{d}\Omega}{\mathrm{d}t} - \frac{2r}{na^2}F_S + \frac{\sqrt{1-e^2}}{na\left(1+\sqrt{1-e^2}\right)}\Big[-F_S(e\cos f) \\
&\quad + F_T\left(1+\frac{r}{p}\right)(e\sin f)\Big]
\end{aligned} \tag{2.88}
$$

为了避免摄动方程的奇异性，按照变量代换后摄动方程求解的轨道参数为$(a,i,\Omega,\xi = e\sin\omega,\eta = e\cos\omega,\lambda = M+\omega)$，其中变量$(\xi,\eta,\lambda)$的物理意义不够直观，在计算过程中可输出轨道参数$(e,u)$。

已知

$$
\sin u = \frac{a}{r}\left[\sin\tilde{u} - \xi - \frac{\eta(\eta\sin\tilde{u} - \xi\cos\tilde{u})}{1+\sqrt{1-e^2}}\right] \tag{2.89}
$$

$$
\cos u = \frac{a}{r}\left[\cos\tilde{u} - \eta + \frac{\xi(\eta\sin\tilde{u} - \xi\cos\tilde{u})}{1+\sqrt{1-e^2}}\right] \tag{2.90}
$$

根据$\sin u$和$\cos u$，由$y=\sin u/\cos u$计算角度u（$0\leqslant u<2\pi$），可采用以下方法。

当$\sin u\geqslant 0$和$\cos u\geqslant 0$时，有

$$
u = \begin{cases} \pi/2, & 0\leqslant \cos u\leqslant \mathrm{eps} \\ \arctan\left(\dfrac{\sin u}{\cos u}\right), & \text{其他} \end{cases} \tag{2.91}
$$

当$\sin u\geqslant 0$和$\cos u<0$时，有

$$
u = \begin{cases} \pi/2, & -\mathrm{eps}\leqslant \cos u< 0 \\ \pi+\arctan\left(\dfrac{\sin u}{\cos u}\right), & \text{其他} \end{cases} \tag{2.92}
$$

当$\sin u<0$和$\cos u\leqslant 0$时，有

$$
u = \begin{cases} 3\pi/2, & -\mathrm{eps}\leqslant \cos u\leqslant 0 \\ \pi+\arctan\left(\dfrac{\sin u}{\cos u}\right), & \text{其他} \end{cases} \tag{2.93}
$$

当 $\sin u<0$ 和 $\cos u>0$ 时，有

$$u=\begin{cases}3\pi/2, & 0<\cos u\leqslant \text{eps}\\ 2\pi+\arctan\left(\dfrac{\sin u}{\cos u}\right), & \text{其他}\end{cases}\tag{2.94}$$

式中，eps 可根据计算精度要求选取，例如，当 $\text{eps}=10^{-13}$ 时，u 的计算精度为 10^{-14}。

偏心率为

$$e=\sqrt{\xi^2+\eta^2}\tag{2.95}$$

2.4　空间碎片的冲量耦合效应和激光烧蚀力

激光烧蚀力产生原理为：在激光辐照和烧蚀下，空间碎片表面迅速熔融、气化、离化，形成高速反喷激光等离子体羽流，将激光能量转化为羽流动能，产生激光烧蚀力，使得空间碎片获得速度增量。

在激光操控空间碎片过程中，利用激光烧蚀力产生的作用力和力矩，使得空间碎片改变运动轨道和姿态，因此有必要分析和讨论激光烧蚀力的基本特点。

2.4.1　冲量耦合效应

图 2.8 给出了激光与靶材相互作用，其中冲量耦合效应是指在激光辐照和烧蚀下，激光与靶材物质相互作用，将激光能量转化为羽流动能，使得靶材获得冲量。

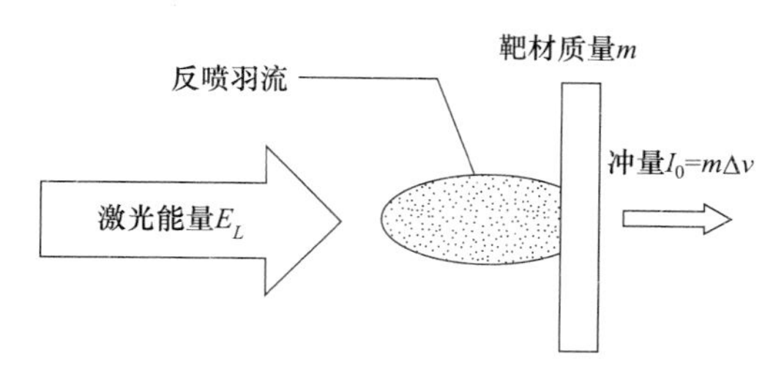

图 2.8　激光与靶材相互作用

冲量耦合效应采用冲量耦合系数定量表示。对于脉冲激光，设激光的单脉冲能量为 E_L，靶材获得的冲量为 I_0，冲量耦合系数 C_m 为

$$C_m=\frac{I_0}{E_L}$$

式中，冲量耦合系数单位为 N · s/J 或 N/W，冲量耦合系数反映消耗单位激光能量获得的冲量，表示激光能量利用效率。

激光与靶材物质相互作用机理为：靶材表面注入高功率密度激光，靶材表面温度迅速上升，当靶材表面达到熔点时，熔化处于熔融状态，表面温度继续上升；当靶材达到气化温度时，释放蒸气，蒸气进一步电离形成等离子体，产生反喷羽流，使得靶材获得冲量。

2.4.2 冲量耦合系数曲线

在给定靶材物质、激光波长和脉宽条件下，冲量耦合系数随着激光功率密度变化的曲线称为冲量耦合系数曲线。

图 2.9 为典型铝质空间碎片在纳秒脉冲激光辐照下冲量耦合系数随激光功率密度的变化，可以看出，冲量耦合系数在激光功率密度逐渐增大的情况下，其数值先迅速增大后逐渐减小，存在最佳冲量耦合系数，在最佳冲量耦合系数后，当达到激光等离子体形成阈值激光功率密度时，在等离子体屏蔽作用影响下导致冲量耦合系数开始逐渐减小。

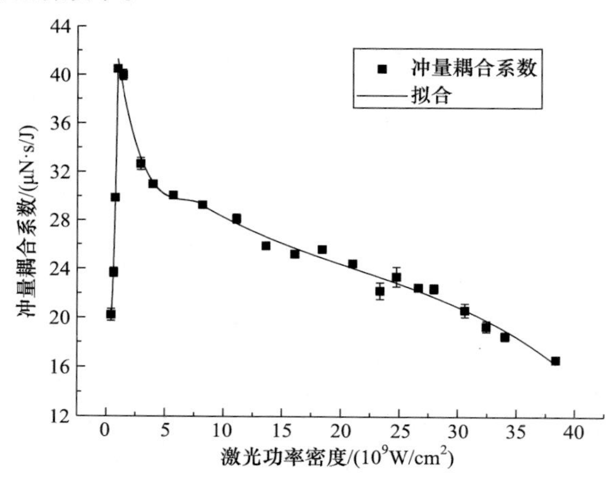

图 2.9 典型铝质空间碎片在纳秒脉冲激光辐照下冲量耦合系数随激光功率密度的变化

美国学者 Phipps 等进行了大量的平面靶材冲量耦合系数的测量实验，并且通过实验观测和数据分析，提出了以下观点和结论。

(1) 当激光束沿着靶材平面法向辐照时，激光等离子体反喷方向沿着靶材平面法向。并且，冲量耦合系数为

$$C_m = \frac{I_0}{E_L} = \frac{I_0}{I_L \tau_L A_L} \tag{2.96}$$

式中，I_0 为单脉冲冲量，靶材表面注入激光单脉冲能量为 $E_L = I_L \tau_L A_L$； I_L 为激光功率密度；τ_L 为激光脉宽；A_L 为激光辐照面积。

(2) 当激光束斜向辐照靶材平面时，即使激光束辐照角度发生变化，激光等离

子体反喷方向还是沿着靶材平面法向。此时，单脉冲冲量需要采用矢量表示。

图 2.10 给出了单脉冲冲量的矢量表示，$\boldsymbol{n}_{\perp}$ 为被激光辐照的平面法向矢量，$\boldsymbol{L}_R$ 为激光辐照方向，对于单位矢量 $\hat{\boldsymbol{n}}$ 和 $\hat{\boldsymbol{L}}_R$，单脉冲冲量的矢量表示为

$$\begin{aligned}\boldsymbol{I}_0 &= -I_0\hat{\boldsymbol{n}} = C_m I_L \tau_L A_L \cos(\hat{\boldsymbol{n}}, \hat{\boldsymbol{L}}_R)\boldsymbol{n} \\ &= C_m F_L A_L \cos(\hat{\boldsymbol{n}}, \hat{\boldsymbol{L}}_R)\hat{\boldsymbol{n}}\end{aligned} \tag{2.97}$$

式中，$F_L = I_L\tau_L$ 为激光束单位面积的激光能量。靶材表面被激光辐照的条件为 $\cos(\hat{\boldsymbol{n}}, \hat{\boldsymbol{L}}_R) < 0$。

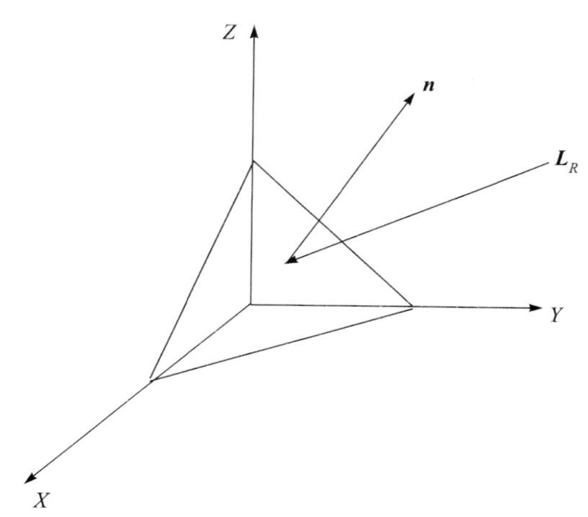

图 2.10　单脉冲冲量的矢量表示

因此，根据平面靶材冲量耦合系数曲线，通过曲面积分可计算激光辐照曲面空间碎片的单脉冲冲量和激光烧蚀力。

2.4.3　激光烧蚀力

在激光操控空间碎片中，为了增强冲量耦合效应，一般采用纳秒级脉宽激光束，实验表明激光等离子体脱离靶材表面时间为激光脉宽的 10 倍左右。例如，当激光脉宽为 10ns 时，激光烧蚀力作用时间约为 100ns，因此，可认为在激光烧蚀力作用下，靶材瞬间获得冲量。

在通过实验测量已知冲量耦合系数 $C_m = C_m(I_L)$ 的条件下，平面靶材所获得的单脉冲冲量为

$$I_0 = C_m E_L = C_m I_L \tau_L A_L \tag{2.98}$$

设激光烧蚀力作用时间为 τ_L'，则单脉冲平均激光烧蚀力 $\bar{F}_L$ 为

$$\bar{F}_L = \frac{I_0}{\tau_L'} \tag{2.99}$$

图 2.11 给出了多脉冲激光烧蚀力，如果激光器重频为 f_T，那么单位时间内平均激光烧蚀力为

$$\bar{F}_L' = f_T I_0 \tag{2.100}$$

图 2.12 给出了实验测量的 6061 铝材冲量耦合系数随激光功率密度变化曲线(波长为 1064nm，脉宽为 8ns)。由该曲线可知，冲量耦合系数可取 $C_m = 5\times10^{-5}\,\mathrm{N\cdot s/J}$，这是保守的取值，实际上冲量耦合系数大多数情况下都大于该值。

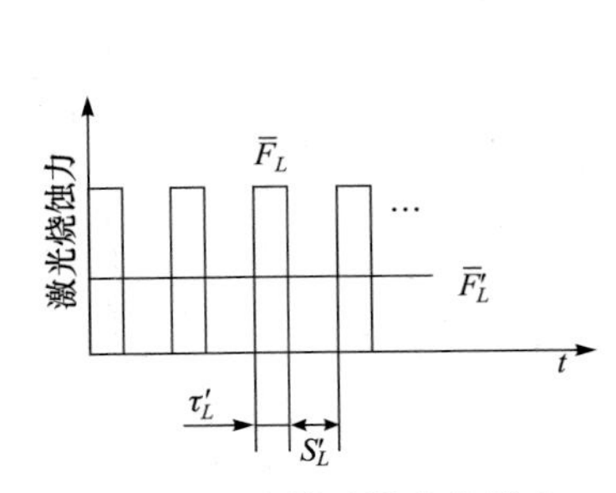

图 2.11 多脉冲激光烧蚀力

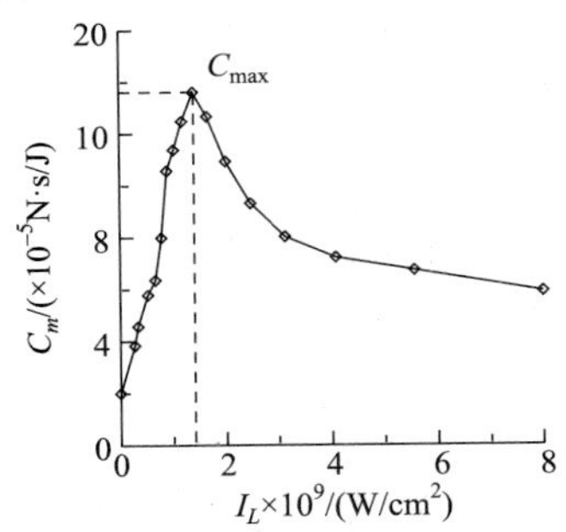

图 2.12 6061 铝材冲量耦合系数随激光功率密度变化曲线

单脉冲平均激光烧蚀力 $\bar{F}_L = I_0/\tau_L'$，是激光单脉冲作用下平均烧蚀力，也是真实的激光烧蚀力，后面简称其为单脉冲激光烧蚀力。

设空间碎片质量为 m，空间碎片单位质量的激光烧蚀力为

$$f_L = \frac{\bar{F}_L}{m} \tag{2.101}$$

则有

$$f_L\tau_L' = \frac{\bar{F}_L\tau_L'}{m} = \frac{I_0}{m} \tag{2.102}$$

式中，$f_L\tau_L'$ 为单位质量的激光烧蚀冲量。

单位时间内平均激光烧蚀力 $\bar{F}_L' = f_T I_0$，可写作 $\bar{F}_L' = f_T I_0 = I_0/(\tau_L' + s_L')$，是将激光烧蚀力在时间上取平均，当作连续作用力来看待，是一种近似和简化的作用力模型。

2.5 空间碎片的大气阻力

空间碎片在低地球轨道运行(如轨道高度在 600km 以下)时，大气阻力对其运动轨道的影响是必须考虑的因素。因此，本节讨论空间碎片在低地球轨道运行时大气阻力的影响。

2.5.1　大气阻力

在切向法向坐标系中，气动力可分解为大气阻力 f_U (与速度方向相反)、轨道面内法向力 f_N 和侧向力 f_W (垂直轨道平面)，其表达式为

$$\boldsymbol{F} = f_U \hat{\boldsymbol{U}} + f_N \hat{\boldsymbol{N}} + f_W \hat{\boldsymbol{W}} \tag{2.103}$$

式中，$(\hat{\boldsymbol{U}}, \hat{\boldsymbol{N}}, \hat{\boldsymbol{W}})$ 为坐标轴方向单位矢量。

气动力中大气阻力 f_U 影响最大，一般单位质量的大气阻力表示为

$$f_U = -\frac{1}{m} C_D A \frac{\rho}{2} v^2 \tag{2.104}$$

式中，m 为空间碎片质量；A 为垂直速度方向的横截面面积；C_D 为阻力系数，对于 100km 以上高度，可取近似值 $C_D \approx 2.2$；$\rho v^2 / 2$ 为速度头(动压头)，其中，ρ 为大气密度。

大气阻力常用表达式为

$$f_U = -\frac{C_D \rho v^2}{2(m / A)} \tag{2.105}$$

式中，m / A 为空间碎片质面比。

2.5.2　大气密度随高度的变化

随着距离地面几何高度的增加，大气密度逐渐降低，标准大气压用来反映大气状态参数的年平均状况。

为了便于计算，美国标准大气(united states standard atmosphere, USSA)模型提供了大气密度随着几何高度变化的拟合公式，具体如下：

(1) 当 $0\text{km} < h \leqslant 86\text{km}$ 时，有

$$\lg\left(\frac{\rho}{\rho_u}\right) = 25.3823 \times 10^{-6} \left(\frac{h}{h_u}\right)^2 - 0.063179 \left(\frac{h}{h_u}\right) + 0.08814 \tag{2.106}$$

(2) 当 $86\text{km} < h \leqslant 200\text{km}$ 时，有

$$\lg\left(\frac{\rho}{\rho_u}\right) = -3.41173 \times 10^{-6} \left(\frac{h}{h_u}\right)^3 + 0.00181570 \left(\frac{h}{h_u}\right)^2 - 0.337816 \left(\frac{h}{h_u}\right) + 12.63404 \tag{2.107}$$

(3) 当 $200\text{km} < h \leqslant 600\text{km}$ 时，有

$$\lg\left(\frac{\rho}{\rho_u}\right)=-9.595-9.7875\times10^{-3}\left(\frac{h}{h_u}-200\right)$$
$$+7.0725\times10^{-6}\left(\frac{h}{h_u}-200\right)\left(\frac{h}{h_u}-400\right) \tag{2.108}$$

(4) 当 $600\text{km}<h\leqslant1000\text{km}$ 时，有

$$\lg\left(\frac{\rho}{\rho_u}\right)=-12.9442-5.0020\times10^{-3}\left(\frac{h}{h_u}-600\right)$$
$$+6.2066\times10^{-6}\left(\frac{h}{h_u}-600\right)\left(\frac{h}{h_u}-800\right) \tag{2.109}$$

(5) 当 $h>1000\text{km}$ (可适当外推)时，有

$$\lg\left(\frac{\rho}{\rho_u}\right)=-14.4485-1.2781\times10^{-3}\left(\frac{h}{h_u}-1000\right) \tag{2.110}$$

式中，$h_u=1\text{km}$；$\rho_u=1\text{kg}/\text{m}^3$。

图 2.13 为在 100～800km 轨道高度的大气密度变化曲线。由该图可知，在 150km 以上轨道高度，大气密度急剧降低。因此，一般认为对于高速运动的空间碎片，当轨道高度低于 150km 时，受气动力影响，空间碎片轨道高度急剧降低且坠入大气层，并在气动热作用下烧毁。

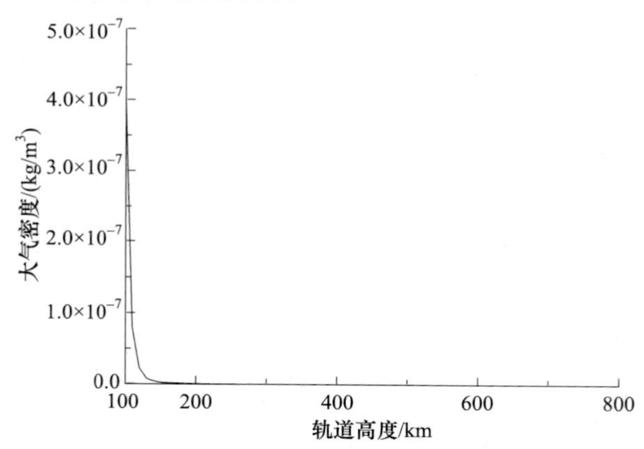

图 2.13　在 100～800km 轨道高度的大气密度变化

图 2.14 为在 400～800km 轨道高度的大气密度变化曲线。由该图可知，在 400km 以上轨道高度，大气密度下降到 10^{-12}kg/m^3 量级，大气阻力影响显著降低。

2.5.3　大气阻力与激光烧蚀力比较

空间碎片所承受的大气阻力和激光烧蚀力都对空间碎片轨道有影响，下面分

析和比较两者的影响程度。

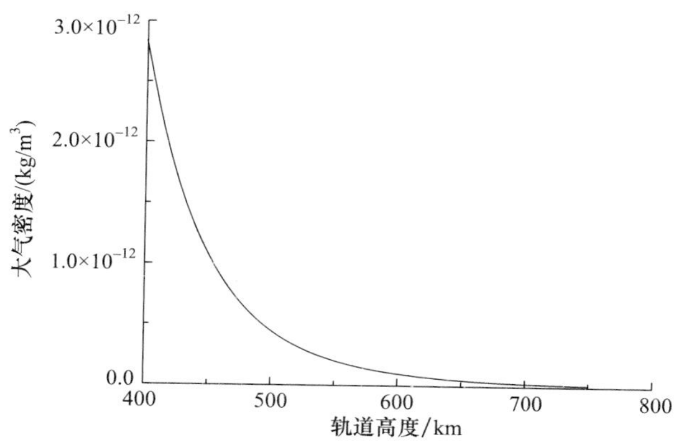

图 2.14　在 400～800km 轨道高度的大气密度变化

空间碎片单位面积的大气阻力为

$$f_U\left(\frac{m}{A}\right)=-C_D\frac{\rho v^2}{2} \tag{2.111}$$

图 2.15 为空间碎片单位面积的大气阻力 $-f_U\left(\frac{m}{A}\right)=C_D\frac{\rho v^2}{2}$ 的对数随着轨道高度的变化曲线。在 400km 以上轨道高度，空间碎片单位面积的大气阻力低于 $10^{-4}\mathrm{N/m^2}$ 量级。

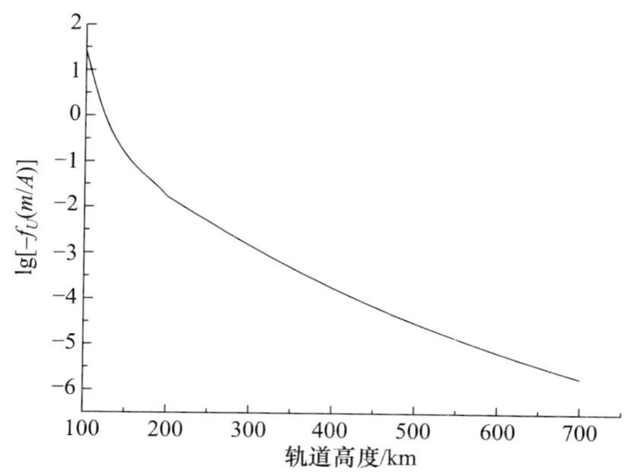

图 2.15　空间碎片单位面积的大气阻力的对数随着轨道高度的变化曲线

在多脉冲激光作用下，平面靶材单位质量的平均激光烧蚀力为

$$\bar{f}_L'=\frac{\bar{F}_L'}{m}=\frac{f_T I_0}{m}=\frac{f_T C_m I_L \tau_L A_L}{m}=\frac{f_T C_m I_L \tau_L}{m/A_L} \tag{2.112}$$

式中，m 为靶材质量；A_L 为靶材被辐照面积；m/A_L 为质面比。其中，$f_T I_L \tau_L = P_L / A_L$ 为靶材的单位面积注入的激光平均功率，平面靶材单位面积平均激光烧蚀力为

$$f_L'\left(\frac{m}{A_L}\right) = C_m\left(\frac{P_L}{A_L}\right) \tag{2.113}$$

图 2.16 为空间碎片单位面积的激光烧蚀力。对于金属铝材料(冲量耦合系数为 $C_m = 5\times10^{-5}\,\mathrm{N\cdot s/J}$)，如果平面靶材的单位面积注入的激光平均功率 P_L / A_L 为 $2\mathrm{W/m^2}$ 量级，那么单位面积的平均激光烧蚀力为 $10^{-4}\mathrm{N/m^2}$ 量级，与 400km 轨道高度以上的单位面积大气阻力比较，两者为相同量级；如果单位面积注入的激光平均功率 P_L / A_L 为 $20\mathrm{W/m^2}$ 量级，那么与 400km 轨道高度以上的单位面积大气阻力比较，前者高出 1 个量级；如果单位面积注入的激光平均功率 P_L / A_L 为 $200\mathrm{W/m^2}$ 量级，那么与 400km 轨道高度以上的单位面积大气阻力比较，前者高出 2 个量级。显然，当 400km 轨道高度以上和单位面积注入的激光平均功率 P_L / A_L 为 $200\mathrm{W/m^2}$ 以上时，与平均激光烧蚀力比较，前者大气阻力影响很小。

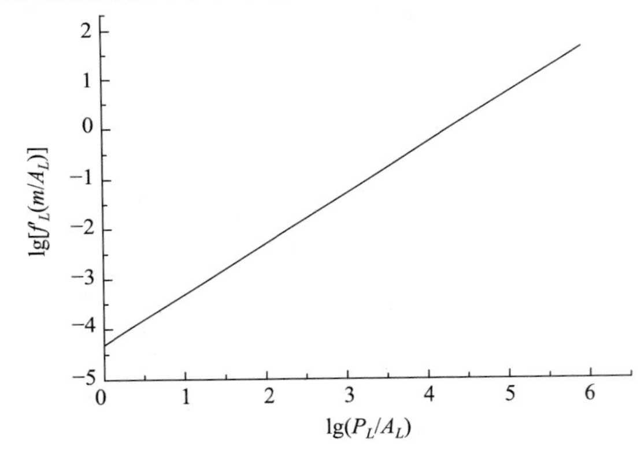

图 2.16　空间碎片单位面积的激光烧蚀力

当然，上述结论是激光功率密度大于激光等离子体形成阈值条件下的结论，要形成激光等离子体，对于平面靶材，激光功率密度应满足

$$I_L = \frac{E_L}{\tau_L A_L} = \frac{f_T E_L}{f_T \tau_L A_L} = \frac{P_L / A_L}{f_T \tau_L} \geqslant (I_L)_{\mathrm{th}} \tag{2.114}$$

式中，$(I_L)_{\mathrm{th}}$ 为激光等离子体形成的激光功率密度阈值。

例如，若激光脉宽 $\tau_L = 10^{-8}\mathrm{s}$，激光重频 $f_L \geqslant 1$，对于金属铝材料，激光功率密度阈值 $(I_L)_{\mathrm{th}} = 10^8\,\mathrm{W/cm^2} = 10^{12}\,\mathrm{W/m^2}$，则有

$$\frac{P_L}{A_L} \geqslant 10^{12} f_L \tau_L \geqslant 10^{12} \tau_L = 10^4\,\mathrm{W/m^2} = 1\mathrm{W/cm^2} \tag{2.115}$$

即对于金属铝材料，形成激光等离子体并产生激光烧蚀力要求 $P_L / A_L \geqslant 10^4 \mathrm{W/m^2}$。此时，与大气阻力比较，平均激光烧蚀力将高出 4 个量级，因此当空间碎片轨道高度大于 400km 时，在激光操控空间碎片研究中，与平均激光烧蚀力比较，大气阻力影响可忽略不计。

第 3 章　空间碎片的激光烧蚀力和力矩分析方法

在激光辐照和烧蚀下，空间碎片激光辐照面(或辐照点)表面迅速熔融、气化、离化，形成高速反喷激光等离子体羽流，使得空间碎片获得冲量，产生激光烧蚀力，同时激光烧蚀力对其质心产生激光烧蚀力矩。利用激光烧蚀力可改变空间碎片运动轨道，利用激光烧蚀力矩可改变空间碎片运动姿态，这是激光操控空间碎片运动轨道和运动姿态的基本原理。

在激光辐照和烧蚀下，空间碎片所获得的激光烧蚀力和力矩等，与激光辐照方向，以及空间碎片形体、方位、质量分布等密切相关。因此，研究激光操控空间碎片问题，首先需要建立激光烧蚀力和力矩的计算模型，提出激光烧蚀力和力矩的分析方法。

本章从激光操控空间碎片的需求出发：首先，分析和讨论空间碎片的激光操控方式；其次，建立空间碎片获得冲量、激光烧蚀力、激光烧蚀力矩等的计算模型；再次，根据建立的计算模型，提出球体、圆柱体、圆盘、圆杆、长方体、立方体、薄板等典型空间碎片的冲量和激光烧蚀力的计算方法；最后，根据建立的计算模型,提出半球体和圆锥体等典型空间碎片的冲量和激光烧蚀力的计算方法。

本章总结了典型空间碎片的冲量和激光烧蚀力的基本特点，为在激光操控空间碎片研究中分析冲量和激光烧蚀力提供理论和方法。

3.1　空间碎片的激光操控方式

空间碎片的运动状态(轨道运动和姿态运动)主要取决于初始运动状态和激光烧蚀力对其运动状态改变的影响，并且，空间碎片尺寸、能否辨识空间碎片运动状态等，将对激光操控方式的选择产生影响。下面分析和讨论激光操控空间碎片的基本方式。

3.1.1　空间碎片的运动

空间碎片的运动状态可分解为质心的轨道运动和围绕质心的姿态运动(旋转运动)。激光操控空间碎片就是利用激光烧蚀力所产生的作用力和力矩，改变其运动状态。图 3.1 为空间碎片质心运动和围绕质心运动。

空间碎片存在初始运动状态，在激光烧蚀力作用后，空间碎片运动状态将发生变化，因此研究和分析空间碎片初始运动状态及激光烧蚀力对空间碎片运动状态影响，对激光操控空间碎片具有重要意义。

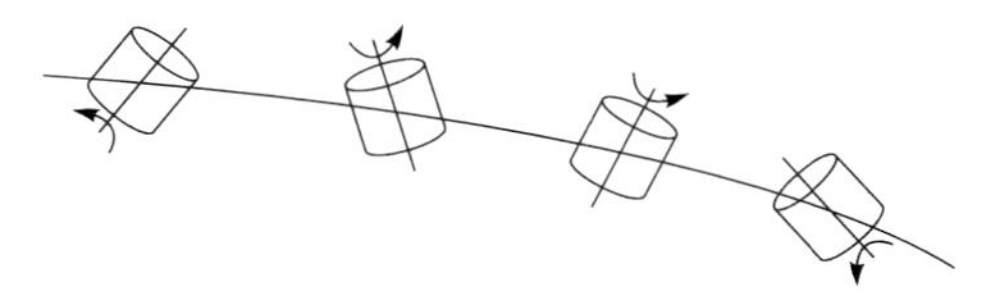

图 3.1　空间碎片质心运动和围绕质心运动

为了研究和分析激光烧蚀力对空间碎片运动状态的影响，通常将空间碎片的形状进行分类。图 3.2 为常见的典型空间碎片形状。

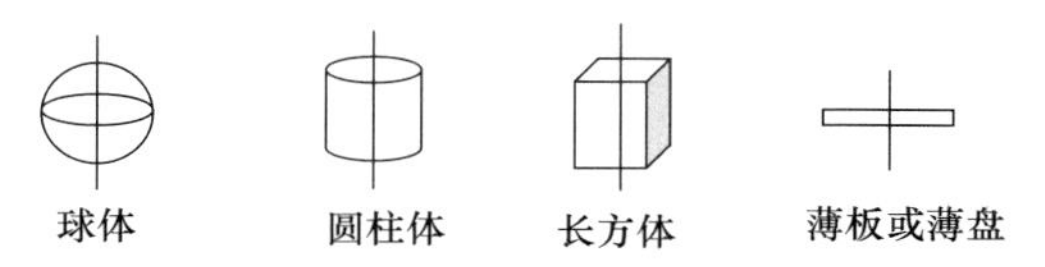

图 3.2　常见的典型空间碎片形状

需要激光操控的空间碎片有两大类：一类是厘米级以下尺寸的空间碎片，这类空间碎片数量众多、尺寸很小，无法辨识其旋转运动状态(姿态运动)，只能采用远距离激光操控方式；另一类是尺寸较大的空间碎片(如废弃卫星等)，这类空间碎片数量较少、尺寸较大，可在近距离伴飞下辨识其旋转运动状态，可采用近距离激光操控方式，削减其旋转运动，例如，在较大尺寸空间碎片的抓捕和网捕前，为了防止旋转脱手，事前采用激光近距离操控方式。

3.1.2　基本激光操控方式

根据空间碎片的运动特点，激光操控空间碎片有两类基本方式：一类是对空间碎片运动轨道的操控；另一类是对空间碎片运动姿态的操控。

图 3.3 为远距离、大光斑、全覆盖激光操控方式。其主要特点是远距离发射激光，采用大光斑全覆盖方式辐照并烧蚀空间碎片，产生激光烧蚀力。其主要用于空间碎片旋转运动状态无法识别的厘米级空间碎片的激光操控。

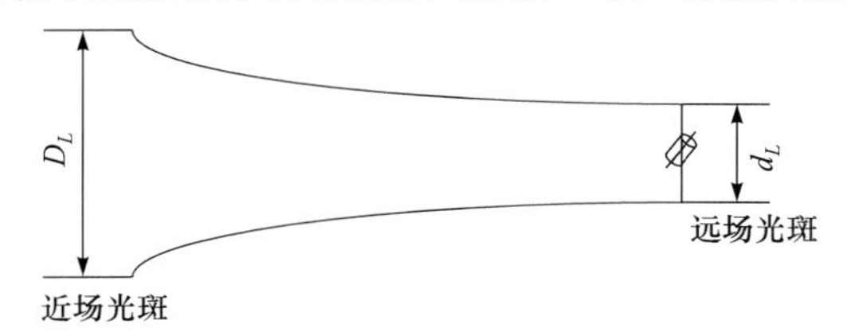

图 3.3　远距离、大光斑、全覆盖激光操控方式

图 3.4 为近距离、小光斑、点覆盖激光操控方式。其主要特点是近距离发射激光，采用小光斑点覆盖方式辐照并烧蚀空间碎片表面局部一点，使得所形成的

激光烧蚀力对其质心产生激光烧蚀力矩。其主要用于近距离伴飞下，空间碎片旋转运动状态可识别的较大尺寸空间碎片的激光操控。

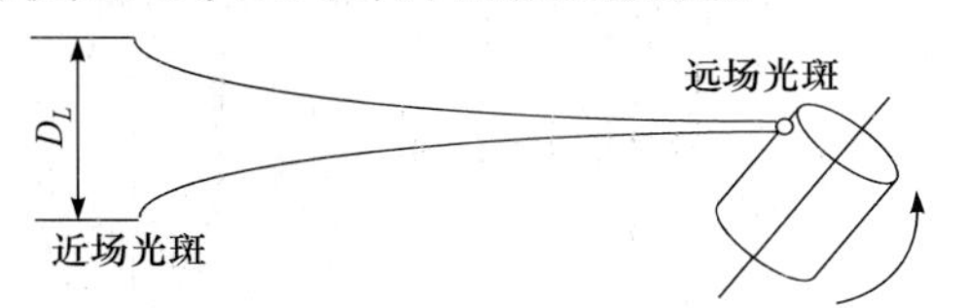

图 3.4　近距离、小光斑、点覆盖激光操控方式

3.2　空间碎片获得激光烧蚀力和力矩的计算模型

在激光操控空间碎片过程中，采用脉冲工作激光器，使脉冲激光束辐照并烧蚀空间碎片。通过计算单脉冲激光烧蚀冲量进而计算激光烧蚀力，通过计算单脉冲激光烧蚀冲量矩进而计算激光烧蚀力矩。

下面根据激光辐照并烧蚀下空间碎片的冲量耦合效应，采用曲面积分方法建立激光烧蚀力和力矩的计算模型，为球体、圆柱体、长方体等典型空间碎片的激光烧蚀力和力矩的分析和计算，提供理论和方法。

3.2.1　单脉冲激光烧蚀冲量和激光烧蚀力计算模型

图 3.5 为面积微元上的激光烧蚀反喷冲量，对于给定的面积微元 $\mathrm{d}A$，激光入射方向单位矢量为 $\boldsymbol{e}$，激光等离子体羽流反喷方向单位矢量为 $\boldsymbol{n}$ (沿着 $\mathrm{d}A$ 法线方向)，反喷冲量矢量为 $\mathrm{d}\boldsymbol{I}$ (方向为 $\boldsymbol{n}$ 的反方向)，在激光辐照和烧蚀下，面积微元 $\mathrm{d}A$ 上产生的冲量大小为

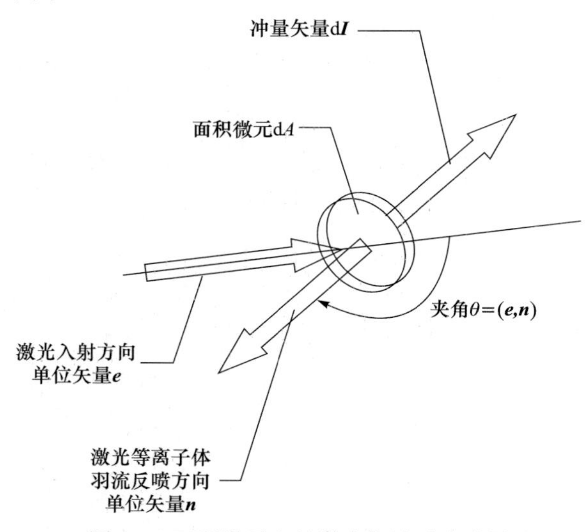

图 3.5　面积微元上的激光烧蚀反喷冲量

$$\left|\mathrm{d}\boldsymbol{I}\right| = \left|C_m F_L \cos(\boldsymbol{e},\boldsymbol{n})\mathrm{d}A\right| \tag{3.1}$$

式中，$F_L = I_L \tau_L$ 为激光束横截面上单位面积入射激光能量。在面积微元 dA 上，单脉冲激光烧蚀冲量为

$$\mathrm{d}\boldsymbol{I} = -\left|\mathrm{d}\boldsymbol{I}\right|\boldsymbol{n} = \left[C_m F_L \cos(\boldsymbol{e},\boldsymbol{n})\mathrm{d}A\right]\boldsymbol{n} \tag{3.2}$$

式中，该面积微元能够被激光辐照的条件为 $\cos(\boldsymbol{e},\boldsymbol{n}) < 0$。

在给定的坐标系 XYZ 中，单位矢量为 $\boldsymbol{e} = (e_x, e_y, e_z)$ 和 $\boldsymbol{n} = (n_x, n_y, n_z)$，则有

$$\begin{cases} (\mathrm{d}I)_x = (e_x n_x + e_y n_y + e_z n_z) n_x C_m F_L \mathrm{d}A \\ (\mathrm{d}I)_y = (e_x n_x + e_y n_y + e_z n_z) n_y C_m F_L \mathrm{d}A \\ (\mathrm{d}I)_z = (e_x n_x + e_y n_y + e_z n_z) n_z C_m F_L \mathrm{d}A \end{cases} \tag{3.3}$$

式中，激光辐照任意曲面 A 上产生的单脉冲激光烧蚀冲量为

$$I_x = \iint_A (\mathrm{d}I)_x \text{，} \quad I_y = \iint_A (\mathrm{d}I)_y \text{，} \quad I_z = \iint_A (\mathrm{d}I)_z \tag{3.4}$$

式中，积分是被激光辐照曲面 A 上的曲面积分。

逐片光滑曲面 A：z=$z(x,y)$为单值连续可微函数，若函数 $f(x,y,z)$在曲面 A 的各点上有定义且连续，则曲面积分为

$$\iint_A f(x,y,z)\mathrm{d}A = \iint_\sigma f[x,y,z(x,y)]\sqrt{1+\left(\frac{\partial z}{\partial x}\right)^2+\left(\frac{\partial z}{\partial y}\right)^2}\,\mathrm{d}x\mathrm{d}y \tag{3.5}$$

式中，σ 为曲面 A 在 XY 平面上的投影，此积分与曲面 A 法线方向无关。

设激光烧蚀力作用时间为 τ_L'，在坐标系 XYZ 中，单脉冲平均激光烧蚀力为 $\boldsymbol{F}_{L,X} = (F_{L,x}, F_{L,y}, F_{L,z})^{\mathrm{T}}$，单脉冲激光烧蚀冲量的分量为

$$F_{L,x}\tau_L' = I_x \text{，} \quad F_{L,y}\tau_L' = I_y \text{，} \quad F_{L,z}\tau_L' = I_z \tag{3.6}$$

或空间碎片单脉冲激光烧蚀冲量为

$$\boldsymbol{F}_{L,X}\tau_L' = I_x\hat{\boldsymbol{X}} + I_y\hat{\boldsymbol{Y}} + I_z\hat{\boldsymbol{Z}} \tag{3.7}$$

式中，$(\hat{\boldsymbol{X}},\hat{\boldsymbol{Y}},\hat{\boldsymbol{Z}})$ 为坐标系 XYZ 沿着坐标轴的单位矢量。

在轨道摄动方程中，需要将激光烧蚀力表示为单位质量的作用力，空间碎片单位质量的激光烧蚀力为 $\boldsymbol{f}_{L,X} = (f_{L,x}, f_{L,y}, f_{L,z})^{\mathrm{T}}$，空间碎片单位质量的激光烧蚀冲量为

$$f_{L,x}\tau_L' = \frac{I_x}{m} \text{，} \quad f_{L,y}\tau_L' = \frac{I_y}{m} \text{，} \quad f_{L,z}\tau_L' = \frac{I_z}{m} \tag{3.8}$$

或空间碎片单位质量的激光烧蚀冲量为

$$\boldsymbol{f}_{L,X}\tau_L' = \frac{I_x}{m}\hat{\boldsymbol{X}} + \frac{I_y}{m}\hat{\boldsymbol{Y}} + \frac{I_z}{m}\hat{\boldsymbol{Z}} \tag{3.9}$$

式中，m 为空间碎片质量。

因此，通过计算单脉冲激光烧蚀冲量，可以计算空间碎片单位质量的激光烧蚀力。

3.2.2 单脉冲激光烧蚀冲量矩和激光烧蚀力矩计算模型

在坐标系 XYZ 中，空间碎片质心 C 的坐标为 (x_C, y_C, z_C)，在空间碎片表面(曲面)上任意一点 (x,y,z) 处，该点到质心的矢量为

$$\boldsymbol{r}_C = (x - x_C, y - y_C, z - z_C)^{\mathrm{T}} \tag{3.10}$$

在该点面积微元 $\mathrm{d}A$ 上，激光辐照所产生的微冲量元为 $\mathrm{d}\boldsymbol{I} = [(\mathrm{d}I)_x, (\mathrm{d}I)_y, (\mathrm{d}I)_z]^{\mathrm{T}}$，微冲量元对空间碎片质心的冲量矩为

$$\mathrm{d}\boldsymbol{L}_I = \boldsymbol{r}_C \times \mathrm{d}\boldsymbol{I} = \begin{vmatrix} \hat{\boldsymbol{X}} & \hat{\boldsymbol{Y}} & \hat{\boldsymbol{Z}} \\ x - x_C & y - y_C & z - z_C \\ (\mathrm{d}I)_x & (\mathrm{d}I)_y & (\mathrm{d}I)_z \end{vmatrix} \tag{3.11}$$

式中，$(\hat{\boldsymbol{X}}, \hat{\boldsymbol{Y}}, \hat{\boldsymbol{Z}})$ 为坐标轴方向的单位矢量，微冲量矩的分量为

$$\begin{cases} (\mathrm{d}L_I)_x = [(y - y_C)(\mathrm{d}I)_z - (z - z_C)(\mathrm{d}I)_y] \\ (\mathrm{d}L_I)_y = [(z - z_C)(\mathrm{d}I)_x - (x - x_C)(\mathrm{d}I)_z] \\ (\mathrm{d}L_I)_z = [(x - x_C)(\mathrm{d}I)_y - (y - y_C)(\mathrm{d}I)_x] \end{cases} \tag{3.12}$$

激光辐照任意曲面 A 所产生的单脉冲激光烧蚀冲量矩为

$$L_{I,x} = \iint_A (\mathrm{d}L_I)_x \text{，} \quad L_{I,y} = \iint_A (\mathrm{d}L_I)_y \text{，} \quad L_{I,z} = \iint_A (\mathrm{d}L_I)_z \tag{3.13}$$

如果面积微元上的单脉冲平均激光烧蚀力为 $\mathrm{d}\boldsymbol{F}_{L,X} = (\mathrm{d}F_{L,x}, \mathrm{d}F_{L,y}, \mathrm{d}F_{L,z})^{\mathrm{T}}$，那么该面积微元上的微冲量元为

$$\mathrm{d}\boldsymbol{I} = (\mathrm{d}I_x, \mathrm{d}I_y, \mathrm{d}I_z)^{\mathrm{T}} = (\tau'_L \mathrm{d}F_{L,x}, \tau'_L \mathrm{d}F_{L,y}, \tau'_L \mathrm{d}F_{L,z})^{\mathrm{T}} \tag{3.14}$$

由式(3.11)可知，激光辐照任意曲面 A 所产生的单脉冲激光烧蚀力矩为

$$L_{F,x} = \frac{1}{\tau'} \iint_A [(y - y_C)(\mathrm{d}I)_z - (z - z_C)(\mathrm{d}I)_y] \tag{3.15}$$

$$L_{F,y} = \frac{1}{\tau'} \iint_A [(z - z_C)(\mathrm{d}I)_x - (x - x_C)(\mathrm{d}I)_z] \tag{3.16}$$

$$L_{F,z} = \frac{1}{\tau'} \iint_A [(x - x_C)(\mathrm{d}I)_y - (y - y_C)(\mathrm{d}I)_x] \tag{3.17}$$

利用上述公式可求得激光烧蚀力的力矩。单脉冲平均激光烧蚀力 $\boldsymbol{F}_{L,X} = (F_{L,x},$

$F_{L,y}, F_{L,z})^{\mathrm{T}}$ 对空间碎片运动的影响如下：①造成空间碎片运动轨道的变化，在轨道摄动方程中采用空间碎片单位质量的激光烧蚀力 $\boldsymbol{f}_{L,X}=(f_{L,x}, f_{L,y}, f_{L,z})^{\mathrm{T}}$ 来描述；②造成空间碎片姿态运动的变化，姿态动力学方程中采用单脉冲激光烧蚀冲量矩来描述。

以上提出了空间碎片获得激光烧蚀力(或单位质量的激光烧蚀冲量)和激光烧蚀力矩(或单脉冲激光烧蚀冲量矩)的计算模型，还需要采用该计算模型建立球体、圆柱体、长方体等典型空间碎片激光烧蚀力和力矩的计算方法，并且研究其特点。

3.3　球体空间碎片的冲量与激光烧蚀力

采用所提出的空间碎片激光烧蚀力和力矩计算模型，分析和讨论球体空间碎片在激光辐照下，所获得激光烧蚀力和力矩。

图 3.6 为激光辐照球体空间碎片示意图，以球体质心 C 为原点，惯性主轴为坐标轴，建立右旋坐标系。

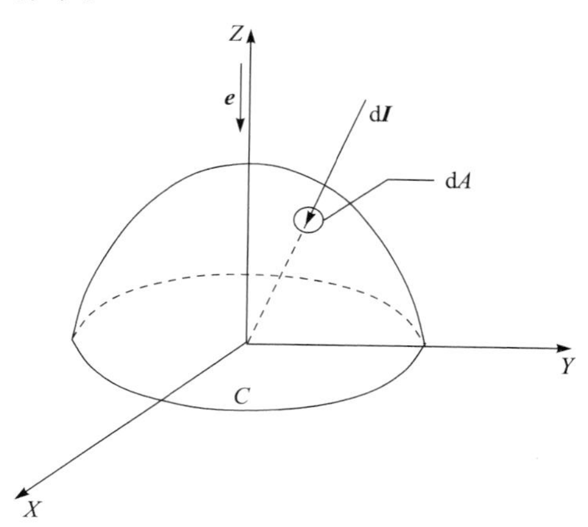

图 3.6　激光辐照球体空间碎片示意图

设激光辐照球体空间碎片时，被辐照表面 A 的曲面方程为 $z=\sqrt{R^2-x^2-y^2}$，在 XY 平面上的投影区域 σ 为 $x^2+y^2=R^2$，激光入射方向单位矢量为 $\boldsymbol{e}=(0,0,-1)$，烧蚀羽流反喷方向单位矢量为

$$\boldsymbol{n}=\left(\frac{x}{\sqrt{x^2+y^2+z^2}}, \frac{y}{\sqrt{x^2+y^2+z^2}}, \frac{z}{\sqrt{x^2+y^2+z^2}}\right) \tag{3.18}$$

则有

$$\begin{cases}(\mathrm{d}I)_x=(e_xn_x+e_yn_y+e_zn_z)n_xC_mF_L\mathrm{d}A=-n_zn_xC_mF_L\mathrm{d}A\\ \quad=-\dfrac{zx}{x^2+y^2+z^2}C_mF_L\mathrm{d}A=-\dfrac{x}{R^2}\sqrt{R^2-x^2-y^2}C_mF_L\mathrm{d}A\\ (\mathrm{d}I)_y=(e_xn_x+e_yn_y+e_zn_z)n_yC_mF_L\mathrm{d}A=-n_zn_yC_mF_L\mathrm{d}A\\ \quad=-\dfrac{zy}{x^2+y^2+z^2}C_mF_L\mathrm{d}A=-\dfrac{y}{R^2}\sqrt{R^2-x^2-y^2}C_mF_L\mathrm{d}A\\ (\mathrm{d}I)_z=(e_xn_x+e_yn_y+e_zn_z)n_zC_mF_L\mathrm{d}A=-n_zn_zC_mF_L\mathrm{d}A\\ \quad=-\dfrac{z^2}{x^2+y^2+z^2}C_mF_L\mathrm{d}A=-\dfrac{R^2-x^2-y^2}{R^2}C_mF_L\mathrm{d}A\end{cases}\tag{3.19}$$

式中，F_L 为激光束单位面积上入射激光能量。并且，有

$$\begin{aligned}\mathrm{d}A&=\sqrt{1+\left(\frac{\partial z}{\partial x}\right)^2+\left(\frac{\partial z}{\partial y}\right)^2}\mathrm{d}x\mathrm{d}y\\ &=\sqrt{1+\frac{x^2}{R^2-x^2-y^2}+\frac{y^2}{R^2-x^2-y^2}}\mathrm{d}x\mathrm{d}y=\frac{R}{\sqrt{R^2-x^2-y^2}}\mathrm{d}x\mathrm{d}y\end{aligned}\tag{3.20}$$

在 XY 平面上的投影区域 σ 为 $x^2+y^2\leqslant R^2$，用极坐标 $x=r\cos\varphi$ 和 $y=r\sin\varphi$ 表示，投影区域 σ 表示为 $0\leqslant r\leqslant R$ 和 $0\leqslant\varphi\leqslant 2\pi$，可得单脉冲激光烧蚀冲量为

$$\begin{cases}I_x=-C_mF_L\dfrac{1}{R}\displaystyle\int_0^{2\pi}\left(\int_0^R r^2\mathrm{d}r\right)\cos\varphi\mathrm{d}\varphi=0\\ I_y=-C_mF_L\dfrac{1}{R}\displaystyle\int_0^{2\pi}\left(\int_0^R r^2\mathrm{d}r\right)\sin\varphi\mathrm{d}\varphi=0\\ I_z=-C_mF_L\dfrac{1}{R}\displaystyle\int_0^{2\pi}\left(\int_0^R \sqrt{R^2-r^2}r\mathrm{d}r\right)\mathrm{d}\varphi=-\dfrac{2}{3}C_mF_L(\pi R^2)\end{cases}\tag{3.21}$$

式中，I_z 符号为负，表明与 Z 轴方向相反，即与激光辐照方向相同，并且所产生冲量为面积相同平板的 $2/3$。

根据球体空间碎片形状的对称性，以及激光辐照的均匀性和对称性，可知所产生激光烧蚀冲量通过其质心，不产生对质心的力矩。

设激光烧蚀力作用时间为 τ_L'，单脉冲平均激光烧蚀力为 $\overline{F}_L$，则单脉冲激光烧蚀冲量的大小为

$$\overline{F}_L\tau_L'=\frac{2}{3}C_mF_L(\pi R^2)\tag{3.22}$$

球体空间碎片单位质量的激光烧蚀力为 $f_L=\overline{F}_L/m$，单位质量的激光烧蚀冲量为

$$f_L\tau'_L = \frac{\frac{2}{3}C_m F_L \pi R^2}{\frac{4}{3}\pi R^3 \rho} = \frac{C_m F_L}{2R\rho} \tag{3.23}$$

式中，ρ 为球体密度。

对于球体空间碎片，其所获得激光烧蚀力的特点如下：

(1) 在激光辐照和烧蚀下，球体空间碎片所获得的激光烧蚀力的方向与激光辐照方向相同，并且激光烧蚀力通过球体质心，对质心不产生力矩。

(2) 球体单位质量的激光烧蚀力，与球体半径和密度成反比。

3.4　圆柱体空间碎片的冲量与激光烧蚀力

当激光辐照圆柱体空间碎片时，设圆柱体的底面半径为 R，高度为 H。激光辐照方向如图 3.7 所示，圆柱体的中心轴与 Z 轴重合，此时激光辐照方向与 XY 平面的夹角为 θ_R(仰角，$-\pi/2 \leqslant \theta_R \leqslant \pi/2$)，激光辐照方向单位矢量为 $\boldsymbol{e} = (0, \cos\theta_R, \sin\theta_R)$。

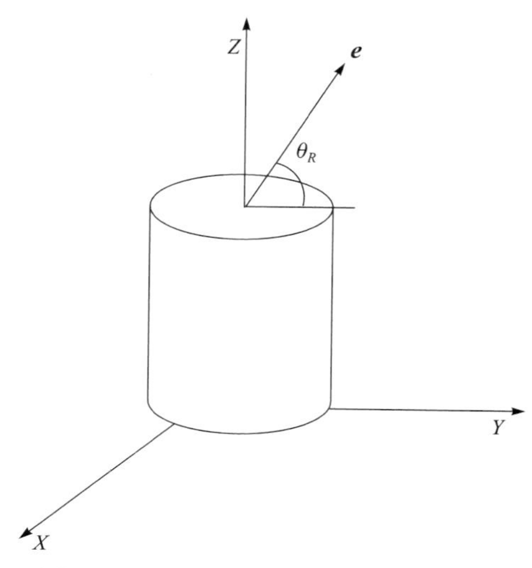

图 3.7　激光辐照圆柱体空间碎片示意图

因为激光束只能辐照到圆柱体侧面和一个顶面(或底面)，所以圆柱体空间碎片获得的单脉冲激光烧蚀冲量由圆柱体侧面和底面这两部分产生。

3.4.1　激光辐照圆柱体侧面情况

圆柱体侧面法向单位矢量为 $\boldsymbol{n} = (x/R, y/R, 0)$，侧面方程为 $y = -\sqrt{R^2 - x^2}$，

在 XZ 平面的投影区域为 $-R \leqslant x \leqslant R$ 和 $0 \leqslant z \leqslant H$ 。

圆柱体侧面单脉冲激光烧蚀冲量为

$$\begin{cases} I_x = \cos\theta_R C_m F_L \int_0^H \left(\int_{-R}^{R} \frac{-x}{R} \mathrm{d}x \right) \mathrm{d}z = 0 \\ I_y = \cos\theta_R C_m F_L \int_0^H \left(\int_{-R}^{R} \frac{\sqrt{R^2 - x^2}}{R} \mathrm{d}x \right) \mathrm{d}z = \frac{\pi}{2} \cos\theta_R C_m F_L HR \\ I_z = 0 \end{cases} \tag{3.24}$$

鉴于圆柱体侧面的对称性，冲量 I_y 通过其质心。

3.4.2 激光辐照圆柱体底面情况

圆柱体底面法向单位矢量为 $\boldsymbol{n} = (0,0,-1)$ ，底面方程为 $z = 0$ ，在 XY 平面的投影区域为 $x^2 + y^2 \leqslant R^2$ ，若利用极坐标 $x = r\cos\varphi$ 和 $y = r\sin\varphi$ 表示，则投影区域 σ 表示为 $0 \leqslant r \leqslant R$ 和 $0 \leqslant \varphi \leqslant 2\pi$ 。

圆柱体底面单脉冲激光烧蚀冲量为

$$\begin{cases} I_x = 0 \\ I_y = 0 \\ I_z = \sin\theta_R C_m F_L \int_0^{2\pi} \left(\int_0^R r \mathrm{d}r \right) \mathrm{d}\varphi = \sin\theta_R C_m F_L \pi R^2 \end{cases} \tag{3.25}$$

鉴于圆柱体底面的对称性，冲量 I_z 通过其质心。

3.4.3　冲量合成与激光烧蚀力

冲量分量 I_y 和 I_z 都通过圆柱体质心，合成后冲量也通过圆柱体质心，由于

$$\begin{cases} I_y = \frac{\pi}{2} \cos\theta_R C_m F_L HR \\ I_z = \sin\theta_R C_m F_L \pi R^2 \end{cases} \tag{3.26}$$

因此冲量合成为

$$\begin{aligned} I &= \sqrt{(I_y)^2 + (I_z)^2} = \sqrt{\left(\frac{\pi}{2} \cos\theta_R C_m F_L HR \right)^2 + \left(\sin\theta_R C_m F_L \pi R^2 \right)^2} \\ &= C_m F_L (\pi R^2) \sqrt{\cos^2\theta_R \left(\frac{H}{2R} \right)^2 + \sin^2\theta_R} \\ &= C_m F_L (\pi R^2) \sqrt{1 + \left[\left(\frac{H}{2R} \right)^2 - 1 \right] \cos^2\theta_R} \end{aligned} \tag{3.27}$$

与 XY 平面的夹角为

$$\tan\theta_F = \frac{I_z}{I_y} = \frac{2R}{H}\tan\theta_R \tag{3.28}$$

激光烧蚀力在激光辐照方向与 Z 轴所构成的平面内，当 $H = 2R$ 时，$\theta_F = \theta_R$，激光烧蚀力方向与激光辐照方向相同；当 $H > 2R$ 或 $H < 2R$ 时，激光烧蚀力方向将偏离激光辐照方向。

θ_R 和 θ_F 实际上是矢量相对 XY 平面的仰角，具体为

$$\theta_F = \arctan\left(\frac{2R}{H}\tan\theta_R\right), \quad -\pi/2 \leqslant \theta_R \leqslant \pi/2 \tag{3.29}$$

3.4.4 体固联坐标系下描述

在激光操控空间碎片中，需要在体固联坐标系下，由激光辐照方向和圆柱体中心轴方向确定激光烧蚀力的方向。

图 3.8 为体固联坐标系下激光烧蚀力描述。以圆柱体质心为原点，圆柱体惯性主轴为坐标轴(中心轴为 Z_b 轴)，建立体固联坐标系。在体固联坐标系中，激光辐照方向单位矢量为 $\hat{\boldsymbol{L}}_{R,X_b} = (\hat{L}_{R,x_b}, \hat{L}_{R,y_b}, \hat{L}_{R,z_b})^{\mathrm{T}}$，圆柱体中心轴方向单位矢量为 $\hat{\boldsymbol{Z}}_b = (0,0,1)^{\mathrm{T}}$，激光烧蚀力方向单位矢量为 $\hat{\boldsymbol{F}}_{L,X_b} = (\hat{F}_{L,x_b}, \hat{F}_{L,y_b}, \hat{F}_{L,z_b})^{\mathrm{T}}$。

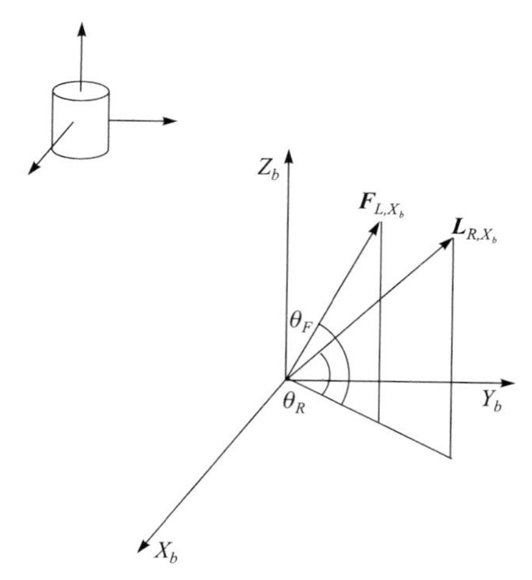

图 3.8　体固联坐标系下激光烧蚀力描述

激光辐照方向单位矢量 $\hat{\boldsymbol{L}}_{R,X_b} = (\hat{L}_{R,x_b}, \hat{L}_{R,y_b}, \hat{L}_{R,z_b})^{\mathrm{T}}$ 与 X_bY_b 平面的仰角为 $-\pi/2 \leqslant \theta_R \leqslant \pi/2$，在 X_bY_b 平面投影相对 X_b 轴的偏角为 $0 \leqslant \alpha_R < 2\pi$，则有

$$\begin{cases}\sin\alpha_R\cos\theta_R=\hat{L}_{R,y_b}\\ \cos\alpha_R\cos\theta_R=\hat{L}_{R,x_b}\\ \sin\theta_R=\hat{L}_{R,z_b}\end{cases},\quad \begin{cases}\theta_R=\arcsin(\hat{L}_{R,z_b})\\ \sin\alpha_R=\hat{L}_{R,y_b}/\cos\theta_R\\ \cos\alpha_R=\hat{L}_{R,x_b}/\cos\theta_R\end{cases} \tag{3.30}$$

式中，如果 $\hat{L}_{R,z_b}>0$ 且 $\hat{L}_{R,z_b}\to 1$，那么激光辐照方向为 $\hat{\boldsymbol{L}}_{R,X_b}=(0,0,1)^{\mathrm{T}}$；如果 $\hat{L}_{R,z_b}<0$ 且 $\hat{L}_{R,z_b}\to -1$，那么激光辐照方向为 $\hat{\boldsymbol{L}}_{R,X_b}=(0,0,-1)^{\mathrm{T}}$。

由于激光烧蚀力方向单位矢量 $\hat{\boldsymbol{F}}_{L,X_b}=(\hat{F}_{L,x_b},\hat{F}_{L,y_b},\hat{F}_{L,z_b})^{\mathrm{T}}$ 在激光辐照方向与 Z_b 轴所确定平面内，因此其在 X_bY_b 平面投影相对 X_b 轴的偏角也为 $0\leqslant\alpha_R<2\pi$，故有

$$\begin{cases}\hat{F}_{L,x_b}=\cos\alpha_R\cos\theta_F\\ \hat{F}_{L,y_b}=\sin\alpha_R\cos\theta_F\\ \hat{F}_{L,z_b}=\sin\theta_F\end{cases},\quad \begin{cases}\theta_R=\arcsin(\hat{L}_{R,z_b})\\ \sin\alpha_R=\hat{L}_{R,y_b}/\cos\theta_R\\ \cos\alpha_R=\hat{L}_{R,x_b}/\cos\theta_R\end{cases} \tag{3.31}$$

式中

$$\theta_F=\arctan\left(\frac{2R}{H}\tan\theta_R\right),\quad -\pi/2\leqslant\theta_R\leqslant\pi/2 \tag{3.32}$$

式中，如果 $\hat{L}_{R,z_b}>0$ 且 $\hat{L}_{R,z_b}\to 1$，那么激光烧蚀力方向单位矢量为 $\hat{\boldsymbol{F}}_{L,X_b}=(0,0,1)^{\mathrm{T}}$；如果 $\hat{L}_{R,z_b}<0$ 且 $\hat{L}_{R,z_b}\to -1$，那么激光烧蚀力方向单位矢量为 $\hat{\boldsymbol{F}}_{L,X_b}=(0,0,-1)^{\mathrm{T}}$。

圆柱体空间碎片所获得单脉冲激光烧蚀冲量的大小为

$$|I|=C_mF_L(\pi R^2)\sqrt{1+\left[\left(\frac{H}{2R}\right)^2-1\right]\cos^2\theta_R} \tag{3.33}$$

设激光烧蚀力作用时间为 τ_L'，单脉冲平均激光烧蚀力为 $\bar{F}_L$，则有

$$|\bar{F}_L\tau_L'|=|I|=C_mF_L(\pi R^2)\sqrt{1+\left[\left(\frac{H}{2R}\right)^2-1\right]\cos^2\theta_R} \tag{3.34}$$

圆柱体空间碎片单位质量的激光烧蚀力为 $f_L=\bar{F}_L/m$，空间碎片单位质量的激光烧蚀冲量为

$$\begin{aligned}|f_L\tau_L'|&=\frac{C_mF_L(\pi R^2)\sqrt{1+\left[\left(\frac{H}{2R}\right)^2-1\right]\cos^2\theta_R}}{\pi R^2H\rho}\\&=\frac{C_mF_L}{H\rho}\sqrt{1+\left[\left(\frac{H}{2R}\right)^2-1\right]\cos^2\theta_R}\end{aligned} \tag{3.35}$$

式中，ρ 为圆柱体密度。

已知激光烧蚀力方向单位矢量，圆柱体空间碎片所获得单脉冲激光烧蚀冲量为

$$\boldsymbol{I}_{X_b}=|I|\hat{\boldsymbol{F}}_{L,X_b},\quad \boldsymbol{F}_{L,X_b}\tau'_L=|I|\hat{\boldsymbol{F}}_{L,X_b} \tag{3.36}$$

圆柱体空间碎片单位质量的激光烧蚀冲量为

$$\boldsymbol{f}_{L,X_b}\ \tau'_L=\frac{C_m F_L}{H\rho}\sqrt{1+\left[\left(\frac{H}{2R}\right)^2-1\right]\cos^2\theta_R}\,\hat{\boldsymbol{F}}_{L,X_b} \tag{3.37}$$

给定圆柱体底面半径 R ，$C_m F_L(\pi R^2)$ 为激光垂直辐照面积为 πR^2 的圆盘时所产生的冲量，构造式(3.38)，分析反映圆柱体形状的量 $H/2R$ 和激光辐照方向仰角 θ_R 对冲量的影响，引入冲量比例因子：

$$I'=\frac{|I|}{C_m F_L(\pi R^2)}=\sqrt{1+\left[\left(\frac{H}{2R}\right)^2-1\right]\cos^2\theta_R} \tag{3.38}$$

图 3.9 为激光烧蚀力方向仰角随着激光辐照方向仰角的变化曲线。当 $H=2R$ 时，激光烧蚀力方向与激光辐照方向相同(红线)；当 $H>2R$ 时，激光烧蚀力方向将偏离激光辐照方向，向靠近 X_bY_b 平面方向偏离(黑线)；当 $H<2R$ 时，激光烧蚀力方向将偏离激光辐照方向，向远离 X_bY_b 平面方向偏离(蓝线)。并且，当 $\theta_R=-\pi/2$ 、$\theta_R=0$ 、$\theta_R=\pi/2$ 时，激光烧蚀力方向总是与激光辐照方向一致。

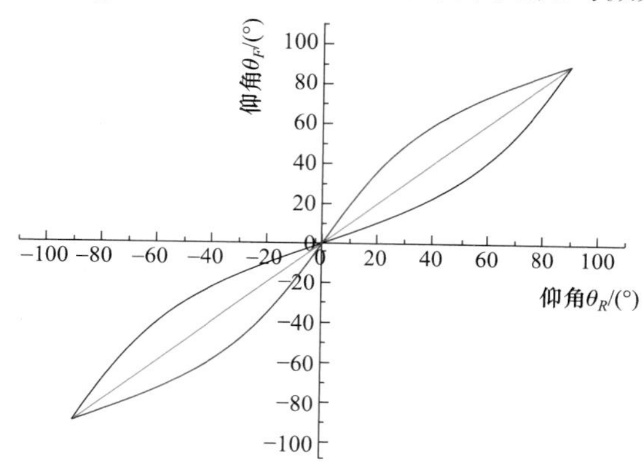

图 3.9　激光烧蚀力方向仰角随着激光辐照方向仰角的变化曲线

图 3.10 为冲量比例因子随着激光辐照方向仰角的变化曲线。当给定底面半径 R 且 $H=2R$ 时(红线)，冲量比例因子不变，意味着不论激光辐照方向如何，激光烧蚀力大小不变；当给定底面半径 R 且 $H>2R$ 时(黑线)，冲量比例因子由小到大、由大到小变化，意味着激光烧蚀力先由小到大、再由大到小变化，并且关于激光辐照方向仰角是对称的；当给定底面半径 R 且 $H<2R$ 时(蓝线)，冲量比例因子由

大到小、由小到大变化，意味着激光烧蚀力先由大到小、再由小到大变化，并且关于激光辐照方向仰角是对称的。

对于圆柱体空间碎片，其所获得激光烧蚀力的特点如下：

(1) 在激光辐照和烧蚀下，圆柱体空间碎片所获得激光烧蚀力，在激光辐照方向与圆柱体中心轴所确定平面内，其方向可偏离激光辐照方向(仅当高度等于底面直径时与激光辐照方向一致)，并且激光烧蚀力通过圆柱体质心，对圆柱体质心不产生力矩。

(2) 激光烧蚀力方向可由激光辐照方向与圆柱体中心轴方向唯一确定。

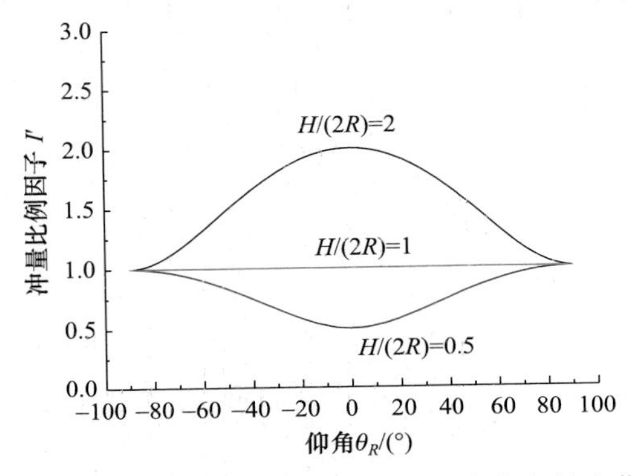

图 3.10 冲量比例因子随着激光辐照方向仰角的变化曲线

3.4.5 圆盘和圆杆空间碎片的冲量与激光烧蚀力

1. 圆盘空间碎片

圆盘空间碎片是圆柱体空间碎片 $H \to 0$ (但是 $H \neq 0$)的特例，对于圆盘空间碎片，激光烧蚀力方向的仰角为

$$\theta_F = \begin{cases} \pi/2, & \theta_R > 0 \\ 0, & \theta_R = 0 \\ -\pi/2, & \theta_R < 0 \end{cases}, \quad \begin{cases} \theta_R = \arcsin(\hat{L}_{R,z_b}) \\ \sin\alpha_R = \hat{L}_{R,y_b} / \cos\theta_R \\ \cos\alpha_R = \hat{L}_{R,x_b} / \cos\theta_R \end{cases} \tag{3.39}$$

激光烧蚀力方向单位矢量为

$$\begin{cases} \hat{F}_{L,x_b} = \cos\alpha_R \cos\theta_F \\ \hat{F}_{L,y_b} = \sin\alpha_R \cos\theta_F \\ \hat{F}_{L,z_b} = \sin\theta_F \end{cases} \tag{3.40}$$

在体固联坐标系 $X_bY_bZ_b$ 中，激光烧蚀力方向单位矢量为

$$\begin{cases}\hat{\boldsymbol{F}}_{L,X_b}=(0,0,1)^{\mathrm{T}}, & \theta_R>0\\ \hat{\boldsymbol{F}}_{L,X_b}=(0,0,-1)^{\mathrm{T}}, & \theta_R<0\\ \hat{\boldsymbol{F}}_{L,X_b}=(\cos\alpha_R,\sin\alpha_R,0)^{\mathrm{T}}, & \theta_R=0\end{cases} \tag{3.41}$$

圆盘空间碎片单脉冲激光烧蚀冲量的大小为

$$|I|=C_m F_L(\pi R^2)|\sin\theta_R| \tag{3.42}$$

设激光烧蚀力作用时间为 τ_L'，单脉冲平均激光烧蚀力为 $\bar{F}_L$，空间碎片单脉冲激光烧蚀冲量为

$$\boldsymbol{F}_{L,X_b}\tau_L'=C_m F_L(\pi R^2)|\sin\theta_R|\hat{\boldsymbol{F}}_{L,X_b} \tag{3.43}$$

圆盘空间碎片单位质量的激光烧蚀力为 $f_L=\bar{F}_L/m$，空间碎片单位质量的激光烧蚀冲量为

$$\boldsymbol{f}_{L,X_b}\tau_L'=\frac{C_m F_L}{H\rho}|\sin\theta_R|\hat{\boldsymbol{F}}_{L,X_b} \tag{3.44}$$

式中，ρ 为圆盘密度。

当 $\theta_R=0$ 时，$|\sin\theta_R|=0$，此时激光烧蚀力为零，因此 $\hat{\boldsymbol{F}}_{L,X_b}=(\cos\alpha_R,\sin\alpha_R,0)^{\mathrm{T}}$ 不用计算求解。

2. 圆杆空间碎片

圆杆空间碎片是圆柱体空间碎片 $R\to 0$(但是 $R\neq 0$)的特例，对于圆杆空间碎片，激光烧蚀力方向的仰角为

$$\theta_F=\begin{cases}\pm\pi/2, & \theta_R=\pm\pi/2\\ 0, & \text{其他}\end{cases},\quad \begin{cases}\theta_R=\arcsin(\hat{L}_{R,z_b})\\ \sin\alpha_R=\hat{L}_{R,y_b}/\cos\theta_R\\ \cos\alpha_R=\hat{L}_{R,x_b}/\cos\theta_R\end{cases} \tag{3.45}$$

激光烧蚀力方向单位矢量为

$$\begin{cases}\hat{F}_{L,x_b}=\cos\alpha_R\cos\theta_F\\ \hat{F}_{L,y_b}=\sin\alpha_R\cos\theta_F\\ \hat{F}_{L,z_b}=\sin\theta_F\end{cases} \tag{3.46}$$

在体固联坐标系 $X_bY_bZ_b$ 中，激光烧蚀力方向单位矢量为

$$\begin{cases}\hat{\boldsymbol{F}}_{L,X_b}=(0,0,\pm 1)^{\mathrm{T}}, & \theta_R=\pm\pi/2\\ \hat{\boldsymbol{F}}_{L,X_b}=(\cos\alpha_R,\sin\alpha_R,0)^{\mathrm{T}}, & \text{其他}\end{cases} \tag{3.47}$$

圆杆空间碎片所获得单脉冲激光烧蚀冲量的大小为

$$|I| = \frac{\pi}{2}\cos\theta_R C_m F_L HR \tag{3.48}$$

设激光烧蚀力作用时间为 τ_L' ，单脉冲平均激光烧蚀力为 $\bar{F}_L$ ，则空间碎片单脉冲激光烧蚀冲量为

$$\boldsymbol{F}_{L,X_b}\tau_L' = \frac{\pi}{2}\cos\theta_R C_m F_L HR \hat{\boldsymbol{F}}_{L,X_b} \tag{3.49}$$

圆杆空间碎片单位质量的激光烧蚀力为 $f_L = \bar{F}_L / m$ ，空间碎片单位质量的激光烧蚀冲量为

$$\boldsymbol{f}_{L,X_b}\tau_L' = \frac{C_m F_L}{2R\rho}\cos\theta_R \hat{\boldsymbol{F}}_{L,X_b} \tag{3.50}$$

式中， ρ 为圆杆密度。

当 $\theta_R = \pm\pi/2$ 时，激光烧蚀力为零， $\hat{\boldsymbol{F}}_{L,X_b} = (0,0,\pm 1)^{\mathrm{T}}$ 仅表示激光烧蚀力方向与激光辐照方向之间的关系。

3.5 长方体空间碎片的冲量与激光烧蚀力

图 3.11 为体固联坐标系下长方体空间碎片的激光烧蚀力描述，以长方体空间碎片的质心为原点，惯性主轴为坐标轴，建立体固联坐标系 $X_bY_bZ_b$ ，长方体空间碎片尺寸为 $a \leqslant b \leqslant c$ ， a、b、c 分别表示沿 X_b 轴、Y_b 轴和 Z_b 轴的尺寸。

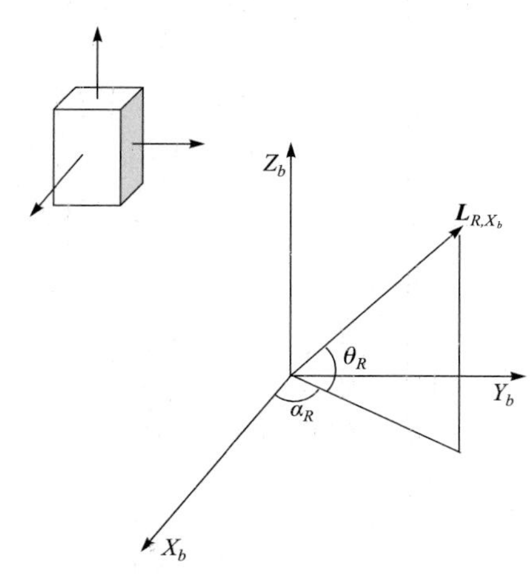

图 3.11 体固联坐标系下长方体空间碎片的激光烧蚀力描述

激光辐照方向的偏角为 α_R ($0 \leqslant \alpha_R < 2\pi$)、仰角为 θ_R ($-\pi/2 \leqslant \theta_R \leqslant \pi/2$)，激光

辐照方向单位矢量为

$$\boldsymbol{e}=(\cos\alpha_R\cos\theta_R,\sin\alpha_R\cos\theta_R,\sin\theta_R) \tag{3.51}$$

激光至多只能辐照到长方体 2 个侧面和 1 个底面，被辐照的 2 个侧面法向矢量和方程分别为 $\boldsymbol{n}=(0,-1,0)$ 和 $y=-b/2$ 及 $\boldsymbol{n}=(-1,0,0)$ 和 $x=-a/2$，底面法向矢量和方程分别为 $\boldsymbol{n}=(0,0,-1)$ 和 $z=-c/2$。

3.5.1 激光辐照长方体侧面情况

1. 激光辐照 $\boldsymbol{n}=(0,-1,0)$ 侧面情况

长方体侧面法向单位矢量为 $\boldsymbol{n}=(0,-1,0)$，侧面方程为 $y=-b/2$，在 X_bZ_b 平面投影区域为 $-a/2\leqslant x\leqslant a/2$、$-c/2\leqslant z\leqslant c/2$。

单脉冲激光烧蚀冲量为

$$I_{y_b}=\sin\alpha_R\cos\theta_R C_m F_L ac\,,\quad I_{x_b}=0\,,\quad I_{z_b}=0 \tag{3.52}$$

鉴于激光辐照的对称性，该冲量通过长方体质心。

2. 激光辐照 $\boldsymbol{n}=(-1,0,0)$ 侧面情况

长方体侧面法向单位矢量为 $\boldsymbol{n}=(-1,0,0)$，侧面方程为 $x=-a/2$，在 Y_bZ_b 平面投影区域为 $-b/2\leqslant y\leqslant b/2$、$-c/2\leqslant z\leqslant c/2$。

单脉冲激光烧蚀冲量为

$$I_{x_b}=\cos\alpha_R\cos\theta_R C_m F_L bc\,,\quad I_{y_b}=0\,,\quad I_{z_b}=0 \tag{3.53}$$

鉴于激光辐照的对称性，该冲量通过长方体质心。

3.5.2 激光辐照长方体底面情况

长方体底面法向单位矢量为 $\boldsymbol{n}=(0,0,-1)$，底面方程为 $z=-c/2$，在 X_bY_b 平面投影区域为 $-a/2\leqslant x\leqslant a/2$、$-b/2\leqslant y\leqslant b/2$。

单脉冲激光烧蚀冲量为

$$I_{z_b}=\sin\theta_R C_m F_L ab\,,\quad I_{x_b}=0\,,\quad I_{y_b}=0 \tag{3.54}$$

鉴于激光辐照的对称性，该冲量通过长方体质心。

3.5.3 冲量合成与激光烧蚀力

冲量分量 I_x、I_y 和 I_z 都通过长方体质心，合成后冲量也通过长方体质心，由于

$$\begin{cases} I_{x_b}=\cos\alpha_R\cos\theta_R C_m F_L bc \\ I_{y_b}=\sin\alpha_R\cos\theta_R C_m F_L ac \\ I_{z_b}=\sin\theta_R C_m F_L ab \end{cases} \tag{3.55}$$

因此冲量合成后，单脉冲激光烧蚀冲量的大小为

$$|I| = \sqrt{(I_{x_b})^2 + (I_{y_b})^2 + (I_{z_b})^2}$$
$$= C_m F_L bc \sqrt{\cos^2 \alpha_R \cos^2 \theta_R + \sin^2 \alpha_R \cos^2 \theta_R \left(\frac{a}{b}\right)^2 + \sin^2 \theta_R \left(\frac{a}{c}\right)^2} \tag{3.56}$$

冲量方向的偏角 α_F ($0 \leqslant \alpha_F < 2\pi$)和仰角 θ_F ($-\pi/2 \leqslant \theta_F \leqslant \pi/2$)用正切表示为

$$\tan \alpha_F = \frac{I_{y_b}}{I_{x_b}} = \frac{a}{b} \tan \alpha_R \tag{3.57}$$

$$\tan \theta_F = \frac{I_{z_b}}{\sqrt{(I_{x_b})^2 + (I_{y_b})^2}} = \frac{1}{\sqrt{\left(\frac{c}{a}\right)^2 \cos^2 \alpha_R + \left(\frac{c}{b}\right)^2 \sin^2 \alpha_R}} \tan \theta_R$$
$$= \frac{1}{\sqrt{\left[\left(\frac{c}{a}\right)^2 - \left(\frac{c}{b}\right)^2\right] \cos^2 \alpha_R + \left(\frac{c}{b}\right)^2}} \tan \theta_R \tag{3.58}$$

在长方体空间碎片沿着 X_b 轴、Y_b 轴和 Z_b 轴的尺寸为 $a \leqslant b \leqslant c$ 条件下：①当 $|\alpha_F| \leqslant |\alpha_R|$ 时，意味着激光烧蚀力方向偏离激光辐照方向，并且偏角靠近 $X_b Z_b$ 平面；②当 $|\theta_F| \leqslant |\theta_R|$ 时，意味着激光烧蚀力方向偏离激光辐照方向，并且仰角靠近 $X_b Y_b$ 平面。

3.5.4　体固联坐标系描述

在体固联坐标系中，激光辐照方向单位矢量为 $\hat{\boldsymbol{L}}_{R,X_b} = (\hat{L}_{R,x_b}, \hat{L}_{R,y_b}, \hat{L}_{R,z_b})^{\mathrm{T}}$，长方体长轴方向单位矢量为 $\hat{\boldsymbol{Z}}_b = (0,0,1)^{\mathrm{T}}$，激光烧蚀力方向单位矢量为 $\hat{\boldsymbol{F}}_{L,X_b} = (\hat{F}_{L,x_b}, \hat{F}_{L,y_b}, \hat{F}_{L,z_b})^{\mathrm{T}}$。

激光辐照方向单位矢量 $\hat{\boldsymbol{L}}_{R,X_b} = (\hat{L}_{R,x_b}, \hat{L}_{R,y_b}, \hat{L}_{R,z_b})^{\mathrm{T}}$ 与 $X_b Y_b$ 平面的仰角为 $-\pi/2 \leqslant \theta_R \leqslant \pi/2$，在 $X_b Y_b$ 平面投影相对 X_b 轴的偏角为 $0 \leqslant \alpha_R < 2\pi$，则有

$$\begin{cases} \sin \alpha_R \cos \theta_R = \hat{L}_{R,y_b} \\ \cos \alpha_R \cos \theta_R = \hat{L}_{R,x_b} \\ \sin \theta_R = \hat{L}_{R,z_b} \end{cases}, \quad \begin{cases} \theta_R = \arcsin(\hat{L}_{R,z_b}) \\ \sin \alpha_R = \hat{L}_{R,y_b} / \cos \theta_R \\ \cos \alpha_R = \hat{L}_{R,x_b} / \cos \theta_R \end{cases} \tag{3.59}$$

式中，如果 $\hat{L}_{R,z_b} > 0$ 且 $\hat{L}_{R,z_b} \to 1$，那么激光辐照方向单位矢量为 $\hat{\boldsymbol{L}}_{R,X_b} = (0,0,1)^{\mathrm{T}}$；如果 $\hat{L}_{R,z_b} < 0$ 且 $\hat{L}_{R,z_b} \to -1$，那么激光辐照方向单位矢量为 $\hat{\boldsymbol{L}}_{R,X_b} = (0,0,-1)^{\mathrm{T}}$。

由于激光烧蚀力方向单位矢量为 $\hat{\boldsymbol{F}}_{L,X_b} = (\hat{F}_{L,x_b}, \hat{F}_{L,y_b}, \hat{F}_{L,z_b})^{\mathrm{T}}$，与 $X_b Y_b$ 平面的仰角为 $-\pi/2 \leqslant \theta_F \leqslant \pi/2$，在 $X_b Y_b$ 平面投影相对 X_b 轴的偏角为 $0 \leqslant \alpha_F < 2\pi$，因此有

$$\begin{cases} \hat{F}_{L,x_b} = \cos\alpha_F \cos\theta_F \\ \hat{F}_{L,y_b} = \sin\alpha_F \cos\theta_F \\ \hat{F}_{L,z_b} = \sin\theta_F \end{cases} \tag{3.60}$$

式中

$$\begin{cases} \theta_R = \arcsin(\hat{L}_{R,z_b}) \\ \sin\alpha_R = \hat{L}_{R,y_b} / \cos\theta_R \\ \cos\alpha_R = \hat{L}_{R,x_b} / \cos\theta_R \end{cases} \tag{3.61}$$

$$\alpha_F = \begin{cases} \arctan\left(\dfrac{a}{b}\tan\alpha_R\right), & 0 \leqslant \alpha_R \leqslant \pi/2 \\ \pi + \arctan\left(\dfrac{a}{b}\tan\alpha_R\right), & \pi/2 < \alpha_R \leqslant \pi \\ \pi + \arctan\left(\dfrac{a}{b}\tan\alpha_R\right), & \pi < \alpha_R < 3\pi/2 \\ 2\pi + \arctan\left(\dfrac{a}{b}\tan\alpha_R\right), & 3\pi/2 \leqslant \alpha_R < 2\pi \end{cases} \tag{3.62}$$

$$\theta_F = \arctan\left\{ \frac{1}{\sqrt{\left[\left(\dfrac{c}{a}\right)^2 - \left(\dfrac{c}{b}\right)^2\right]\cos^2\alpha_R + \left(\dfrac{c}{b}\right)^2}} \tan\theta_R \right\} \tag{3.63}$$

式中，如果 $\hat{L}_{R,z_b} > 0$ 且 $\hat{L}_{R,z_b} \to 1$，那么激光烧蚀力方向单位矢量为 $\hat{\boldsymbol{F}}_{L,X_b} = (0,0,1)^{\mathrm{T}}$；如果 $\hat{L}_{R,z_b} < 0$ 且 $\hat{L}_{R,z_b} \to -1$，那么激光烧蚀力方向单位矢量为 $\hat{\boldsymbol{F}}_{L,X_b} = (0,0,-1)^{\mathrm{T}}$。

长方体空间碎片所获得单脉冲激光烧蚀冲量的大小为

$$|I| = C_m F_L bc \sqrt{\cos^2\alpha_R \cos^2\theta_R + \sin^2\alpha_R \cos^2\theta_R \left(\frac{a}{b}\right)^2 + \sin^2\theta_R \left(\frac{a}{c}\right)^2} \tag{3.64}$$

设激光烧蚀力作用时间为 τ'_L，则空间碎片单脉冲激光烧蚀冲量为

$$\boldsymbol{F}_{L,X_b}\tau'_L = C_m F_L bc \sqrt{\cos^2\alpha_R \cos^2\theta_R + \sin^2\alpha_R \cos^2\theta_R \left(\frac{a}{b}\right)^2 + \sin^2\theta_R \left(\frac{a}{c}\right)^2}\, \hat{\boldsymbol{F}}_{L,X_b} \tag{3.65}$$

空间碎片单位质量的激光烧蚀冲量为

$$\boldsymbol{f}_{L,X_b}\tau'_L = \frac{C_m F_L}{a\rho} \sqrt{\cos^2\alpha_R \cos^2\theta_R + \sin^2\alpha_R \cos^2\theta_R \left(\frac{a}{b}\right)^2 + \sin^2\theta_R \left(\frac{a}{c}\right)^2}\, \hat{\boldsymbol{F}}_{L,X_b} \tag{3.66}$$

式中，ρ 为长方体密度。

图 3.12 为激光烧蚀力方向偏角随着激光辐照方向偏角的变化曲线，图 3.13 为激光烧蚀力方向仰角随着激光辐照方向仰角的变化曲线。

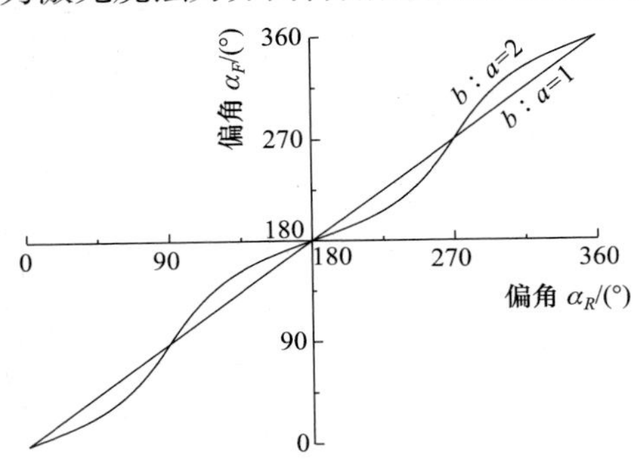

图 3.12　激光烧蚀力方向偏角随着激光辐照方向偏角的变化曲线

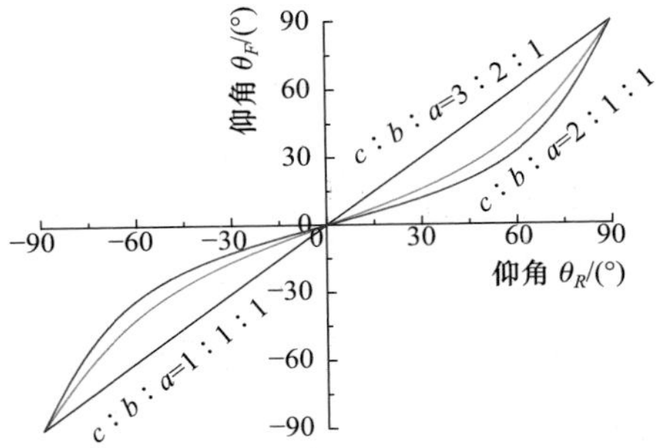

图 3.13　激光烧蚀力方向仰角随着激光辐照方向仰角的变化曲线

当 $b > a$ 时，在 X_bY_b 平面内激光烧蚀力方向的偏角相对激光辐照方向的偏角，更加靠近 X_b；当 $c > b \geqslant a$ 时，激光烧蚀力方向的仰角相对激光辐照方向的仰角，更加靠近 X_bY_b 平面，这是由于激光烧蚀力大小与被辐照表面面积成正比。

对于长方体空间碎片，其所获得激光烧蚀力的特点如下：

(1) 在激光辐照和烧蚀下，长方体空间碎片所获得的激光烧蚀力都通过长方体质心，对该质心不产生力矩。

(2) 激光烧蚀力方向可由激光辐照方向与长方体惯性主轴方向唯一确定。

(3) 当长方体空间碎片尺寸 $c = b = a$ 时，激光烧蚀力方向与激光辐照方向相同；当 $c > b = a$ 时，激光烧蚀力方向在激光辐照方向与长方体中心轴所构成的平面内，偏角相等，但是仰角不相等；当 $c > b > a$ 时，激光烧蚀力方向与激光辐照方向的偏角和仰角都不相等。

3.5.5　立方体和薄板空间碎片的冲量和激光烧蚀力

1. 立方体空间碎片的冲量和激光烧蚀力

立方体空间碎片是长方体空间碎片 $c = b = a$ 时的特例，激光烧蚀力的偏角 $\alpha_F = \alpha_R$ 和仰角 $\theta_F = \theta_R$，即激光烧蚀力方向单位矢量与激光辐照方向单位矢量相等，为 $\hat{\boldsymbol{F}}_{L,X_b} = \hat{\boldsymbol{L}}_{R,X_b}$。

立方体空间碎片所获得单脉冲激光烧蚀冲量大小为

$$|\boldsymbol{I}| = C_m F_L a^2 \tag{3.67}$$

设激光烧蚀力作用时间为 τ'_L ，单脉冲平均激光烧蚀力为 $\bar{F}_L$ ，则立方体空间碎片单脉冲激光烧蚀冲量为

$$\boldsymbol{F}_{L,X_b}\tau' = C_m F_L a^2 \hat{\boldsymbol{F}}_{L,X_b} \tag{3.68}$$

立方体空间碎片单位质量的激光烧蚀力为 $f_L = \bar{F}_L / m$ ，立方体空间碎片单位质量的激光烧蚀冲量为

$$\boldsymbol{f}_{L,X_b}\tau'_L = \frac{C_m F_L}{a\rho}\hat{\boldsymbol{F}}_{L,X_b} \tag{3.69}$$

式中，ρ 为立方体密度。

2. 薄板空间碎片的冲量和激光烧蚀力

薄板空间碎片是长方体空间碎片 $c \to 0$ (但 $c \neq 0$)的特例，激光烧蚀力方向的仰角为

$$\theta_F = \begin{cases} \pi/2, & \theta_R > 0 \\ 0, & \theta_R = 0 \\ -\pi/2, & \theta_R < 0 \end{cases}, \quad \begin{cases} \theta_R = \arcsin(\hat{L}_{R,z_b}) \\ \sin\alpha_R = \hat{L}_{R,y_b} / \cos\theta_R \\ \cos\alpha_R = \hat{L}_{R,x_b} / \cos\theta_R \end{cases} \tag{3.70}$$

激光烧蚀力方向单位矢量为

$$\begin{cases} \hat{F}_{L,x_b} = \cos\alpha_F \cos\theta_F \\ \hat{F}_{L,y_b} = \sin\alpha_F \cos\theta_F \\ \hat{F}_{L,z_b} = \sin\theta_F \end{cases} \tag{3.71}$$

在体固联坐标系 $X_b Y_b Z_b$ 中，激光烧蚀力方向单位矢量为

$$\begin{cases} \hat{\boldsymbol{F}}_{L,X_b} = (0,0,1)^{\mathrm{T}}, & \theta_R > 0 \\ \hat{\boldsymbol{F}}_{L,X_b} = (0,0,-1)^{\mathrm{T}}, & \theta_R < 0 \\ \hat{\boldsymbol{F}}_{L,X_b} = (\cos\alpha_F, \sin\alpha_F, 0)^{\mathrm{T}}, & \theta_R = 0 \end{cases} \tag{3.72}$$

薄板空间碎片所获得单脉冲激光烧蚀冲量的大小为

$$|\boldsymbol{I}| = C_m F_L ab|\sin\theta_R| \tag{3.73}$$

设激光烧蚀力作用时间为 τ'_L ，单脉冲平均激光烧蚀力为 $\bar{F}_L$ ，则空间碎片单脉冲激光烧蚀冲量为

$$\boldsymbol{F}_{L,X_b}\tau'_L = C_m F_L ab|\sin\theta_R|\hat{\boldsymbol{F}}_{L,X_b} \tag{3.74}$$

薄板空间碎片单位质量的激光烧蚀力为 $f_L = \bar{F}_L / m$ ，薄板空间碎片单位质量的激光烧蚀冲量为

$$\boldsymbol{f}_{L,X_b}\tau'_L = \frac{C_m F_L\left|\sin\theta_R\right|}{c\rho}\hat{\boldsymbol{F}}_{L,X_b} \tag{3.75}$$

式中，ρ 为薄板密度。

当 $\theta_R = 0$ 时，$\left|\sin\theta_R\right| = 0$，此时，不需要具体计算 $\hat{\boldsymbol{F}}_{L,X_b} = (\cos\alpha_F, \sin\alpha_F, 0)^{\mathrm{T}}$。

3.6　半球体空间碎片的冲量与激光烧蚀力

前面分析和讨论的典型空间碎片，如球体、圆柱体、圆盘、圆杆、长方体、立方体、薄板等，激光烧蚀力都通过其质心，不产生激光烧蚀力的力矩，实际上，对于一些空间碎片，激光烧蚀力不但产生对其质心的作用力，造成空间碎片质心轨道运动的变化，而且激光烧蚀力还产生力矩，造成空间碎片姿态运动的变化。半球体空间碎片就是既产生激光烧蚀力，又产生激光烧蚀力矩的一种情况。

3.6.1　激光辐照面分析

图 3.14 为激光辐照半球体空间碎片示意图，以半球体空间碎片的过质心的中心轴为 Z 轴，以半球体底面为 XY 平面建立坐标系，半球体空间碎片半径为 R，质心位置为 $(x_C, y_C, z_C) = (0, 0, 3R/8)$，激光辐照方向单位矢量为 $\boldsymbol{e} = (e_x, e_y, e_z)$，激光辐照方向相对 XY 平面的仰角为 θ_R（$-\pi/2 \leqslant \theta_R \leqslant \pi/2$），单位方向矢量具体为

$$e_x = 0,\quad e_y = \cos\theta_R,\quad e_z = \sin\theta_R \tag{3.76}$$

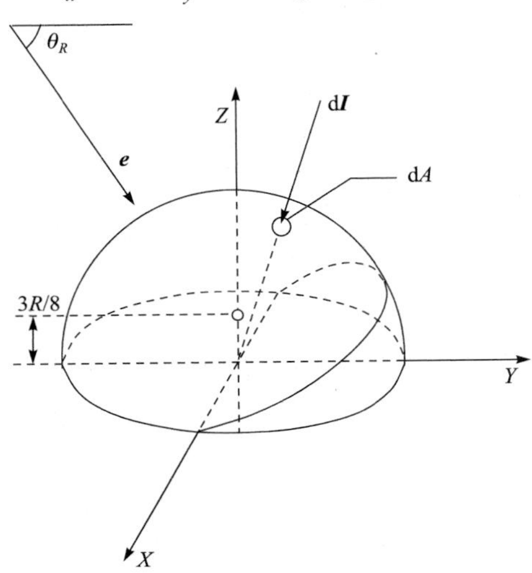

图 3.14　激光辐照半球体空间碎片示意图

激光辐照半球体空间碎片，会出现以下情况：

(1) 当 $\theta_R = -\pi/2$ 时，激光辐照全部半球面；

(2) 当 $-\pi/2 < \theta_R \leqslant 0$ 时，激光辐照多半部分半球面；

(3) 当 $0 < \theta_R < \pi/2$ 时，激光辐照少半部分半球面和底面；

(4) 当 $\theta_R = \pi/2$ 时，激光仅辐照底面。

3.6.2　激光辐照面的投影面分析

图 3.15 为半球体空间碎片激光辐照面在 XY 平面的投影面，按照激光辐照面(激光辐照条件为 $\boldsymbol{e}\cdot\boldsymbol{n} = \cos(\boldsymbol{e},\boldsymbol{n}) < 0$ ，$\boldsymbol{n}$ 为球面法向的单位矢量)，其投影面分为以下四种情况：

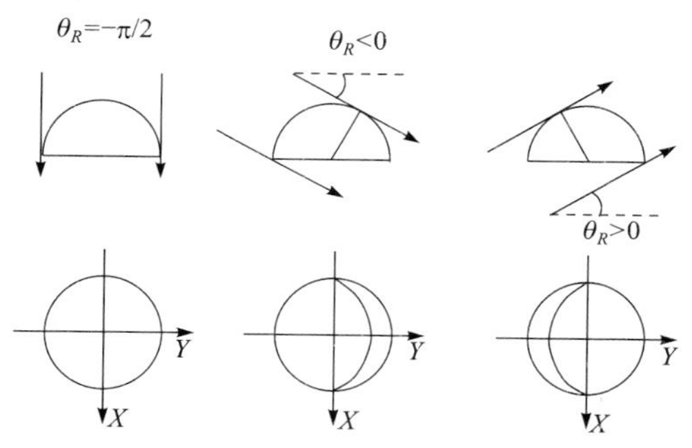

图 3.15　半球体空间碎片激光辐照面在 XY 平面的投影面

(1) 当 $\theta_R = -\pi/2$ 时，激光辐照全部半球面。

激光辐照半球面的全部，球面方程为 $z = \sqrt{R^2 - x^2 - y^2}$ ，球面法向的单位矢量为 $\boldsymbol{n} = (x/R, y/R, z/R)$ ，在 XY 平面的投影面为

$$-\sqrt{R^2 - x^2} < y < \sqrt{R^2 - x^2} \tag{3.77}$$

(2) 当 $-\pi/2 < \theta_R \leqslant 0$ 时，激光辐照多半部分半球面。

激光辐照多半部分半球面，球面方程为 $z = \sqrt{R^2 - x^2 - y^2}$ ，球面法向的单位矢量为 $\boldsymbol{n} = (x/R, y/R, z/R)$ ，在 XY 平面的投影面为

$$-\sqrt{R^2 - x^2} < y < -\sin\theta_R\sqrt{R^2 - x^2},\quad -\pi/2 < \theta_R \leqslant 0 \tag{3.78}$$

(3) 当 $0 < \theta_R < \pi/2$ 时，激光辐照少半部分半球面和底面。

激光辐照少半部分半球面，球面方程为 $z = \sqrt{R^2 - x^2 - y^2}$ ，球面法向的单位矢量为 $\boldsymbol{n} = (x/R, y/R, z/R)$ ，在 XY 平面的投影面为

$$-\sqrt{R^2 - x^2} < y < -\sin\theta_R\sqrt{R^2 - x^2},\quad 0 < \theta_R < \pi/2 \tag{3.79}$$

底面法向的单位矢量为 $\boldsymbol{n} = (0,0,-1)$ ，在 XY 平面的投影面为

$$-\sqrt{R^2-x^2}<y<\sqrt{R^2-x^2} \tag{3.80}$$

(4) 当 $\theta_R=\pi/2$ 时，激光仅辐照底面。

底面法向的单位矢量为 $\boldsymbol{n}=(0,0,-1)$，在 XY 平面的投影面为

$$-\sqrt{R^2-x^2}<y<\sqrt{R^2-x^2} \tag{3.81}$$

3.6.3 单脉冲激光烧蚀冲量和冲量矩分析

按照上述出现的四种激光辐照面和投影面情况，分别分析和计算半球体空间碎片的单脉冲激光烧蚀冲量和冲量矩。

(1) 当 $\theta_R=-\pi/2$ 时，激光辐照全部半球面。

空间碎片单脉冲激光烧蚀冲量为

$$I_z=\frac{C_mF_L}{R}\int_{-R}^{R}\int_{-\sqrt{R^2-x^2}}^{\sqrt{R^2-x^2}}\left(y\cos\theta_R+\sqrt{R^2-x^2-y^2}\sin\theta_R\right)\mathrm{d}y\mathrm{d}x=-\frac{2C_mF_L\pi R^2}{3}$$
$$I_x=I_y=0 \tag{3.82}$$

式中，$F_L=I_L\tau_L$ 为激光束单位面积上入射激光能量。

空间碎片单脉冲激光烧蚀冲量矩为

$$L_{Ix}=L_{Iy}=L_{Iz}=0 \tag{3.83}$$

(2) 当 $-\pi/2<\theta_R\leqslant 0$ 时，激光辐照多半部分半球面。

球面方程为 $z=\sqrt{R^2-x^2-y^2}$，曲面微元为

$$\mathrm{d}A=\sqrt{1+\left(\frac{\partial z}{\partial x}\right)^2+\left(\frac{\partial z}{\partial y}\right)^2}\mathrm{d}x\mathrm{d}y=\frac{R}{\sqrt{R^2-x^2-y^2}}\mathrm{d}x\mathrm{d}y \tag{3.84}$$

在面积微元上的微冲量为

$$\mathrm{d}I_x=\frac{C_mF_L}{R}\left(\frac{xy\cos\theta_R}{\sqrt{R^2-x^2-y^2}}+x\sin\theta_R\right)\mathrm{d}x\mathrm{d}y \tag{3.85}$$

$$\mathrm{d}I_y=\frac{C_mF_L}{R}\left(\frac{y^2\cos\theta_R}{\sqrt{R^2-x^2-y^2}}+y\sin\theta_R\right)\mathrm{d}x\mathrm{d}y \tag{3.86}$$

$$\mathrm{d}I_z=\frac{C_mF_L}{R}\left(y\cos\theta_R+\sin\theta_R\sqrt{R^2-x^2-y^2}\right)\mathrm{d}x\mathrm{d}y \tag{3.87}$$

由曲面积分可得空间碎片单脉冲激光烧蚀冲量的分量，三个方向分量分别为

$$I_x=\frac{C_mF_L}{R}\int_{-R}^{R}\int_{-\sqrt{R^2-x^2}}^{-\sin\theta_R\sqrt{R^2-x^2}}\left(\frac{xy\cos\theta_R}{\sqrt{R^2-x^2-y^2}}+x\sin\theta_R\right)\mathrm{d}y\mathrm{d}x=0 \tag{3.88}$$

$$I_y = \frac{C_m F_L}{R}\int_{-R}^{R}\int_{-\sqrt{R^2-x^2}}^{-\sin\theta_R\sqrt{R^2-x^2}}\left(\frac{y^2\cos\theta_R}{\sqrt{R^2-x^2-y^2}}+y\sin\theta_R\right)\mathrm{d}y\mathrm{d}x$$
$$= \frac{2C_m F_L R^2\cos\theta_R}{3}\left(\frac{\pi}{2}-\theta_R\right) \tag{3.89}$$

$$I_z = \frac{C_m F_L}{R}\int_{-R}^{R}\int_{-\sqrt{R^2-x^2}}^{-\sin\theta_R\sqrt{R^2-x^2}}\left(y\cos\theta_R+\sqrt{R^2-x^2-y^2}\sin\theta_R\right)\mathrm{d}y\mathrm{d}x$$
$$= \frac{2C_m F_L R^2}{3}\left[\sin\theta_R\left(\frac{\pi}{2}-\theta_R\right)-\cos\theta_R\right] \tag{3.90}$$

令

$$Y_1 = \left(\frac{\pi}{2}-\theta_R\right)\cos\theta_R,\quad Z_1=\sin\theta_R\left(\frac{\pi}{2}-\theta_R\right)-\cos\theta_R \tag{3.91}$$

空间碎片单脉冲激光烧蚀冲量的大小为

$$I=\sqrt{I_y^2+I_z^2}=\frac{2C_m F_L R^2}{3}\sqrt{Y_1^2+Z_1^2} \tag{3.92}$$

空间碎片单位质量的激光烧蚀冲量为

$$\frac{I}{m}=\frac{\dfrac{2C_m F_L R^2}{3}\sqrt{Y_1^2+Z_1^2}}{\dfrac{2}{3}\pi R^3\rho}=\frac{C_m F_L}{\pi R\rho}\sqrt{Y_1^2+Z_1^2} \tag{3.93}$$

若冲量与 XY 平面的仰角为 θ_F，则有

$$\tan\theta_F=\frac{I_z}{I_y}=\frac{Z_1}{Y_1} \tag{3.94}$$

式中，$-\pi/2<\theta_R\leqslant 0$。

半球体的质心为 $(x_C, y_C, z_C)=(0,0,3R/8)$，空间碎片单脉冲激光烧蚀冲量矩为

$$\begin{cases} L_{Ix}=\dfrac{C_m F_L R^3}{4}Y_1 \\ L_{Iy}=L_{Iz}=0 \end{cases} \tag{3.95}$$

(3) 当 $0<\theta_R<\pi/2$ 时，激光辐照少半部分半球面和底面。

同上，在少半部分半球面和底面上分别进行曲面积分，计算空间碎片单脉冲激光烧蚀冲量和冲量矩。

空间碎片单脉冲激光烧蚀冲量的分量为

$$I_x=I_{x1}+I_{x2}=0 \tag{3.96}$$

$$I_y=I_{y1}+I_{y2}=\frac{2C_m F_L R^2\cos\theta_R}{3}\left(\frac{\pi}{2}-\theta_R\right) \tag{3.97}$$

$$I_z = I_{z1} + I_{z2} = \frac{2C_m F_L R^2}{3}\left[\sin\theta_R\left(2\pi - \theta_R\right) - \cos\theta_R\right] \tag{3.98}$$

令

$$Y_2 = \left(\frac{\pi}{2} - \theta_R\right)\cos\theta_R \tag{3.99}$$

$$Z_2 = \sin\theta_R\left(2\pi - \theta_R\right) - \cos\theta_R \tag{3.100}$$

空间碎片单脉冲激光烧蚀冲量为

$$I = \sqrt{I_y^2 + I_z^2} = \frac{2C_m F_L R^2}{3}\sqrt{{Y_2}^2 + {Z_2}^2} \tag{3.101}$$

冲量与 XY 平面的仰角为

$$\tan\theta_F = \frac{I_z}{I_y} = \frac{Z_2}{Y_2} \tag{3.102}$$

式中，$0 < \theta_R < \pi/2$。

空间碎片单脉冲激光烧蚀冲量矩为

$$\begin{cases} L_{Ix} = \dfrac{C_m F_L R^3}{4} Y_2 \\ L_{Iy} = L_{Iz} = 0 \end{cases} \tag{3.103}$$

(4) 当 $\theta_R = \pi/2$ 时，激光仅辐照底面。

$$\begin{cases} I_z = C_m F_L \pi R^2 \\ I_x = I_y = 0 \\ L_{Ix} = L_{Iy} = L_{Iz} = 0 \end{cases} \tag{3.104}$$

(5) 单脉冲激光烧蚀冲量和冲量矩的无量纲化处理。

已知当 $\theta_R = \pi/2$ 时，空间碎片单脉冲激光烧蚀冲量最大为

$$I_{\max} = C_m F_L \pi R^2 \tag{3.105}$$

将半球体空间碎片的单脉冲激光烧蚀冲量进行无量纲化处理，可得

$$\frac{I}{I_{\max}} = \frac{2}{3},\quad \theta_R = -\pi/2,\quad \theta_F = -\pi/2,\quad \theta_R = -\pi/2 \tag{3.106}$$

$$\frac{I}{I_{\max}} = \frac{2}{3\pi}\sqrt{{Y_1}^2 + {Z_1}^2},\quad -\pi/2 < \theta_R \leqslant 0 \tag{3.107}$$

$$\tan\theta_F = \frac{Z_1}{Y_1},\quad -\pi/2 < \theta_R \leqslant 0 \tag{3.108}$$

$$\frac{I}{I_{\max}}=\frac{2}{3\pi}\sqrt{Y_2^{\ 2}+Z_2^{\ 2}},\quad 0<\theta_R<\pi/2 \tag{3.109}$$

$$\tan\theta_F=\frac{Z_2}{Y_2},\quad 0<\theta_R<\pi/2 \tag{3.110}$$

$$\frac{I}{I_{\max}}=1,\quad \theta_R=\pi/2\ ,\quad \theta_F=\pi/2,\quad \theta_R=\pi/2 \tag{3.111}$$

式中

$$Y_1=Y_2=\left(\frac{\pi}{2}-\theta_R\right)\cos\theta_R \tag{3.112}$$

$$Z_1=\sin\theta_R\left(\frac{\pi}{2}-\theta_R\right)-\cos\theta_R\ ,\quad Z_2=\sin\theta_R\left(2\pi-\theta_R\right)-\cos\theta_R \tag{3.113}$$

同理，令 $L_{\max}=C_m F_L R^3$，对单脉冲激光烧蚀冲量矩进行无量纲化处理，可得

$$\frac{L_{Ix}}{L_{\max}}=\frac{Y_1}{4},\quad -\pi/2\leqslant\theta_R\leqslant\pi/2 \tag{3.114}$$

图 3.16 为半球体空间碎片激光烧蚀冲量方向仰角(激光烧蚀力方向仰角)随着激光辐照方向仰角的变化曲线。首先，激光烧蚀力方向在激光辐照方向与半球体中心轴所构成的平面内。其次，在该平面内，当 $\theta_R<11.98081°$ 时，激光烧蚀力方向总在激光辐照方向的下方；当 $\theta_R>11.98081°$ 时，激光烧蚀力方向总在激光辐照方向的上方。最后，当 $\theta_R=11.98081°$ 或 $\theta_R=\pm90°$ 时，激光烧蚀力方向与激光辐照方向一致。

图 3.17 为无量纲化单脉冲激光烧蚀冲量和冲量矩变化，无量纲化单脉冲激光烧蚀冲量随着激光辐照方向仰角，先由大到小、再由小到大变化(黑线)，当 $\theta_R=11.98081°$ 时为最小；无量纲化单脉冲激光烧蚀冲量矩随着激光辐照方向仰角，先由小到大、再由大到小变化(红线)，当 $\theta_R=-26.24°$ 时其为最大。

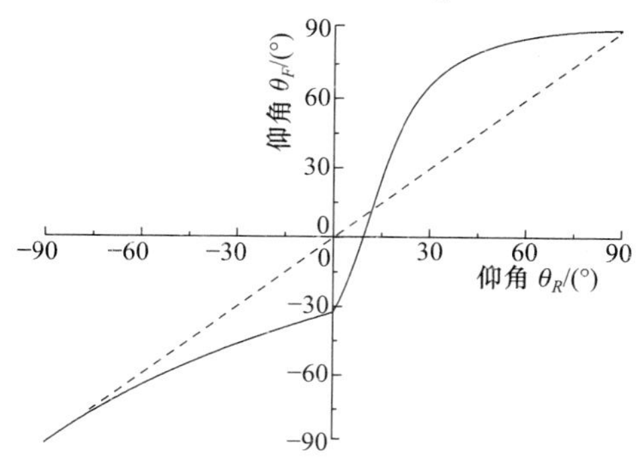

图 3.16　半球体空间碎片激光烧蚀冲量方向仰角随着激光辐照方向仰角的变化曲线

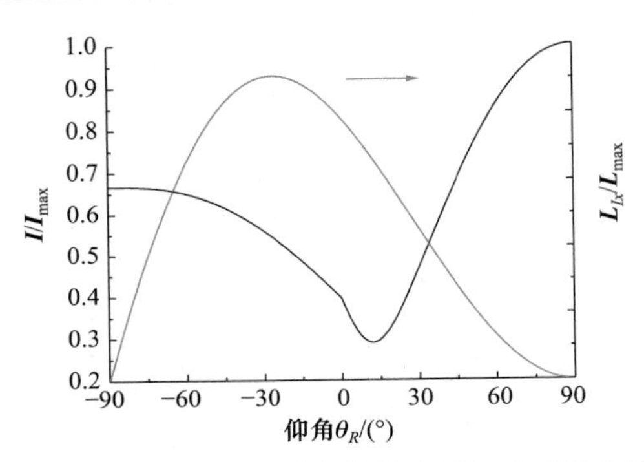

图 3.17　无量纲化单脉冲激光烧蚀冲量和冲量矩变化曲线

对于半球体空间碎片，在大光斑、全覆盖的激光辐照下，激光烧蚀力和力矩的特点如下：

(1) 激光烧蚀力方向在激光辐照方向与半球体中心轴所构成的平面内。①在该平面内，当 $\theta_R < 11.98081°$ 时，激光烧蚀力方向总在激光辐照方向的下方；当 $\theta_R > 11.98081°$ 时，激光烧蚀力方向总在激光辐照方向的上方；②激光烧蚀力先由大到小、再由小到大变化，当 $\theta_R = 11.98081°$ 时为最小；③当 $\theta_R = 11.98081°$ 或 $\theta_R = \pm 90°$ 时，激光烧蚀力方向与激光辐照方向一致。

(2) 激光烧蚀冲量矩方向为激光辐照方向与半球体中心轴方向的矢量积方向，激光烧蚀冲量矩随着激光辐照方向仰角，先由小到大、再由大到小变化，当 $\theta_R = -26.24°$ 时为最大。

3.6.4　体固联坐标系下激光烧蚀力和力矩

图 3.18 为体固联坐标系下半球体空间碎片的激光烧蚀力描述。在体固联坐标系中，激光辐照方向单位矢量为 $\hat{\boldsymbol{L}}_{R,X_b} = (\hat{L}_{R,x_b}, \hat{L}_{R,y_b}, \hat{L}_{R,z_b})^{\mathrm{T}}$，半球体中心轴方向单位矢量为 $\hat{\boldsymbol{Z}}_b = (0,0,1)^{\mathrm{T}}$，激光烧蚀力方向单位矢量为 $\hat{\boldsymbol{F}}_{L,X_b} = (\hat{F}_{L,x_b}, \hat{F}_{L,y_b}, \hat{F}_{L,z_b})^{\mathrm{T}}$。

激光辐照方向单位矢量 $\hat{\boldsymbol{L}}_{R,X_b} = (\hat{L}_{R,x_b}, \hat{L}_{R,y_b}, \hat{L}_{R,z_b})^{\mathrm{T}}$ 与 X_bY_b 平面的仰角为 $-\pi/2 \leqslant \theta_R \leqslant \pi/2$，在 X_bY_b 平面投影相对 X_b 轴的偏角为 $0 \leqslant \alpha_R < 2\pi$，此时有

$$\begin{cases} \sin\alpha_R \cos\theta_R = \hat{L}_{R,y_b} \\ \cos\alpha_R \cos\theta_R = \hat{L}_{R,x_b} \\ \sin\theta_R = \hat{L}_{R,z_b} \end{cases}, \quad \begin{cases} \theta_R = \arcsin(\hat{L}_{R,z_b}) \\ \sin\alpha_R = \hat{L}_{R,y_b} / \cos\theta_R \\ \cos\alpha_R = \hat{L}_{R,x_b} / \cos\theta_R \end{cases} \tag{3.115}$$

式中，如果 $\hat{L}_{R,z_b} > 0$ 且 $\hat{L}_{R,z_b} \to 1$，那么激光辐照方向单位矢量为 $\hat{\boldsymbol{L}}_{R,X_b} = (0,0,1)^{\mathrm{T}}$；如果 $\hat{L}_{R,z_b} < 0$ 且 $\hat{L}_{R,z_b} \to -1$，那么激光辐照方向单位矢量为 $\hat{\boldsymbol{L}}_{R,X_b} = (0,0,-1)^{\mathrm{T}}$。

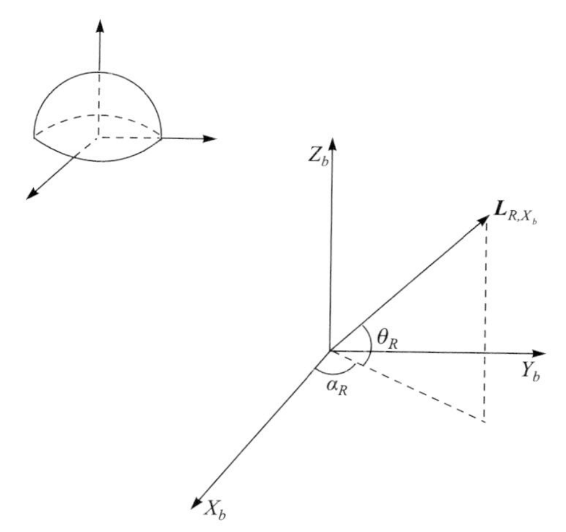

图 3.18　体固联坐标系下半球体空间碎片的激光烧蚀力描述

激光烧蚀力方向单位矢量为 $\hat{\boldsymbol{F}}_{L,X_b}=(\hat{F}_{L,x_b},\hat{F}_{L,y_b},\hat{F}_{L,z_b})^{\mathrm{T}}$，与 X_bY_b 平面的仰角为 $-\pi/2\leqslant\theta_F\leqslant\pi/2$，在 X_bY_b 平面投影相对 X_b 轴的偏角为 $0\leqslant\alpha_F<2\pi$，则有

$$\begin{cases}\hat{F}_{L,x_b}=\cos\alpha_F\cos\theta_F\\\hat{F}_{L,y_b}=\sin\alpha_F\cos\theta_F\\\hat{F}_{L,z_b}=\sin\theta_F\end{cases}\tag{3.116}$$

式中

$$\alpha_F=\alpha_R\tag{3.117}$$

$$\theta_F=\begin{cases}\pm\pi/2, & \theta_R=\pm\pi/2\\\arctan(Z_1/Y_1), & -\pi/2<\theta_R\leqslant 0\\\arctan(Z_2/Y_2), & 0<\theta_R<\pi/2\end{cases}\tag{3.118}$$

$$Y_1=Y_2=\left(\frac{\pi}{2}-\theta_R\right)\cos\theta_R\tag{3.119}$$

$$Z_1=\sin\theta_R\left(\frac{\pi}{2}-\theta_R\right)-\cos\theta_R,\quad Z_2=\sin\theta_R\left(2\pi-\theta_R\right)-\cos\theta_R\tag{3.120}$$

$$\begin{cases}\theta_R=\arcsin(\hat{L}_{R,z_b})\\\sin\alpha_R=\hat{L}_{R,y_b}/\cos\theta_R\\\cos\alpha_R=\hat{L}_{R,x_b}/\cos\theta_R\end{cases}\tag{3.121}$$

空间碎片单脉冲激光烧蚀冲量的大小为

$$
I=\begin{cases}\dfrac{2C_mF_L\pi R^2}{3}, & \theta_R=-\pi/2\\ \dfrac{2C_mF_LR^2}{3}\sqrt{Y_1^{\ 2}+Z_1^{\ 2}}, & -\pi/2<\theta_R\leqslant 0\\ \dfrac{2C_mF_LR^2}{3}\sqrt{Y_2^{\ 2}+Z_2^{\ 2}}, & 0<\theta_R<\pi/2\\ C_mF_L\pi R^2, & \theta_R=\pi/2\end{cases} \tag{3.122}
$$

设激光烧蚀力作用时间为 τ_L'，则空间碎片单脉冲激光烧蚀冲量为

$$
\boldsymbol{F}_{L,X_b}\tau_L'=I\hat{\boldsymbol{F}}_{L,X_b} \tag{3.123}
$$

式中，$\boldsymbol{F}_{L,X_b}$ 为单脉冲平均激光烧蚀力。设空间碎片质量为 $m=(2/3)\pi R^3\rho$，则空间碎片单位质量的激光烧蚀冲量为

$$
\boldsymbol{f}_{L,X_b}\tau_L'=(I/m)\hat{\boldsymbol{F}}_{L,X_b} \tag{3.124}
$$

式中，$\boldsymbol{F}_{L,X_b}$ 为空间碎片单位质量的激光烧蚀力。

若激光辐照方向单位矢量为 $\hat{\boldsymbol{L}}_{R,X_b}=(\hat{L}_{R,x_b},\hat{L}_{R,y_b},\hat{L}_{R,z_b})^{\mathrm{T}}$，半球体中心轴方向单位矢量为 $\hat{\boldsymbol{Z}}_b=(0,0,1)^{\mathrm{T}}$，则有

$$
\hat{\boldsymbol{L}}_{R,X_b}\times\hat{\boldsymbol{Z}}_b=\begin{vmatrix}\hat{\boldsymbol{X}}_b & \hat{\boldsymbol{Y}}_b & \hat{\boldsymbol{Z}}_b\\ \hat{L}_{R,x_b} & \hat{L}_{R,y_b} & \hat{L}_{R,z_b}\\ 0 & 0 & 1\end{vmatrix}=\hat{L}_{R,y_b}\hat{\boldsymbol{X}}_b-\hat{L}_{R,x_b}\hat{\boldsymbol{Y}}_b \tag{3.125}
$$

式中，$(\hat{\boldsymbol{X}}_b,\hat{\boldsymbol{Y}}_b,\hat{\boldsymbol{Z}}_b)$ 为体固联坐标系的单位矢量。

设激光烧蚀冲量矩方向单位矢量为 $\hat{\boldsymbol{L}}_{I,X_b}=(\hat{L}_{I,x_b},\hat{L}_{I,y_b},\hat{L}_{I,z_b})^{\mathrm{T}}$，$\hat{\boldsymbol{L}}_{I,X_b}$ 和 $\hat{\boldsymbol{F}}_{L,X_b}\times\hat{\boldsymbol{Z}}_b$ 方向一致，则有

$$
\hat{\boldsymbol{L}}_{I,X_b}=\frac{\hat{L}_{R,y_b}}{\sqrt{(\hat{L}_{R,x_b})^2+(\hat{L}_{R,y_b})^2}}\hat{\boldsymbol{X}}_b-\frac{\hat{L}_{R,x_b}}{\sqrt{(\hat{L}_{R,x_b})^2+(\hat{L}_{R,y_b})^2}}\hat{\boldsymbol{Y}}_b \tag{3.126}
$$

空间碎片单脉冲激光烧蚀冲量矩的大小为

$$
L_I=\frac{C_mF_LR^3}{4}Y_1 \tag{3.127}
$$

空间碎片单脉冲激光烧蚀冲量矩为

$$
\boldsymbol{L}_{I,X_b}=\frac{C_mF_LR^3}{4}Y_1\hat{\boldsymbol{L}}_{I,X_b} \tag{3.128}
$$

式中，若单脉冲激光烧蚀力矩为 $\boldsymbol{L}_{F,X_b}$，则有 $\boldsymbol{L}_{I,X_b}=\boldsymbol{L}_{F,X_b}\tau_L'$。

3.7 圆锥体空间碎片的冲量与激光烧蚀力

在激光辐照和烧蚀下，圆锥体空间碎片既产生激光烧蚀力，又产生激光烧蚀力矩，激光烧蚀力产生对其质心的作用力，造成空间碎片质心轨道运动的变化，而激光烧蚀力所产生的力矩造成空间碎片姿态运动的变化。

3.7.1 激光辐照面分析

图 3.19 为激光辐照圆锥体空间碎片示意图，以圆锥体空间碎片的过质心的中心轴为 Z 轴，以底面为 XY 平面建立坐标系，圆锥体高度为 H，底面半径为 R，母线与底面夹角为 ε ($\tan\varepsilon = H/R$)，质心位置为 $(x_C, y_C, z_C) = (0, 0, H/4)$，激光辐照方向单位矢量为 $\boldsymbol{e} = (e_x, e_y, e_z)$，激光辐照方向相对 XY 平面的仰角为 θ_R ($-\pi/2 \leqslant \theta_R \leqslant \pi/2$)，则有单位方向矢量为

$$e_x = 0, \quad e_y = \cos\theta_R, \quad e_z = \sin\theta_R \tag{3.129}$$

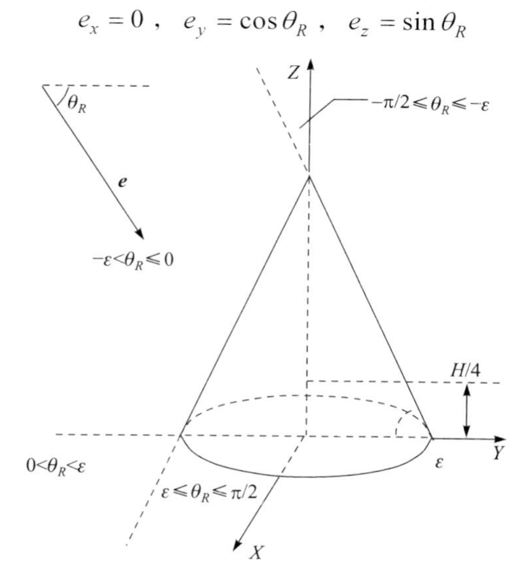

图 3.19 激光辐照圆锥体空间碎片示意图

激光辐照圆锥体空间碎片，会出现以下情况：

(1) 当 $-\pi/2 \leqslant \theta_R \leqslant -\varepsilon$ 时，激光辐照全部圆锥面；

(2) 当 $-\varepsilon < \theta_R \leqslant 0$ 时，激光辐照多半部分圆锥面；

(3) 当 $0 < \theta_R < \varepsilon$ 时，激光辐照少半部分圆锥面和底面；

(4) 当 $\varepsilon \leqslant \theta_R \leqslant \pi/2$ 时，激光仅辐照底面。

3.7.2 激光辐照面的投影面分析

图 3.20 为激光辐照面在 XY 平面的投影面，按照激光辐照面[激光辐照条件为

$\boldsymbol{e}\cdot\boldsymbol{n}=\cos(\boldsymbol{e},\boldsymbol{n})<0$ ，$\boldsymbol{n}$ 为圆锥面法向的单位矢量]，其投影面分为以下情况：

(1) 当 $-\pi/2\leqslant\theta_R\leqslant-\varepsilon$ 时，激光辐照全部圆锥面。

激光辐照全部圆锥面，圆锥面方程为

$$z=H-\frac{H}{R}\sqrt{x^2+y^2} \tag{3.130}$$

圆锥体法向的单位矢量为

$$\boldsymbol{n}=\left(\frac{H}{\sqrt{H^2+R^2}}\cdot\frac{x}{\sqrt{x^2+y^2}},\frac{H}{\sqrt{H^2+R^2}}\cdot\frac{y}{\sqrt{x^2+y^2}},\frac{R}{\sqrt{H^2+R^2}}\right) \tag{3.131}$$

在 XY 平面的投影面为

$$x^2+y^2=R^2 \tag{3.132}$$

(2) 当 $-\varepsilon<\theta_R\leqslant 0$ 时，激光辐照多半部分圆锥面。

激光辐照多半部分圆锥面，圆锥面方程为

$$z=H-\frac{H}{R}\sqrt{x^2+y^2} \tag{3.133}$$

圆锥体法向的单位矢量为

$$\boldsymbol{n}=\left(\frac{H}{\sqrt{H^2+R^2}}\cdot\frac{x}{\sqrt{x^2+y^2}},\frac{H}{\sqrt{H^2+R^2}}\cdot\frac{y}{\sqrt{x^2+y^2}},\frac{R}{\sqrt{H^2+R^2}}\right) \tag{3.134}$$

在 XY 平面的投影面为在圆面 $x^2+y^2=R^2$ 中去除中心角 $2\gamma_0$ 的扇形面，γ_0 随着激光辐照方向仰角 θ_R 而变化，具体为

$$\gamma_0=\arctan\left(\sqrt{\frac{\tan^2\varepsilon}{\tan^2\theta_R}-1}\right),\quad \tan\varepsilon=\frac{H}{R} \tag{3.135}$$

式中，$0<\gamma_0\leqslant\pi/2$。

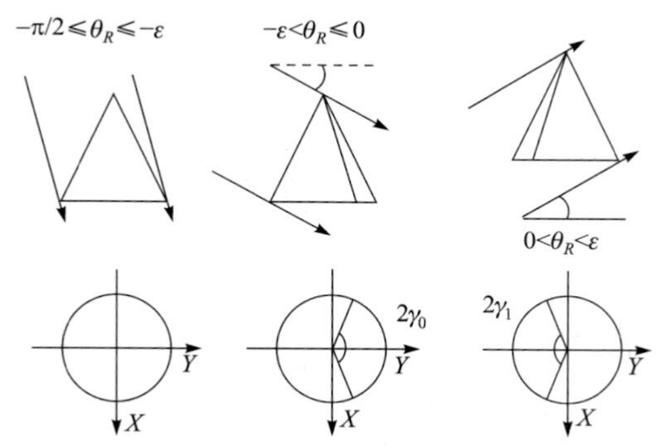

图 3.20 圆锥体空间碎片激光辐照面在 XY 平面的投影面

(3) 当 $0<\theta_R<\varepsilon$ 时，激光辐照少半部分圆锥面和底面。

激光辐照少半部分圆锥面，圆锥面方程为

$$z = H - \frac{H}{R}\sqrt{x^2 + y^2} \tag{3.136}$$

圆锥体法向的单位矢量为

$$\boldsymbol{n} = \left(\frac{H}{\sqrt{H^2 + R^2}} \cdot \frac{x}{\sqrt{x^2 + y^2}}, \frac{H}{\sqrt{H^2 + R^2}} \cdot \frac{y}{\sqrt{x^2 + y^2}}, \frac{R}{\sqrt{H^2 + R^2}} \right) \tag{3.137}$$

在 XY 平面的投影面，为在圆面 $x^2 + y^2 = R^2$ 中去除中心角 $2\gamma_1$ 的扇形面，γ_1 随着激光辐照方向仰角 θ_R 而变化，具体为

$$\gamma_1 = \arctan\left(\sqrt{\frac{\tan^2 \varepsilon}{\tan^2 \theta_R} - 1} \right), \quad \tan\varepsilon = \frac{H}{R} \tag{3.138}$$

式中，$0 < \gamma_1 < \pi / 2$ 。

底面法向的单位矢量为 $\boldsymbol{n} = (0, 0, -1)$ ，其在 XY 平面的投影面为

$$x^2 + y^2 = R^2 \tag{3.139}$$

(4) 当 $\varepsilon \leqslant \theta_R \leqslant \pi/2$ 时，激光仅辐照底面。

底面法向的单位矢量为 $\boldsymbol{n} = (0, 0, -1)$ ，其在 XY 平面的投影面为

$$x^2 + y^2 = R^2 \tag{3.140}$$

3.7.3 单脉冲激光烧蚀冲量和冲量矩分析

按照上述出现的四种激光辐照面和投影面情况，分别分析和计算圆锥体空间碎片的单脉冲激光烧蚀冲量和冲量矩。

(1) 当 $-\pi/2 \leqslant \theta_R \leqslant -\varepsilon$ 时，激光辐照全部圆锥面。

在对应投影面上进行曲面积分，可得单脉冲激光烧蚀冲量的大小为

$$I_y = \frac{C_m F_L \pi R H^2 \cos\theta_R}{2\sqrt{H^2 + R^2}} \tag{3.141}$$

$$I_z = \frac{C_m F_L \pi R^3 \sin\theta_R}{\sqrt{H^2 + R^2}} \tag{3.142}$$

令

$$Y_1 = \frac{\pi H}{2R}\cos\theta_R = \frac{\pi}{2}\tan\varepsilon\cos\theta_R \tag{3.143}$$

$$Z_1 = \frac{\pi R \sin\theta_R}{H} = \frac{\pi \sin\theta_R}{\tan\varepsilon} \tag{3.144}$$

单脉冲激光烧蚀冲量大小为

$$I=\sqrt{I_y^2+I_z^2}=\frac{C_m F_L HR^2}{\sqrt{H^2+R^2}}\sqrt{Y_1^2+Z_1^2} \tag{3.145}$$

冲量与 XY 平面的仰角满足

$$\tan\theta_F=\frac{I_z}{I_y}=\frac{Z_1}{Y_1} \tag{3.146}$$

圆柱体质心位置为 $(x_C, y_C, z_C)=(0,0,H/4)$，单脉冲激光烧蚀冲量矩为

$$L_{Ix}=\frac{8R^2-H^2}{24}\cdot\frac{C_m F_L \pi RH\cos\theta_R}{\sqrt{H^2+R^2}} \tag{3.147}$$

$$L_{Iy}=L_{Iz}=0 \tag{3.148}$$

(2) 当 $-\varepsilon<\theta_R\leqslant 0$ 时，激光辐照多半部分圆锥面。

在对应投影面上进行曲面积分，可得单脉冲激光烧蚀冲量的分量为

$$I_y=\frac{C_m F_L HR^2\tan\varepsilon\cos\theta_R}{\sqrt{H^2+R^2}}\left[\frac{\pi}{2}-\frac{\gamma_0}{2}+\frac{\sin(2\gamma_0)}{4}\right] \tag{3.149}$$

$$I_z=-\frac{C_m F_L HR^2\cos\theta_R}{\sqrt{H^2+R^2}}\left[\sin\gamma_0+(\pi-\gamma_0)\cos\gamma_0\right] \tag{3.150}$$

令

$$Y_2=\tan\varepsilon\cos\theta_R\left[\frac{\pi}{2}-\frac{\gamma_0}{2}+\frac{\sin(2\gamma_0)}{4}\right] \tag{3.151}$$

$$Z_2=-\cos\theta_R\left[\sin\gamma_0+(\pi-\gamma_0)\cos\gamma_0\right] \tag{3.152}$$

单脉冲激光烧蚀冲量的大小为

$$I=\sqrt{I_y^2+I_z^2}=\frac{C_m F_L HR^2}{\sqrt{H^2+R^2}}\sqrt{Y_2^2+Z_2^2} \tag{3.153}$$

冲量与 XY 平面的仰角满足

$$\tan\theta_F=\frac{Z_2}{Y_2} \tag{3.154}$$

且有

$$\gamma_0=\arctan\left(\sqrt{\frac{\tan^2\varepsilon}{\tan^2\theta_R}-1}\right),\quad \tan\varepsilon=\frac{H}{R} \tag{3.155}$$

单脉冲激光烧蚀冲量矩为

$$L_{Ix} = \frac{C_m F_L \left(8R^2 - H^2\right) R^2}{24\sqrt{H^2 + R^2}} \left\{ \tan\varepsilon \cos\theta_R \left[\pi - \gamma_0 - \frac{\sin\left(2\gamma_0\right)}{2} \right] - 2\sin\theta_R \sin\gamma_0 \right\} \tag{3.156}$$

$$L_{Iy} = L_{Iz} = 0 \tag{3.157}$$

(3) 当 $0 < \theta_R < \varepsilon$ 时，激光辐照少半部分圆锥面和底面。

分别在圆锥面和底面的对应投影面上进行曲面积分，可得单脉冲激光烧蚀冲量的分量为

$$I_y = \frac{C_m F_L H R^2 \cos\theta_R \tan\varepsilon}{2\sqrt{H^2 + R^2}} \left[\gamma_1 - \frac{\sin\left(2\gamma_1\right)}{2} \right] \tag{3.158}$$

$$I_z = \frac{C_m F_L H R^2}{\sqrt{H^2 + R^2}} \left[\cos\theta_R \left(\gamma_1 \cos\gamma_1 - \sin\gamma_1 \right) + \frac{\pi \sin\theta_R}{\sin\varepsilon} \right] \tag{3.159}$$

令

$$Y_3 = \cos\theta_R \tan\varepsilon \left[\frac{\gamma_1}{2} - \frac{\sin\left(2\gamma_1\right)}{4} \right] \tag{3.160}$$

$$Z_3 = \cos\theta_R \left(\gamma_1 \cos\gamma_1 - \sin\gamma_1 \right) + \frac{\pi \sin\theta_R}{\sin\varepsilon} \tag{3.161}$$

单脉冲激光烧蚀冲量的大小为

$$I = \sqrt{I_y^2 + I_z^2} = \frac{C_m F_L H R^2}{\sqrt{H^2 + R^2}} \sqrt{Y_3^2 + Z_3^2} \tag{3.162}$$

冲量与 XY 平面的仰角满足

$$\tan\theta_F = \frac{Z_3}{Y_3} \tag{3.163}$$

且有

$$\gamma_1 = \arctan\left(\sqrt{\frac{\tan^2\varepsilon}{\tan^2\theta_R} - 1} \right), \quad \tan\varepsilon = \frac{H}{R} \tag{3.164}$$

单脉冲激光烧蚀冲量矩为

$$L_{Ix} = \frac{C_m F_L \left(8R^2 - H^2\right) R^2}{24\sqrt{H^2 + R^2}} \left\{ \tan\varepsilon \cos\theta_R \left[\gamma_1 + \frac{\sin\left(2\gamma_1\right)}{2} \right] - 2\sin\theta_R \sin\gamma_1 \right\} \tag{3.165}$$

$$L_{Iy} = L_{Iz} = 0 \tag{3.166}$$

(4) 当 $\varepsilon \leqslant \theta_R \leqslant \pi/2$ 时，激光仅辐照底面。

在对应投影面上进行曲面积分，可得单脉冲激光烧蚀冲量的分量为

$$I_z = C_m F_L \pi R^2 \sin\theta_R\ ,\quad I_x = I_y = 0 \tag{3.167}$$

此时，激光烧蚀力不产生力矩，单脉冲激光烧蚀冲量矩为

$$L_{Ix} = L_{Iy} = L_{Iz} = 0 \tag{3.168}$$

(5) 单脉冲激光烧蚀冲量和冲量矩的无量纲化处理。

为了对单脉冲激光烧蚀冲量进行无量纲化处理，令

$$I_0 = C_m F_L R^2 \tag{3.169}$$

可得无量纲化后单脉冲激光烧蚀冲量具体为

$$\frac{I}{I_0} = \frac{\tan\varepsilon}{\sqrt{1+\tan^2\varepsilon}}\sqrt{Y_1^2 + Z_1^2},\quad -\pi/2 \leqslant \theta_R \leqslant -\varepsilon \tag{3.170}$$

$$\tan\theta_F = \frac{Z_1}{Y_1},\quad -\pi/2 \leqslant \theta_R \leqslant -\varepsilon \tag{3.171}$$

$$Y_1 = \frac{\pi}{2}\tan\varepsilon\cos\theta_R,\quad -\pi/2 \leqslant \theta_R \leqslant -\varepsilon \tag{3.172}$$

$$Z_1 = \frac{\pi\sin\theta_R}{\tan\varepsilon},\quad -\pi/2 \leqslant \theta_R \leqslant -\varepsilon \tag{3.173}$$

$$\frac{I}{I_0} = \frac{\tan\varepsilon}{\sqrt{1+\tan^2\varepsilon}}\sqrt{Y_2^2 + Z_2^2},\quad -\varepsilon < \theta_R \leqslant 0 \tag{3.174}$$

$$\tan\theta_F = \frac{Z_2}{Y_2},\quad -\varepsilon < \theta_R \leqslant 0 \tag{3.175}$$

$$Y_2 = \tan\varepsilon\cos\theta_R\left[\frac{\pi}{2} - \frac{\gamma_0}{2} + \frac{\sin(2\gamma_0)}{4}\right],\quad -\varepsilon < \theta_R \leqslant 0 \tag{3.176}$$

$$Z_2 = -\cos\theta_R\left[\sin\gamma_0 + (\pi-\gamma_0)\cos\gamma_0\right],\quad -\varepsilon < \theta_R \leqslant 0 \tag{3.177}$$

$$\gamma_0 = \arctan\left(\sqrt{\frac{\tan^2\varepsilon}{\tan^2\theta_R} - 1}\right),\quad -\varepsilon < \theta_R \leqslant 0\ ,\quad \tan\varepsilon = \frac{H}{R} \tag{3.178}$$

$$\frac{I}{I_0} = \frac{\tan\varepsilon}{\sqrt{1+\tan^2\varepsilon}}\sqrt{Y_3^2 + Z_3^2},\quad 0 < \theta_R < \varepsilon \tag{3.179}$$

$$\tan\theta_F = \frac{Z_3}{Y_3},\quad 0 < \theta_R < \varepsilon \tag{3.180}$$

$$Y_3 = \cos\theta_R\tan\varepsilon\left[\frac{\gamma_1}{2} - \frac{\sin(2\gamma_1)}{4}\right],\quad 0 < \theta_R < \varepsilon \tag{3.181}$$

$$Z_3 = \cos\theta_R(\gamma_1\cos\gamma_1 - \sin\gamma_1) + \frac{\pi\sin\theta_R}{\sin\varepsilon},\quad 0 < \theta_R < \varepsilon \tag{3.182}$$

$$\gamma_1 = \arctan\left(\sqrt{\frac{\tan^2\varepsilon}{\tan^2\theta_R}-1}\right),\quad 0<\theta_R<\varepsilon\ ;\tan\varepsilon=\frac{H}{R} \tag{3.183}$$

$$\frac{I}{I_0}=\pi\sin\theta_R,\quad \varepsilon\leqslant\theta_R\leqslant\pi/2\ ;\theta_F=\pi/2 \tag{3.184}$$

同理，为了对单脉冲激光烧蚀冲量矩进行无量纲化，令

$$L_0 = C_m F_L R^3 \tag{3.185}$$

可得单脉冲激光烧蚀冲量矩为

$$\frac{L_{Ix}}{L_0}=\frac{8-\tan^2\varepsilon}{24\sqrt{1+\tan^2\varepsilon}}\pi\tan\varepsilon\cos\theta_R,\quad -\pi/2\leqslant\theta_R\leqslant-\varepsilon \tag{3.186}$$

$$\frac{L_{Ix}}{L_0}=\frac{8-\tan^2\varepsilon}{24\sqrt{1+\tan^2\varepsilon}}\left\{\begin{aligned}&\tan\varepsilon\cos\theta_R\left[\pi-\gamma_0-\frac{\sin(2\gamma_0)}{2}\right]\\&-2\sin\theta_R\sin\gamma_0\end{aligned}\right\},\quad -\varepsilon<\theta_R\leqslant 0 \tag{3.187}$$

$$\frac{L_{Ix}}{L_0}=\frac{8-\tan^2\varepsilon}{24\sqrt{1+\tan^2\varepsilon}}\left\{\begin{aligned}&\tan\varepsilon\cos\theta_R\left[\gamma_1+\frac{\sin(2\gamma_1)}{2}\right]\\&-2\sin\theta_R\sin\gamma_1\end{aligned}\right\},\quad 0<\theta_R<\varepsilon \tag{3.188}$$

$$\frac{L_{Ix}}{L_0}=0,\quad \varepsilon\leqslant\theta_R\leqslant\pi/2 \tag{3.189}$$

图 3.21 为圆锥体空间碎片激光烧蚀冲量方向仰角(激光烧蚀力方向仰角)随着激光辐照方向仰角的变化曲线。黑线为 $H:R=0.5$ 的情况；红线为 $H:R=1$ 的情况；蓝线为 $H:R=5$ 的情况；黄线为 $H:R=10$ 的情况。图 3.21 表明，激光烧蚀冲量方向与激光辐照方向和圆锥体形体密切相关，并且呈现出多种变化规律。

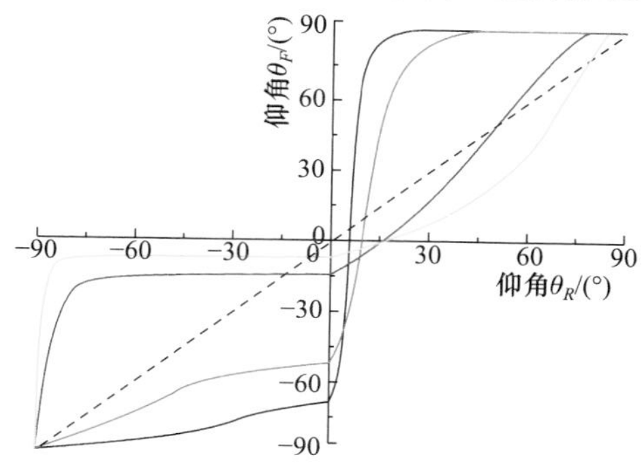

图 3.21　圆锥体空间碎片激光烧蚀冲量方向仰角随着激光辐照方向仰角的变化曲线

图 3.22 为无量纲化单脉冲激光烧蚀冲量随着激光辐照方向仰角的变化曲线。$H:R=0.5$ (黑线)和 $H:R=1$ (红线)的激光烧蚀冲量变化曲线类似；$H:R=5$ (蓝线)和 $H:R=10$ (黄线)的激光烧蚀冲量变化曲线类似。

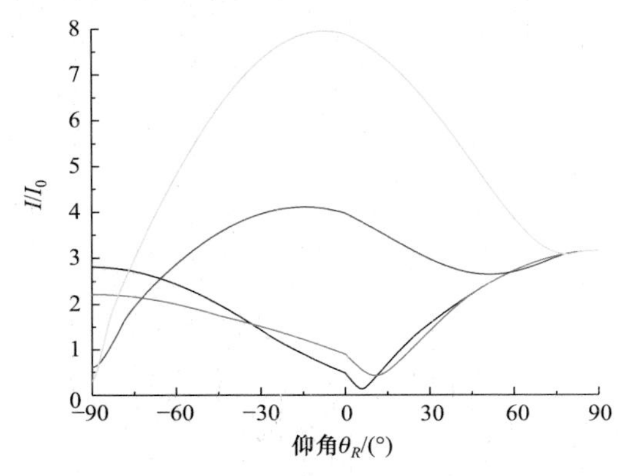

图 3.22　无量纲化单脉冲激光烧蚀冲量随着激光辐照方向仰角的变化曲线

图 3.23 为无量纲化单脉冲激光烧蚀冲量矩随着激光辐照方向仰角的变化曲线。首先，当 $H:R=2.828427$ (虚线，$\varepsilon=70.528779°$)时，激光烧蚀冲量矩为零，激光烧蚀力不产生力矩；其次，激光烧蚀冲量矩呈现出复杂的变化规律(正负号和大小都呈现出多种变化规律)。

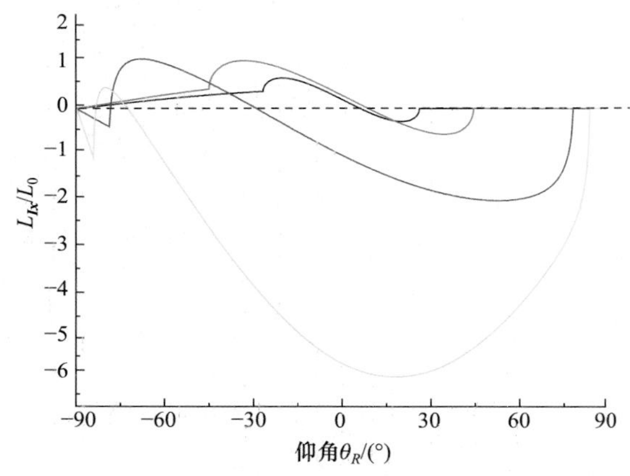

图 3.23　无量纲化单脉冲激光烧蚀冲量矩随着激光辐照方向仰角的变化曲线

对于圆锥体空间碎片，在大光斑、全覆盖的激光辐照下，激光烧蚀力和力矩的特点如下：

(1) 激光烧蚀力方向在激光辐照方向与圆锥体中心轴所构成的平面内，随着激光辐照方向和圆锥体形体不同，激光烧蚀力方向呈现复杂变化规律，单脉冲激光烧蚀冲量也呈现复杂变化规律。当 $\theta_R=\pm 90°$ 时，激光烧蚀力方向与激光辐照方向一致。

(2) 单脉冲激光烧蚀冲量矩方向为激光辐照方向与半球体中心轴方向的矢量积方向(可相同或相反)，激光烧蚀冲量矩呈现出复杂变化规律，当 $H:R=2.828427$ ($\varepsilon=70.528779°$)时，激光烧蚀冲量矩为零，激光烧蚀力不产生力矩。

3.7.4　体固联坐标系下激光烧蚀力和力矩

图 3.24 为体固联坐标系下圆锥体空间碎片的激光烧蚀力描述。图中，以圆锥体质心为原点，圆锥体惯性主轴为坐标系，建立体固联坐标系。在体固联坐标系中，激光辐照方向单位矢量为 $\hat{\boldsymbol{L}}_{R,X_b}=(\hat{L}_{R,x_b},\hat{L}_{R,y_b},\hat{L}_{R,z_b})^{\mathrm{T}}$，圆锥体中心轴方向单位矢量为 $\hat{\boldsymbol{Z}}_b=(0,0,1)^{\mathrm{T}}$，激光烧蚀力方向单位矢量为 $\hat{\boldsymbol{F}}_{L,X_b}=(\hat{F}_{L,x_b},\hat{F}_{L,y_b},\hat{F}_{L,z_b})^{\mathrm{T}}$。

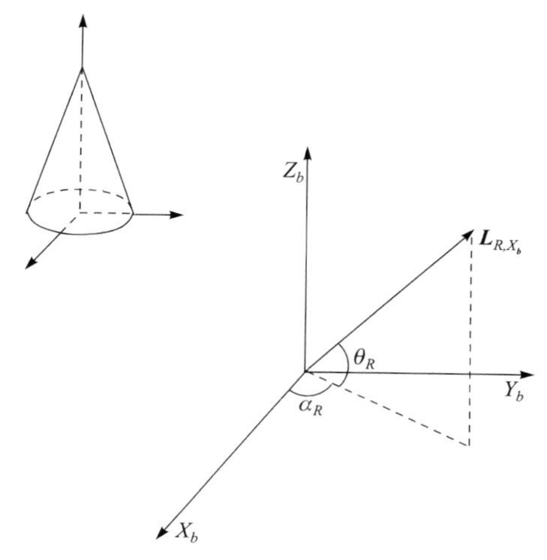

图 3.24　体固联坐标系下圆锥体空间碎片的激光烧蚀力描述

激光辐照方向单位矢量 $\hat{\boldsymbol{L}}_{R,X_b}=(\hat{L}_{R,x_b},\hat{L}_{R,y_b},\hat{L}_{R,z_b})^{\mathrm{T}}$ 与 X_bY_b 平面的仰角为 $\theta_R\in[-\pi/2,\pi/2]$，在 X_bY_b 平面投影相对 X_b 轴的偏角 $\alpha_R\in[0,2\pi]$，则有

$$\begin{cases}\sin\alpha_R\cos\theta_R=\hat{L}_{R,y_b}\\ \cos\alpha_R\cos\theta_R=\hat{L}_{R,x_b}\\ \sin\theta_R=\hat{L}_{R,z_b}\end{cases},\quad \begin{cases}\theta_R=\arcsin(\hat{L}_{R,z_b})\\ \sin\alpha_R=\hat{L}_{R,y_b}/\cos\theta_R\\ \cos\alpha_R=\hat{L}_{R,x_b}/\cos\theta_R\end{cases}\tag{3.190}$$

式中，如果 $\hat{L}_{R,z_b}>0$ 且 $\hat{L}_{R,z_b}\to1$，那么激光辐照方向单位矢量为 $\hat{\boldsymbol{L}}_{R,X_b}=(0,0,1)^{\mathrm{T}}$；如果 $\hat{L}_{R,z_b}<0$ 且 $\hat{L}_{R,z_b}\to-1$，那么激光辐照方向单位矢量为 $\hat{\boldsymbol{L}}_{R,X_b}=(0,0,-1)^{\mathrm{T}}$。

由于激光烧蚀力方向单位矢量为 $\hat{\boldsymbol{F}}_{L,X_b}=(\hat{F}_{L,x_b},\hat{F}_{L,y_b},\hat{F}_{L,z_b})^{\mathrm{T}}$，与 X_bY_b 平面的仰角为 $\theta_F\in[-\pi/2,\pi/2]$，在 X_bY_b 平面投影相对 X_b 轴的偏角为 $\alpha_F\in[0,2\pi]$，因此有

$$\begin{cases}\hat{F}_{L,x_b}=\cos\alpha_F\cos\theta_F\\ \hat{F}_{L,y_b}=\sin\alpha_F\cos\theta_F\\ \hat{F}_{L,z_b}=\sin\theta_F\end{cases}\tag{3.191}$$

式中

$$\alpha_F = \alpha_R \tag{3.192}$$

$$\theta_F = \begin{cases} \arctan\left(\dfrac{Z_1}{Y_1}\right), & -\pi/2 \leqslant \theta_R \leqslant -\varepsilon \\ \arctan\left(\dfrac{Z_2}{Y_2}\right), & -\varepsilon < \theta_R \leqslant 0 \\ \arctan\left(\dfrac{Z_3}{Y_3}\right), & 0 < \theta_R < \varepsilon \\ \pi/2, & \varepsilon \leqslant \theta_R \leqslant \pi/2 \end{cases} \tag{3.193}$$

$$Y_1 = \frac{\pi}{2}\tan\varepsilon\cos\theta_R, \quad -\pi/2 \leqslant \theta_R \leqslant -\varepsilon \tag{3.194}$$

$$Z_1 = \frac{\pi\sin\theta_R}{\tan\varepsilon}, \quad -\pi/2 \leqslant \theta_R \leqslant -\varepsilon \tag{3.195}$$

$$Y_2 = \tan\varepsilon\cos\theta_R\left[\frac{\pi}{2} - \frac{\gamma_0}{2} + \frac{\sin(2\gamma_0)}{4}\right], \quad -\varepsilon < \theta_R \leqslant 0 \tag{3.196}$$

$$Z_2 = -\cos\theta_R\left[\sin\gamma_0 + (\pi - \gamma_0)\cos\gamma_0\right], \quad -\varepsilon < \theta_R \leqslant 0 \tag{3.197}$$

$$\gamma_0 = \arctan\sqrt{\frac{\tan^2\varepsilon}{\tan^2\theta_R} - 1}, \quad -\varepsilon < \theta_R \leqslant 0\text{；}\tan\varepsilon = \frac{H}{R} \tag{3.198}$$

$$Y_3 = \cos\theta_R\tan\varepsilon\left[\frac{\gamma_1}{2} - \frac{\sin(2\gamma_1)}{4}\right], \quad 0 < \theta_R < \varepsilon \tag{3.199}$$

$$Z_3 = \cos\theta_R(\gamma_1\cos\gamma_1 - \sin\gamma_1) + \frac{\pi\sin\theta_R}{\sin\varepsilon}, \quad 0 < \theta_R < \varepsilon \tag{3.200}$$

$$\gamma_1 = \arctan\sqrt{\frac{\tan^2\varepsilon}{\tan^2\theta_R} - 1}, \quad 0 < \theta_R < \varepsilon;\ \tan\varepsilon = \frac{H}{R} \tag{3.201}$$

从而得到激光烧蚀力方向单位矢量为 $\hat{\boldsymbol{F}}_{L,X_b} = (\hat{F}_{L,x_b}, \hat{F}_{L,y_b}, \hat{F}_{L,z_b})^{\mathrm{T}}$。单脉冲激光烧蚀冲量的大小为

$$I = \begin{cases} I_0\dfrac{\tan\varepsilon}{\sqrt{1+\tan^2\varepsilon}}\sqrt{Y_1^2 + Z_1^2}, & -\pi/2 \leqslant \theta_R \leqslant -\varepsilon \\ I_0\dfrac{\tan\varepsilon}{\sqrt{1+\tan^2\varepsilon}}\sqrt{Y_2^2 + Z_2^2}, & -\varepsilon < \theta_R \leqslant 0 \\ I_0\dfrac{\tan\varepsilon}{\sqrt{1+\tan^2\varepsilon}}\sqrt{Y_3^2 + Z_3^2}, & 0 < \theta_R < \varepsilon \\ I_0\pi\sin\theta_R, & \varepsilon \leqslant \theta_R \leqslant \pi/2 \end{cases} \tag{3.202}$$

$$I_0 = C_m F_L R^2 \tag{3.203}$$

设激光烧蚀力作用时间为 τ_L' ，则空间碎片单脉冲激光烧蚀冲量为

$$\boldsymbol{F}_{L,X_b}\tau_L' = I\hat{\boldsymbol{F}}_{L,X_b} \tag{3.204}$$

式中， $\boldsymbol{F}_{L,X_b}$ 为单脉冲平均激光烧蚀力。设空间碎片质量为 $m=(1/3)\pi R^2 H\rho$ ，则空间碎片单位质量的激光烧蚀冲量为

$$\boldsymbol{f}_{L,X_b}\tau_L' = \frac{I}{m}\hat{\boldsymbol{F}}_{L,X_b} \tag{3.205}$$

式中， $\boldsymbol{f}_{L,X_b}$ 为空间碎片单位质量的激光烧蚀力。

设激光辐照方向单位矢量为 $\hat{\boldsymbol{L}}_{R,X_b}=(\hat{L}_{R,x_b},\hat{L}_{R,y_b},\hat{L}_{R,z_b})^{\mathrm{T}}$ ，圆锥体中心轴方向单位矢量为 $\hat{\boldsymbol{Z}}_b=(0,0,1)^{\mathrm{T}}$ ，则有

$$\hat{\boldsymbol{L}}_{R,X_b}\times\hat{\boldsymbol{Z}}_b = \begin{vmatrix} \hat{\boldsymbol{X}}_b & \hat{\boldsymbol{Y}}_b & \hat{\boldsymbol{Z}}_b \\ \hat{L}_{R,x_b} & \hat{L}_{R,y_b} & \hat{L}_{R,z_b} \\ 0 & 0 & 1 \end{vmatrix} = \hat{L}_{R,y_b}\hat{\boldsymbol{X}}_b - \hat{L}_{R,x_b}\hat{\boldsymbol{Y}}_b \tag{3.206}$$

式中， $(\hat{\boldsymbol{X}}_b,\hat{\boldsymbol{Y}}_b,\hat{\boldsymbol{Z}}_b)$ 为体固联坐标系的单位矢量。

以矢量 $\hat{\boldsymbol{F}}_{L,X_b}\times\hat{\boldsymbol{Z}}_b$ 方向为激光烧蚀冲量矩的正方向，设激光烧蚀冲量矩方向单位矢量为 $\hat{\boldsymbol{L}}_{I,X_b}=(\hat{L}_{I,x_b},\hat{L}_{I,y_b},\hat{L}_{I,z_b})^{\mathrm{T}}$ ，则具体有

$$\hat{\boldsymbol{L}}_{I,X_b} = \frac{\hat{L}_{R,y_b}}{\sqrt{(\hat{L}_{R,x_b})^2+(\hat{L}_{R,y_b})^2}}\hat{\boldsymbol{X}}_b - \frac{\hat{L}_{R,x_b}}{\sqrt{(\hat{L}_{R,x_b})^2+(\hat{L}_{R,y_b})^2}}\hat{\boldsymbol{Y}}_b \tag{3.207}$$

空间碎片单脉冲激光烧蚀冲量矩的大小(含正负号)为

$$L_I = \begin{cases} L_0\pi\tan\varepsilon\cos\theta_R, & -\pi/2 \leqslant \theta_R \leqslant -\varepsilon \\ L_0\left\{\tan\varepsilon\cos\theta_R\left[\pi-\gamma_0-\dfrac{\sin(2\gamma_0)}{2}\right]-2\sin\theta_R\sin\gamma_0\right\}, & -\varepsilon < \theta_R \leqslant 0 \\ L_0\left\{\tan\varepsilon\cos\theta_R\left[\gamma_1+\dfrac{\sin(2\gamma_1)}{2}\right]-2\sin\theta_R\sin\gamma_1\right\}, & 0 < \theta_R < \varepsilon \\ 0, & \varepsilon \leqslant \theta_R \leqslant \pi/2 \end{cases} \tag{3.208}$$

$$L_0 = C_m F_L R^3 \frac{8 - \tan^2 \varepsilon}{24\sqrt{1 + \tan^2 \varepsilon}} \tag{3.209}$$

空间碎片单脉冲激光烧蚀冲量矩为

$$\boldsymbol{L}_{I,X_b} = L_I \hat{\boldsymbol{L}}_{I,X_b} \tag{3.210}$$

若单脉冲激光烧蚀力矩为 $\boldsymbol{L}_{F,X_b}$，则有 $\boldsymbol{L}_{I,X_b} = \boldsymbol{L}_{F,X_b} \tau'_L$。

第 4 章　激光操控空间碎片运动轨道的方法

激光操控厘米级空间碎片是在远距离、大光斑、全覆盖条件下进行的，在激光辐照下产生的激光烧蚀冲量和激光烧蚀力，与激光辐照方向、空间碎片形体和表面形状相关，在一般情况下，激光烧蚀冲量和激光烧蚀力不产生对其质心的冲量矩和力矩，只对空间碎片运动轨道产生影响。

本章针对球体、圆柱体和长方体等典型空间碎片，在平台上瞄准和发射激光，研究对其运动轨道的激光操控方法及激光操控的影响和效果。首先，提出激光烧蚀力作用下空间碎片运动轨道的分析方法，以及空间碎片的激光操控窗口与判据分析方法，为研究典型空间碎片的激光操控方法提供了理论和方法；其次，通过提出球体、圆柱体和长方体空间碎片的单位质量激光烧蚀力和单位质量激光烧蚀冲量分析方法，进而提出典型空间碎片运动轨道的激光操控方法，并获得典型空间碎片激光操控运动轨道的基本规律。

4.1　激光烧蚀力作用下空间碎片运动轨道的分析方法

在研究典型空间碎片的轨道运动时，一方面考虑地球中心引力场的影响；另一方面考虑激光烧蚀冲量和激光烧蚀力的影响，由于 400km 轨道高度以上大气阻力影响相对较小，因此可忽略不计。

下面分析和讨论激光烧蚀冲量和激光烧蚀力的作用方式和特点、对空间碎片运动轨道的影响，以及为了实现空间碎片运动轨道计算所涉及的相关变量代换问题。

4.1.1　激光烧蚀力的作用方式分析

在激光操控空间碎片中，已知冲量耦合系数曲线 $C_m = C_m(I_L)$，其中，I_L 为激光功率密度，激光脉宽为 τ_L（小于 10ns），激光烧蚀力作用时间为 τ'_L（小于 100ns），激光器重频为 f_T，激光脉冲间隔时间为 s_L，则有 $\tau'_L + s_L = 1/f_T$。激光烧蚀力作用时间 τ'_L 很短，如果空间碎片质心运动速度为 8km/s，那么在该时间内质心运动距离为 $8\times10^3\times100\times10^{-9}\text{m} = 0.8\text{mm}$。因此，可以认为激光烧蚀冲量和激光烧蚀力瞬间作用，在该时间内空间碎片质心运动距离可忽略不计。此时，激光脉冲间隔时间 s_L 可近似为

$$s_L = \frac{1}{f_T} \tag{4.1}$$

激光烧蚀力作用方式如下：

(1) 在激光操控空间碎片中，在400km以上轨道高度，大气阻力影响可忽略不计。其原因为：①大气阻力对空间碎片降轨影响较小；②通过激光烧蚀形成等离子体产生的激光烧蚀力，与单位面积的大气阻力相比，前者大4～5个量级。

(2) 激光烧蚀力按照时间间隔$0 \leqslant t \leqslant s_L$重复作用，作用方式为：①在$t=0$时刻瞬间作用激光烧蚀力，使得空间碎片获得速度增量变轨；②在$0 \leqslant t \leqslant s_L$时间内以变轨后轨道参数运动。

(3) 当没有激光烧蚀力作用时，可认为空间碎片在地球中心引力场作用下运动。

4.1.2　有激光烧蚀力时空间碎片运动轨道的分析方法

已知空间目标轨道参数为(a,e,i,Ω,ω,M)，在小偏心率条件下，以轨道参数$(a,i,\Omega,\xi = e\sin\omega,\eta = e\cos\omega,\lambda = M+\omega)$表示的摄动方程为

$$\frac{\mathrm{d}a}{\mathrm{d}t} = \frac{2}{n\sqrt{1-e^2}}\left[F_S(e\sin f) + F_T\left(\frac{p}{r}\right)\right] \tag{4.2}$$

$$\frac{\mathrm{d}i}{\mathrm{d}t} = \frac{r\cos u}{na^2\sqrt{1-e^2}}F_W \tag{4.3}$$

$$\frac{\mathrm{d}\Omega}{\mathrm{d}t} = \frac{r\sin u}{na^2\sqrt{1-e^2}\sin i}F_W \tag{4.4}$$

$$\frac{\mathrm{d}\xi}{\mathrm{d}t} = -\eta\cos i\frac{\mathrm{d}\Omega}{\mathrm{d}t} + \frac{\sqrt{1-e^2}}{na}\left[\begin{aligned}&-F_S\cos u + F_T(\sin u + \sin\tilde{u})\\&+F_T\frac{\eta(e\sin E)}{\sqrt{1-e^2}\left(1+\sqrt{1-e^2}\right)}\end{aligned}\right] \tag{4.5}$$

$$\frac{\mathrm{d}\eta}{\mathrm{d}t} = \xi\cos i\frac{\mathrm{d}\Omega}{\mathrm{d}t} + \frac{\sqrt{1-e^2}}{na}\left[\begin{aligned}&F_S\sin u + F_T(\cos u + \cos\tilde{u})\\&-F_T\frac{\xi(e\sin E)}{\sqrt{1-e^2}\left(1+\sqrt{1-e^2}\right)}\end{aligned}\right] \tag{4.6}$$

$$\begin{aligned}\frac{\mathrm{d}\lambda}{\mathrm{d}t} =& n - \cos i\frac{\mathrm{d}\Omega}{\mathrm{d}t} - \frac{2r}{na^2}F_S\\&+\frac{\sqrt{1-e^2}}{na\left(1+\sqrt{1-e^2}\right)}\left[-F_S(e\cos f) + F_T\left(1+\frac{r}{p}\right)(e\sin f)\right]\end{aligned} \tag{4.7}$$

式中，$u = \omega + f$；$\tilde{u} = \omega + E$。

在坐标系*STW*中，空间碎片的单位质量激光烧蚀力为$\boldsymbol{f}_{L,S} = (f_{L,S}, f_{L,T}, f_{L,W})^{\mathrm{T}}$，激光烧蚀力作用时间为$\tau_L'$，空间碎片的单位质量激光烧

蚀冲量为 $\boldsymbol{f}_{L,S}\tau_L' = (f_{L,S}\tau_L', f_{L,T}\tau_L', f_{L,W}\tau_L')^{\mathrm{T}}$ ，满足

$$\begin{cases}\Delta v_{L,S} = f_{L,S}\tau_L' \\ \Delta v_{L,T} = f_{L,T}\tau' \\ \Delta v_{L,W} = f_{L,W}\tau'\end{cases} \tag{4.8}$$

如果认为激光烧蚀力瞬间作用，那么在该时刻轨道参数改变量为

$$\Delta a = \frac{2}{n\sqrt{1-e^2}}\left[\Delta v_{L,S}(e\sin f) + \Delta v_{L,T}\left(\frac{p}{r}\right)\right] \tag{4.9}$$

$$\Delta i = \frac{r\cos u}{na^2\sqrt{1-e^2}}\Delta v_{L,W} \tag{4.10}$$

$$\Delta\Omega = \frac{r\sin u}{na^2\sqrt{1-e^2}\sin i}\Delta v_{L,W} \tag{4.11}$$

$$\Delta\xi = -\eta\cos i\Delta\Omega + \frac{\sqrt{1-e^2}}{na}\left[\begin{aligned}&-\Delta v_{L,S}\cos u + \Delta v_{L,T}(\sin u + \sin\tilde{u}) \\ &+\Delta v_{L,T}\frac{\eta(e\sin E)}{\sqrt{1-e^2}\left(1+\sqrt{1-e^2}\right)}\end{aligned}\right] \tag{4.12}$$

$$\Delta\eta = \xi\cos i\Delta\Omega + \frac{\sqrt{1-e^2}}{na}\left[\begin{aligned}&\Delta v_{L,S}\sin u + \Delta v_{L,T}(\cos u + \cos\tilde{u}) \\ &-\Delta v_{L,T}\frac{\xi(e\sin E)}{\sqrt{1-e^2}\left(1+\sqrt{1-e^2}\right)}\end{aligned}\right] \tag{4.13}$$

$$\begin{aligned}\Delta\lambda = {}& n\tau_L' - \cos i\Delta\Omega - \frac{2r}{na^2}\Delta v_{L,S} \\ &+ \frac{\sqrt{1-e^2}}{na\left(1+\sqrt{1-e^2}\right)}\left[-\Delta v_{L,S}(e\cos f) + \Delta v_{L,T}\left(1+\frac{r}{p}\right)(e\sin f)\right]\end{aligned} \tag{4.14}$$

式中， $u = \omega + f$ ； $\tilde{u} = \omega + E$ 。

4.1.3 无激光烧蚀力时空间碎片运动轨道的分析方法

当只有地球中心引力场作用、无激光烧蚀力作用时，根据空间碎片轨道摄动方程可得

$$\frac{\mathrm{d}\lambda}{\mathrm{d}t} = n \tag{4.15}$$

即轨道参数 $(a, i, \Omega, \xi = e\sin\omega, \eta = e\cos\omega, \lambda = M + \omega)$ 中，只有 λ 变化，具体为

$$\lambda = \lambda_0 + n(t - t_0) \tag{4.16}$$

式中，当 $t = t_0$ 时，初始条件为 $\lambda = \lambda_0$ 。

4.1.4 轨道摄动方程中相关变量的计算方法

空间碎片的轨道摄动方程中相关变量计算方法如下。

1. 开普勒方程的迭代求解

在给定 (ξ,η,λ) 条件下，根据开普勒方程迭代求解 $\tilde{u}$，进而计算 $\sin\tilde{u}$ 和 $\cos\tilde{u}$。采用迭代法求解开普勒方程，令

$$\tilde{u}=\lambda+\eta\sin\tilde{u}-\xi\cos\tilde{u} \tag{4.17}$$

其中，迭代起步初值可取 $\tilde{u}_0=\lambda$。

2. $e\sin E$ 和 $e\cos E$ 的求解

$$e\sin E=\eta\sin\tilde{u}-\xi\cos\tilde{u} \tag{4.18}$$

$$e\cos E=\eta\cos\tilde{u}+\xi\sin\tilde{u} \tag{4.19}$$

3. r 和 p 的求解

$$r=a(1-e\cos E) \tag{4.20}$$

$$e^2=\xi^2+\eta^2 \tag{4.21}$$

$$p=a(1-e^2) \tag{4.22}$$

4. $e\sin f$ 和 $e\cos f$ 的求解

$$e\sin f=\left(\frac{a}{r}\right)\sqrt{1-e^2}\,(e\sin E) \tag{4.23}$$

$$e\cos f=\left(\frac{a}{r}\right)(e\cos E-e^2) \tag{4.24}$$

5. $\sin u$ 和 $\cos u$ 的求解

$$\sin u=\frac{a}{r}\left[(\sin\tilde{u}-\xi)-\frac{\eta(\eta\sin\tilde{u}-\xi\cos\tilde{u})}{1+\sqrt{1-e^2}}\right] \tag{4.25}$$

$$\cos u=\frac{a}{r}\left[(\cos\tilde{u}-\eta)+\frac{\xi(\eta\sin\tilde{u}-\xi\cos\tilde{u})}{1+\sqrt{1-e^2}}\right] \tag{4.26}$$

6. 由 $\sin u$ 和 $\cos u$ 求解 u

已知 $\sin u$ 和 $\cos u$，根据其比值 $\sin u/\cos u$ 计算角度 u (可参看 2.3.3 节)，并将其值定义在 $0\leqslant u<2\pi$。根据轨道参数 $(a,i,\Omega,\xi=e\sin\omega,\eta=e\cos\omega,\ \lambda=M+\omega)$，

计算输出轨道参数(a,i,Ω,e,u)。

4.2　空间碎片激光操控窗口与判据的分析方法

当激光操控空间碎片时，搭载激光器的平台与空间碎片存在相互依赖关系，应满足一定条件才能对空间碎片进行激光操控，这种满足激光操控的时机和基本条件称为激光操控窗口。下面研究激光操控窗口，以及空间碎片进入激光操控窗口的判据。

4.2.1　激光最大作用距离分析

在激光操控空间碎片中，首先要求能够探测、捕获、跟踪空间碎片；然后要求能够瞄准、发射激光，利用激光烧蚀力和力矩操控空间碎片。

将这种探测、捕获、跟踪、瞄准、发射等综合能力利用激光作用距离表示。如果空间碎片与平台之间的距离小于激光最大作用距离，那么可满足这种综合能力要求，激光最大作用距离采用符号$r_{L,\max}$表示。

在赤道惯性坐标系XYZ中，空间碎片位置矢量为$\boldsymbol{r}_{\text{deb},X}=(r_{\text{deb},x},r_{\text{deb},y},r_{\text{deb},z})^{\text{T}}$，平台位置矢量为$\boldsymbol{r}_{\text{sta},X}=(r_{\text{sta},x},r_{\text{sta},y},r_{\text{sta},z})^{\text{T}}$，空间碎片与平台位置矢量(简称空间碎片平台位置矢量)为

$$\boldsymbol{r}_{\text{DS},X}=\boldsymbol{r}_{\text{deb},X}-\boldsymbol{r}_{\text{sta},X}=\begin{bmatrix} r_{\text{deb},x}-r_{\text{sta},x} \\ r_{\text{deb},y}-r_{\text{sta},y} \\ r_{\text{deb},z}-r_{\text{sta},z} \end{bmatrix} \tag{4.27}$$

目标与平台的距离为

$$\begin{aligned} r_{\text{DS},X} &= \left|\boldsymbol{r}_{\text{deb},X}-\boldsymbol{r}_{\text{sta},X}\right| \\ &= \sqrt{(r_{\text{deb},x}-r_{\text{sta},x})^2+(r_{\text{deb},y}-r_{\text{sta},y})^2+(r_{\text{deb},z}-r_{\text{sta},z})^2} \end{aligned} \tag{4.28}$$

激光操控空间目标首先要满足

$$r_{\text{DS},X}\leqslant r_{L,\max} \tag{4.29}$$

在以后的分析和讨论中，与平台(station)相关的参数以下标“sta”表示，与空间碎片(debris)相关的参数以下标“deb”表示。

4.2.2　空间碎片在平台前方运动的条件

在赤道惯性坐标系XYZ中，空间碎片位置矢量为$\boldsymbol{r}_{\text{deb},X}=(r_{\text{deb},x},r_{\text{deb},y},r_{\text{deb},z})^{\text{T}}$，平台位置矢量为$\boldsymbol{r}_{\text{sta},X}=(r_{\text{sta},x},r_{\text{sta},y},r_{\text{sta},z})^{\text{T}}$，速度矢量为$\boldsymbol{v}_{\text{sta},X}=(v_{\text{sta},x},v_{\text{sta},y},v_{\text{sta},z})^{\text{T}}$。

空间碎片平台位置矢量为$\boldsymbol{r}_{\text{DS},X}=\boldsymbol{r}_{\text{deb},X}-\boldsymbol{r}_{\text{sta},X}$，空间碎片应在平台前方运动，以实现在平台上瞄准和发射激光，即

$$\cos(\boldsymbol{v}_{\text{sta},X},\boldsymbol{r}_{\text{DS},X})=\frac{\boldsymbol{v}_{\text{sta},X}\cdot\boldsymbol{r}_{\text{DS},X}}{\left|\boldsymbol{v}_{\text{sta},X}\right|\left|\boldsymbol{r}_{\text{DS},X}\right|}>0 \tag{4.30}$$

4.2.3 激光最大发射角分析

当瞄准和发射激光时，不可能实现全方位瞄准和发射，只能在一定激光发射角范围内瞄准和发射激光。

激光发射角为激光辐照方向与平台当地速度方向之间的夹角，如果激光最大发射角为$0\leqslant\gamma_{L,\max}<\pi/2$，那么实现瞄准和发射激光的条件为

$$\gamma_{L,\max}\geqslant\arccos\frac{\boldsymbol{v}_{\text{sta},X}\cdot\boldsymbol{r}_{\text{DS},X}}{\left|\boldsymbol{v}_{\text{sta},X}\right|\left|\boldsymbol{r}_{\text{DS},X}\right|},\quad\arccos\frac{\boldsymbol{v}_{\text{sta},X}\cdot\boldsymbol{r}_{\text{DS},X}}{\left|\boldsymbol{v}_{\text{sta},X}\right|\left|\boldsymbol{r}_{\text{DS},X}\right|}\geqslant 0 \tag{4.31}$$

此外，如果定义空间碎片与平台最小距离为$r_{\text{DS},\min}$，那么空间碎片与平台防止碰撞的条件为

$$r_{\text{DS},X}\geqslant r_{\text{DS},\min} \tag{4.32}$$

4.2.4 激光操控窗口和判据

空间碎片进入激光操控窗口的判据为

$$\begin{gathered}r_{\text{DS},X}\leqslant r_{L,\max}\\ \gamma_{L,\max}\geqslant\arccos\frac{\boldsymbol{v}_{\text{sta},X}\cdot\boldsymbol{r}_{\text{DS},X}}{\left|\boldsymbol{v}_{\text{sta},X}\right|\left|\boldsymbol{r}_{\text{DS},X}\right|},\quad\arccos\frac{\boldsymbol{v}_{\text{sta},X}\cdot\boldsymbol{r}_{\text{DS},X}}{\left|\boldsymbol{v}_{\text{sta},X}\right|\left|\boldsymbol{r}_{\text{DS},X}\right|}\geqslant 0\\ r_{\text{DS},X}\geqslant r_{\text{DS},\min}\end{gathered} \tag{4.33}$$

式中，第一条是探测、捕获、跟踪、瞄准、发射等综合能力的要求；第二条是空间碎片在平台前方运动且在激光发射角以内的要求；第三条是空间碎片与平台防止碰撞的要求。

4.3 球体空间碎片运动轨道的激光操控方法

在各种几何形体的空间碎片中，球体空间碎片主要具有以下特点：①激光烧蚀力方向与激光辐照方向一致，即激光烧蚀力方向与空间碎片平台位置矢量方向一致；②激光烧蚀力不产生对空间碎片质心的力矩。因此，研究球体空间碎片的运动规律和操控方法，是研究和掌握其他几何形体空间碎片的基础和参考基准。

4.3.1　平台的轨道运动分析

图 4.1 为平台发射激光对空间碎片进行操控。例如，对于在空间站部署激光器的情况，在激光操控空间碎片时，为了讨论问题方便，取平台的轨道为圆轨道。

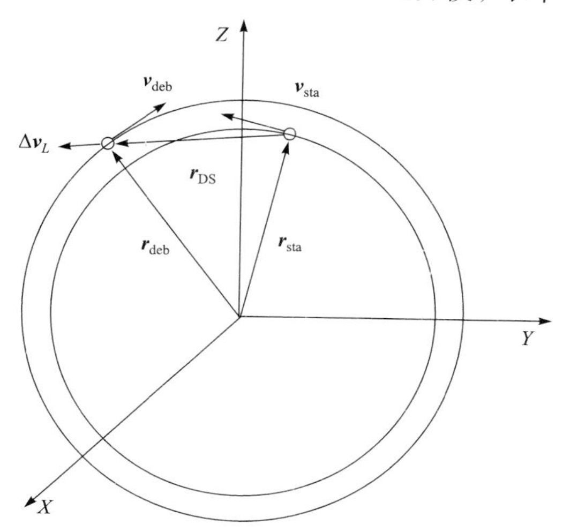

图 4.1　平台发射激光对空间碎片进行操控

如图 4.1 所示，在赤道惯性坐标系 XYZ 中，平台在 YZ 平面上运动，轨道倾角、升交点赤经和近地点幅角分别为

$$i_{\text{sta},0} = \pi / 2 \tag{4.34}$$

$$\Omega_{\text{sta},0} = \pi / 2 \tag{4.35}$$

$$\omega_{\text{sta},0} = \pi / 2 \tag{4.36}$$

此外，圆轨道偏心率为 $e_{\text{sta},0} = 0$，轨道半长轴为 $a_{\text{sta},0}$。

空间碎片从 $t = 0$ 时刻开始运动，由开普勒方程可知平近角、偏近角和真近角都相等，即 $M_{\text{sta}} = n_{\text{sta}} t = E_{\text{sta}} = f_{\text{sta}}$，可得真近角和平均角速率为

$$f_{\text{sta}} = n_{\text{sta}} t \,, \quad n_{\text{sta}} = \sqrt{\frac{\mu}{a_{\text{sta}}^3}} \tag{4.37}$$

在赤道惯性坐标系 XYZ 中，平台位置矢量为

$$\boldsymbol{r}_{\text{sta},X} = \begin{bmatrix} r_{\text{sta},x} \\ r_{\text{sta},y} \\ r_{\text{sta},z} \end{bmatrix} = \begin{bmatrix} 0 \\ a_{\text{sta}} \cos(\omega_{\text{sta},0} + f_{\text{sta}}) \\ a_{\text{sta}} \sin(\omega_{\text{sta},0} + f_{\text{sta}}) \end{bmatrix} \tag{4.38}$$

速度矢量为

$$\boldsymbol{v}_{\text{sta},X}=\begin{bmatrix}v_{\text{sta},x}\\ v_{\text{sta},y}\\ v_{\text{sta},z}\end{bmatrix}=\sqrt{\frac{\mu}{a_{\text{sta}}}}\left\{-\sin f_{\text{sta}}\begin{bmatrix}0\\0\\1\end{bmatrix}+\cos f_{\text{sta}}\begin{bmatrix}0\\-1\\0\end{bmatrix}\right\}$$

$$=\sqrt{\frac{\mu}{a_{\text{sta}}}}\begin{bmatrix}0\\-\cos f_{\text{sta}}\\-\sin f_{\text{sta}}\end{bmatrix} \tag{4.39}$$

4.3.2 球体空间碎片的轨道运动分析

研究空间碎片的轨道运动，涉及初始轨道参数设计、激光烧蚀力作用下变轨、无激光烧蚀力作用下运动、位置矢量和速度矢量计算等诸多问题。

1. 空间碎片初始轨道参数设计

空间碎片与平台在同一平面内运动。如图 4.1 所示，在赤道惯性坐标系 XYZ 中，空间碎片在 YZ 平面上运动，初始轨道参数为 $(a_{\text{deb},0}, e_{\text{deb},0}, i_{\text{deb},0}, \Omega_{\text{deb},0}, \omega_{\text{deb},0}, M_{\text{deb},0})$。

当空间碎片相对平台同向运动时，轨道倾角和升交点赤经为

$$i_{\text{deb},0}=\frac{\pi}{2},\quad \Omega_{\text{deb},0}=\frac{\pi}{2} \tag{4.40}$$

当空间碎片相对平台反向运动时，轨道倾角和升交点赤经为

$$i_{\text{deb},0}=\frac{\pi}{2},\quad \Omega_{\text{deb},0}=\frac{3\pi}{2} \tag{4.41}$$

轨道半长轴可取满足 $a_{\text{deb},0}\geqslant a_{\text{sta},0}$ 或 $a_{\text{deb},0}<a_{\text{sta},0}$ 的某个值，表示空间碎片有可能在平台上方，也有可能在平台下方。

偏心率可取满足 $e_{\text{deb},0}\geqslant 0$ 的某个值，表示空间碎片轨道有可能是椭圆轨道，也有可能是圆轨道。

初始偏近角 $E_{\text{deb},0}$ 可分别取 2π、$\pi/2$、π、$3\pi/2$ 等，分别表示从近地点开始、从近地点与远地点之间拱点开始、从远地点开始、从远地点与近地点之间拱点开始进行激光操控，对应平近角为

$$M_{\text{deb},0}=E_{\text{deb},0}-e_{\text{deb},0}\sin E_{\text{deb},0} \tag{4.42}$$

对应真近角分别为

$$f_{\text{deb},0}=2\pi,\quad f_{\text{deb},0}=2\arctan\sqrt{\frac{1+e_{\text{deb},0}}{1-e_{\text{deb},0}}} \tag{4.43}$$

$$f_{\text{deb},0}=\pi,\quad f_{\text{deb},0}=2\pi-2\arctan\sqrt{\frac{1+e_{\text{deb},0}}{1-e_{\text{deb},0}}} \tag{4.44}$$

为了防止空间碎片初始轨道参数设计不合理，在空间碎片和平台运动较长时间后才会出现激光操控窗口，可通过设计和选取合理的近地点幅角 $\omega_{\mathrm{deb},0}$，调整升交点角距为 $u_{\mathrm{deb},0}=\omega_{\mathrm{deb},0}+f_{\mathrm{deb},0}$，使得空间碎片初始位置刚好落入激光最大作用距离以内。

1) 空间碎片与平台同向运动时初始近地点幅角

初始偏近角 $E_{\mathrm{deb},0}$ 取 2π 、 $\pi/2$ 、 π 、 $3\pi/2$ 等条件下，对应初始近地点幅角分别为

$$\omega_{\mathrm{deb},0}=\frac{\pi}{2}, \quad \omega_{\mathrm{deb},0}=\frac{5\pi}{2}-f_{\mathrm{deb},0}, \quad \omega_{\mathrm{deb},0}=\frac{3\pi}{2}, \quad \omega_{\mathrm{deb},0}=\frac{5\pi}{2}-f_{\mathrm{deb},0} \tag{4.45}$$

2) 空间碎片与平台反向运动时初始近地点幅角

在赤道惯性坐标系 XYZ 中，平台初始位置矢量为

$$\boldsymbol{r}_{\mathrm{sta},X}=\begin{bmatrix} r_{\mathrm{sta},x} \\ r_{\mathrm{sta},y} \\ r_{\mathrm{sta},z} \end{bmatrix}=\begin{bmatrix} 0 \\ 0 \\ a_{\mathrm{sta}} \end{bmatrix} \tag{4.46}$$

空间碎片初始位置矢量为

$$\boldsymbol{r}_{\mathrm{deb},X}=\begin{bmatrix} r_{\mathrm{deb},x} \\ r_{\mathrm{deb},y} \\ r_{\mathrm{deb},z} \end{bmatrix}=\begin{bmatrix} 0 \\ -r_{\mathrm{deb},0}\cos(\omega_{\mathrm{deb},0}+f_{\mathrm{deb},0}) \\ r_{\mathrm{deb},0}\sin(\omega_{\mathrm{deb},0}+f_{\mathrm{deb},0}) \end{bmatrix} \tag{4.47}$$

$$r_{\mathrm{deb},0}=\frac{a_{\mathrm{deb},0}(1-e_{\mathrm{deb},0}^2)}{1+e_{\mathrm{deb},0}\cos f_{\mathrm{deb},0}} \tag{4.48}$$

激光最大作用距离为 $r_{L,\max}$，令

$$[-r_{\mathrm{deb},0}\cos(\omega_{\mathrm{deb},0}+f_{\mathrm{deb},0})]^2+[r_{\mathrm{deb},0}\sin(\omega_{\mathrm{deb},0}+f_{\mathrm{deb},0})-a_{\mathrm{sta}}]^2 \leqslant r_{L,\max} \tag{4.49}$$

满足

$$\sin(\omega_{\mathrm{deb},0}+f_{\mathrm{deb},0}) \geqslant \frac{r_{\mathrm{deb},0}^2+a_{\mathrm{sta}}^2-r_{L,\max}^2}{2r_{\mathrm{deb},0}a_{\mathrm{sta}}} \tag{4.50}$$

初始真近角分别为

$$f_{\mathrm{deb},0}=2\pi, \quad f_{\mathrm{deb},0}=2\arctan\sqrt{\frac{1+e_{\mathrm{deb},0}}{1-e_{\mathrm{deb},0}}} \tag{4.51}$$

$$f_{\mathrm{deb},0}=\pi, \quad f_{\mathrm{deb},0}=2\pi-2\arctan\sqrt{\frac{1+e_{\mathrm{deb},0}}{1-e_{\mathrm{deb},0}}} \tag{4.52}$$

对应初始近地点幅角分别为

$$\omega_{\mathrm{deb},0}=\arcsin\frac{r_{\mathrm{deb},0}^2+a_{\mathrm{sta}}^2-r_{L,\max}^2}{2r_{\mathrm{deb},0}a_{\mathrm{sta}}} \tag{4.53}$$

$$\omega_{\mathrm{deb},0}=2\pi-f_{\mathrm{deb},0}+\arcsin\frac{r_{\mathrm{deb},0}^2+a_{\mathrm{sta}}^2-r_{L,\max}^2}{2r_{\mathrm{deb},0}a_{\mathrm{sta}}} \tag{4.54}$$

$$\omega_{\mathrm{deb},0}=\pi+\arcsin\frac{r_{\mathrm{deb},0}^2+a_{\mathrm{sta}}^2-r_{L,\max}^2}{2r_{\mathrm{deb},0}a_{\mathrm{sta}}} \tag{4.55}$$

$$\omega_{\mathrm{deb},0}=2\pi-f_{\mathrm{deb},0}+\arcsin\frac{r_{\mathrm{deb},0}^2+a_{\mathrm{sta}}^2-r_{L,\max}^2}{2r_{\mathrm{deb},0}a_{\mathrm{sta}}} \tag{4.56}$$

2. 空间碎片的轨道运动

按照上述方法选取空间碎片初始轨道参数$(a_{\mathrm{deb},0},e_{\mathrm{deb},0},i_{\mathrm{deb},0},\Omega_{\mathrm{deb},0},\omega_{\mathrm{deb},0},M_{\mathrm{deb},0})$，并将其变换为

$$\xi_{\mathrm{deb},0}=e_{\mathrm{deb},0}\sin\omega_{\mathrm{deb},0}，\ \eta_{\mathrm{deb},0}=e_{\mathrm{deb},0}\cos\omega_{\mathrm{deb},0}，\ \lambda_{\mathrm{deb},0}=M_{\mathrm{deb},0}+\omega_{\mathrm{deb},0} \tag{4.57}$$

从而得到空间碎片初始轨道参数$(a_{\mathrm{deb},0},i_{\mathrm{deb},0},\Omega_{\mathrm{deb},0},\xi_{\mathrm{deb},0},\eta_{\mathrm{deb},0},\lambda_{\mathrm{deb},0})$。

1) 激光操控空间碎片的判据

激光操控空间碎片的判据用于判断空间碎片是否进入激光操控的窗口，以便瞄准和发射激光，对空间碎片进行激光操控。激光操控空间碎片的判据为

$$\begin{gathered}r_{\mathrm{DS},X}\leqslant r_{L,\max}\\ \gamma_{L,\max}\geqslant\arccos\frac{\boldsymbol{v}_{\mathrm{sta},X}\cdot\boldsymbol{r}_{\mathrm{DS},X}}{|\boldsymbol{v}_{\mathrm{sta},X}||\boldsymbol{r}_{\mathrm{DS},X}|},\quad \arccos\frac{\boldsymbol{v}_{\mathrm{sta},X}\cdot\boldsymbol{r}_{\mathrm{DS},X}}{|\boldsymbol{v}_{\mathrm{sta},X}||\boldsymbol{r}_{\mathrm{DS},X}|}\geqslant 0\\ r_{\mathrm{DS},X}\geqslant r_{\mathrm{DS},\min}\end{gathered} \tag{4.58}$$

显然，需要在每个时间点计算空间碎片和平台的位置矢量，以及平台的速度矢量。

2) 起步计算

根据空间碎片初始轨道参数，按照无激光烧蚀力作用的运动方程，以时间步长Δt开始起步计算，获得空间碎片位置矢量和速度矢量。

空间碎片初始轨道参数设计应使空间碎片在较短时间内进入激光操控窗口，通过试算解决。

3) 仅有地球中心引力场作用、无激光烧蚀力作用

当只有地球中心引力场作用、无激光烧蚀力作用时，根据空间碎片轨道摄动方程，轨道参数$(a,i,\Omega,\xi=e\sin\omega,\eta=e\cos\omega,\lambda=M+\omega)$中只有$\lambda$发生变化，具体为

$$\lambda=\lambda_0+n(t-t_0) \tag{4.59}$$

式中，当$t=t_0$时，初始条件为$\lambda=\lambda_0$。

时间步长Δt的选择考虑以下两方面：①在无激光烧蚀力作用时，以较大时间步长缩短计算时间；②以较小时间步长进入激光操控窗口，避免出现缩短激光操

控窗口的现象。时间步长可选择激光脉冲间隔时间 s_L，也可单独选择。

4) 既有地球中心引力场作用、又有激光烧蚀力作用

在径向横向坐标系 STW 中，空间碎片的单位质量激光烧蚀力为 $\boldsymbol{f}_{L,S}=(f_{L,S},f_{L,T},f_{L,W})^{\mathrm{T}}$，激光烧蚀力作用时间为 τ_L'，空间碎片单位质量激光烧蚀冲量为 $\boldsymbol{f}_{L,S}\tau_L'=(f_{L,S}\tau_L',f_{L,T}\tau_L',f_{L,W}\tau_L')^{\mathrm{T}}$，满足

$$\Delta v_{L,S}=f_{L,S}\tau_L' \tag{4.60}$$

$$\Delta v_{L,T}=f_{L,T}\tau_L' \tag{4.61}$$

$$\Delta v_{L,W}=f_{L,W}\tau_L' \tag{4.62}$$

激光烧蚀力作用前轨道参数为 $(a_{\mathrm{deb},0},i_{\mathrm{deb},0},\Omega_{\mathrm{deb},0},\xi_{\mathrm{deb},0},\eta_{\mathrm{deb},0},\lambda_{\mathrm{deb},0})$，按照有激光烧蚀力作用下空间碎片轨道摄动方程，计算轨道参数改变量为

$$(\Delta a_{\mathrm{deb}},\Delta i_{\mathrm{deb}},\Delta\Omega_{\mathrm{deb}},\Delta\xi_{\mathrm{deb}},\Delta\eta_{\mathrm{deb}},\Delta\lambda_{\mathrm{deb}}) \tag{4.63}$$

在激光烧蚀力瞬间作用下，空间碎片轨道参数瞬间变化，激光烧蚀力作用后轨道参数为

$$\begin{aligned}&(a_{\mathrm{deb},1},i_{\mathrm{deb},1},\Omega_{\mathrm{deb},1},\xi_{\mathrm{deb},1},\eta_{\mathrm{deb},1},\lambda_{\mathrm{deb},1})\\=&(a_{\mathrm{deb},0}+\Delta a_{\mathrm{deb}},i_{\mathrm{deb},0}+\Delta i_{\mathrm{deb}},\Omega_{\mathrm{deb},0}+\Delta\Omega_{\mathrm{deb}},\xi_{\mathrm{deb},0}\\&+\Delta\xi_{\mathrm{deb}},\eta_{\mathrm{deb},0}+\Delta\eta_{\mathrm{deb}},\lambda_{\mathrm{deb},0}+\Delta\lambda_{\mathrm{deb}})\end{aligned} \tag{4.64}$$

接下来，计算空间碎片位置矢量和速度矢量。时间步长 Δt 为激光脉冲间隔时间 s_L，以反映激光脉冲间隔时间和激光脉冲重复作用特点。

5) 空间碎片位置矢量和速度矢量计算

已知空间碎片轨道参数为 $(a_{\mathrm{deb}},i_{\mathrm{deb}},\Omega_{\mathrm{deb}},\xi_{\mathrm{deb}},\eta_{\mathrm{deb}},\lambda_{\mathrm{deb}})$，采用开普勒方程：

$$\tilde{u}=\lambda+\eta\sin\tilde{u}-\xi\cos\tilde{u} \tag{4.65}$$

迭代计算 $\tilde{u}$，以及 $\sin\tilde{u}$ 和 $\cos\tilde{u}$、$\sin u$ 和 $\cos u$、$e\sin f$ 和 $e\cos f$、$e\sin\varphi$、r 和 p 等。

在赤道惯性坐标系 XYZ 中，空间碎片位置矢量和速度矢量分别为

$$\boldsymbol{r}_X=\boldsymbol{R}_3(-\Omega_{\mathrm{deb}})\boldsymbol{R}_1(-i_{\mathrm{deb}})\begin{bmatrix}r\cos u\\r\sin u\\0\end{bmatrix} \tag{4.66}$$

$$\boldsymbol{v}_X=\boldsymbol{R}_3(-\Omega_{\mathrm{deb}})\boldsymbol{R}_1(-i_{\mathrm{deb}})\sqrt{\frac{\mu}{p}}\begin{bmatrix}-(\sin u+\xi)\\\cos u+\eta\\0\end{bmatrix} \tag{4.67}$$

式中，$\boldsymbol{R}(\cdot)$ 为单轴旋转变换矩阵，下标为旋转轴序号。

4.3.3　球体空间碎片单位质量的激光烧蚀力分析

对于球体空间碎片，激光烧蚀力方向与激光辐照方向一致，又有激光辐照方

向与空间碎片平台位置矢量方向一致。

在赤道惯性坐标系 XYZ 中，空间碎片位置矢量为 $\boldsymbol{r}_{\mathrm{deb},X}=(r_{\mathrm{deb},x},r_{\mathrm{deb},y},r_{\mathrm{deb},z})^{\mathrm{T}}$，平台位置矢量为 $\boldsymbol{r}_{\mathrm{sta},X}=(r_{\mathrm{sta},x},r_{\mathrm{sta},y},r_{\mathrm{sta},z})^{\mathrm{T}}$，空间碎片平台位置矢量为

$$\boldsymbol{r}_{\mathrm{DS},X}=\boldsymbol{r}_{\mathrm{deb},X}-\boldsymbol{r}_{\mathrm{sta},X}=\begin{bmatrix} r_{\mathrm{deb},x}-r_{\mathrm{sta},x} \\ r_{\mathrm{deb},y}-r_{\mathrm{sta},y} \\ r_{\mathrm{deb},z}-r_{\mathrm{sta},z} \end{bmatrix} \tag{4.68}$$

空间碎片平台位置的单位矢量为

$$\begin{aligned}\hat{\boldsymbol{r}}_{\mathrm{DS},X}&=\frac{\boldsymbol{r}_{\mathrm{deb},X}-\boldsymbol{r}_{\mathrm{sta},X}}{\left|\boldsymbol{r}_{\mathrm{deb},X}-\boldsymbol{r}_{\mathrm{sta},X}\right|}\\&=\frac{1}{\sqrt{(r_{\mathrm{deb},x}-r_{\mathrm{sta},x})^2+(r_{\mathrm{deb},y}-r_{\mathrm{sta},y})^2+(r_{\mathrm{deb},z}-r_{\mathrm{sta},z})^2}}\begin{bmatrix} r_{\mathrm{deb},x}-r_{\mathrm{sta},x} \\ r_{\mathrm{deb},y}-r_{\mathrm{sta},y} \\ r_{\mathrm{deb},z}-r_{\mathrm{sta},z} \end{bmatrix}\end{aligned} \tag{4.69}$$

设激光烧蚀力作用时间为 τ_L'，则空间碎片的单位质量激光烧蚀力的大小满足

$$f_L\tau_L'=\frac{C_mF_L}{2R\rho} \tag{4.70}$$

空间碎片单位质量的激光烧蚀冲量为

$$\boldsymbol{f}_{L,X}\tau_L'=\frac{C_mF_L}{2R\rho}\hat{\boldsymbol{r}}_{\mathrm{DS},X} \tag{4.71}$$

式中，C_m 为冲量耦合系数；R 为球体半径；ρ 为球体材料密度；$F_L=I_L\tau_L$ 为激光束横截面上的单位面积激光能量，其中，I_L 为入射激光的功率密度，τ_L 为激光脉宽。

上述公式是在赤道惯性坐标系 XYZ 中，空间碎片单位质量激光烧蚀冲量的表达式，还要将其转换为径向横向坐标系 STW 中空间碎片单位质量激光烧蚀冲量的表达式。

赤道惯性坐标系 XYZ 通过依次绕 Z 轴旋转 Ω、绕 X 轴旋转 i、绕 Z 轴旋转 $u=\omega+f$，变换到径向横向坐标系 STW，表示为

$$XYZ\rightarrow STW:Z(\Omega)\rightarrow X(i)\rightarrow Z(u) \tag{4.72}$$

旋转变换矩阵为

$$\boldsymbol{Q}_{SX}=\boldsymbol{R}_3(u)\boldsymbol{R}_1(i)\boldsymbol{R}_3(\Omega) \tag{4.73}$$

并且有

$$\boldsymbol{Q}_{XS}=[\boldsymbol{Q}_{SX}]^{-1}=[\boldsymbol{Q}_{SX}]^{\mathrm{T}} \tag{4.74}$$

已知在赤道惯性坐标系 XYZ 中，空间碎片单位质量激光烧蚀冲量为

$$\boldsymbol{f}_{L,X}\tau'_L=\begin{bmatrix} f_{L,x}\tau'_L \\ f_{L,y}\tau'_L \\ f_{L,z}\tau'_L \end{bmatrix}=\frac{C_m F_L}{2R\rho}\hat{\boldsymbol{r}}_{\mathrm{DS},X}=\frac{C_m F_L}{2R\rho}\begin{bmatrix} \hat{r}_{\mathrm{DS},x} \\ \hat{r}_{\mathrm{DS},y} \\ \hat{r}_{\mathrm{DS},z} \end{bmatrix} \tag{4.75}$$

将其变换到径向横向坐标系 STW 中为

$$\boldsymbol{f}_{L,S}\tau'_L=\begin{bmatrix} f_{L,S}\tau'_L \\ f_{L,T}\tau'_L \\ f_{L,W}\tau'_L \end{bmatrix}=\boldsymbol{Q}_{SX}\boldsymbol{f}_{L,X}\tau'_L=\frac{C_m F_L}{2R\rho}\boldsymbol{Q}_{SX}\hat{\boldsymbol{r}}_{\mathrm{DS},X} \tag{4.76}$$

并且有

$$\begin{cases} \Delta v_{L,S}=f_{L,S}\tau'_L \\ \Delta v_{L,T}=f_{L,T}\tau'_L \\ \Delta v_{L,W}=f_{L,W}\tau'_L \end{cases} \tag{4.77}$$

4.3.4　基本步骤和流程

球体空间碎片运动轨道激光操控方法的基本步骤和流程如图 4.2 所示。关键节点为：①空间碎片和平台的位置和速度计算；②空间碎片进出激光操控窗口判断；③空间碎片单位质量激光烧蚀冲量(单位质量激光烧蚀力)计算；④脉冲激光重复加载对空间碎片进行激光操控。

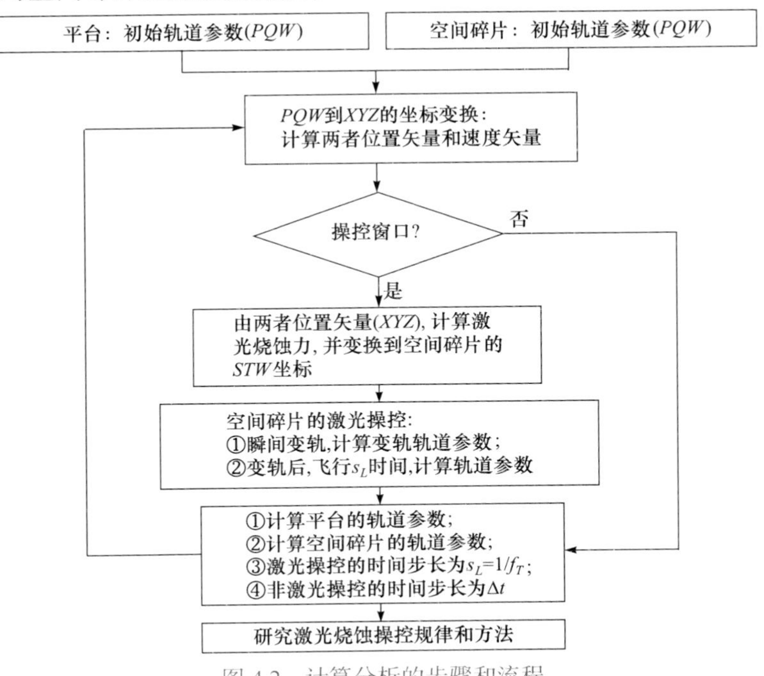

图 4.2　计算分析的步骤和流程

4.3.5 计算分析

空间碎片和平台可能是同面或异面、可能是同向或反向飞行、可能是上方/下方/迎面飞行等，下面设计空间碎片与平台之间轨道参数，研究同面或异面、同向或反向飞行、上方/下方/迎面飞行等飞行条件下，激光操控球体空间碎片的效果。

激光重频为 10Hz，脉宽为 10ns，激光烧蚀力作用时间为 100ns，激光功率密度为$10^{13}\,\mathrm{W/m^2}$ ($10^9\,\mathrm{W/cm^2}$)，激光最大作用距离为 200km，激光最大发射角为 90°，远场激光光斑半径为 25cm，激光器平均功率为$1.963495\times10^5\,\mathrm{W}$ (激光单脉冲能量为$1.963495\times10^4\,\mathrm{J}$)。球体空间碎片为铝材，半径为 5cm(相当于厘米级空间碎片的上限尺寸)，密度为$2700\mathrm{kg/m^3}$，冲量耦合系数取为$5\times10^{-5}\,\mathrm{N\cdot s/J}$ (相当于下限保守值)，地球平均半径取$R_0=6378\mathrm{km}$。

由于激光最大作用距离为 200km，因此设定空间碎片与平台之间轨道高度之差为±50km。在该范围内，当空间碎片与平台轨道高度差较大时，称为大轨道高度差情况；当空间碎片与平台轨道高度差较小时，称为小轨道高度差情况。

当空间碎片和平台为异面时，空间碎片平面偏离平台平面角度设定在±60°范围内。

1. 空间碎片同面圆轨道、同向、上方飞行

图 4.3 为球体空间碎片同面圆轨道、同向、上方、大轨道高度差飞行时轨道参数的变化。平台圆轨道为400km 轨道高度，空间碎片圆轨道为450km 轨道高度(大轨道高度差情况)，空间碎片在平台前方飞行，平台在较低轨道飞行、速度较

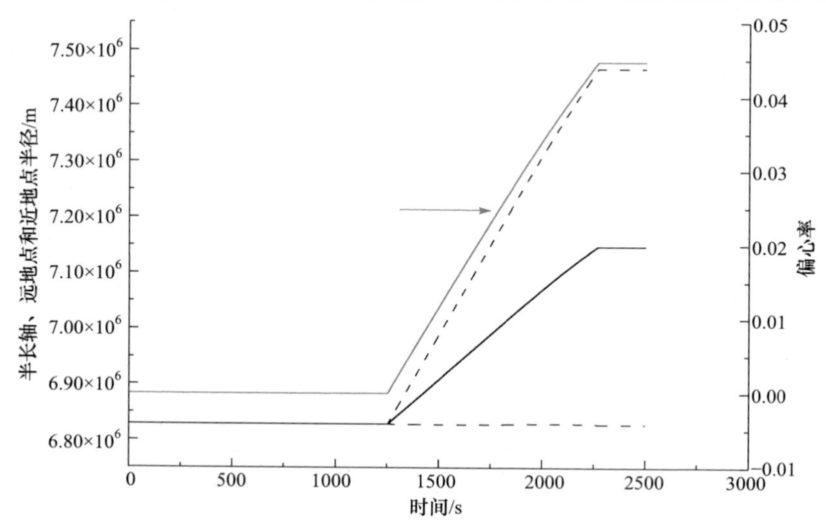

图 4.3 球体空间碎片同面圆轨道、同向、上方、大轨道高度差飞行时轨道参数的变化

大，逐渐追赶空间碎片，在约 1250s 时平台追赶上空间碎片，约在 2250s 时平台超过空间碎片，该时间区间为激光操控窗口的时间长度。在激光操控窗口内，由于激光烧蚀力作用，空间碎片半长轴逐渐增大(黑实线)并增大约 320km，空间碎片远地点半径逐渐增大(上方虚线)并增大约 640km，空间碎片近地点半径变化不大(下方虚线)，偏心率逐渐增大到 0.045(红实线)。

图 4.4 为球体空间碎片同面圆轨道、同向、上方、大轨道高度差飞行时近地点半径随着时间的变化。在激光操控过程中，空间碎片近地点半径为−700～1000m，说明空间碎片近地点半径变化不大，但是变化形式较为复杂。

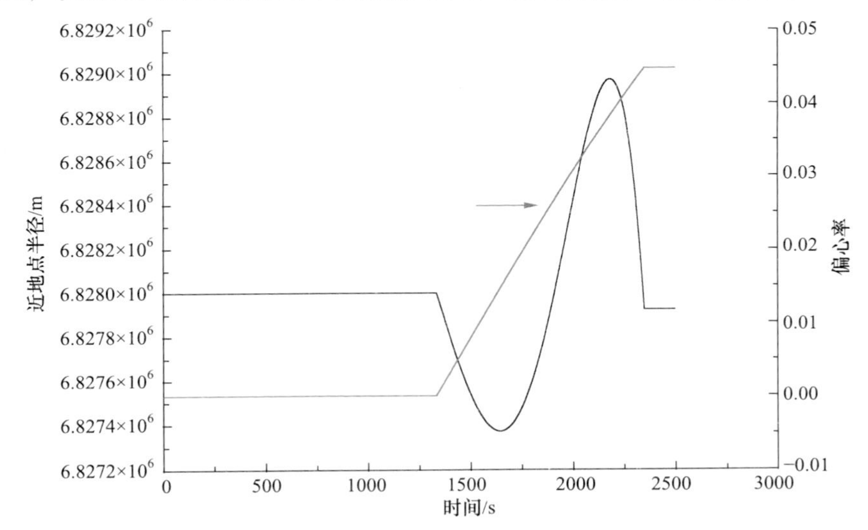

图 4.4　球体空间碎片同面圆轨道、同向、上方、大轨道高度差飞行时近地点半径随着时间的变化

图 4.5 为球体空间碎片同面圆轨道、同向、上方、大轨道高度差飞行时空间碎片与平台之间距离随着时间的变化(激光操控窗口附近)。在激光操控过程中，平台逐渐追赶上空间碎片，空间碎片进入激光操控窗口，在激光烧蚀力作用下轨道参数发生变化，之后平台超过空间碎片，空间碎片飞出激光操控窗口。

图 4.6 为球体空间碎片同面圆轨道、同向、上方、大轨道高度差飞行时轨道形状的变化。平台轨道为圆轨道(黑实线)，空间碎片为圆轨道(红实线)，在激光烧蚀力作用前，由于两者轨道高度差仅为 50km，因此在图 4.6 中黑实线和红实线重合在一起；在激光烧蚀力作用后，空间碎片远地点半径明显增大，因此两者明显分离。

图 4.7 为球体空间碎片同面圆轨道、同向、上方、大轨道高度差飞行时空间碎片与平台之间距离的变化(全过程)，横轴为平台运动周期 T，每隔平台运动周

期的约 13 倍，两者近距离相遇一次，也就是每隔较长的时间间隔才会出现激光操控窗口，这是因为空间碎片与平台同向运动。

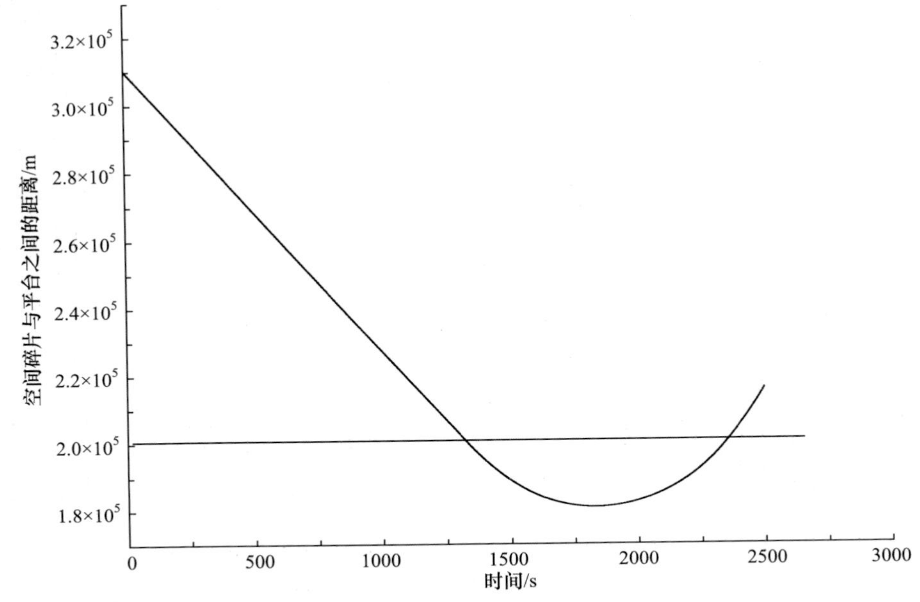

图 4.5　球体空间碎片同面圆轨道、同向、上方、大轨道高度差飞行时空间碎片与平台之间距离随着时间的变化(激光操控窗口附近)

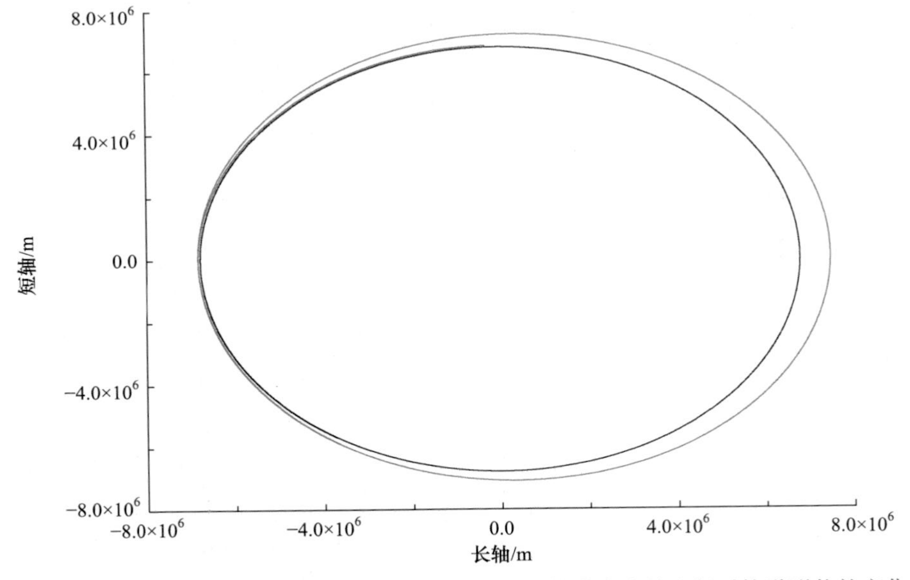

图 4.6　球体空间碎片同面圆轨道、同向、上方、大轨道高度差飞行时轨道形状的变化

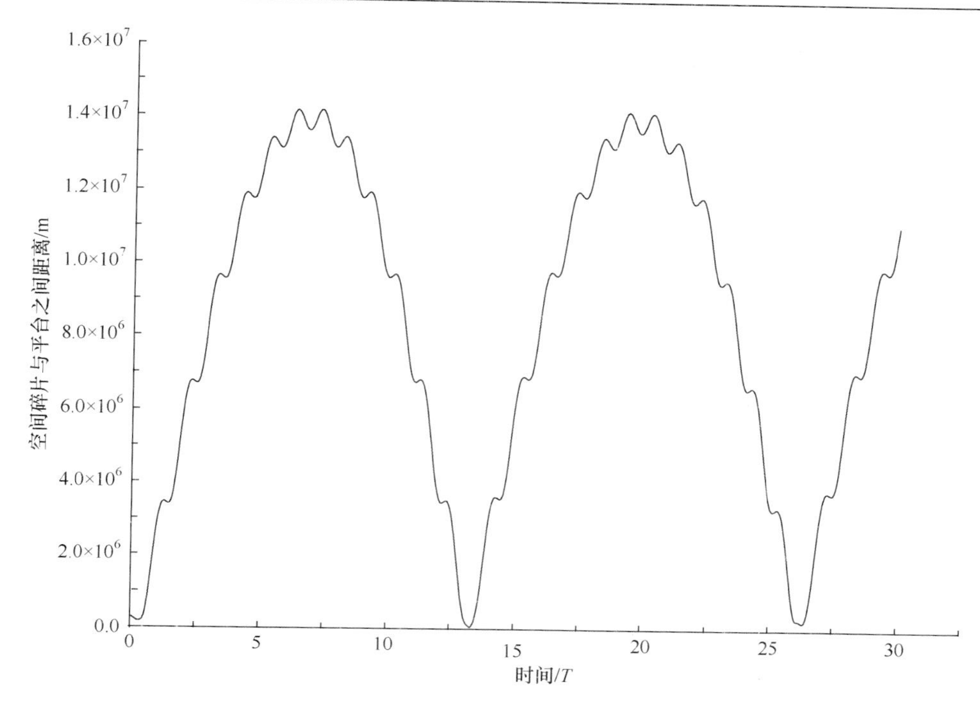

图 4.7 球体空间碎片同面圆轨道、同向、上方、大轨道高度差飞行时空间碎片与平台之间距离的变化(全过程)

上面研究了空间碎片和平台同面圆轨道、同向，上方、大轨道高度差飞行情况，下面研究小轨道高度差情况。

图 4.8 为球体空间碎片同面圆轨道、同向、上方、小轨道高度差飞行时轨道参数的变化。空间碎片轨道高度为 405km，平台轨道高度为 400km，空间碎片在平台前方飞行，平台在较低轨道飞行、速度较大，逐渐追赶空间碎片，在约 410s 时平台追赶上空间碎片，约在 2250s 时平台超过空间碎片，由于两者轨道高度差较小、速度接近，因此相对前面大轨道高度差情况，激光操控窗口的时间长度明显增大，空间碎片半长轴逐渐增大(黑实线)并增大约 252km，空间碎片远地点半径逐渐增大(上方虚线)并增大约 476km，空间碎片近地点半径稍有提升并增大 28km(下方虚线)，偏心率逐渐增大并增大到约 0.03(红实线)。

图 4.9 为球体空间碎片同面圆轨道、同向、上方、小轨道高度差飞行时空间碎片与平台距离的变化(激光操控窗口附近)。从空间碎片与平台距离的变化可以看出，在激光操控过程中，空间碎片进出激光操控窗口 3 次，经历了 3 次打出去、飞进来的过程，使得空间碎片偏心率发生 3 次变化。

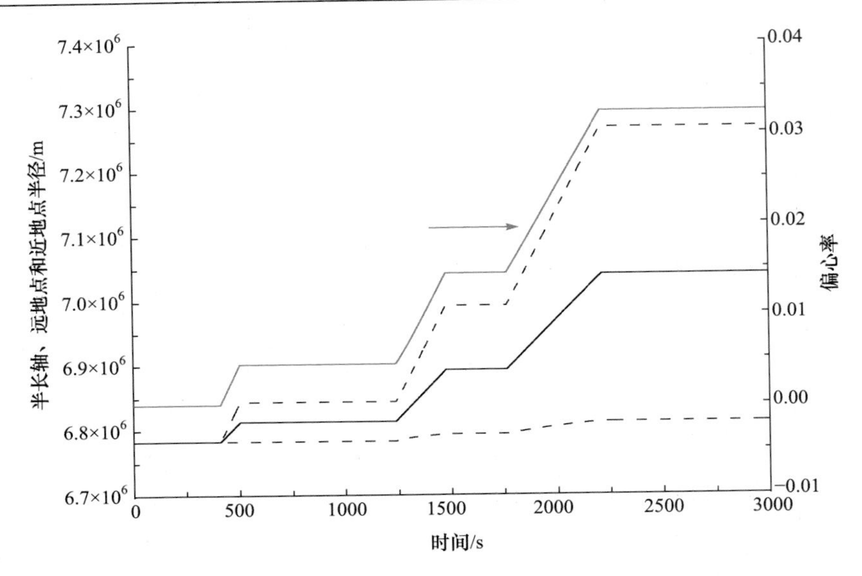

图 4.8　球体空间碎片同面圆轨道、同向、上方、小轨道高度差飞行时轨道参数的变化

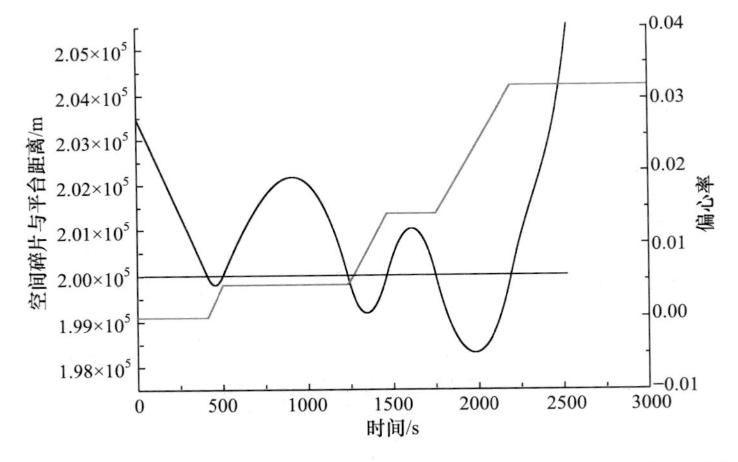

图 4.9　球体空间碎片同面圆轨道、同向、上方、小轨道高度差飞行时空间碎片与平台距离的变化(激光操控窗口附近)

上述计算和分析表明，在球体空间碎片同面圆轨道、同向、上方飞行时，激光操控的效果如下：

(1) 在激光烧蚀力作用下，球体空间碎片的半长轴和远地点半径明显增大，近地点半径变化不明显，偏心率明显增大。在一个激光操控窗口内，球体空间碎片轨道变化且在远地点处向外扩张、近地点处基本不变；在多个激光操控窗口内，由于激光烧蚀力作用，空间碎片轨道将远离平台轨道。

(2) 当空间碎片和平台同向飞行时，激光操控窗口的时间长度较长。同向飞行的轨道高度差越接近，空间碎片和平台的速度越接近，激光操控窗口的时间长度越长，但是，空间碎片和平台再次相遇的时间间隔就会越长。

(3) 在激光烧蚀力作用下，空间碎片偏心率明显变化，可作为空间碎片进出激光操控窗口的判据，也可作为衡量激光操控窗口的时间长度的判据。

2. 空间碎片同面圆轨道、同向、下方飞行

图 4.10 为球体空间碎片同面圆轨道、同向、下方、大轨道高度差飞行时轨道参数的变化。空间碎片轨道高度为 400km，平台轨道高度为 450km，平台在空间碎片前方飞行，空间碎片在较低轨道飞行、速度较大，逐渐追赶平台，在约 800s 时空间碎片追赶上平台，约在 1800s 时空间碎片超过平台，激光操控窗口的时间长度较大。在激光操控窗口内，由于激光烧蚀力作用，空间碎片半长轴逐渐增大(黑实线)并增大约 196km，目标远地点半径逐渐增大(上方虚线)并增大约 440km，目标近地点半径减小约 49km(下方虚线)，偏心率逐渐增大并增大到 0.035(红实线)。

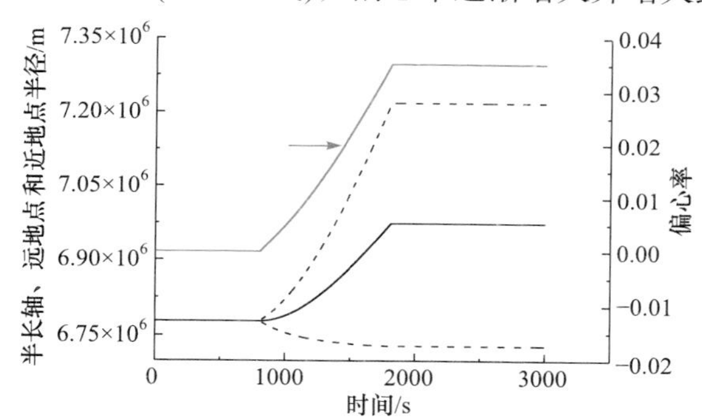

图 4.10　球体空间碎片同面圆轨道、同向、下方、大轨道高度差飞行时轨道参数的变化

图 4.11 为球体空间碎片同面圆轨道、同向、下方、小轨道高度差飞行时轨道参数的变化。空间碎片轨道高度为 400km，平台轨道高度为 405km，平台在空间碎片前方飞行，空间碎片在较低轨道飞行、速度较大，逐渐追赶平台，在约 800s 时空间碎片追赶上平台，约在 2200s 时空间碎片超过平台，激光操控窗口的时间长度更大(与大轨道高度差比较)。在激光操控窗口内，由于激光烧蚀力作用，空间碎片半长轴逐渐增大(黑实线)并增大约 310km，空间碎片远地点半径逐渐增大(上方虚线)并增大约 670km，空间碎片近地点半径减小约 50km(下方虚线)，偏心率逐渐增大并增大到 0.05(红实线)。

上述计算和分析表明，在球体空间碎片同面圆轨道、同向、下方飞行时，激光操控的效果如下：

(1) 在激光烧蚀力作用下，球体空间碎片的半长轴和远地点半径明显增大，近地点半径明显减小，偏心率明显增大。在一个激光操控窗口内，球体空间碎片

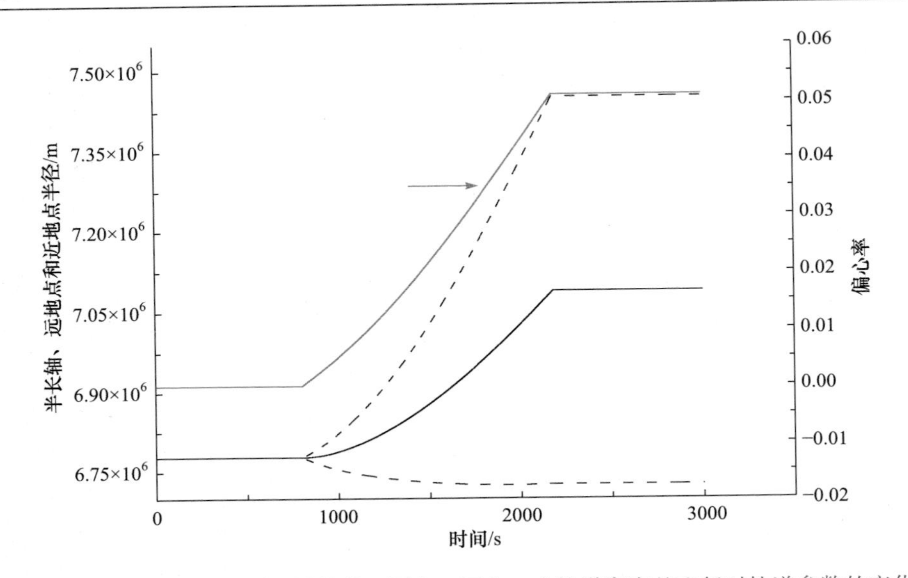

图 4.11　球体空间碎片同面圆轨道、同向、下方、小轨道高度差飞行时轨道参数的变化

轨道扁化且在远地点处向外扩张、近地点处向内缩小，出现与平台轨道交汇的现象，在小轨道高度差时，激光操控对空间碎片轨道参数改变作用更大。

(2) 当空间碎片和平台同向飞行时，激光操控窗口的时间长度较长。同向飞行的轨道高度差越接近，空间碎片和平台的速度越接近，激光操控窗口的时间长度越长，但是，空间碎片和平台再次相遇的时间间隔也越长。

(3) 在激光烧蚀力作用下，空间碎片偏心率明显变化，可作为空间碎片进出激光操控窗口的判据，也可作为衡量激光操控窗口时间长度的判据。

3. 空间碎片同面圆轨道、反向、上方飞行

图 4.12 为球体空间碎片同面圆轨道、反向、上方、大轨道高度差飞行时轨道参数的变化。空间碎片轨道高度为 450km，平台轨道高度为 400km，空间碎片约在 10s 时进入激光操控窗口，激光操控窗口的时间长度约为 10s，空间碎片半长轴逐渐减小 3km(黑实线)，空间碎片远地点半径变化不大，增大 200m(上方虚线)，空间碎片近地点半径逐渐下降并下降 7km(下方虚线)，偏心率逐渐增大并增大到 0.0005(红实线)。

图 4.13 为球体空间碎片同面圆轨道、反向、上方、小轨道高度差飞行时轨道参数的变化。空间碎片轨道高度为 405km，平台轨道高度为 400km，空间碎片约在 10s 时进入激光操控窗口，激光操控窗口的时间长度约为 10s，空间碎片半长轴逐渐减小 5km(黑实线)，空间碎片远地点半径基本不变，增大 7m(上方虚线)，空间碎片近地点半径逐渐下降并下降 9km(下方虚线)，偏心率逐渐增大并增大到 0.0006(红实线)。

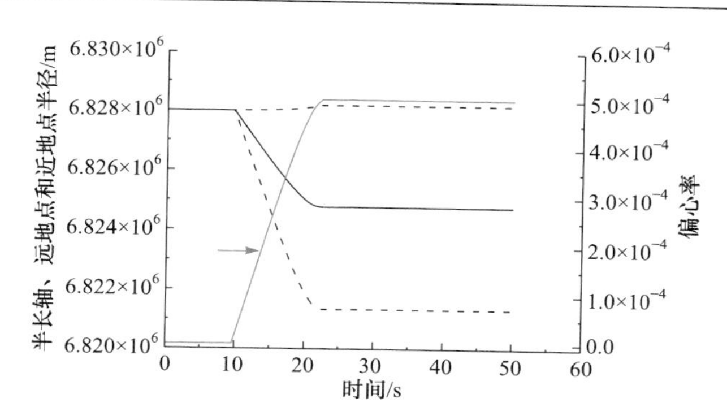

图 4.12　球体空间碎片同面圆轨道、反向、上方、大轨道高度差飞行时轨道参数的变化

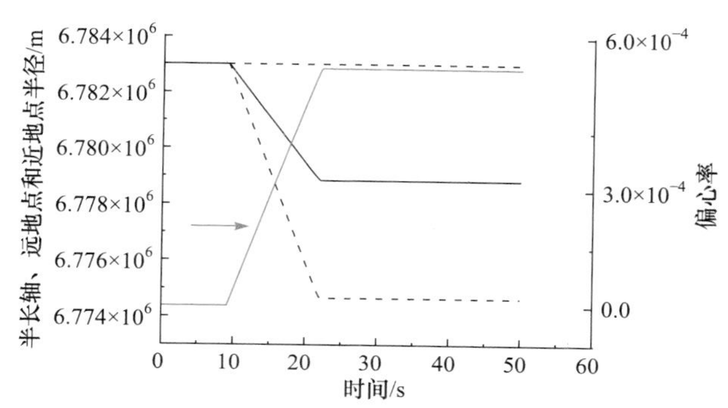

图 4.13　球体空间碎片同面圆轨道、反向、上方、小轨道高度差飞行时轨道参数的变化

上述计算和分析表明，在球体空间碎片同面圆轨道、反向、上方飞行时，激光操控的效果如下：

(1) 在激光烧蚀力作用下，球体空间碎片的半长轴和近地点半径明显减小，远地点半径基本不变，偏心率明显增大。在一个激光操控窗口内，球体空间碎片轨道扁化且在近地点处向内缩小、远地点处基本不变，造成空间碎片轨道趋近平台轨道的现象，在小轨道高度差时，激光操控对空间碎片轨道参数改变作用更大。

(2) 当空间碎片和平台反向飞行时，激光操控窗口的时间长度很短。由于空间碎片和平台的相对速度较大，因此激光操控窗口的时间长度很短，但是，空间碎片和平台再次相遇的时间间隔会变短。

(3) 在激光烧蚀力作用下，空间碎片偏心率明显变化，可作为空间碎片进出激光操控窗口的判据，也可作为衡量激光操控窗口的时间长度的判据。

4. 空间碎片同面圆轨道、反向、下方飞行

图 4.14 为球体空间碎片同面圆轨道、反向、下方、大轨道高度差飞行时轨道参数的变化。空间碎片轨道高度为 400km，平台轨道高度为 450km，空间碎片约在 10s 时进入激光操控窗口，激光操控窗口的时间长度为 10s，半长轴逐渐减小

3km(黑实线)，远地点半径变化不大，增大 180m(上方虚线)，近地点半径逐渐下降并下降 7km(下方虚线)，偏心率逐渐增大并增大到 0.0005(红实线)。

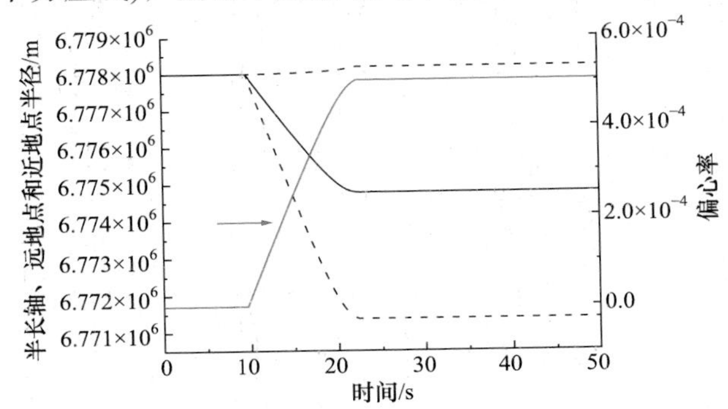

图 4.14　球体空间碎片同面圆轨道、反向、下方、大轨道高度差飞行时轨道参数的变化

图 4.15 为球体空间碎片同面圆轨道、反向、下方、小轨道高度差飞行时轨道参数的变化。空间碎片轨道高度为 400km，平台轨道高度为 405km，空间碎片约在 10s 时进入激光操控窗口，激光操控窗口的时间长度为 10s，半长轴逐渐减小 4km(黑实线)，远地点半径基本不变，减小 6m(上方虚线)，近地点半径逐渐下降并下降 8km(下方虚线)，偏心率逐渐增大并增大到 0.0006(红实线)。

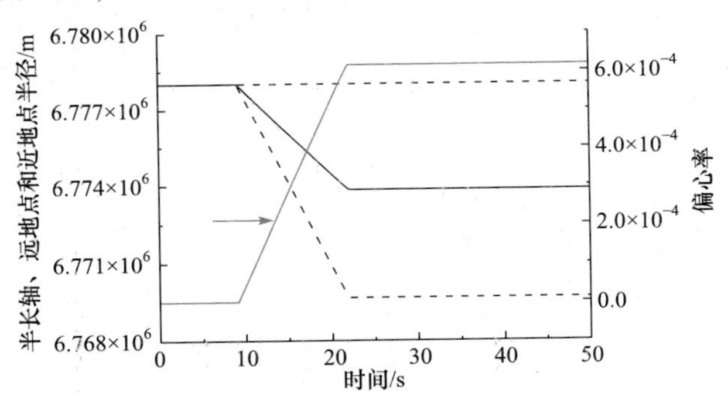

图 4.15　球体空间碎片同面圆轨道、反向、下方、小轨道高度差飞行时、激光烧蚀力重复作用下轨道参数的变化

图 4.16 为球体空间碎片同面圆轨道、反向、下方、小轨道高度差飞行、激光烧蚀力重复作用下轨道参数的变化。空间碎片轨道高度为 400km，平台轨道高度为 405km，由于空间碎片反向飞行，在一个平台运动周期 T 内出现 2 次激光操控窗口，第 1 次激光操控窗口内近地点半径下降(黑实线)，第 2 次激光操控窗口内远地点半径下降(虚线)，如此重复作用，使得近地点半径和远地点半径交替减小，在 5 个平台运动周期内，激光操控窗口出现 10 次，近地点半径和远地点半径减小约为 40km。

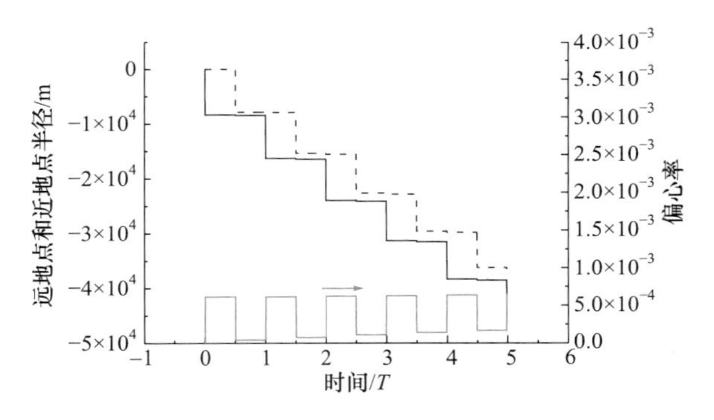

图 4.16　球体空间碎片同面圆轨道、反向、下方、小轨道高度差飞行、激光烧蚀力重复作用下轨道参数的变化

图 4.17 为球体空间碎片同面圆轨道、反向、下方、小轨道高度差飞行、激光烧蚀力重复作用条件下矢径和速率的变化。空间碎片矢径逐渐波动下降，下降约为 40km(黑实线)，对应空间碎片速率随着平台运动周期逐渐波动增大。

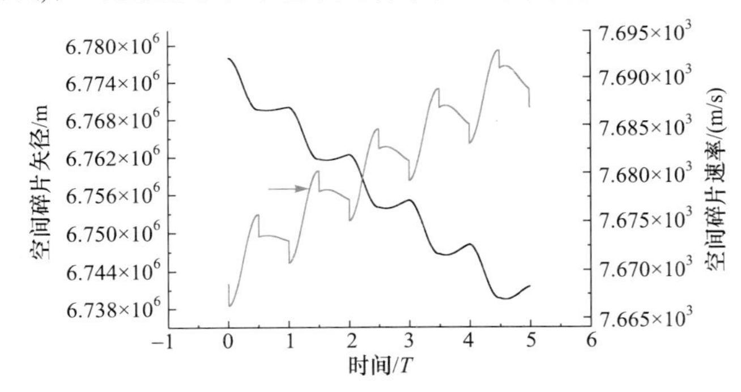

图 4.17　球体空间碎片同面圆轨道、反向、下方、小轨道高度差飞行、激光烧蚀力重复作用下矢径和速率的变化

上述计算和分析表明，在球体空间碎片同面圆轨道、反向、下方飞行时，激光操控的效果如下：

(1) 在激光烧蚀力作用下，球体空间碎片的半长轴和近地点半径明显减小，远地点半径基本不变，偏心率明显增大。在一个激光操控窗口内，球体空间碎片轨道扁化且在远地点处基本不变、近地点处向内缩小；在多个激光操控窗口内，由于激光烧蚀力作用，空间碎片轨道高度逐渐下降并远离平台轨道。

(2) 当空间碎片和平台反向飞行时，激光操控窗口的时间长度很短，空间碎片和平台再次相遇的时间间隔也大幅缩短(与同向飞行相比较)。

(3) 在激光烧蚀力作用下，空间碎片偏心率明显变化，可作为空间碎片进出激光操控窗口的判据，也可作为衡量激光操控窗口的时间长度的判据。

5. 空间碎片同面/异面圆轨道、反向、迎面飞行

图 4.18 为球体空间碎片同面圆轨道、反向、迎面飞行时轨道参数的变化。空间碎片和平台为同面轨道，轨道高度为 400km，约在 10s 时空间碎片进入激光操控窗口，约在 20s 时空间碎片飞出激光操控窗口(激光操控窗口的时间长度为 10s)，半长轴逐渐减小 4km(黑实线)，远地点半径基本不变(上方虚线)，近地点半径逐渐下降 8km(下方虚线)，偏心率逐渐增大到 0.0006(红实线)。

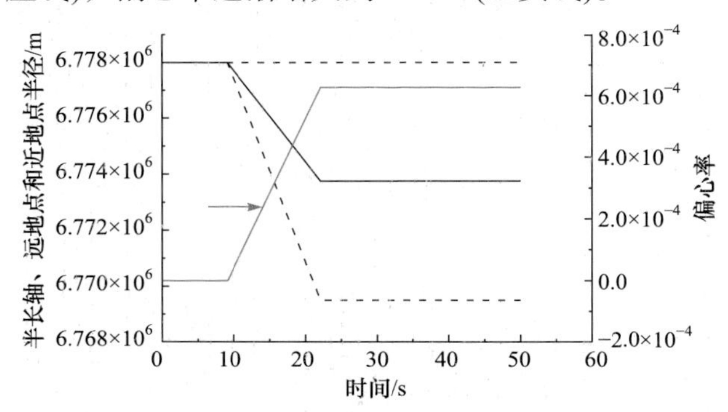

图 4.18　球体空间碎片同面圆轨道、反向、迎面飞行时轨道参数的变化

图 4.19 为球体空间碎片异面圆轨道、反向、迎面飞行时半长轴的变化。空间碎片和平台为异面轨道，轨道高度为 400km，空间碎片轨道平面偏离平台轨道平面角度为 0°、20°、30°、60°，空间碎片和平台的轨道参数分别为

$$(i_{\text{deb},0},\Omega_{\text{deb},0}) = (\pi/2,3\pi/2;\pi/2,3\pi/2+\pi/9;\pi/2,3\pi/2+\pi/6;\pi/2,3\pi/2+\pi/3) \tag{4.78}$$

$$(i_{\text{sta},0},\Omega_{\text{sta},0},\omega_{\text{sta},0}) = (\pi/2,\pi/2,\pi/2) \tag{4.79}$$

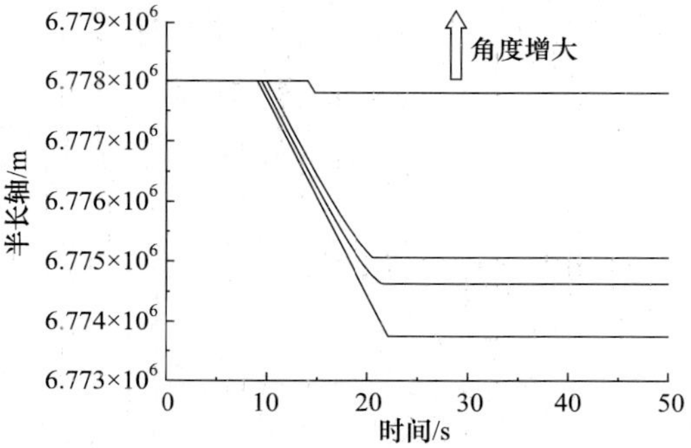

图 4.19　球体空间碎片异面圆轨道、反向、迎面飞行时半长轴的变化

随着空间碎片轨道平面偏离平台轨道平面的角度增大，半长轴改变量逐渐减小，激光操控窗口的时间长度也逐渐缩短，当空间碎片轨道平面偏离平台轨道平面 60°时，激光操控窗口的时间长度很短，激光操控效果显著减弱。

图 4.20 为球体空间碎片异面圆轨道、反向、迎面飞行时偏心率的变化。空间碎片和平台为异面轨道，轨道高度为 400km，空间碎片轨道平面偏离平台轨道平面的角度为 0°、20°、30°、60°，随着空间碎片轨道平面偏离平台轨道平面的角度增大，偏心率改变量逐渐减小，激光操控对空间碎片偏心率的影响显著减小。

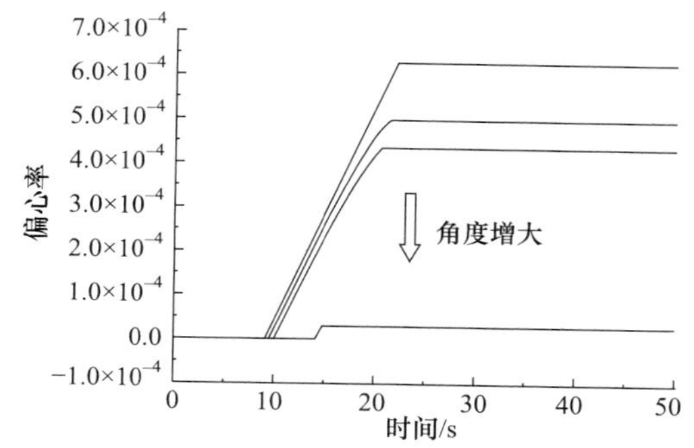

图 4.20　球体空间碎片异面圆轨道、反向、迎面飞行时偏心率的变化

图 4.21 为球体空间碎片异面圆轨道、反向、迎面飞行时轨道倾角的变化。空间碎片和平台为异面轨道，轨道高度为 400km，空间碎片与平台同面时轨道倾角没有变化；当空间碎片与平台异面角度为 60°时，轨道倾角很小；当空间碎片与平台异面角度为 20°和 30°时，轨道倾角有一定变化，并且异面角度为 30°时轨道倾角变化稍大。

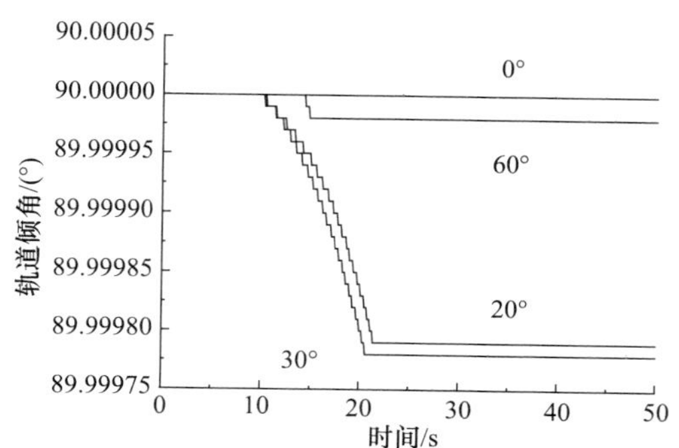

图 4.21　球体空间碎片异面圆轨道、反向、迎面飞行时轨道倾角的变化

图 4.22 为球体空间碎片异面圆轨道、反向、迎面飞行时升交点赤经的变化。空间碎片和平台为异面轨道，轨道高度为 400km，空间碎片与平台异面角度为 20°，由于空间碎片偏离平台轨道平面，因此升交点赤经逐渐减小。

图 4.23 为球体空间碎片异面圆轨道、反向、迎面飞行、激光烧蚀力重复作用下矢径和偏心率的变化。空间碎片和平台轨道高度都为 400km，空间碎片轨道平面与平台轨道平面夹角为 5°，由于空间碎片反向飞行，因此在一个平台运动周期 T 内出现 2 次激光操控窗口，偏心率波动变化，激光烧蚀力作用 19 次，矢径大小下降 60km。

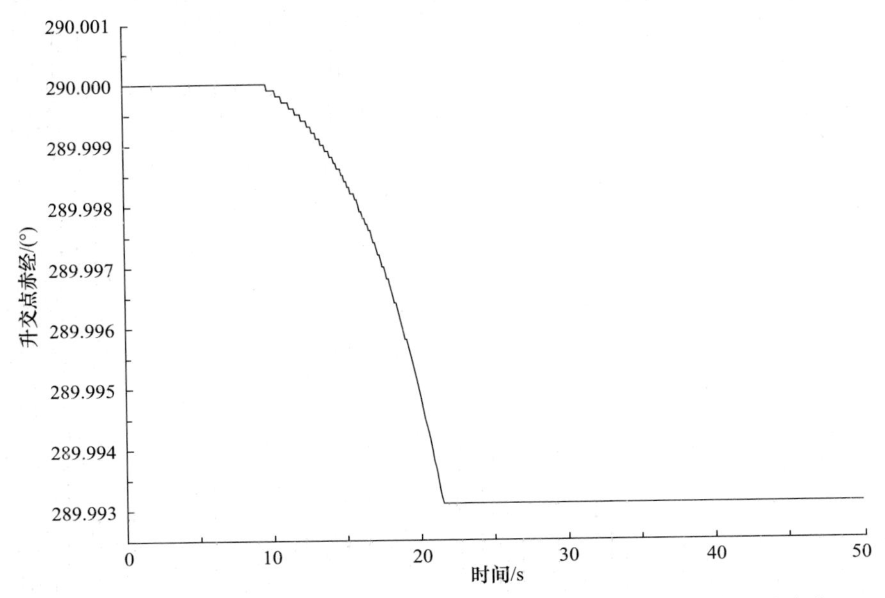

图 4.22　球体空间碎片异面圆轨道、反向、迎面飞行时升交点赤经的变化

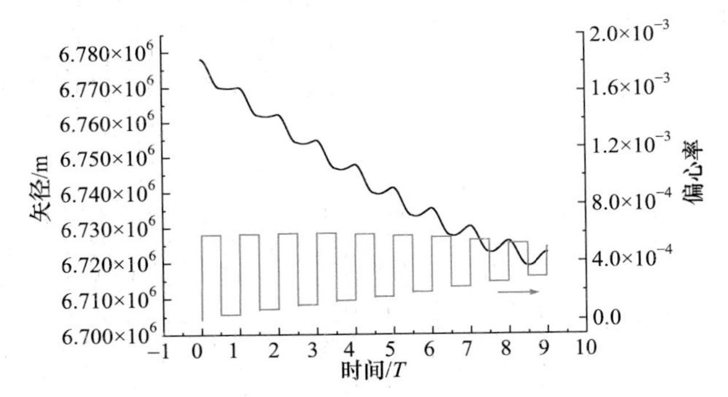

图 4.23　球体空间碎片异面圆轨道、反向、迎面飞行、激光烧蚀力重复作用下矢径和偏心率的变化

图 4.24 为球体空间碎片异面圆轨道、反向、迎面飞行、激光烧蚀力重复作用下轨道倾角和升交点赤经的变化。空间碎片和平台轨道高度都为 400km，空间碎片轨道平面与平台轨道平面夹角为 5°，轨道倾角逐渐下降，升交点赤经开始逐渐下降，之后又逐渐上升。

上述计算和分析表明，在球体空间碎片同面/异面圆轨道、反向、迎面飞行时，激光操控的效果如下：

(1) 在球体空间碎片同面圆轨道、反向、迎面飞行时，在激光烧蚀力作用下，球体空间碎片的半长轴和近地点半径明显减小，远地点半径基本不变，偏心率明显增大。在一个激光操控窗口内，球体空间碎片轨道扁化且在远地点处基本不变、近地点处向内缩小；在多个激光操控窗口内，空间碎片轨道高度逐渐下降并远离平

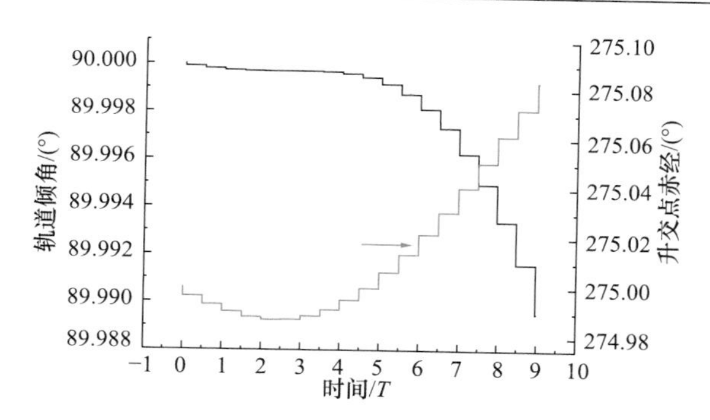

图 4.24　球体空间碎片异面圆轨道、反向、迎面飞行、激光烧蚀力重复作用下轨道倾角和升交点赤经的变化

台轨道。同时，激光操控窗口的时间长度很短，空间碎片和平台再次相遇的时间间隔也大幅缩短(与同向飞行比较)。

(2) 在球体空间碎片异面圆轨道、反向、迎面飞行时，随着空间碎片平面与平台平面夹角的增大，激光操控窗口的时间长度逐渐缩短，激光操控效果减弱，但是，与同面情况比较空间碎片轨道倾角和升交点赤经发生显著变化。

4.3.6　小结

在球体空间碎片激光操控中，激光烧蚀力方向与激光辐照方向一致，并且激光烧蚀力不产生对质心的力矩。根据空间碎片与平台之间的关系，可将天基激光平台操控空间碎片划分为以下情况。

1) 空间碎片同面圆轨道、同向、上方/下方飞行情况

首先，在激光烧蚀力作用下，球体空间碎片轨道扁化且向外扩张，在下方飞行时空间碎片轨道与平台轨道出现交汇可能性；其次，激光操控窗口的时间长度较长，但是空间碎片和平台再次相遇的时间间隔很长；最后，空间碎片偏心率明显变化，可作为空间碎片进出激光操控窗口的判据。

2) 空间碎片同面圆轨道、反向、上方/下方飞行情况

首先，在激光烧蚀力作用下，球体空间碎片轨道扁化且向内收缩，在上方飞行时空间碎片轨道与平台轨道出现交汇可能性；其次，激光操控窗口的时间长度很短，但是空间碎片和平台再次相遇的时间间隔大幅缩短；最后，空间碎片偏心率明显变化，可作为空间碎片进出激光操控窗口的判据。

3) 空间碎片同面/异面圆轨道、反向、迎面飞行情况

首先，在空间碎片同面圆轨道、反向、迎面飞行时，基本结论与空间碎片同面圆轨道、反向、上方/下方飞行情况类似；其次，在空间碎片异面圆轨道、反向、迎面飞行时，随着空间碎片平面与平台平面夹角的增大，激光操控窗口的时间长度逐渐缩短，激光操控效果减弱，但是与同面情况比较，空间碎片轨道倾角和升

交点赤经发生变化。

4.4 圆柱体空间碎片运动轨道的激光操控方法

在圆柱体空间碎片激光操控问题中，激光烧蚀力作用下空间碎片运动轨道的分析方法、空间碎片激光操控窗口与判据的分析方法、基本步骤和流程等与球体空间碎片类似。

圆柱体空间碎片激光操控问题具有如下特点：①激光烧蚀力方向在圆柱体中心轴与激光辐照方向所构成的平面内，并且偏离激光辐照方向；②激光辐照方向随着空间碎片和平台运动不断发生变化，造成激光烧蚀力方向不断变化；③圆柱体空间碎片初始姿态运动也造成激光烧蚀力方向不断变化。

在球体空间碎片激光操控中，由于球体空间碎片质心(中心)的对称性，空间碎片初始姿态旋转对激光烧蚀力方向没有影响，激光烧蚀力方向仅取决于激光辐照方向，是最为简单和基本的情况。由于圆柱体空间碎片只是具有中心轴(通过质心)对称性，因此必须进一步考虑圆柱体空间碎片初始姿态与中心轴旋转，以及激光烧蚀力与激光辐照方向和圆柱体空间碎片中心轴之间复杂的运动关系。

下面在球体空间碎片运动轨道操控方法的基础上，通过重点讨论圆柱体空间碎片的初始姿态分析、激光烧蚀力分析和表征，来解决圆柱体、圆盘和圆杆等典型空间碎片的激光操控问题。

4.4.1 圆柱体空间碎片的初始轨道参数分析

空间碎片与平台在同一平面内运动。如图 4.1 所示，在赤道惯性坐标系 XYZ 中，空间碎片在 YZ 平面上运动，初始轨道参数为

$$(a_{\mathrm{deb},0}, e_{\mathrm{deb},0}, i_{\mathrm{deb},0}, \Omega_{\mathrm{deb},0}, \omega_{\mathrm{deb},0}, M_{\mathrm{deb},0}) \tag{4.80}$$

当空间碎片相对平台同向运动时，轨道倾角和升交点赤经为

$$i_{\mathrm{deb},0} = \frac{\pi}{2}, \quad \Omega_{\mathrm{deb},0} = \frac{\pi}{2} \tag{4.81}$$

当空间碎片相对平台反向运动时，轨道倾角和升交点赤经为

$$i_{\mathrm{deb},0} = \frac{\pi}{2}, \quad \Omega_{\mathrm{deb},0} = \frac{3\pi}{2} \tag{4.82}$$

轨道半长轴可取满足 $a_{\mathrm{deb},0} \geqslant a_{\mathrm{sta},0}$ 或 $a_{\mathrm{deb},0} < a_{\mathrm{sta},0}$ 的某个值，表示空间碎片有可能在平台上方飞行或迎面飞行或在平台下方飞行。

偏心率可取满足 $e_{\mathrm{deb},0} \geqslant 0$ 的某个值，表示空间碎片轨道有可能是椭圆轨道，也有可能是圆轨道。

为了防止空间碎片初始轨道参数设计不合理，在空间碎片和平台开始运动较长时间后才出现激光操控窗口，可通过设计和选取合理的近地点幅角 $\omega_{\mathrm{deb},0}$，调

整升交点角距 $u_{\text{deb},0}=\omega_{\text{deb},0}+f_{\text{deb},0}$，使得空间碎片初始位置落入激光最大作用距离的附近，具体设计方法与球体空间碎片情况类似。

4.4.2　圆柱体空间碎片的初始姿态运动分析

球体空间碎片是中心(质心)对称的，因此不存在空间碎片姿态运动问题。但是，在圆柱体空间碎片激光操控中，圆柱体姿态运动将造成其中心轴的转动，对激光烧蚀力方向和大小都产生影响，必须考虑圆柱体空间碎片姿态运动的影响。

为了研究圆柱体空间碎片初始姿态运动对激光操控问题的影响，希望选取某个惯性坐标系，通过圆柱体主轴坐标系相对该惯性坐标系的转动来描述圆柱体空间碎片的初始姿态运动。圆柱体空间碎片的这种初始姿态运动是激光操控前已经具有的，由于激光操控中没有外界力矩干扰，因此其保持不变(圆柱体的激光烧蚀力通过其质心，不产生激光烧蚀力矩)，即应满足无外力矩作用下的姿态动力学方程。

设 $t=0$ 时刻径向横向坐标系 STW 为 $(STW)_{t=0}$，径向横向坐标系 $(STW)_{t=0}$ 到体固联坐标系 $X_bY_bZ_b$ (两者坐标原点都为空间碎片质心，圆柱体碎片主轴坐标系)经过了顺序旋转角度 (ψ,θ,φ)，即通过 321 旋转变换为

$$(STW)_{t=0}\to X_bY_bZ_b:W(\psi)\to T(\theta)\to S(\varphi) \tag{4.83}$$

当圆柱体空间碎片初始欧拉角和角速度为 $(\varphi_0,\theta_0,\psi_0,\dot{\varphi}_0,\dot{\theta}_0,\dot{\psi}_0)$ 时，在体固联坐标系 $X_bY_bZ_b$ 中，空间碎片姿态运动规律可采用姿态动力学和运动学方程表示为

$$\begin{cases}I_{x_b}\dot{w}_{x_b}-(I_{y_b}-I_{z_b})w_{y_b}w_{z_b}=L_{x_b}\\I_{y_b}\dot{w}_{y_b}-(I_{z_b}-I_{x_b})w_{z_b}w_{x_b}=L_{y_b}\\I_{z_b}\dot{w}_{z_b}-(I_{x_b}-I_{y_b})w_{x_b}w_{y_b}=L_{z_b}\end{cases} \tag{4.84}$$

$$\begin{bmatrix}\omega_{x_b}\\\omega_{y_b}\\\omega_{z_b}\end{bmatrix}=\begin{bmatrix}1&0&-\sin\theta\\0&\cos\varphi&\cos\theta\sin\varphi\\0&-\sin\varphi&\cos\theta\cos\varphi\end{bmatrix}\begin{bmatrix}\dot{\varphi}\\\dot{\theta}\\\dot{\psi}\end{bmatrix} \tag{4.85}$$

式中，$(I_{x_b},I_{y_b},I_{z_b})$ 为空间碎片的主轴惯性矩；$(L_{x_b},L_{y_b},L_{z_b})^{\mathrm{T}}=\boldsymbol{L}_{X_b}$ 为激光烧蚀力的力矩。对于圆柱体空间碎片激光烧蚀力不产生力矩，有 $(L_{x_b},L_{y_b},L_{z_b})^{\mathrm{T}}=(0,0,0)^{\mathrm{T}}$。

为了便于讨论空间碎片初始姿态运动的影响，设初始 $t=0$ 时刻，相对 $(STW)_{t=0}$ 坐标系，圆柱体空间碎片初始欧拉角为 $(\varphi_{\text{deb},0},\theta_{\text{deb},0},\psi_{\text{deb},0})$，初始角速度恒定为 $\dot{\varphi}_{\text{deb},0}\neq 0$，在任意 $t\neq 0$ 时刻，初始姿态运动表示为

$$\begin{cases}\varphi_{\text{deb}}=\varphi_{\text{deb},0}+\dot{\varphi}_{\text{deb},0}t\\\theta_{\text{deb}}=\theta_{\text{deb},0}\\\psi_{\text{deb}}=\psi_{\text{deb},0}\end{cases} \tag{4.86}$$

式(4.86)是满足姿态动力学和运动学方程的一个解。$(STW)_{t=0}$ 坐标系(下标 0 表示 S_0)依次绕 W 轴旋转 ψ_{tar}、绕 T 轴旋转 θ_{deb}、绕 S 轴旋转 φ_{deb}，达到体固联坐标系 $X_bY_bZ_b$ (Z_b 轴为圆柱体空间碎片中心轴)，表示为

$$(STW)_{t=0} \rightarrow X_bY_bZ_b : W(\psi_{\text{deb}}) \rightarrow T(\theta_{\text{deb}}) \rightarrow S(\varphi_{\text{deb}}) \tag{4.87}$$

旋转变换矩阵为

$$\begin{aligned}
\boldsymbol{Q}_{X_bS_0} &= \boldsymbol{R}_1(\varphi_{\text{deb}})\boldsymbol{R}_2(\theta_{\text{deb}})\boldsymbol{R}_3(\psi_{\text{deb}}) \\
\boldsymbol{Q}_{S_0X_b} &= (\boldsymbol{Q}_{X_bS_0})^{\mathrm{T}} = [\boldsymbol{R}_3(\psi_{\text{deb}})]^{\mathrm{T}}[\boldsymbol{R}_2(\theta_{\text{deb}})]^{\mathrm{T}}[\boldsymbol{R}_1(\varphi_{\text{deb}})]^{\mathrm{T}} \\
&= \boldsymbol{R}_3(-\psi_{\text{deb}})\boldsymbol{R}_2(-\theta_{\text{deb}})\boldsymbol{R}_1(-\varphi_{\text{deb}})
\end{aligned} \tag{4.88}$$

在体固联坐标系 $X_bY_bZ_b$ 中，圆柱体空间碎片中心轴方向单位矢量为 $\hat{\boldsymbol{Z}}_b = (0,0,1)^{\mathrm{T}}$，其在 $(STW)_{t=0}$ 坐标系中为

$$\hat{\boldsymbol{Z}}_{b,S_0} = \boldsymbol{Q}_{S_0X_b}\hat{\boldsymbol{Z}}_b = \boldsymbol{R}_3(-\psi_{\text{deb}})\boldsymbol{R}_2(-\theta_{\text{deb}})\boldsymbol{R}_1(-\varphi_{\text{deb}})\begin{bmatrix}0\\0\\1\end{bmatrix} \tag{4.89}$$

在初始 $t=0$ 时刻，建立 $(STW)_{t=0}$ 坐标系和赤道惯性坐标系 XYZ 之间的关系。在赤道惯性坐标系 XYZ 中，空间碎片初始轨道参数为

$$(a_{\text{deb},0}, e_{\text{deb},0}, i_{\text{deb},0}, \Omega_{\text{deb},0}, \omega_{\text{deb},0}, M_{\text{deb},0}) \tag{4.90}$$

赤道惯性坐标系 XYZ 通过依次绕 Z 轴旋转 $\Omega_{\text{tar},0}$、绕 X 轴旋转 $i_{\text{deb},0}$、绕 Z 轴旋转 $u_{\text{deb},0} = \omega_{\text{deb},0} + f_{\text{deb},0}$，变换到 $(STW)_{t=0}$ 坐标系，表示为

$$XYZ \rightarrow (STW)_{t=0} : Z(\Omega_{\text{deb},0}) \rightarrow X(i_{\text{deb},0}) \rightarrow Z(u_{\text{deb},0}) \tag{4.91}$$

旋转变换矩阵为

$$\boldsymbol{Q}_{S_0X} = \boldsymbol{R}_3(u_{\text{deb},0})\boldsymbol{R}_1(i_{\text{deb},0})\boldsymbol{R}_3(\Omega_{\text{deb},0}) \tag{4.92}$$

并且有

$$\boldsymbol{Q}_{XS_0} = [\boldsymbol{Q}_{S_0X}]^{-1} = [\boldsymbol{Q}_{S_0X}]^{\mathrm{T}} \tag{4.93}$$

在初始 $t=0$ 时刻，$(STW)_{t=0}$ 坐标系中圆柱体空间碎片中心轴方向单位矢量 $\hat{\boldsymbol{Z}}_{b,S_0}$ 在赤道惯性坐标系 XYZ 中为

$$\hat{\boldsymbol{Z}}_{b,X} = \boldsymbol{Q}_{XS_0}\hat{\boldsymbol{Z}}_{b,S_0} = \boldsymbol{R}_3(-\Omega_{\text{deb},0})\boldsymbol{R}_1(-i_{\text{deb},0})\boldsymbol{R}_3(-u_{\text{deb},0})\hat{\boldsymbol{Z}}_{b,S_0} \tag{4.94}$$

因此，体固联坐标系 $X_bY_bZ_b$ 中圆柱体空间碎片中心轴方向单位矢量 $\hat{\boldsymbol{Z}}_b = (0,0,1)^{\mathrm{T}}$。圆柱体空间碎片姿态运动中心轴方向不断变化，在赤道惯性坐标系 XYZ 中，表示为

$$\hat{\boldsymbol{Z}}_{b,X} = \boldsymbol{Q}_{XS_0}\hat{\boldsymbol{Z}}_{b,S_0} = \boldsymbol{Q}_{XS_0}\boldsymbol{Q}_{S_0X_b}\hat{\boldsymbol{Z}}_b = \boldsymbol{Q}_{XS_0}\boldsymbol{Q}_{S_0X_b}\begin{bmatrix}0\\0\\1\end{bmatrix} \tag{4.95}$$

式中

$$\boldsymbol{Q}_{XS_0} = \boldsymbol{R}_3(-\Omega_{\text{deb},0})\boldsymbol{R}_1(-i_{\text{deb},0})\boldsymbol{R}_3(-u_{\text{deb},0}) \tag{4.96}$$

$$\boldsymbol{Q}_{S_0X_b} = \boldsymbol{R}_3(-\psi_{\text{deb}})\boldsymbol{R}_2(-\theta_{\text{deb}})\boldsymbol{R}_1(-\varphi_{\text{deb}}) \tag{4.97}$$

需要注意：①$(STW)_{t=0}$坐标系是指初始$t=0$时刻的径向横向坐标系STW，与空间碎片运动过程中不断变化的径向横向坐标系STW不同，它在赤道惯性坐标系中是固定不变的，仅与空间碎片初始轨道参数$(i_{\text{deb},0},\Omega_{\text{deb},0},u_{\text{deb},0})$有关；②空间碎片初始姿态运动对圆柱体中心轴方向的影响，是以体固联坐标系$X_bY_bZ_b$相对$(STW)_{t=0}$坐标系的姿态运动来表示的，仅与空间碎片的欧拉角$(\varphi_{\text{deb}},\theta_{\text{deb}},\psi_{\text{deb}})$有关。

4.4.3 圆柱体空间碎片单位质量的激光烧蚀力分析

对于圆柱体空间碎片，激光烧蚀力方向在圆柱体空间碎片中心轴与激光辐照方向所构成的平面内，并且偏离激光辐照方向一定角度。

在赤道惯性坐标系XYZ中，空间碎片位置矢量为$\boldsymbol{r}_{\text{deb},X}=(r_{\text{deb},x},r_{\text{deb},y},r_{\text{deb},z})^{\text{T}}$，平台位置矢量为$\boldsymbol{r}_{\text{sta},X}=(r_{\text{sta},x},r_{\text{sta},y},r_{\text{sta},z})^{\text{T}}$，空间碎片平台位置矢量为

$$\boldsymbol{r}_{\text{DS},X} = \boldsymbol{r}_{\text{deb},X} - \boldsymbol{r}_{\text{sta},X} = \begin{bmatrix} r_{\text{deb},x} - r_{\text{sta},x} \\ r_{\text{deb},y} - r_{\text{sta},y} \\ r_{\text{deb},z} - r_{\text{sta},z} \end{bmatrix} \tag{4.98}$$

空间碎片平台位置的单位矢量为

$$\begin{aligned} \hat{\boldsymbol{r}}_{\text{DS},X} &= \frac{\boldsymbol{r}_{\text{deb},X} - \boldsymbol{r}_{\text{sta},X}}{\left|\boldsymbol{r}_{\text{deb},X} - \boldsymbol{r}_{\text{sta},X}\right|} \\ &= \frac{1}{\sqrt{(r_{\text{deb},x}-r_{\text{sta},x})^2+(r_{\text{deb},y}-r_{\text{sta},y})^2+(r_{\text{deb},z}-r_{\text{sta},z})^2}} \begin{bmatrix} r_{\text{deb},x} - r_{\text{sta},x} \\ r_{\text{deb},y} - r_{\text{sta},y} \\ r_{\text{deb},z} - r_{\text{sta},z} \end{bmatrix} \end{aligned} \tag{4.99}$$

在赤道惯性坐标系XYZ中，激光辐照方向与空间碎片平台位置矢量方向一致，激光辐照方向单位矢量为$\hat{\boldsymbol{L}}_{R,X}=(\hat{L}_{R,x},\hat{L}_{R,y},\hat{L}_{R,z})^{\text{T}}$，则有$\hat{\boldsymbol{L}}_{R,X}=(\hat{L}_{R,x},\hat{L}_{R,y},\hat{L}_{R,z})^{\text{T}}=\hat{\boldsymbol{r}}_{\text{DS},X}$，圆柱体空间碎片中心轴方向单位矢量为$\hat{\boldsymbol{Z}}_{b,X}=(\hat{Z}_{b,x},\hat{Z}_{b,y},\hat{Z}_{b,z})^{\text{T}}$，设激光烧蚀力方向单位矢量为$\hat{\boldsymbol{F}}_{L,X}=(\hat{F}_{L,x},\hat{F}_{L,y},\hat{F}_{L,z})^{\text{T}}$，是待求量。

圆柱体空间碎片中心轴方向单位矢量$\hat{\boldsymbol{Z}}_{b,X}=(\hat{Z}_{b,x},\hat{Z}_{b,y},\hat{Z}_{b,z})^{\text{T}}$，与激光辐照方向单位矢量$\hat{\boldsymbol{L}}_{R,X}=(\hat{L}_{R,x},\hat{L}_{R,y},\hat{L}_{R,z})^{\text{T}}$所构成平面的法线矢量为

$$
\begin{aligned}
\hat{\boldsymbol{Z}}_{b,X} \times \hat{\boldsymbol{L}}_{R,X} &= \begin{vmatrix} \hat{\boldsymbol{X}} & \hat{\boldsymbol{Y}} & \hat{\boldsymbol{Z}} \\ \hat{Z}_{b,x} & \hat{Z}_{b,y} & \hat{Z}_{b,z} \\ \hat{L}_{R,x} & \hat{L}_{R,y} & \hat{L}_{R,z} \end{vmatrix} \\
&= (\hat{Z}_{b,y}\hat{L}_{R,z} - \hat{Z}_{b,z}\hat{L}_{R,y})\hat{\boldsymbol{X}} + (\hat{Z}_{b,z}\hat{L}_{R,x} - \hat{Z}_{b,x}\hat{L}_{R,z})\hat{\boldsymbol{Y}} \\
&\quad + (\hat{Z}_{b,x}\hat{L}_{R,y} - \hat{Z}_{b,y}\hat{L}_{R,x})\hat{\boldsymbol{Z}}
\end{aligned} \tag{4.100}
$$

式中，$\hat{\boldsymbol{Z}}_{b,X} \times \hat{\boldsymbol{L}}_{R,X}$ 不一定是单位矢量。

激光烧蚀力方向单位矢量为 $\hat{\boldsymbol{F}}_{L,X} = (\hat{F}_{L,x}, \hat{F}_{L,y}, \hat{F}_{L,z})^{\mathrm{T}}$，在圆柱体空间碎片中心轴和激光辐照方向构成平面内，垂直矢量为 $\hat{\boldsymbol{Z}}_{b,X} \times \hat{\boldsymbol{L}}_{R,X}$，具体有

$$
\begin{aligned}
&(\hat{\boldsymbol{Z}}_{b,X} \times \hat{\boldsymbol{L}}_{R,X}) \cdot \hat{\boldsymbol{F}}_{L,X} \\
&= (\hat{Z}_{b,y}\hat{L}_{R,z} - \hat{Z}_{b,z}\hat{L}_{R,y})\hat{F}_{L,x} \\
&\quad + (\hat{Z}_{b,z}\hat{L}_{R,x} - \hat{Z}_{b,x}\hat{L}_{R,z})\hat{F}_{L,y} \\
&\quad + (\hat{Z}_{b,x}\hat{L}_{R,y} - \hat{Z}_{b,y}\hat{L}_{R,x})\hat{F}_{L,z} \\
&= 0
\end{aligned} \tag{4.101}
$$

激光辐照方向单位矢量为 $\hat{\boldsymbol{L}}_{R,X} = (\hat{L}_{R,x}, \hat{L}_{R,y}, \hat{L}_{R,z})^{\mathrm{T}}$，与圆柱体空间碎片中心轴方向单位矢量 $\hat{\boldsymbol{Z}}_{b,X} = (\hat{Z}_{b,x}, \hat{Z}_{b,y}, \hat{Z}_{b,z})^{\mathrm{T}}$ 之间夹角满足

$$
\begin{aligned}
\hat{\boldsymbol{Z}}_{b,X} \cdot \hat{\boldsymbol{L}}_{R,X} &= \left|\hat{\boldsymbol{Z}}_{b,X}\right|\left|\hat{\boldsymbol{L}}_{R,X}\right|\cos(\hat{\boldsymbol{Z}}_{b,X}, \hat{\boldsymbol{L}}_{R,X}) = \cos(\hat{\boldsymbol{Z}}_{b,X}, \hat{\boldsymbol{L}}_{R,X}) \\
&= \hat{Z}_{b,x}\hat{L}_{R,x} + \hat{Z}_{b,y}\hat{L}_{R,y} + \hat{Z}_{b,z}\hat{L}_{R,z}
\end{aligned} \tag{4.102}
$$

激光辐照方向单位矢量为 $\hat{\boldsymbol{L}}_{R,X} = (\hat{L}_{R,x}, \hat{L}_{R,y}, \hat{L}_{R,z})^{\mathrm{T}}$，与矢量 $(\hat{\boldsymbol{Z}}_{b,X} \times \hat{\boldsymbol{L}}_{R,X}) \times \hat{\boldsymbol{Z}}_{b,X}$ 之间夹角为

$$
\theta_R = \frac{\pi}{2} - \arccos(\hat{Z}_{b,x}\hat{L}_{R,x} + \hat{Z}_{b,y}\hat{L}_{R,y} + \hat{Z}_{b,z}\hat{L}_{R,z}) \tag{4.103}
$$

式中，$-\pi/2 \leqslant \theta_R \leqslant \pi/2$。

激光烧蚀力方向单位矢量为 $\hat{\boldsymbol{F}}_{L,X} = (\hat{F}_{L,x}, \hat{F}_{L,y}, \hat{F}_{L,z})^{\mathrm{T}}$，与矢量 $(\hat{\boldsymbol{Z}}_{b,X} \times \hat{\boldsymbol{L}}_{R,X}) \times \hat{\boldsymbol{Z}}_{b,X}$ 之间夹角为

$$
\theta_F = \arctan\left(\frac{2R}{H}\tan\theta_R\right), \quad -\pi/2 \leqslant \theta_R \leqslant \pi/2 \tag{4.104}
$$

式中，θ_F 与 θ_R 符号相同，并且满足

$$
\theta_F = \begin{cases} 0, & \theta_R = 0 \\ \pi/2, & \theta_R = \pi/2 \\ -\pi/2, & \theta_R = -\pi/2 \end{cases} \tag{4.105}
$$

在已知角度 θ_F 条件下，激光烧蚀力方向单位矢量为 $\hat{\boldsymbol{F}}_{L,X}=(\hat{F}_{L,x},\hat{F}_{L,y},\hat{F}_{L,z})^{\mathrm{T}}$，与圆柱体空间碎片中心轴方向单位矢量 $\hat{\boldsymbol{Z}}_{b,X}=(\hat{Z}_{b,x},\hat{Z}_{b,y},\hat{Z}_{b,z})^{\mathrm{T}}$ 之间夹角满足

$$\begin{aligned}\hat{\boldsymbol{Z}}_{b,X}\cdot\hat{\boldsymbol{F}}_{L,X}&=\left|\hat{\boldsymbol{Z}}_{b,X}\right|\left|\hat{\boldsymbol{F}}_{L,X}\right|\cos(\hat{\boldsymbol{Z}}_{b,X},\hat{\boldsymbol{F}}_{L,X})=\cos(\hat{\boldsymbol{Z}}_{b,X},\hat{\boldsymbol{F}}_{L,X})\\&=\hat{Z}_{b,x}\hat{F}_{L,x}+\hat{Z}_{b,y}\hat{F}_{L,y}+\hat{Z}_{b,z}\hat{F}_{L,z}=\cos(\pi/2-\theta_F)=\sin\theta_F\end{aligned}\tag{4.106}$$

激光烧蚀力方向单位矢量为 $\hat{\boldsymbol{F}}_{L,X}=(\hat{F}_{L,x},\hat{F}_{L,y},\hat{F}_{L,z})^{\mathrm{T}}$，与激光辐照方向单位矢量 $\hat{\boldsymbol{L}}_{R,X}=(\hat{L}_{R,x},\hat{L}_{R,y},\hat{L}_{R,z})^{\mathrm{T}}$ 之间夹角满足

$$\begin{aligned}\hat{\boldsymbol{L}}_{R,X}\cdot\hat{\boldsymbol{F}}_{L,X}&=\left|\hat{\boldsymbol{L}}_{R,X}\right|\left|\hat{\boldsymbol{F}}_{L,X}\right|\cos(\hat{\boldsymbol{L}}_{R,X},\hat{\boldsymbol{F}}_{L,X})=\cos(\hat{\boldsymbol{L}}_{R,X},\hat{\boldsymbol{F}}_{L,X})\\&=\hat{L}_{R,x}\hat{F}_{L,x}+\hat{L}_{R,y}\hat{F}_{L,y}+\hat{L}_{R,z}\hat{F}_{L,z}=\cos(\theta_F-\theta_R)\end{aligned}\tag{4.107}$$

式中，当 θ_R 分别取 $\pi/2$ 、$-\pi/2$ 时，$\hat{L}_{R,x}\hat{F}_{L,x}+\hat{L}_{R,y}\hat{F}_{L,y}+\hat{L}_{R,z}\hat{F}_{L,z}=1$。

激光烧蚀力方向单位矢量为 $\hat{\boldsymbol{F}}_{L,X}=(\hat{F}_{L,x},\hat{F}_{L,y},\hat{F}_{L,z})^{\mathrm{T}}$，满足

$$(\hat{F}_{L,x})^2+(\hat{F}_{L,y})^2+(\hat{F}_{L,z})^2=1\tag{4.108}$$

因此，求解激光烧蚀力方向的单位矢量 $\hat{\boldsymbol{F}}_{L,X}=(\hat{F}_{L,x},\hat{F}_{L,y},\hat{F}_{L,z})^{\mathrm{T}}$ 的方程组为

$$(\hat{Z}_{b,y}\hat{L}_{R,z}-\hat{Z}_{b,z}\hat{L}_{R,y})\hat{F}_{L,x}+(\hat{Z}_{b,z}\hat{L}_{R,x}-\hat{Z}_{b,x}\hat{L}_{R,z})\hat{F}_{L,y}+(\hat{Z}_{b,x}\hat{L}_{R,y}-\hat{Z}_{b,y}\hat{L}_{R,x})\hat{F}_{L,z}=0\tag{4.109}$$

$$\hat{Z}_{b,x}\hat{F}_{L,x}+\hat{Z}_{b,y}\hat{F}_{L,y}+\hat{Z}_{b,z}\hat{F}_{L,z}=\sin\theta_F\tag{4.110}$$

$$\hat{L}_{R,x}\hat{F}_{L,x}+\hat{L}_{R,y}\hat{F}_{L,y}+\hat{L}_{R,z}\hat{F}_{L,z}=\cos(\theta_F-\theta_R)\tag{4.111}$$

$$\theta_F=\arctan\left(\frac{2R}{H}\tan\theta_R\right),\quad -\pi/2\leqslant\theta_R\leqslant\pi/2\tag{4.112}$$

$$\theta_R=\frac{\pi}{2}-\arccos(\hat{Z}_{b,x}\hat{L}_{R,x}+\hat{Z}_{b,y}\hat{L}_{R,y}+\hat{Z}_{b,z}\hat{L}_{R,z})\tag{4.113}$$

式中，如果激光辐照方向与圆柱体空间碎片中心轴方向相同或相反，那么有

$$(\hat{Z}_{b,y}\hat{L}_{R,z}-\hat{Z}_{b,z}\hat{L}_{R,y})=(\hat{Z}_{b,z}\hat{L}_{R,x}-\hat{Z}_{b,x}\hat{L}_{R,z})=(\hat{Z}_{b,x}\hat{L}_{R,y}-\hat{Z}_{b,y}\hat{L}_{R,x})=0$$

此时，激光烧蚀力方向单位矢量为 $\hat{\boldsymbol{F}}_{L,X}=(\hat{F}_{L,x},\hat{F}_{L,y},\hat{F}_{L,z})^{\mathrm{T}}$，与激光辐照方向单位矢量 $\hat{\boldsymbol{L}}_{R,X}=(\hat{L}_{R,x},\hat{L}_{R,y},\hat{L}_{R,z})^{\mathrm{T}}$ 相同，可令

$$\hat{\boldsymbol{F}}_{L,X}=\hat{\boldsymbol{L}}_{R,X}=(\hat{L}_{R,x},\hat{L}_{R,y},\hat{L}_{R,z})^{\mathrm{T}}\tag{4.114}$$

设激光烧蚀力作用时间为 τ_L'，圆柱体空间碎片的单位质量激光烧蚀力 $\boldsymbol{f}_{L,X}$ 满足

$$\boldsymbol{f}_{L,X}\,\tau_L'=\frac{C_mF_L}{H\rho}\sqrt{1+\left[\left(\frac{H}{2R}\right)^2-1\right]\cos^2\theta_R}\,\hat{\boldsymbol{F}}_{L,X}\tag{4.115}$$

式中，C_m 为冲量耦合系数；H 为圆柱体高度；R 为圆柱体底面半径；ρ 为密度；$F_L=I_L\tau_L$ 为激光束横截面上的单位面积激光能量，其中，I_L 为入射激光的功率密

度，τ_L 为激光脉宽。

上述公式是在赤道惯性坐标系 XYZ 中激光烧蚀力的表达式，还要变换为径向横向坐标系 STW 中激光烧蚀力的表达式。

赤道惯性坐标系 XYZ 通过依次绕 Z 轴旋转 Ω 、绕 X 轴旋转 i 、绕 Z 轴旋转 $u=\omega+f$ ，变换到径向横向坐标系 STW ，表示为

$$XYZ \to STW: Z(\Omega) \to X(i) \to Z(u) \tag{4.116}$$

旋转变换矩阵为

$$\boldsymbol{Q}_{SX} = \boldsymbol{R}_3(u)\boldsymbol{R}_1(i)\boldsymbol{R}_3(\Omega) \tag{4.117}$$

并且有

$$\boldsymbol{Q}_{XS} = [\boldsymbol{Q}_{SX}]^{-1} = [\boldsymbol{Q}_{SX}]^{\mathrm{T}} \tag{4.118}$$

在赤道惯性坐标系 XYZ 中，已知空间碎片单位质量的激光烧蚀力满足

$$\boldsymbol{f}_{L,X}\ \tau_L' = \begin{bmatrix} f_{L,x}\tau_L' \\ f_{L,y}\tau_L' \\ f_{L,z}\tau_L' \end{bmatrix} = \frac{C_m F}{H\rho}\sqrt{1+\left[\left(\frac{H}{2R}\right)^2 - 1\right]\cos^2\theta_R}\,\hat{\boldsymbol{F}}_{L,X} \tag{4.119}$$

将其变换到径向横向坐标系 STW 中，具体为

$$\boldsymbol{f}_{L,S}\tau_L' = \begin{bmatrix} f_{L,S}\tau_L' \\ f_{L,T}\tau_L' \\ f_{L,W}\tau_L' \end{bmatrix} = \boldsymbol{Q}_{SX}\boldsymbol{f}_{L,X}\ \tau_L' = \frac{C_m F}{H\rho}\sqrt{1+\left[\left(\frac{H}{2R}\right)^2 - 1\right]\cos^2\theta_R}\,\boldsymbol{Q}_{SX}\hat{\boldsymbol{F}}_{L,X} \tag{4.120}$$

式中，$\boldsymbol{f}_{L,S}\tau_L' = (f_{L,S}\tau_L', f_{L,T}\tau_L', f_{L,W}\tau_L')^{\mathrm{T}}$ 为空间碎片单位质量的激光烧蚀冲量，并且有

$$\begin{cases} \Delta v_{L,S} = f_{L,S}\tau_L' \\ \Delta v_{L,T} = f_{L,T}\tau' \\ \Delta v_{L,W} = f_{L,W}\tau' \end{cases} \tag{4.121}$$

4.4.4 圆盘和圆杆空间碎片单位质量的激光烧蚀力分析

1. 圆盘空间碎片

圆盘空间碎片是圆柱体空间碎片 $H \to 0$ (但是 $H \neq 0$)的特例。对于圆盘空间碎片，有

$$\theta_F = \begin{cases} 0, & \theta_R = 0 \\ \pi/2, & \theta_R > 0 \\ -\pi/2, & \theta_R > 0 \end{cases} \tag{4.122}$$

激光烧蚀力方向单位矢量为 $\hat{\boldsymbol{F}}_{L,X} = (\hat{F}_{L,x}, \hat{F}_{L,y}, \hat{F}_{L,z})^{\mathrm{T}}$ ，与圆盘空间碎片中心轴方向单位矢量 $\hat{\boldsymbol{Z}}_{b,X} = (\hat{Z}_{b,x}, \hat{Z}_{b,y}, \hat{Z}_{b,z})^{\mathrm{T}}$ 之间关系为

$$\hat{\boldsymbol{F}}_{L,X}=\begin{cases}0, & \theta_R=0\\ \hat{\boldsymbol{Z}}_{b,X}, & \theta_R>0\\ -\hat{\boldsymbol{Z}}_{b,X}, & \theta_R<0\end{cases} \tag{4.123}$$

设激光烧蚀力作用时间为 τ_L'，圆盘空间碎片单位质量的激光烧蚀力(单位质量激光烧蚀冲量)满足

$$\boldsymbol{f}_{L,S}\tau_L'=\begin{bmatrix}f_{L,S}\tau_L'\\ f_{L,T}\tau_L'\\ f_{L,W}\tau_L'\end{bmatrix}=\boldsymbol{Q}_{SX}\boldsymbol{f}_{L,X}\ \tau_L'=\frac{C_mF_L}{H\rho}\left|\sin\theta_R\right|\boldsymbol{Q}_{SX}\hat{\boldsymbol{F}}_{L,X} \tag{4.124}$$

2. 圆杆空间碎片

圆杆空间碎片是圆柱体空间碎片 $R\to 0$ (但是 $R\neq 0$)的特例。对于圆杆空间碎片，激光烧蚀力方向的仰角为

$$\theta_F=\begin{cases}\pm\pi/2, & \theta_R=\pm\pi/2\\ 0, & \text{其他}\end{cases} \tag{4.125}$$

圆杆空间碎片中心轴方向单位矢量为 $\hat{\boldsymbol{Z}}_{b,X}=(\hat{Z}_{b,x},\hat{Z}_{b,y},\hat{Z}_{b,z})^{\mathrm{T}}$，与激光辐照方向单位矢量 $\hat{\boldsymbol{L}}_{R,X}=(\hat{L}_{R,x},\hat{L}_{R,y},\hat{L}_{R,z})^{\mathrm{T}}$ 所构成平面的法线矢量为

$$\begin{aligned}\hat{\boldsymbol{Z}}_{b,X}\times\hat{\boldsymbol{L}}_{R,X}&=\begin{vmatrix}\hat{\boldsymbol{X}} & \hat{\boldsymbol{Y}} & \hat{\boldsymbol{Z}}\\ \hat{Z}_{b,x} & \hat{Z}_{b,y} & \hat{Z}_{b,z}\\ \hat{L}_{R,x} & \hat{L}_{R,y} & \hat{L}_{R,z}\end{vmatrix}\\ &=(\hat{Z}_{b,y}\hat{L}_{R,z}-\hat{Z}_{b,z}\hat{L}_{R,y})\hat{\boldsymbol{X}}+(\hat{Z}_{b,z}\hat{L}_{R,x}-\hat{Z}_{b,x}\hat{L}_{R,z})\hat{\boldsymbol{Y}}\\ &\quad+(\hat{Z}_{b,x}\hat{L}_{R,y}-\hat{Z}_{b,y}\hat{L}_{R,x})\hat{\boldsymbol{Z}}\end{aligned} \tag{4.126}$$

激光烧蚀力方向单位矢量为 $\hat{\boldsymbol{F}}_{L,X}=(\hat{F}_{L,x},\hat{F}_{L,y},\hat{F}_{L,z})^{\mathrm{T}}$，与矢量 $(\hat{\boldsymbol{Z}}_{b,X}\times\hat{\boldsymbol{L}}_{R,X})\times\hat{\boldsymbol{Z}}_{b,X}$ 方向一致，令

$$\begin{aligned}\boldsymbol{n}&=(\hat{\boldsymbol{Z}}_{b,X}\times\hat{\boldsymbol{L}}_{R,X})\times\hat{\boldsymbol{Z}}_{b,X}\\ &=\begin{vmatrix}\hat{\boldsymbol{X}} & \hat{\boldsymbol{Y}} & \hat{\boldsymbol{Z}}\\ (\hat{Z}_{b,y}\hat{L}_{R,z}-\hat{Z}_{b,z}\hat{L}_{R,y}) & (\hat{Z}_{b,z}\hat{L}_{R,x}-\hat{Z}_{b,x}\hat{L}_{R,z}) & (\hat{Z}_{b,x}\hat{L}_{R,y}-\hat{Z}_{b,y}\hat{L}_{R,x})\\ \hat{Z}_{b,x} & \hat{Z}_{b,y} & \hat{Z}_{b,z}\end{vmatrix}\hat{A}\\ &=[(\hat{Z}_{b,z}\hat{L}_{R,x}-\hat{Z}_{b,x}\hat{L}_{R,z})\hat{Z}_{b,z}-(\hat{Z}_{b,x}\hat{L}_{R,y}-\hat{Z}_{b,y}\hat{L}_{R,x})\hat{Z}_{b,y}]\hat{\boldsymbol{X}}\\ &\quad+[(\hat{Z}_{b,x}\hat{L}_{R,y}-\hat{Z}_{b,y}\hat{L}_{R,x})\hat{Z}_{b,x}-(\hat{Z}_{b,y}\hat{L}_{R,z}-\hat{Z}_{b,z}\hat{L}_{R,y})\hat{Z}_{b,z}]\hat{\boldsymbol{Y}}\\ &\quad+[(\hat{Z}_{b,y}\hat{L}_{R,z}-\hat{Z}_{b,z}\hat{L}_{R,y})\hat{Z}_{b,y}-(\hat{Z}_{b,z}\hat{L}_{R,x}-\hat{Z}_{b,x}\hat{L}_{R,z})\hat{Z}_{b,x}]\hat{\boldsymbol{Z}}\end{aligned} \tag{4.127}$$

矢量 $\boldsymbol{n}$ 的单位矢量为 $\hat{\boldsymbol{n}}$，激光烧蚀力方向单位矢量为 $\hat{\boldsymbol{F}}_{L,X}=(\hat{F}_{L,x},\hat{F}_{L,y},\hat{F}_{L,z})^{\mathrm{T}}$，具体为

$$\hat{\boldsymbol{F}}_{L,X}=\begin{cases}0, & \theta_R=\pm\pi/2\\ \hat{\boldsymbol{n}}, & \text{其他}\end{cases} \tag{4.128}$$

设激光烧蚀力作用时间为 τ_L'，则圆杆空间碎片单位质量的激光烧蚀力(单位质量的激光烧蚀冲量)满足

$$\boldsymbol{f}_{L,S}\tau_L'=\begin{bmatrix}f_{L,S}\tau_L'\\ f_{L,T}\tau_L'\\ f_{L,W}\tau_L'\end{bmatrix}=\boldsymbol{Q}_{SX}\boldsymbol{f}_{L,X}\ \tau_L'=\frac{C_mF_L}{2R\rho}\cos\theta_R\boldsymbol{Q}_{SX}\hat{\boldsymbol{F}}_{L,X} \tag{4.129}$$

4.4.5 计算分析

空间碎片和平台可能是同面或异面、可能是同向或反向飞行、可能是上方/下方/迎面飞行等，下面设计空间碎片与平台之间轨道参数，研究同面或异面、同向或反向飞行、上方/下方/迎面飞行等条件下，激光操控圆柱体空间碎片的效果。

激光重频为 10Hz，脉宽为 10ns，激光烧蚀力作用时间为 100ns，激光功率密度为$10^{13}\,\mathrm{W/m^2}$ ($10^9\,\mathrm{W/cm^2}$)，激光最大作用距离为 200km，激光最大发射角为 90°，远场激光光斑半径为 25cm，激光器平均功率为$1.963495\times10^5\,\mathrm{W}$ (激光单脉冲能量为$1.963495\times10^4\,\mathrm{J}$)，地球平均半径取 $R_0=6378\mathrm{km}$。

圆柱体空间碎片为铝材，密度为$2700\mathrm{kg/m^3}$，冲量耦合系数取为$5\times10^{-5}\,\mathrm{N\cdot s/J}$ (相当于下限保守值)，为了在相同质量条件下，研究圆柱体空间碎片高度和宽度的影响，高度和底面半径取$(H,R)=(10,5)$、$(H,R)=(40,2.5)$和$(H,R)=(2.5,10)$(单位：cm)。圆柱体空间碎片初始欧拉角和角速度根据问题需要选择。

1. 空间碎片同面圆轨道、反向飞行

图 4.25 为圆柱体空间碎片同面圆轨道、反向、大轨道高度差飞行时矢径差的变化(空间碎片变轨后矢径与原矢径之差)。圆柱体空间碎片高度和底面半径为$(H,R)=(10,5)$ (单位：cm)，空间碎片和平台轨道高度、空间碎片初始欧拉角和角速度分别为

$$(H_{\mathrm{deb},0},H_{\mathrm{sta},0})=(450,400;400,400;400,450)\ (\mathrm{km}) \tag{4.130}$$

$$(\varphi_{\mathrm{deb},0},\theta_{\mathrm{deb},0},\psi_{\mathrm{deb},0},\dot{\varphi}_{\mathrm{deb},0},\dot{\theta}_{\mathrm{deb},0},\dot{\psi}_{\mathrm{deb},0})=(0,0,0,0,0,0) \tag{4.131}$$

横轴坐标为平台运动周期 T。首先，当空间碎片反向迎面飞行时(红线)，轨道高度差为 0，矢径差逐渐减小且减小量最大约为 40km；其次，当空间碎片反向下方飞行时(蓝线)，空间碎片轨道低于平台轨道 50km，矢径差逐渐减小且减小量最大约为 30km；最后，当空间碎片反向上方飞行时(黑线)，空间碎片轨道高于平台轨道

50km，矢径差逐渐减小且减小量在上述两者之间。

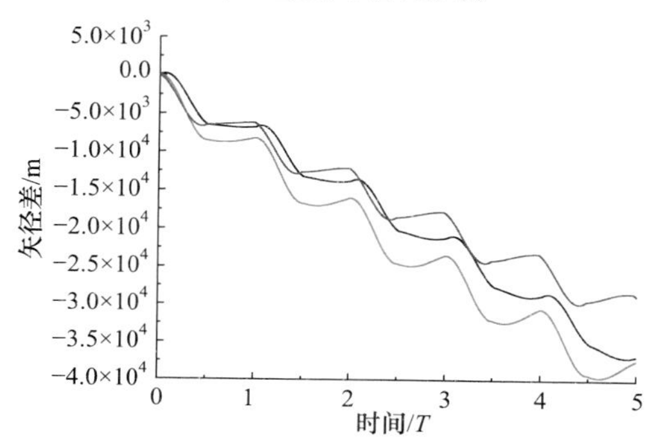

图 4.25　圆柱体空间碎片同面圆轨道、反向、大轨道高度差飞行时矢径差的变化

图 4.26 为空间碎片同面圆轨道、反向、大轨道高度差飞行时偏心率的变化。首先，当空间碎片反向迎面飞行时(红线)，偏心率最大约为 0.0006；其次，当空间碎片反向下方飞行时(蓝线)，偏心率最大约为 0.0005；最后，当空间碎片反向上方飞行时(黑线)，偏心率最大约为 0.0005，但是，与空间碎片反向下方飞行情况比较，相邻两次激光操控所引起的偏心率上下波动量小一些。

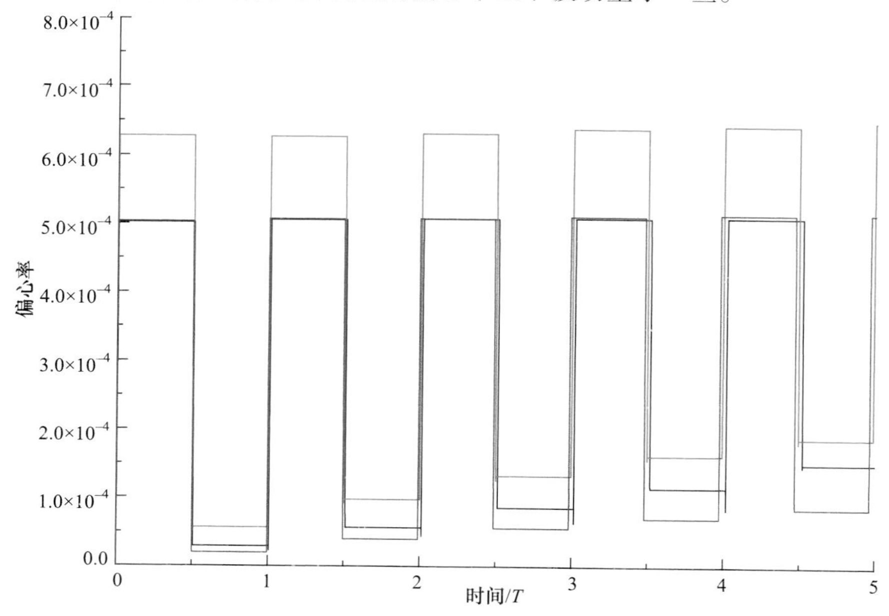

图 4.26　圆柱体空间碎片同面圆轨道、反向、大轨道高度差飞行时偏心率的变化

图 4.27 为圆柱体空间碎片同面圆轨道、反向、小轨道高度差飞行时矢径差的变化(变轨后矢径与原矢径之差)。首先，当空间碎片反向上方飞行时(黑线)，空间

碎片轨道高于平台轨道 5km，矢径差逐渐减小且减小量最大约为 42km；其次，当空间碎片反向下方飞行时(蓝线)，空间碎片轨道低于平台轨道 5km，矢径差逐渐减小且减小量最小约为 37km；最后，当空间碎片反向迎面飞行时(红线)，轨道高度差为 0，矢径差逐渐减小且减小量约为 40km，在上述两者之间。

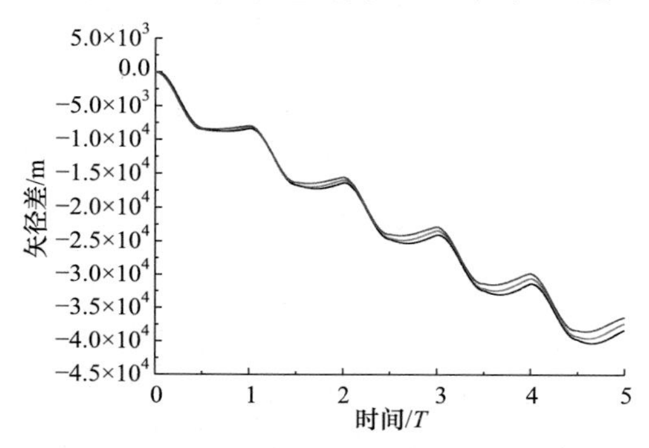

图 4.27　圆柱体空间碎片同面圆轨道、反向、小轨道高度差飞行时矢径差的变化

图 4.28 为圆柱体空间碎片同面圆轨道、反向、小轨道高度差飞行时偏心率的变化。在空间碎片反向上方飞行(黑线)、空间碎片反向下方飞行(蓝线)、空间碎片反向迎面飞行(红线)等情况下，首先，最大偏心率基本相同，约为 0.0006；其次，相邻两次激光操控所引起的偏心率上下波动量，当空间碎片反向上方飞行(黑线)时最小，当空间碎片反向下方飞行时(蓝线)最大，当空间碎片反向迎面飞行(红线)时介于两者之间。

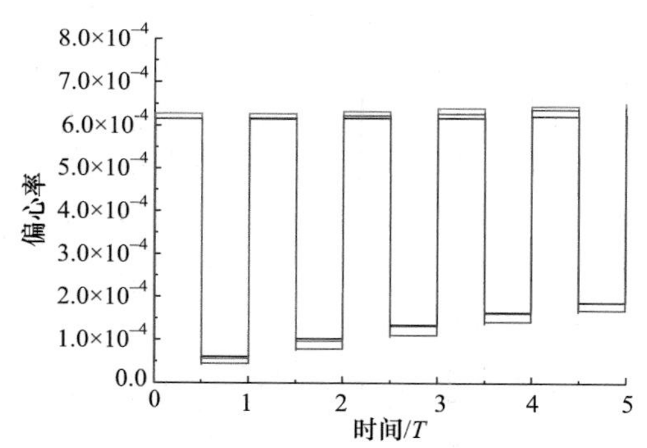

图 4.28　圆柱体空间碎片同面圆轨道、反向、小轨道高度差飞行时偏心率的变化

图 4.29 为圆柱体空间碎片同面圆轨道、反向、迎面飞行时空间碎片平台距离的变化。在一个平台运动周期 T 内，出现 2 次激光操控窗口，由于空间碎片反向飞行，因此激光操控窗口的间隔时间较短。

在圆柱体空间碎片相同质量条件下，研究圆柱体形体对激光操控的影响。图 4.30 为空间碎片同面圆轨道、反向、迎面飞行时矢径差的变化(圆柱体形式不同)。

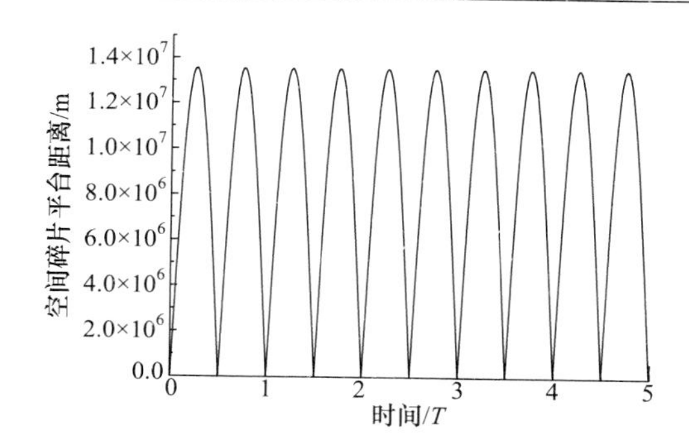

图 4.29　圆柱体空间碎片同面圆轨道、反向、迎面飞行时空间碎片平台距离的变化

初始欧拉角和角速度都为零。首先，当高度和底面半径取 $(H,R)=(40,2.5)$ 时(黑线)，矢径差逐渐减小且减小量最大约为 75km；其次，当高度和底面半径取 $(H,R)=(2.5,10)$ 时(蓝线)，矢径差逐渐减小且减小量最小约为 20km；最后，当高度和底面半径取 $(H,R)=(10,5)$ 时(红线)，矢径差逐渐减小且减小量约为 40km，在上述两者之间。这表明圆柱体形体对激光操控效果有显著影响。

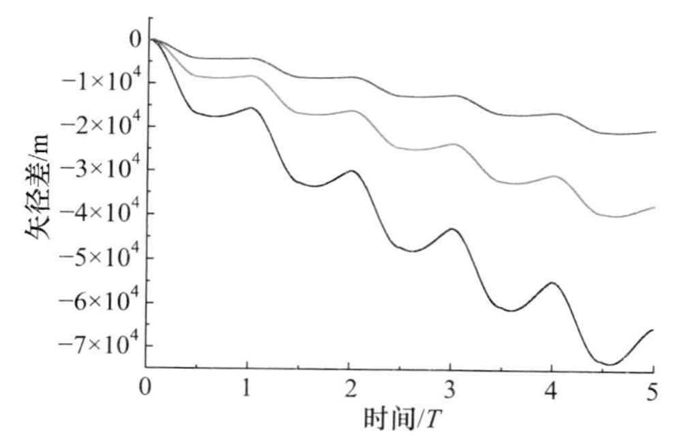

图 4.30　圆柱体空间碎片同面圆轨道、反向、迎面飞行时矢径差的变化(圆柱体形体不同)

在相同圆柱体形体条件下，研究初始欧拉角对激光操控的影响。图 4.31 为圆柱体空间碎片同面圆轨道、反向、迎面飞行时矢径差的变化(形体相同、初始欧拉角不同)。高度和底面半径取 $(H,R)=(2.5,10)$，初始欧拉角分别为

$$(\varphi_{\text{deb},0},\theta_{\text{deb},0},\psi_{\text{deb},0},\dot{\varphi}_{\text{deb},0},\dot{\theta}_{\text{deb},0},\dot{\psi}_{\text{deb},0})=(0,0,0,0,0,0) \tag{4.132}$$

$$(\varphi_{\text{deb},0},\theta_{\text{deb},0},\psi_{\text{deb},0},\dot{\varphi}_{\text{deb},0},\dot{\theta}_{\text{deb},0},\dot{\psi}_{\text{deb},0})=(\pi/4,0,0,0,0,0) \tag{4.133}$$

$$(\varphi_{\text{deb},0},\theta_{\text{deb},0},\psi_{\text{deb},0},\dot{\varphi}_{\text{deb},0},\dot{\theta}_{\text{deb},0},\dot{\psi}_{\text{deb},0})=(\pi/2,0,0,0,0,0) \tag{4.134}$$

首先，当 $\varphi_{\text{deb},0}=0$ (红线)时，矢径差逐渐减小且减小量约为 20km；其次，当 $\varphi_{\text{deb},0}=\pi/4$ (蓝线)时，矢径差逐渐减小且减小量约为 80km；最后，当 $\varphi_{\text{deb},0}=\pi/2$ (黑线)时，矢径差逐渐减小且减小量约为 135km。这表明初始欧拉角对激光操控效果有显著影响。

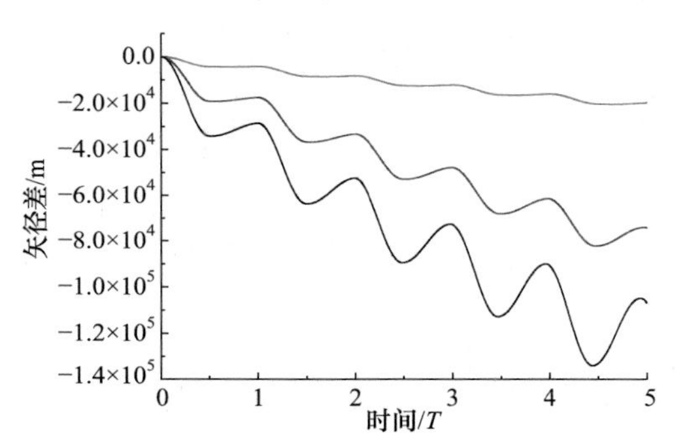

图 4.31　圆柱体空间碎片同面圆轨道、反向、迎面飞行时矢径差的变化(形体相同、初始欧拉角不同)

在相同圆柱体形体、相同初始欧拉角条件下，研究初始角速度对激光操控的影响。图 4.32 为圆柱体空间碎片同面圆轨道、反向、迎面飞行时矢径差的变化(形体和初始欧拉角相同、初始角速度不同)。高度和底面半径取 $(H,R)=(2.5,10)$，初始欧拉角和角速度分别为

$$(\varphi_{\text{deb},0},\theta_{\text{deb},0},\psi_{\text{deb},0},\dot{\varphi}_{\text{deb},0},\dot{\theta}_{\text{deb},0},\dot{\psi}_{\text{deb},0})=(\pi/2,0,0,0,0,0) \tag{4.135}$$

$$(\varphi_{\text{deb},0},\theta_{\text{deb},0},\psi_{\text{deb},0},\dot{\varphi}_{\text{deb},0},\dot{\theta}_{\text{deb},0},\dot{\psi}_{\text{deb},0})=(\pi/2,0,0,5\pi,0,0) \tag{4.136}$$

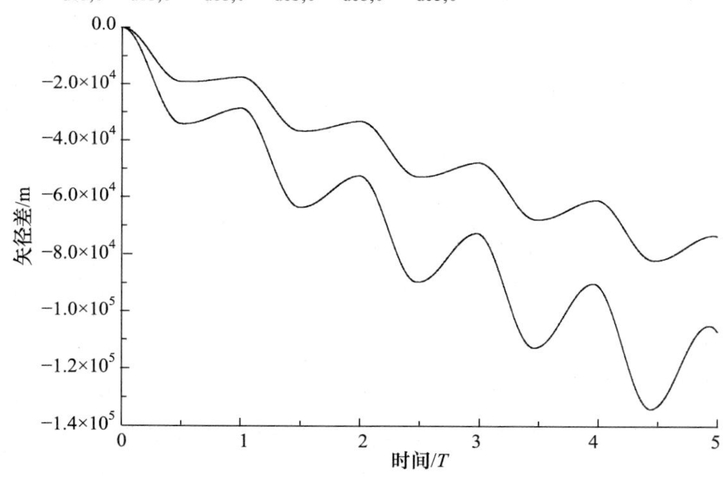

图 4.32　圆柱体空间碎片同面圆轨道、反向、迎面飞行时矢径差的变化(形体和初始欧拉角相同、初始角速度不同)

首先，当 $\varphi_{\text{deb},0}=\pi/2$ 和 $\dot{\varphi}_{\text{deb},0}=0$ (下方曲线)时，矢径差逐渐减小且减小量约为 135km；其次，当 $\varphi_{\text{deb},0}=\pi/2$ 和 $\dot{\varphi}_{\text{deb},0}=5\pi\text{rad/s}$ (上方曲线)时，矢径差逐渐减小且减小量约为 80km。这表明初始角速度对激光操控效果有显著影响。

图 4.33 为圆柱体空间碎片同面圆轨道、反向、迎面飞行时轨道参数的变化(一个激光操控窗口内的变化)。空间碎片和平台轨道高度都为 400km，高度和底面半径

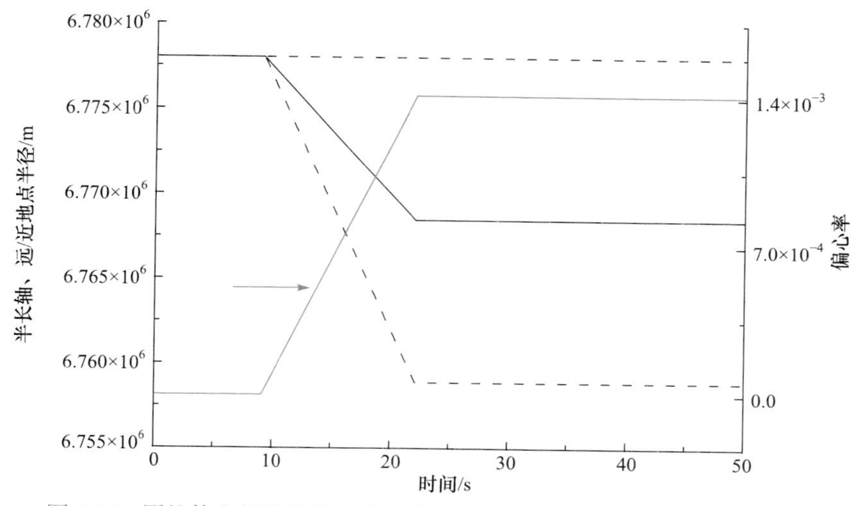

图 4.33　圆柱体空间碎片同面圆轨道、反向、迎面飞行时轨道参数的变化

取 $(H,R)=(2.5,10)$，欧拉角为 $\varphi_{\text{deb},0}=\pi/4$，角速度都为 0 。空间碎片约在 10s 时进入激光操控窗口，激光操控窗口的时间长度约为 10s，空间碎片半长轴和近地点半径逐渐减小(实线和下方虚线)，远地点半径基本不变(上方虚线)，偏心率逐渐增大(红实线)。此时，受空间碎片初始欧拉角和形体的影响，空间碎片轨道平面的轨道倾角和升交点赤经都发生变化，图 4.34 为空间碎片升交点赤经约为 290°(空间碎片轨道平面偏离平台轨道平面 20°)时，空间碎片轨道倾角和升交点赤经的变化。图 4.35 为空间碎片升交点赤经约为 290°的结果。

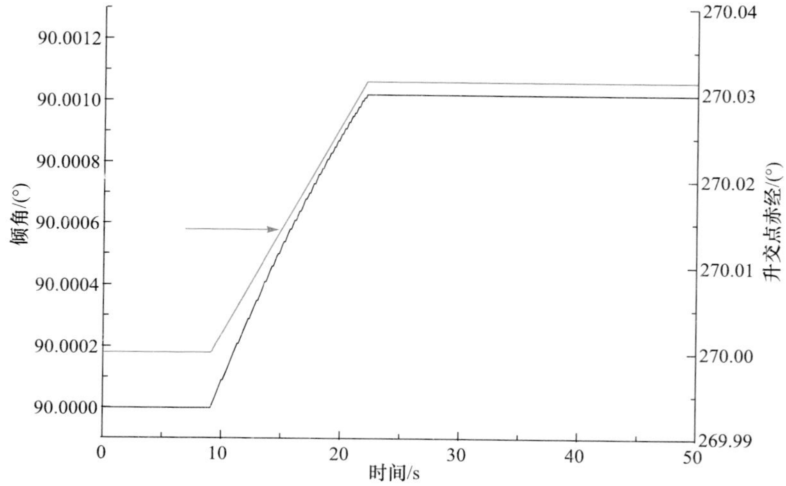

图 4.34　圆柱体空间碎片同面圆轨道、反向、迎面飞行时轨道倾角和升交点赤经的变化
(空间碎片升交点赤经约为 270°)

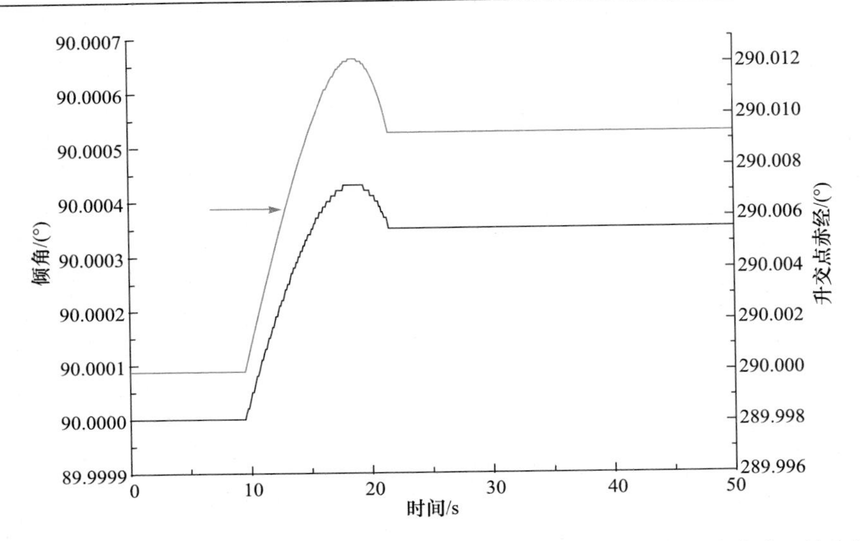

图 4.35　圆柱体空间碎片异面圆轨道、反向、迎面飞行时轨道倾角和升交点赤经的变化
(空间碎片升交点赤经约为 290°)

当圆柱体空间碎片同面或异面、反向、上方/迎面/下方飞行时，圆柱体空间碎片的激光烧蚀力方向偏离激光辐照方向，此时激光操控的特点如下：

(1) 当空间碎片反向飞行时，激光操控窗口的时间长度很短，激光操控窗口的间隔时间也较短(每半个平台运动周期可相遇一次)。

(2) 在多个激光操控窗口内，在激光烧蚀力作用下，空间碎片矢径差总是减小(变轨后矢径与原矢径之差)，并且在上方、小轨道高度差飞行情况下，空间碎片轨道与平台轨道有可能出现交汇现象。

(3) 激光操控效果与圆柱体形体(高度和底面半径取值)和质量、初始欧拉角和初始角速度等显著相关，并且与空间碎片和平台轨道之间的异面角度有关。

2. 空间碎片同面圆轨道、同向飞行

图 4.36 为圆柱体空间碎片同面圆轨道、同向、上方、大轨道高度差飞行时矢径差的变化(一个激光操控窗口内)。圆柱体空间碎片高度和底面半径取值、空间碎片和平台轨道高度、空间碎片初始欧拉角和初始角速度分别为

$$(H,R)=(10,5;40,2.5;2.5,10)\,(\text{cm}) \tag{4.137}$$

$$(H_{\text{deb},0},H_{\text{deb},0})=(450,400)\,(\text{km}) \tag{4.138}$$

$$(\varphi_{\text{deb},0},\theta_{\text{deb},0},\psi_{\text{deb},0},\dot{\varphi}_{\text{deb},0},\dot{\theta}_{\text{deb},0},\dot{\psi}_{\text{deb},0})=(0,0,0,0,0,0) \tag{4.139}$$

横轴为平台运动周期 T。首先，当空间碎片高度与底面半径为 $(H,R)=(10,5)$ 时(红

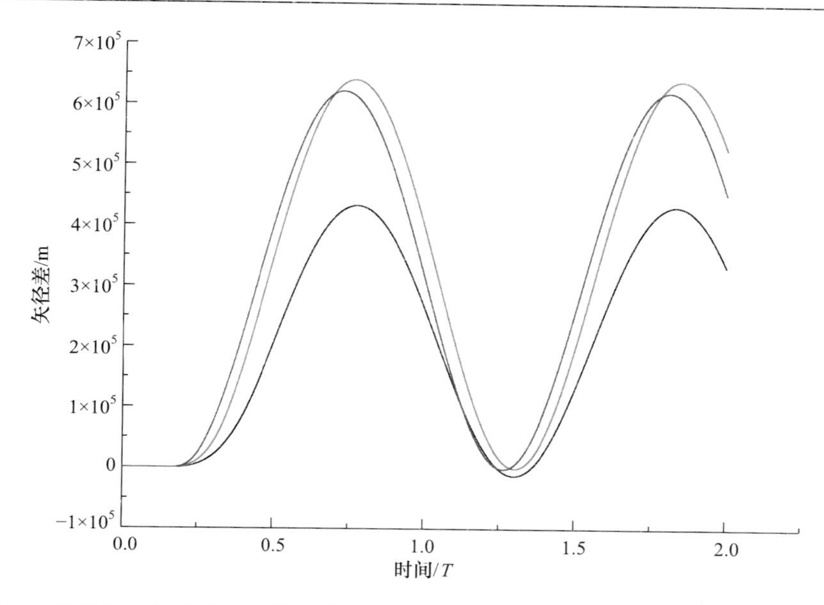

图 4.36　圆柱体空间碎片同面圆轨道、同向、上方、大轨道高度差飞行时矢径差的变化

线)，与原轨道矢径 6828km 比较，矢径差最大约为 650km 和最小约为−74.4m；其次，当空间碎片高度与底面半径为 $(H,R)=(40,2.5)$ 时(蓝线)，与原轨道矢径 6828km 比较，矢径差最大约为 610km 和最小约为−1.2km；最后，当空间碎片高度与底面半径为 $(H,R)=(2.5,10)$ 时(黑线)，与原轨道矢径 6828km 比较，矢径差最大约为 430km 和最小约为−12.1km。此时，目标偏心率变化如图 4.37 所示。由图 4.37 可知，激光操控窗口的时间长度有一定变化，但是由于同向飞行，因此激光操控窗口的时间长度都大于 460s。激光操控的效果是将圆轨道变为椭圆轨道，并且圆柱体形体对激光操控效果有显著影响。

图 4.38 为圆柱体空间碎片同面圆轨道、同向、下方、大轨道高度差飞行时矢径差的变化(一个激光操控窗口内)。圆柱体空间碎片高度和底面半径取值、空间碎片和平台轨道高度、空间碎片初始欧拉角和初始角速度分别为

$$(H,R)=(10,5;40,2.5;2.5,10)\ (\mathrm{cm}) \tag{4.140}$$

$$(H_{\mathrm{deb},0},H_{\mathrm{deb},0})=(400,450)\ (\mathrm{km}) \tag{4.141}$$

$$(\varphi_{\mathrm{deb},0},\theta_{\mathrm{deb},0},\psi_{\mathrm{deb},0},\dot{\varphi}_{\mathrm{deb},0},\dot{\theta}_{\mathrm{deb},0},\dot{\psi}_{\mathrm{deb},0})=(0,0,0,0,0,0) \tag{4.142}$$

横轴为平台运动周期 T。首先，当空间碎片高度与底面半径为 $(H,R)=(10,5)$ 时(红线)，与原轨道矢径 6778km 比较，矢径差最大约为 440km 和最小约为−48.9km；其次，当空间碎片高度与底面半径为 $(H,R)=(40,2.5)$ 时(蓝线)，与原轨道矢径 6778km 比较，矢径差最大约为 630km 和最小约为−92.7km；最后，当空间碎片高

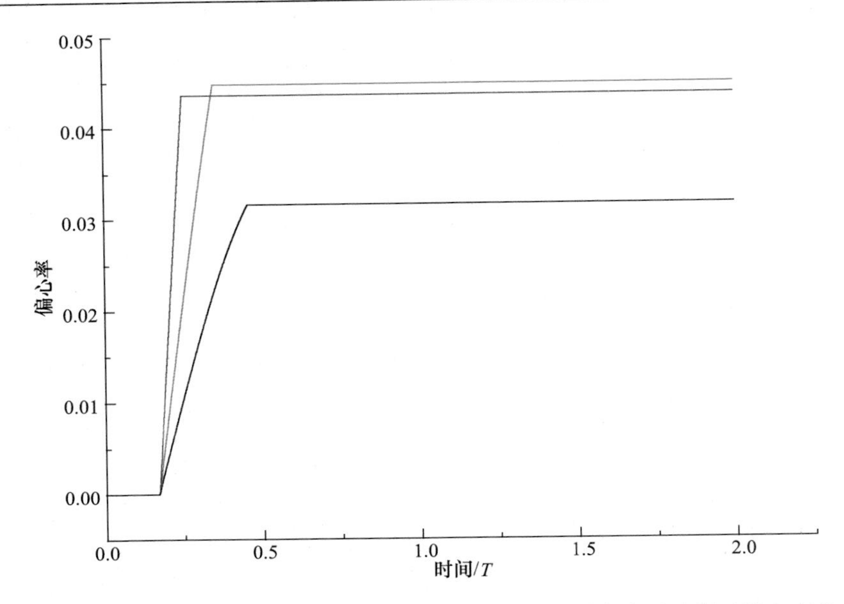

图 4.37　圆柱体空间碎片同面圆轨道、同向、上方、大轨道高度差飞行时偏心率的变化

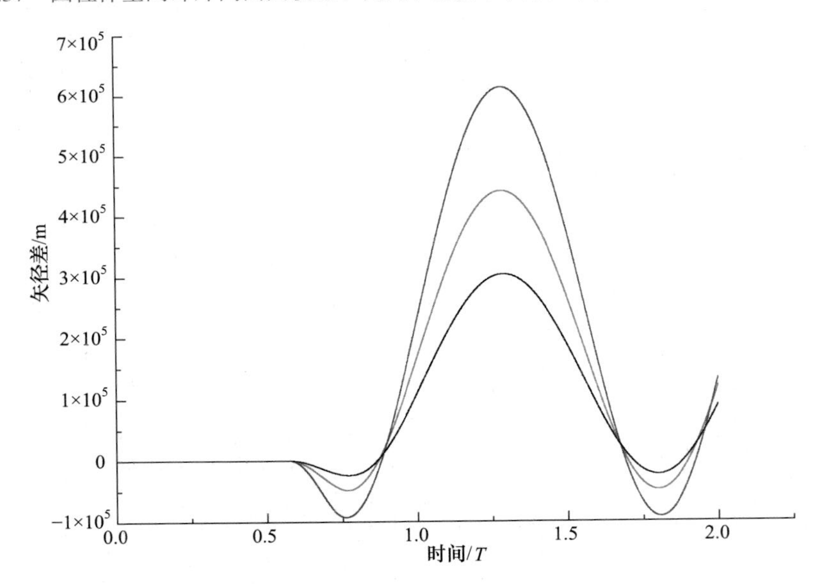

图 4.38　圆柱体空间碎片同面圆轨道、同向、下方、大轨道高度差飞行时矢径差的变化

度与底面半径为 $(H,R)=(2.5,10)$ 时(黑线)，与原轨道矢径 6778km 比较，矢径差最大约为 300km 和最小约为–23.9km。此时，空间碎片偏心率的变化如图 4.39 所示。由图 4.39 可知，激光操控窗口的时间长度有一定变化，但是由于同向飞行，激光操控窗口的时间长度都大于 770s。激光操控的效果是将圆轨道变为椭圆轨

道，并且圆柱体形体对激光操控效果有显著影响，以及增大了空间碎片与平台交汇的可能性。

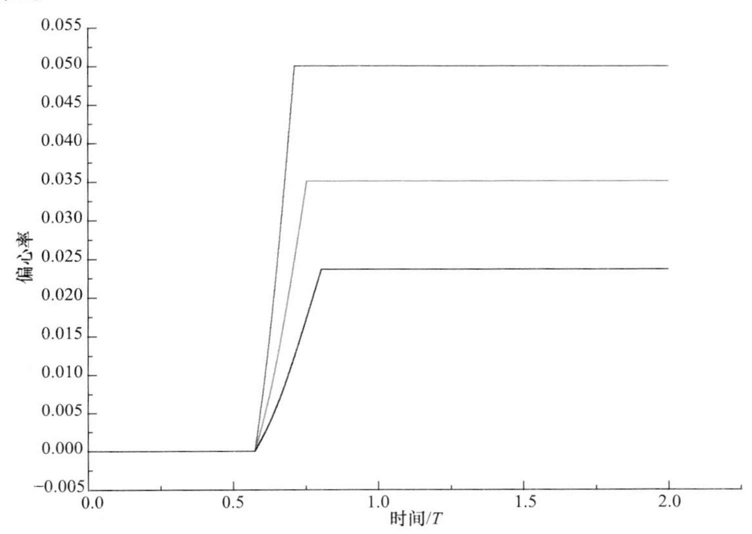

图 4.39　圆柱体空间碎片同面圆轨道、同向、下方、大轨道高度差飞行时偏心率的变化

图 4.40 为圆柱体空间碎片同面圆轨道、同向、上方、小轨道高度差飞行时矢径差的变化(一个激光操控窗口内)。圆柱体空间碎片高度和底面半径取值、空间碎片和平台轨道高度、空间碎片初始欧拉角和角速度分别为

$$(H,R)=(10,5;40,2.5;2.5,10)\ (\text{cm}) \tag{4.143}$$

$$(H_{\text{deb},0},H_{\text{sta},0})=(405,400)\ (\text{km}) \tag{4.144}$$

$$(\varphi_{\text{deb},0},\theta_{\text{deb},0},\psi_{\text{deb},0},\dot{\varphi}_{\text{deb},0},\dot{\theta}_{\text{deb},0},\dot{\psi}_{\text{deb},0})=(0,0,0,0,0,0) \tag{4.145}$$

横轴为平台运动周期 T。首先，当空间碎片高度与底面半径为 $(H,R)=(10,5)$ 时(红线)，与原轨道矢径 6783km 比较，矢径差最大约为 500km 和最小约为 28.2m；其次，当空间碎片高度与底面半径为 $(H,R)=(40,2.5)$ 时(蓝线)，与原轨道矢径 6783km 比较，矢径差最大约为 500km 和最小约为 28.7km；最后，当空间碎片高度与底面半径为 $(H,R)=(2.5,10)$ 时(黑线)，与原轨道矢径 6783km 比较，矢径差最大约为 500km 和最小约为 28.7km。此时，空间碎片偏心率的变化如图 4.41 所示。由图 4.41 可知，激光操控的效果是将圆轨道变为椭圆轨道，并且圆柱体形体不同，偏心率变化也不同。

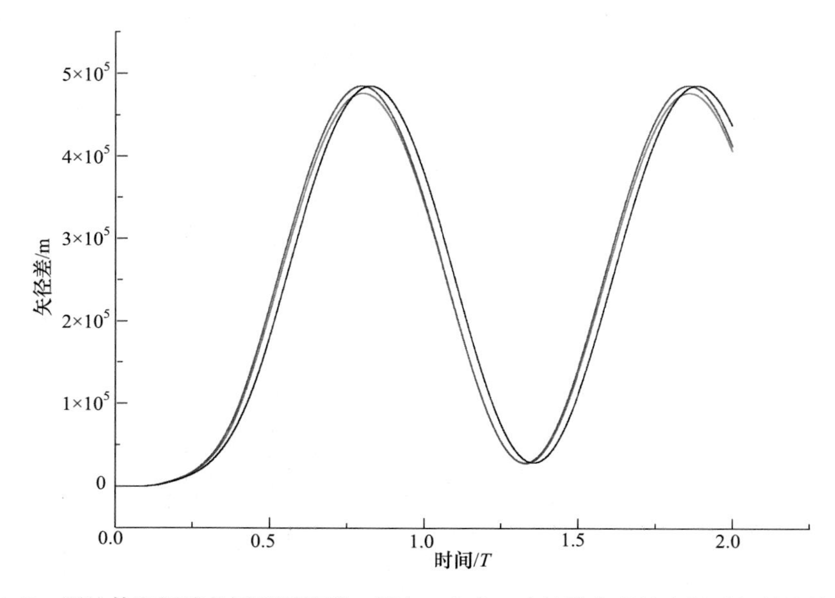

图 4.40　圆柱体空间碎片同面圆轨道、同向、上方、小轨道高度差飞行时矢径差的变化

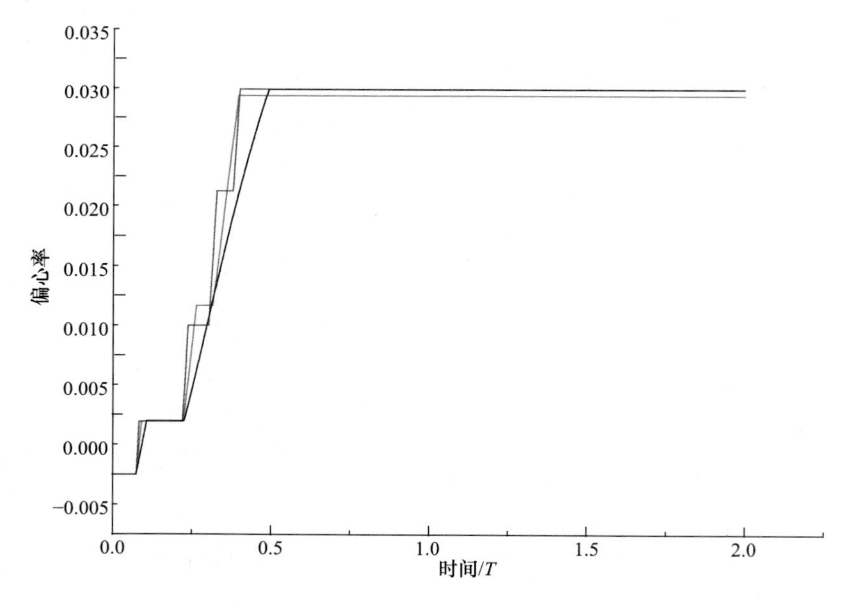

图 4.41　圆柱体空间碎片同面圆轨道、同向、上方、小轨道高度差飞行时偏心率的变化

前面研究了空间碎片同面圆轨道、同向、上方、小轨道高度差飞行时，圆柱体相同质量条件下，圆柱体形体对激光操控的影响。下面以高度和底面半径取值为 $(H,R)=(2.5,10)$ 为例，研究初始欧拉角和初始角速度的影响。

圆柱体高度和底面半径取值为 $(H,R)=(2.5,10)$ 时，轨道高度和初始欧拉角分别为

$$(H_{\text{deb},0},H_{\text{sta},0})=(405,400)\ (\text{km}) \tag{4.146}$$

$$(\varphi_{\text{deb},0},\theta_{\text{deb},0},\psi_{\text{deb},0},\dot{\varphi}_{\text{deb},0},\dot{\theta}_{\text{deb},0},\dot{\psi}_{\text{deb},0})=(0,0,0,0,0,0) \tag{4.147}$$

$$(\varphi_{\text{deb},0},\theta_{\text{deb},0},\psi_{\text{deb},0},\dot{\varphi}_{\text{deb},0},\dot{\theta}_{\text{deb},0},\dot{\psi}_{\text{deb},0})=(\pi/4,0,0,0,0,0) \tag{4.148}$$

$$(\varphi_{\text{deb},0},\theta_{\text{deb},0},\psi_{\text{deb},0},\dot{\varphi}_{\text{deb},0},\dot{\theta}_{\text{deb},0},\dot{\psi}_{\text{deb},0})=(\pi/2,0,0,0,0,0) \tag{4.149}$$

图 4.42 为圆柱体空间碎片同面圆轨道、同向、上方、小轨道高度差飞行时矢径差的变化(形体相同、初始欧拉角不同)。首先，当 $\varphi_{\text{deb},0}=0$ 时(红线)，矢径差最小改变量为 28.7km；其次，当 $\varphi_{\text{deb},0}=\pi/4$ 时(蓝线)，矢径差最小改变量为 38.1km；最后，当 $\varphi_{\text{deb},0}=\pi/2$ 时(黑线)，矢径差最小改变量为 37.8km。这表明初始欧拉角对激光操控效果有一定的影响。

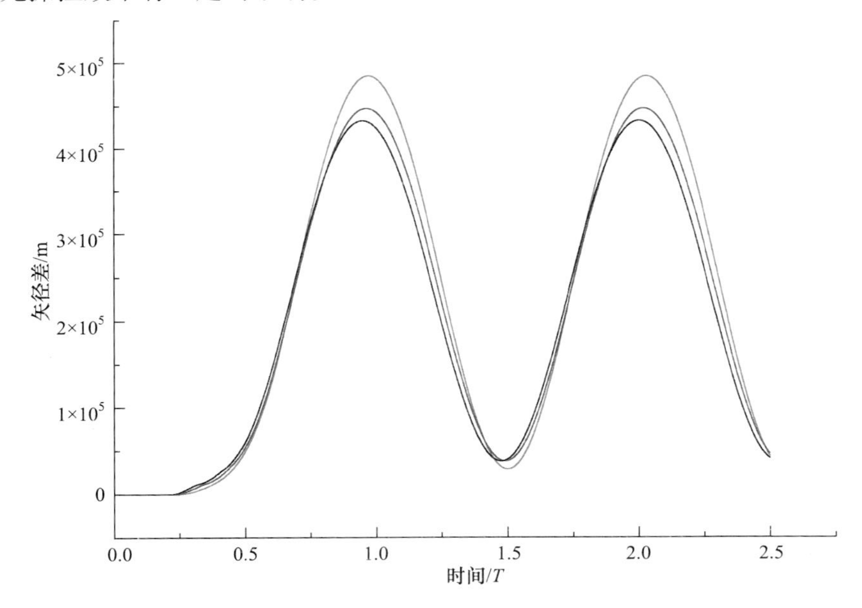

图 4.42　圆柱体空间碎片同面圆轨道、同向、上方、小轨道高度差飞行时矢径差的变化(形体相同、初始欧拉角不同)

下面研究在相同圆柱体形体和初始欧拉角条件下，初始角速度对激光操控的影响。图 4.43 为圆柱体空间碎片同面圆轨道、同向、上方、小轨道高度差飞行时矢径差的变化(形体和初始欧拉角相同、初始角速度不同)。圆柱体高度和底面半径取值为 $(H,R)=(2.5,10)$ 时，初始欧拉角和角速度分别为

$$(\varphi_{\text{deb},0},\theta_{\text{deb},0},\psi_{\text{deb},0},\dot{\varphi}_{\text{deb},0},\dot{\theta}_{\text{deb},0},\dot{\psi}_{\text{deb},0})=(\pi/2,0,0,0,0,0) \tag{4.150}$$

$$(\varphi_{\mathrm{deb},0},\theta_{\mathrm{deb},0},\psi_{\mathrm{deb},0},\dot{\varphi}_{\mathrm{deb},0},\dot{\theta}_{\mathrm{deb},0},\dot{\psi}_{\mathrm{deb},0})=(\pi/2,0,0,5\pi,0,0) \tag{4.151}$$

图 4.43 给出了 $\varphi_{\mathrm{deb},0}=\pi/2$ 且 $\dot{\varphi}_{\mathrm{deb},0}=0$ 时(红线)和 $\varphi_{\mathrm{deb},0}=\pi/2$ 且 $\dot{\varphi}_{\mathrm{deb},0}=5\pi$ 时(黑线)。平台与空间碎片矢径差随时间的变化表明，初始角速度对激光操控效果的影响。

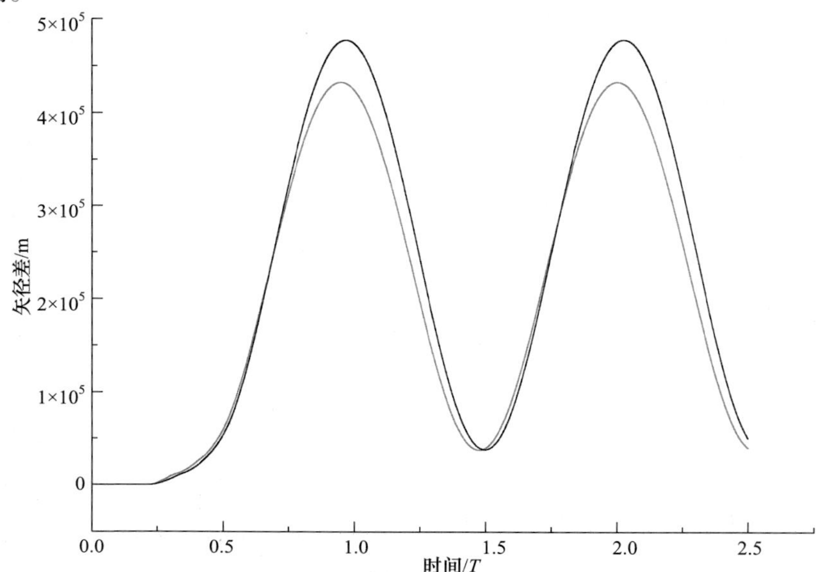

图 4.43　圆柱体空间碎片同面圆轨道、同向、上方、小轨道高度差飞行时矢径差的变化(形体和初始欧拉角相同、初始角速度不同)

图 4.44 为圆柱体空间碎片同面圆轨道、同向、小轨道高度差飞行时轨道倾角和升交点赤经的变化(空间碎片升交点赤经为 90°)。轨道高度为 $(H_{\mathrm{deb},0},H_{\mathrm{sta},0})=(405,400)\ (\mathrm{km})$，圆柱体高度和底面半径取值为 $(H,R)=(2.5,10)$，欧拉角为 $\varphi_{\mathrm{deb},0}=\pi/4$，角速度都为 0。空间碎片轨道面的倾角逐渐增大，升交点赤经先由大到小、再由小到大变化。图 4.45 为圆柱体空间碎片同面圆轨道、同向、上方、小轨道高度差飞行时空间碎片平台距离和偏心率的变化，从空间碎片平台距离变化可知，在一个激光操控窗口内，空间碎片进出激光操控窗口 3 次，空间碎片偏心率对应有 3 个阶段变化。

图 4.46 为圆柱体空间碎片同面圆轨道、同向、下方、小轨道高度差飞行时矢径差的变化(一个激光操控窗口内)。圆柱体空间碎片高度和底面半径取值、空间碎片和平台轨道高度、空间碎片初始欧拉角和初始角速度分别为

$$(H,R)=(10,5;40,2.5;2.5,10)\ (\mathrm{cm}) \tag{4.152}$$

$$(H_{\mathrm{deb},0},H_{\mathrm{sta},0})=(400,405)\ (\mathrm{km}) \tag{4.153}$$

$$(\varphi_{\mathrm{deb},0},\theta_{\mathrm{deb},0},\psi_{\mathrm{deb},0},\dot{\varphi}_{\mathrm{deb},0},\dot{\theta}_{\mathrm{deb},0},\dot{\psi}_{\mathrm{deb},0})=(0,0,0,0,0,0) \tag{4.154}$$

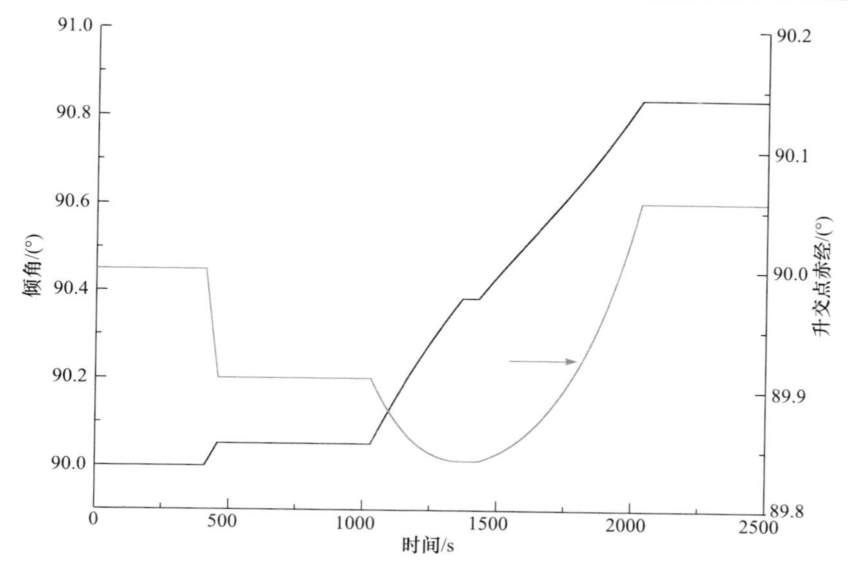

图 4.44　圆柱体空间碎片同面圆轨道、同向、上方、小轨道高度差飞行时轨道倾角和升交点赤经的变化(碎片升交点赤经为 90°)

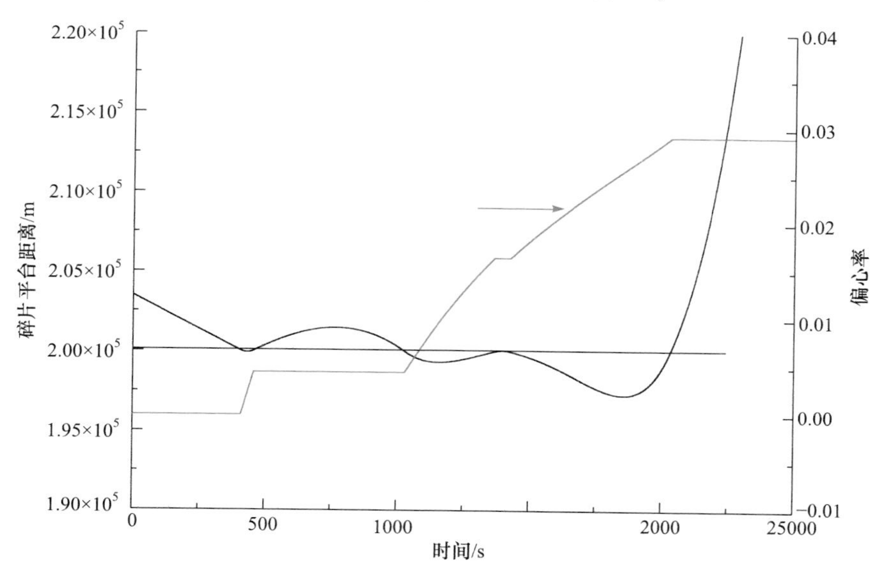

图 4.45　圆柱体空间碎片同面圆轨道、同向、上方、小轨道高度差飞行时碎片平台距离和偏心率的变化

横轴为平台运动周期 T。首先，当空间碎片高度与底面半径为 $(H,R)=(10,5)$ 时(红线)，与原轨道矢径 6778km 比较，矢径差最大约为 650km 和最小约为−52.0km；其次，当空间碎片高度与底面半径为 $(H,R)=(40,2.5)$ 时(蓝线)，与原轨道矢径 6778km

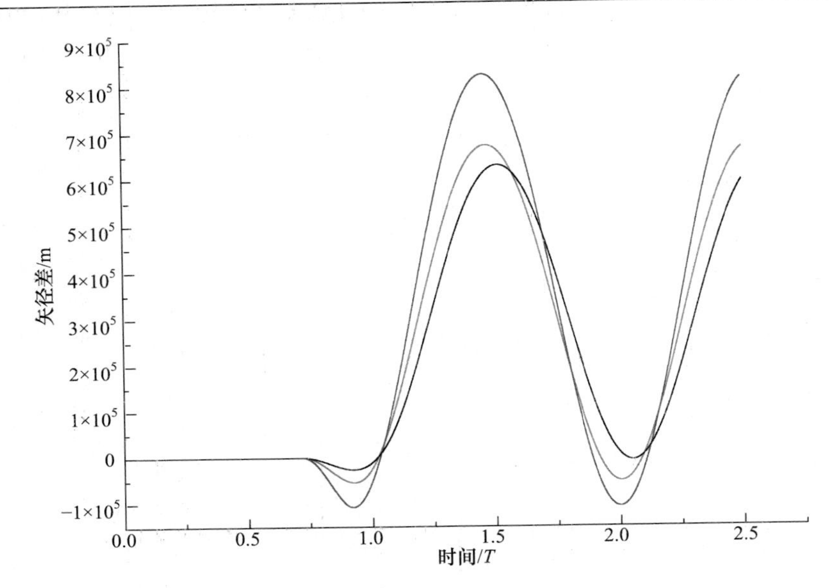

图 4.46 圆柱体空间碎片同面圆轨道、同向、下方、小轨道高度差飞行时矢径差的变化

比较，矢径差最大约为 830km 和最小约为−107.3km；最后，当空间碎片高度与底面半径为 $(H,R)=(2.5,10)$ 时(黑线)，与原轨道矢径 6778km 比较，矢径差最大约为 610km 和最小约为−7.4km。激光操控的效果是将圆轨道变为椭圆轨道，并且圆柱体形体对激光操控效果有显著影响，增大了空间碎片轨道与平台轨道交汇的可能性。

图 4.47 为圆柱体空间碎片同面圆轨道、同向、相同轨道高度飞行时矢径差的变化(一个激光操控窗口内)。空间碎片和平台轨道高度都为 400km，空间碎片初始欧拉角和初始角速度都为 0 。首先，当空间碎片高度与底面半径为 $(H,R)=(40,2.5)$ 时(蓝线)，矢径差变化最大约为 1200km；其次，当空间碎片高度与底面半径为 $(H,R)=(2.5,10)$ 时(黑线)，矢径差变化最大约为 300km；最后，当空间碎片高度与底面半径为 $(H,R)=(10,5)$ 时(红线)，矢径差在上述两者之间，约为 600km。图 4.48 给出了圆柱体空间碎片高度与底面半径为 $(H,R)=(10,5)$ 时，空间碎片与平台距离的变化，空间碎片与平台经过 $17T$ 才能相遇一次。这表明在激光烧蚀力作用下空间碎片加速，在激光操控窗口区域是空间碎片近地点区域，远地点半径增大较大。

当圆柱体空间碎片同面、同向飞行时，由于圆柱体空间碎片激光烧蚀力方向偏离激光辐照方向，因此激光操控具有以下特点：

(1) 当空间碎片同向飞行时，激光操控窗口的时间长度较长，激光操控窗口的间隔时间也大幅增长(十多个平台空间碎片与平台经过十几个 T 可相遇一次)。

(2) 在多个激光操控窗口内，在激光烧蚀力作用下，空间碎片矢径差总是增大(变轨后矢径与原矢径之差)，并且当空间碎片在相同轨道高度或下方飞行时，总会出现空间碎片轨道和平台轨道交汇的可能性。

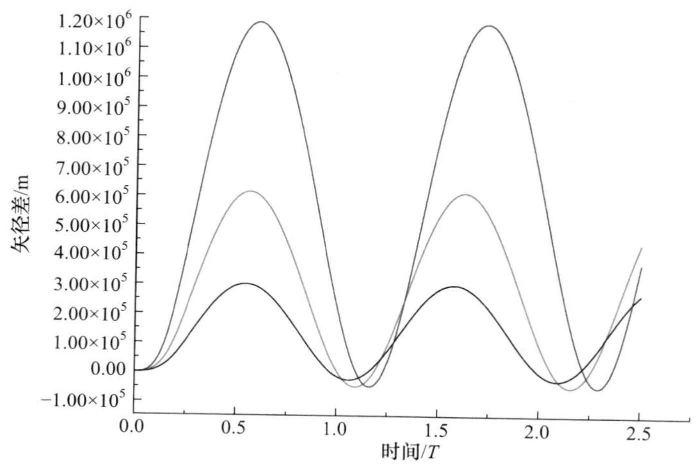

图 4.47 圆柱体空间碎片同面圆轨道、同向、相同轨道高度飞行时矢径差的变化

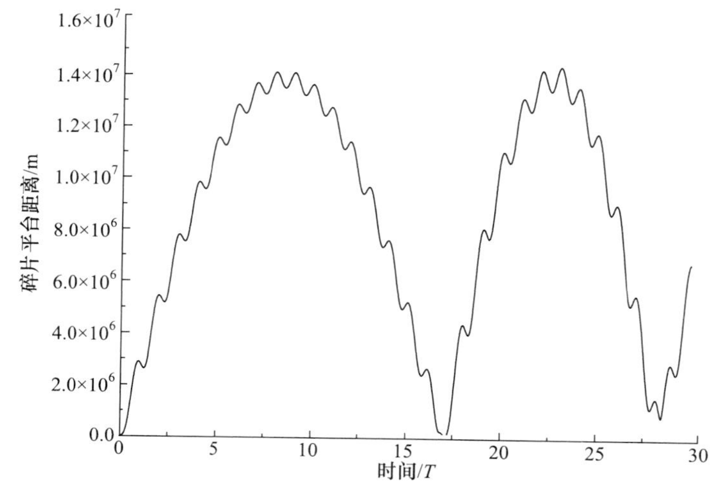

图 4.48 圆柱体空间碎片同面圆轨道、同向、相同轨道高度飞行时空间碎片与平台距离的变化(3 次激光操控窗口)

(3) 激光操控效果与圆柱体形体(高度和底面半径取值)和质量、初始欧拉角和初始角速度等有关，并且与空间碎片和平台轨道之间的异面角度有关。

4.5 长方体空间碎片运动轨道的激光操控方法

在长方体空间碎片激光操控问题中，激光烧蚀力作用下空间碎片运动轨道的分析方法、空间碎片激光操控窗口与判据的分析方法、基本步骤和流程等与球体空间碎片类似。

长方体空间碎片激光操控问题具有以下特点：①激光烧蚀力方向与激光辐照方向和长方体空间碎片惯性主轴方向有关，而且它们之间存在复杂的相互依赖关系；②激光辐照方向随着空间碎片和平台运动不断发生变化，造成激光烧蚀力方向不断变化；③长方体空间碎片的姿态运动也造成激光烧蚀力方向不断变化。

下面通过研究长方体空间碎片的激光烧蚀力表征和分析问题，解决长方体、薄板和长条杆等典型空间碎片的激光操控问题。

4.5.1　长方体空间碎片初始轨道参数分析

空间碎片与空间平台在同一平面内运动。图 4.49 为在赤道惯性坐标系 *XYZ* 中，空间碎片在 *YZ* 平面上运动，初始轨道参数为

$$(a_{\text{deb},0}, e_{\text{deb},0}, i_{\text{deb},0}, \Omega_{\text{deb},0}, \omega_{\text{deb},0}, M_{\text{deb},0}) \tag{4.155}$$

长方体空间碎片初始轨道参数设计方法，与球体空间碎片和圆柱体空间碎片初始轨道参数设计方法相同，在此不再赘述。

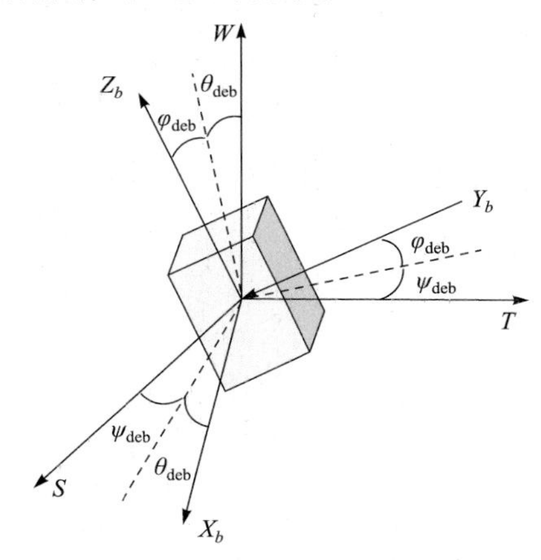

图 4.49　在 t=0 时刻径向横向坐标系与体固联坐标系的关系

4.5.2　长方体空间碎片初始姿态运动分析

由于长方体空间碎片的激光烧蚀力方向与激光辐照方向和空间碎片的姿态运动密切相关，因此需要解决长方体空间碎片的姿态运动描述的问题。长方体空间碎片的激光烧蚀力方向，与激光辐照方向和长方体空间碎片惯性主轴方向有关(与三个惯性主轴方向都有关)，但是，激光烧蚀力不产生对其质心的力矩。

为了便于讨论空间碎片初始姿态运动的影响，设 $t=0$ 的初始时刻，相对 $(STW)_{t=0}$ 坐标系长方体空间碎片初始欧拉角为 $(\varphi_{\text{deb},0}, \theta_{\text{deb},0}, \psi_{\text{deb},0})$，初始角速度恒

定为 $\dot{\varphi}_{\mathrm{deb},0} \neq 0$，在 $t \neq 0$ 的任意时刻，初始姿态运动表示为

$$\begin{cases} \varphi_{\mathrm{deb}} = \varphi_{\mathrm{deb},0} + \dot{\varphi}_{\mathrm{deb},0} t \\ \theta_{\mathrm{deb}} = \theta_{\mathrm{deb},0} \\ \psi_{\mathrm{deb}} = \psi_{\mathrm{deb},0} \end{cases} \tag{4.156}$$

式(4.156)是满足姿态动力学和运动学方程的一个解。

在 $t = 0$ 的初始时刻，在赤道惯性坐标系 XYZ 中，长方体碎片的初始轨道参数为

$$(a_{\mathrm{deb},0}, e_{\mathrm{deb},0}, i_{\mathrm{deb},0}, \Omega_{\mathrm{deb},0}, \omega_{\mathrm{deb},0}, M_{\mathrm{deb},0})$$

从而确定了 $(STW)_{t=0}$ 坐标系(以下标 0 表示 S_0)和赤道惯性坐标系 XYZ 之间的关系。

赤道惯性坐标系 XYZ 通过依次绕 Z 轴旋转 $\Omega_{\mathrm{deb},0}$、绕 X 轴旋转 $i_{\mathrm{deb},0}$、绕 Z 轴旋转 $u_{\mathrm{deb},0} = \omega_{\mathrm{deb},0} + f_{\mathrm{deb},0}$，变换到 $(STW)_{t=0}$ 坐标系，表示为

$$XYZ \rightarrow (STW)_{t=0} : Z(\Omega_{\mathrm{deb},0}) \rightarrow X(i_{\mathrm{deb},0}) \rightarrow Z(u_{\mathrm{deb},0})$$

旋转变换矩阵为

$$\boldsymbol{Q}_{S_0X} = \boldsymbol{R}_3(u_{\mathrm{deb},0})\boldsymbol{R}_1(i_{\mathrm{deb},0})\boldsymbol{R}_3(\Omega_{\mathrm{deb},0}) \tag{4.157}$$

并且有

$$\boldsymbol{Q}_{XS_0} = [\boldsymbol{Q}_{S_0X}]^{-1} = [\boldsymbol{Q}_{S_0X}]^{\mathrm{T}} \tag{4.158}$$

可得

$$\boldsymbol{Q}_{XS_0} = \boldsymbol{R}_3(-\Omega_{\mathrm{deb},0})\boldsymbol{R}_1(-i_{\mathrm{deb},0})\boldsymbol{R}_3(-u_{\mathrm{deb},0}) \tag{4.159}$$

图 4.49 为 $(STW)_{t=0}$ 坐标系依次绕 W 轴旋转 ψ_{deb}、绕 T 轴旋转 θ_{deb}、绕 S 轴旋转 φ_{deb}，到达体固联坐标系 $X_bY_bZ_b$，表示为

$$(STW)_{t=0} \rightarrow X_bY_bZ_b : W(\psi_{\mathrm{deb}}) \rightarrow T(\theta_{\mathrm{deb}}) \rightarrow S(\varphi_{\mathrm{deb}}) \tag{4.160}$$

旋转变换矩阵为

$$\boldsymbol{Q}_{X_bS_0} = \boldsymbol{R}_1(\varphi_{\mathrm{deb}})\boldsymbol{R}_2(\theta_{\mathrm{deb}})\boldsymbol{R}_3(\psi_{\mathrm{deb}}) \tag{4.161}$$

$$\begin{aligned} \boldsymbol{Q}_{S_0X_b} &= (\boldsymbol{Q}_{X_bS_0})^{\mathrm{T}} = [\boldsymbol{R}_3(\psi_{\mathrm{deb}})]^{\mathrm{T}}[\boldsymbol{R}_2(\theta_{\mathrm{deb}}]^{\mathrm{T}}[\boldsymbol{R}_1(\varphi_{\mathrm{deb}})]^{\mathrm{T}} \\ &= \boldsymbol{R}_3(-\psi_{\mathrm{deb}})\boldsymbol{R}_2(-\theta_{\mathrm{deb}})\boldsymbol{R}_1(-\varphi_{\mathrm{deb}}) \end{aligned} \tag{4.162}$$

从而相对 $(STW)_{t=0}$ 坐标系，建立了长方体空间碎片姿态运动的描述方法。体固联坐标系 $X_bY_bZ_b$ 与赤道惯性坐标系 XYZ 之间的旋转变换关系为

$$\boldsymbol{Q}_{X_bX} = \boldsymbol{Q}_{X_bS_0}\boldsymbol{Q}_{S_0X}, \quad \boldsymbol{Q}_{XX_b} = \boldsymbol{Q}_{XS_0}\boldsymbol{Q}_{S_0X_b} \tag{4.163}$$

式中

$$\boldsymbol{Q}_{S_0X} = \boldsymbol{R}_3(u_{\mathrm{deb},0})\boldsymbol{R}_1(i_{\mathrm{deb},0})\boldsymbol{R}_3(\Omega_{\mathrm{deb},0}) \tag{4.164}$$

$$\boldsymbol{Q}_{X_bS_0} = \boldsymbol{R}_1(\varphi_{\mathrm{deb}})\boldsymbol{R}_2(\theta_{\mathrm{deb}})\boldsymbol{R}_3(\psi_{\mathrm{deb}}) \tag{4.165}$$

$$\boldsymbol{Q}_{S_0X_b} = \boldsymbol{R}_3(-\psi_{\text{deb}})\boldsymbol{R}_2(-\theta_{\text{deb}})\boldsymbol{R}_1(-\varphi_{\text{deb}}) \tag{4.166}$$

$$\boldsymbol{Q}_{XS_0} = \boldsymbol{R}_3(-\Omega_{\text{deb},0})\boldsymbol{R}_1(-i_{\text{deb},0})\boldsymbol{R}_3(-u_{\text{deb},0}) \tag{4.167}$$

注意：①此处的$(STW)_{t=0}$坐标系是指的$t=0$初始时刻的径向横向坐标系，与碎片运动过程中不断变化的径向横向坐标系不同，它在赤道惯性坐标系中是固定不变的，仅与空间碎片初始轨道参数$(i_{\text{deb},0},\Omega_{\text{deb},0},u_{\text{deb},0})$有关；②空间碎片姿态运动是以体固联坐标系$X_bY_bZ_b$相对$(STW)_{t=0}$坐标系的转动来表示的,仅与空间碎片的欧拉角$(\varphi_{\text{deb}},\theta_{\text{deb}},\psi_{\text{deb}})$有关。

4.5.3 激光辐照方向单位矢量分析

由于激光辐照方向与空间碎片位置矢量方向相同，因此激光辐照方向单位矢量与空间碎片平台位置的单位矢量相同，并且随着时间不断发生变化。

在赤道惯性坐标系XYZ中，在$t\neq 0$任意时刻，空间碎片位置矢量为$\boldsymbol{r}_{\text{deb},X}=(r_{\text{deb},x},r_{\text{deb},y},r_{\text{deb},z})^{\text{T}}$，平台位置矢量为$\boldsymbol{r}_{\text{sta},X}=(r_{\text{sta},x},r_{\text{sta},y},r_{\text{sta},z})^{\text{T}}$，空间碎片平台位置矢量为

$$\boldsymbol{r}_{\text{DS},X} = \boldsymbol{r}_{\text{deb},X} - \boldsymbol{r}_{\text{sta},X} = \begin{bmatrix} r_{\text{deb},x}-r_{\text{sta},x} \\ r_{\text{deb},y}-r_{\text{sta},y} \\ r_{\text{deb},z}-r_{\text{sta},z} \end{bmatrix} \tag{4.168}$$

空间碎片平台位置的单位矢量为

$$\begin{aligned}\hat{\boldsymbol{r}}_{\text{DS},X} &= \frac{\boldsymbol{r}_{\text{deb},X}-\boldsymbol{r}_{\text{sta},X}}{\left|\boldsymbol{r}_{\text{deb},X}-\boldsymbol{r}_{\text{sta},X}\right|} \\ &= \frac{1}{\sqrt{(r_{\text{deb},x}-r_{\text{sta},x})^2+(r_{\text{deb},y}-r_{\text{sta},y})^2+(r_{\text{deb},z}-r_{\text{sta},z})^2}}\begin{bmatrix} r_{\text{deb},x}-r_{\text{sta},x} \\ r_{\text{deb},y}-r_{\text{sta},y} \\ r_{\text{deb},z}-r_{\text{sta},z} \end{bmatrix}\end{aligned} \tag{4.169}$$

在赤道惯性坐标系XYZ中，激光辐照方向与空间碎片平台位置矢量方向一致，设激光辐照方向单位矢量为$\hat{\boldsymbol{L}}_{R,X}=(\hat{L}_{R,x},\hat{L}_{R,y},\hat{L}_{R,z})^{\text{T}}$，则有

$$\hat{\boldsymbol{L}}_{R,X} = \begin{bmatrix} \hat{L}_{R,x} \\ \hat{L}_{R,y} \\ \hat{L}_{R,z} \end{bmatrix} = \hat{\boldsymbol{r}}_{\text{DS},X} = \begin{bmatrix} \hat{r}_{\text{DS},x} \\ \hat{r}_{\text{DS},y} \\ \hat{r}_{\text{DS},z} \end{bmatrix} \tag{4.170}$$

在描述长方体空间碎片姿态运动的体固联坐标系$X_bY_bZ_b$中,激光辐照方向单位矢量$\hat{\boldsymbol{L}}_{R,X_b}=(\hat{L}_{R,x_b},\hat{L}_{R,y_b},\hat{L}_{R,z_b})^{\text{T}}$为

$$\hat{\boldsymbol{L}}_{R,X_b} = \boldsymbol{Q}_{X_bX}\hat{\boldsymbol{L}}_{R,X} = \boldsymbol{Q}_{X_bS_0}\boldsymbol{Q}_{S_0X}\hat{\boldsymbol{L}}_{R,X} \tag{4.171}$$

或者可表示为

$$\begin{bmatrix} \hat{L}_{R,x_b} \\ \hat{L}_{R,y_b} \\ \hat{L}_{R,z_b} \end{bmatrix} = \boldsymbol{Q}_{X_b S_0} \boldsymbol{Q}_{S_0 X} \begin{bmatrix} \hat{L}_{R,x} \\ \hat{L}_{R,y} \\ \hat{L}_{R,z} \end{bmatrix} \tag{4.172}$$

4.5.4　激光烧蚀力方向单位矢量分析

在描述长方体空间碎片姿态运动的体固联坐标系 $X_bY_bZ_b$ 中，激光辐照方向单位矢量为 $\hat{\boldsymbol{L}}_{R,X_b} = (\hat{L}_{R,x_b}, \hat{L}_{R,y_b}, \hat{L}_{R,z_b})^{\mathrm{T}}$，如图 4.50 所示，激光辐照方向单位矢量与 X_bY_b 平面的仰角为 $\theta_R \in [-\pi/2, \pi/2]$，在 X_bY_b 平面投影相对 X_b 轴的偏角为 $\alpha_R \in [0, 2\pi)$，则有

$$\begin{cases} \sin\alpha_R \cos\theta_R = \hat{L}_{R,y_b} \\ \cos\alpha_R \cos\theta_R = \hat{L}_{R,x_b} \\ \sin\theta_R = \hat{L}_{R,z_b} \end{cases},\quad \begin{cases} \theta_R = \arcsin(\hat{L}_{R,z_b}) \\ \sin\alpha_R = \hat{L}_{R,y_b} / \cos\theta_R \\ \cos\alpha_R = \hat{L}_{R,x_b} / \cos\theta_R \end{cases} \tag{4.173}$$

式中，如果 $\hat{L}_{R,z_b} > 0$ 且 $\hat{L}_{R,z_b} \to 1$，那么激光辐照方向单位矢量为 $\hat{\boldsymbol{L}}_{R,X_b} = (0,0,1)^{\mathrm{T}}$；如果 $\hat{L}_{R,z_b} < 0$ 且 $\hat{L}_{R,z_b} \to -1$，那么激光辐照方向单位矢量为 $\hat{\boldsymbol{L}}_{R,X_b} = (0,0,-1)^{\mathrm{T}}$。

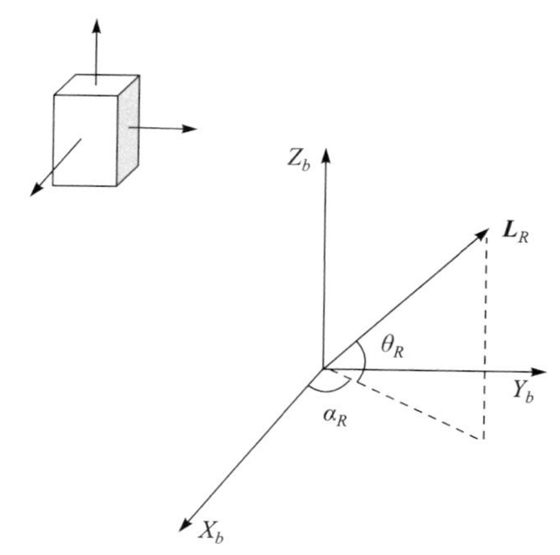

图 4.50　体固联坐标系下长方体空间碎片的激光辐照方向矢量

在体固联坐标系 $X_bY_bZ_b$ 中，设激光烧蚀力方向单位矢量为 $\hat{\boldsymbol{F}}_{L,X_b} = (\hat{F}_{L,x_b}, \hat{F}_{L,y_b}, \hat{F}_{L,z_b})^{\mathrm{T}}$，与 X_bY_b 平面的仰角为 $\theta_F \in [-\pi/2, \pi/2]$，在 X_bY_b 平面投影相对 X_b 轴的偏角为 $\alpha_F \in [0, 2\pi)$，则有

$$\begin{cases} \hat{F}_{L,x_b} = \cos\alpha_F \cos\theta_F \\ \hat{F}_{L,y_b} = \sin\alpha_F \cos\theta_F \\ \hat{F}_{L,z_b} = \sin\theta_F \end{cases} \tag{4.174}$$

式中

$$\alpha_F = \begin{cases} \arctan\left(\dfrac{a}{b}\tan\alpha_R\right), & 0 \leqslant \alpha_R \leqslant \pi/2 \\ \pi + \arctan\left(\dfrac{a}{b}\tan\alpha_R\right), & \pi/2 < \alpha_R \leqslant \pi \\ \pi + \arctan\left(\dfrac{a}{b}\tan\alpha_R\right), & \pi < \alpha_R < 3\pi/2 \\ 2\pi + \arctan\left(\dfrac{a}{b}\tan\alpha_R\right), & 3\pi/2 \leqslant \alpha_R < 2\pi \end{cases} \tag{4.175}$$

$$\theta_F = \arctan\left\{\frac{1}{\sqrt{\left[\left(\dfrac{c}{a}\right)^2 - \left(\dfrac{c}{b}\right)^2\right]\cos^2\alpha_R + \left(\dfrac{c}{b}\right)^2}}\tan\theta_R\right\} \tag{4.176}$$

式中，如果 $\hat{L}_{R,z_b} > 0$ 且 $\hat{L}_{R,z_b} \to 1$，那么激光辐照方向单位矢量为 $\hat{\boldsymbol{L}}_{R,X_b} = (0,0,1)^{\mathrm{T}}$；如果 $\hat{L}_{R,z_b} < 0$ 且 $\hat{L}_{R,z_b} \to -1$，那么激光辐照方向单位矢量为 $\hat{\boldsymbol{L}}_{R,X_b} = (0,0,-1)^{\mathrm{T}}$。此时，激光烧蚀力方向单位矢量为

$$\hat{\boldsymbol{F}}_{L,X_b} = \hat{\boldsymbol{L}}_{R,X_b} = \begin{cases} (0,0,1)^{\mathrm{T}}, & \hat{L}_{R,z_b} > 0 \text{ 且 } \hat{L}_{R,z_b} \to 1 \\ (0,0,-1)^{\mathrm{T}}, & \hat{L}_{R,z_b} > 0 \text{ 且 } \hat{L}_{R,z_b} \to -1 \end{cases} \tag{4.177}$$

在体固联坐标系 $X_bY_bZ_b$ 中，激光烧蚀力方向单位矢量为 $\hat{\boldsymbol{F}}_{L,X_b} = (\hat{F}_{L,x_b}, \hat{F}_{L,y_b}, \hat{F}_{L,z_b})^{\mathrm{T}}$；在赤道惯性坐标系 XYZ 中，激光烧蚀力方向单位矢量为 $\hat{\boldsymbol{F}}_{L,X} = (\hat{F}_{L,x}, \hat{F}_{L,y}, \hat{F}_{L,z})^{\mathrm{T}}$，则有

$$\hat{\boldsymbol{F}}_{L,X} = \boldsymbol{Q}_{XX_b}\hat{\boldsymbol{F}}_{L,X_b} = \boldsymbol{Q}_{XS_0}\boldsymbol{Q}_{S_0X_b}\hat{\boldsymbol{F}}_{L,X_b} \tag{4.178}$$

或者可表示为

$$\begin{bmatrix} \hat{F}_{L,x} \\ \hat{F}_{L,y} \\ \hat{F}_{L,z} \end{bmatrix} = \boldsymbol{Q}_{XS_0}\boldsymbol{Q}_{S_0X_b}\begin{bmatrix} \hat{F}_{L,x_b} \\ \hat{F}_{L,y_b} \\ \hat{F}_{L,z_b} \end{bmatrix} \tag{4.179}$$

4.5.5 长方体空间碎片单位质量的激光烧蚀力分析

在 $t \geqslant 0$ 的任意时刻，长方体空间碎片轨道参数为 $(a_{\text{deb}}, e_{\text{deb}}, i_{\text{deb}}, \Omega_{\text{deb}}, \omega_{\text{deb}}, M_{\text{deb}})$，在小偏心率条件下，以轨道参数 $(a_{\text{deb}}, i_{\text{deb}}, \Omega_{\text{deb}}, \xi_{\text{deb}}, \eta_{\text{deb}}, \lambda_{\text{deb}})$ 表示，赤道惯性坐标系 XYZ 通过依次绕 Z 轴旋转 Ω_{deb} 、绕 X 轴旋转 i_{deb} 、绕 Z 轴旋转 $u_{\text{deb}} = \omega_{\text{deb}} + f_{\text{deb}}$ ，变换到径向横向坐标系 STW ，表示为

$$XYZ \to STW : Z(\Omega_{\text{deb}}) \to X(i_{\text{deb}}) \to Z(u_{\text{deb}}) \tag{4.180}$$

旋转变换矩阵为

$$\boldsymbol{Q}_{SX} = \boldsymbol{R}_3(u_{\text{deb}})\boldsymbol{R}_1(i_{\text{deb}})\boldsymbol{R}_3(\Omega_{\text{deb}}) \tag{4.181}$$

并且有

$$\boldsymbol{Q}_{XS} = [\boldsymbol{Q}_{SX}]^{-1} = [\boldsymbol{Q}_{SX}]^{\mathrm{T}}$$

或者可表示为

$$\boldsymbol{Q}_{XS} = \boldsymbol{R}_3(-\Omega_{\text{deb}})\boldsymbol{R}_1(-i_{\text{deb}})\boldsymbol{R}_3(-u_{\text{deb}}) \tag{4.182}$$

在 $t \geqslant 0$ 的任意时刻，在赤道惯性坐标系 XYZ 中，激光烧蚀力方向单位矢量为 $\hat{\boldsymbol{F}}_{L,X} = (\hat{F}_{L,x}, \hat{F}_{L,y}, \hat{F}_{L,z})^{\mathrm{T}}$ ；在径向横向坐标系 STW 中，激光烧蚀力方向单位矢量为 $\hat{\boldsymbol{F}}_{L,S} = (\hat{F}_{L,S}, \hat{F}_{L,T}, \hat{F}_{L,W})^{\mathrm{T}}$ ，则有

$$\hat{\boldsymbol{F}}_{L,S} = \boldsymbol{Q}_{SX}\hat{\boldsymbol{F}}_{L,X} \tag{4.183}$$

或者可表示为

$$\begin{bmatrix} \hat{F}_{L,S} \\ \hat{F}_{L,T} \\ \hat{F}_{L,W} \end{bmatrix} = \boldsymbol{R}_3(u_{\text{sta}})\boldsymbol{R}_1(i_{\text{sta}})\boldsymbol{R}_3(\Omega_{\text{sta}}) \begin{bmatrix} \hat{F}_{L,x} \\ \hat{F}_{L,y} \\ \hat{F}_{L,z} \end{bmatrix} \tag{4.184}$$

在激光烧蚀力作用下，长方体空间碎片所获得冲量(空间碎片单脉冲激光烧蚀冲量)为

$$|I| = C_m F_L bc\sqrt{\cos^2\alpha_R\cos^2\theta_R + \sin^2\alpha_R\cos^2\theta_R\left(\frac{a}{b}\right)^2 + \sin^2\theta_R\left(\frac{a}{c}\right)^2} \tag{4.185}$$

设激光烧蚀力作用时间为 τ_L' ，单脉冲平均激光烧蚀力为 $\bar{F}_L$ ，则有

$$\begin{aligned} \left|\bar{F}_L\tau_L'\right| &= |I| \\ &= C_m F_L bc\sqrt{\cos^2\alpha_R\cos^2\theta_R + \sin^2\alpha_R\cos^2\theta_R\left(\frac{a}{b}\right)^2 + \sin^2\theta_R\left(\frac{a}{c}\right)^2} \end{aligned} \tag{4.186}$$

长方体空间碎片单位质量的激光烧蚀力为 $f_L = \bar{F}_L / m$ ，则有

$$
\left|f_L\tau_L'\right|=\frac{C_mF_Lbc\sqrt{\cos^2\alpha_R\cos^2\theta_R+\sin^2\alpha_R\cos^2\theta_R\left(\dfrac{a}{b}\right)^2+\sin^2\theta_R\left(\dfrac{a}{c}\right)^2}}{abc\rho}
$$

$$
=\frac{C_mF_L}{a\rho}\sqrt{\cos^2\alpha_R\cos^2\theta_R+\sin^2\alpha_R\cos^2\theta_R\left(\frac{a}{b}\right)^2+\sin^2\theta_R\left(\frac{a}{c}\right)^2} \tag{4.187}
$$

式中，ρ 为长方体密度。

在 $t\geqslant 0$ 的任意时刻，在径向横向坐标系 STW 中，长方体空间碎片单位质量的激光烧蚀冲量为

$$
\boldsymbol{f}_{L,S}\,\tau_L'=\frac{C_mF}{a\rho}\sqrt{\cos^2\alpha_R\cos^2\theta_R+\sin^2\alpha_R\cos^2\theta_R\left(\frac{a}{b}\right)^2+\sin^2\theta_R\left(\frac{a}{c}\right)^2}\,\hat{\boldsymbol{F}}_{L,S} \tag{4.188}
$$

式中，$\boldsymbol{f}_{L,S}=(f_{L,S},f_{L,T},f_{L,W})^{\mathrm{T}}$ 为长方体空间碎片单位质量的激光烧蚀力。

长方体空间碎片单位质量激光烧蚀冲量为

$$
\begin{cases}\Delta v_{L,S}=f_{L,S}\tau_L'\\ \Delta v_{L,T}=f_{L,T}\tau_L'\\ \Delta v_{L,W}=f_{L,W}\tau_L'\end{cases} \tag{4.189}
$$

4.5.6 薄板和长条杆空间碎片单位质量的激光烧蚀力分析

1. 薄板空间碎片

薄板空间碎片是长方体空间碎片 $c\to 0$（但是 $c\neq 0$）的特例，在体固联坐标系 $X_bY_bZ_b$ 中，激光辐照方向单位矢量为 $\hat{\boldsymbol{L}}_{R,X_b}=(\hat{L}_{R,x_b},\hat{L}_{R,y_b},\hat{L}_{R,z_b})^{\mathrm{T}}$，薄板空间碎片的激光烧蚀力方向单位矢量为

$$
\hat{\boldsymbol{F}}_{L,X_b}=\begin{cases}(0,0,0)^{\mathrm{T}}, & \hat{L}_{R,z_b}=0\\ (0,0,1)^{\mathrm{T}}, & \hat{L}_{R,z_b}>0\\ (0,0,-1)^{\mathrm{T}}, & \hat{L}_{R,z_b}<0\end{cases} \tag{4.190}
$$

进行如下坐标变换：

$$
\hat{\boldsymbol{F}}_{L,X}=\boldsymbol{Q}_{XS_0}\boldsymbol{Q}_{S_0X_b}\hat{\boldsymbol{F}}_{L,X_b} \tag{4.191}
$$

$$
\hat{\boldsymbol{F}}_{L,S}=\boldsymbol{Q}_{SX}\hat{\boldsymbol{F}}_{L,X} \tag{4.192}
$$

在 $t\geqslant 0$ 的任意时刻，在径向横向坐标系 STW 中，长方体空间碎片单位质量的激光烧蚀冲量为

$$
\boldsymbol{f}_{L,S}\,\tau_L'=\frac{C_mF_L}{c\rho}\left|\sin\theta_R\right|\hat{\boldsymbol{F}}_{L,S} \tag{4.193}
$$

式中，$\boldsymbol{f}_{L,S}=(f_{L,S},f_{L,T},f_{L,W})^{\mathrm{T}}$；$\theta_R=\arcsin(\hat{L}_{R,z_b})$。

2. 长条杆空间碎片

长条杆空间碎片是长方体空间碎片 $a\to 0$ 与 $b\to 0$（$a\neq 0$ 与 $b\neq 0$）的特例，在体固联坐标系 $X_bY_bZ_b$ 中，激光辐照方向单位矢量为 $\hat{\boldsymbol{L}}_{R,X_b}=(\hat{L}_{R,x_b},\hat{L}_{R,y_b},\hat{L}_{R,z_b})^{\mathrm{T}}$，长条杆空间碎片的激光烧蚀力方向单位矢量为

$$\theta_F=\begin{cases}\pm\pi/2, & \theta_R=\pm\pi/2\\ 0, & \text{其他}\end{cases} \tag{4.194}$$

$$\hat{\boldsymbol{F}}_{L,X_b}=\begin{cases}(0,0,\pm 1), & \theta_R=\pm\pi/2\\ (\cos\alpha_F,\sin\alpha_F,0), & \text{其他}\end{cases} \tag{4.195}$$

$$\alpha_F=\begin{cases}\arctan\left(\dfrac{a}{b}\tan\alpha_R\right), & 0\leqslant\alpha_R\leqslant\pi/2\\ \pi+\arctan\left(\dfrac{a}{b}\tan\alpha_R\right), & \pi/2<\alpha_R\leqslant\pi\\ \pi+\arctan\left(\dfrac{a}{b}\tan\alpha_R\right), & \pi<\alpha_R<3\pi/2\\ 2\pi+\arctan\left(\dfrac{a}{b}\tan\alpha_R\right), & 3\pi/2\leqslant\alpha_R<2\pi\end{cases} \tag{4.196}$$

$$\begin{cases}\theta_R=\arcsin(\hat{L}_{R,z_b})\\ \sin\alpha_R=\hat{L}_{R,y_b}/\cos\theta_R\\ \cos\alpha_R=\hat{L}_{R,x_b}/\cos\theta_R\end{cases} \tag{4.197}$$

进行如下坐标变换：

$$\hat{\boldsymbol{F}}_{L,X}=\boldsymbol{Q}_{XS_0}\boldsymbol{Q}_{S_0X_b}\hat{\boldsymbol{F}}_{L,X_b} \tag{4.198}$$

$$\hat{\boldsymbol{F}}_{L,S}=\boldsymbol{Q}_{SX}\hat{\boldsymbol{F}}_{L,X} \tag{4.199}$$

在 $t\geqslant 0$ 的任意时刻，在径向横向坐标系 STW 中，长条杆空间碎片单位质量的激光烧蚀冲量为

$$\boldsymbol{f}_{L,S}\,\tau_L'=\frac{C_mF_L}{ab\rho}\sqrt{b^2\cos^2\alpha_R+a^2\sin^2\alpha_R}\cos\theta_R\hat{\boldsymbol{F}}_{L,S} \tag{4.200}$$

式中，$\boldsymbol{f}_{L,S}=(f_{L,S},f_{L,T},f_{L,W})^{\mathrm{T}}$ 为长条杆空间碎片单位质量的激光烧蚀力。

4.5.7 计算分析

激光重频为 10Hz，脉宽为 10ns，激光烧蚀力作用时间为 100ns，激光功率密

度为10^{13} W/m^2 (10^9 W/cm^2)，激光最大作用距离为 200km，激光最大发射角为 90°，远场激光光斑半径为 25cm，激光器平均功率为1.963495×10^5 W (激光单脉冲能量为1.963495×10^4 J)，地球平均半径取为 $R_0 = 6378\text{km}$ 。

长方体空间碎片为铝材，密度为 2700kg/m^3 ，冲量耦合系数取 5×10^{-5} N · s/J (相当于下限保守值)，为了在相同质量条件下研究长方体空间碎片尺寸的影响，长方体空间碎片尺寸取为 $(a,b,c)=(10,10,10)$ 、 $(a,b,c)=(5,10,20)$ 和 $(a,b,c)=(20,20,2.5)$ (单位：cm)。长方体空间碎片初始欧拉角和初始角速度根据问题需要选择。

1. 空间碎片同面圆轨道、反向飞行

图 4.51 为长方体空间碎片同面圆轨道、反向、大轨道高度差飞行时矢径差的变化(变轨后矢径与原矢径之差)。长方体空间碎片尺寸为 $(a,b,c)=(10,10,10)$ (单位：cm)，空间碎片和平台轨道高度、空间碎片初始欧拉角和初始角速度分别为

$$(H_{\text{deb},0},H_{\text{sta},0})=(450,400;400,400;400,450)\ (\text{km}) \tag{4.201}$$

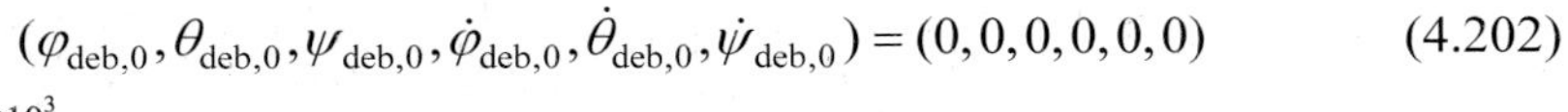

$$(\varphi_{\text{deb},0},\theta_{\text{deb},0},\psi_{\text{deb},0},\dot{\varphi}_{\text{deb},0},\dot{\theta}_{\text{deb},0},\dot{\psi}_{\text{deb},0})=(0,0,0,0,0,0) \tag{4.202}$$

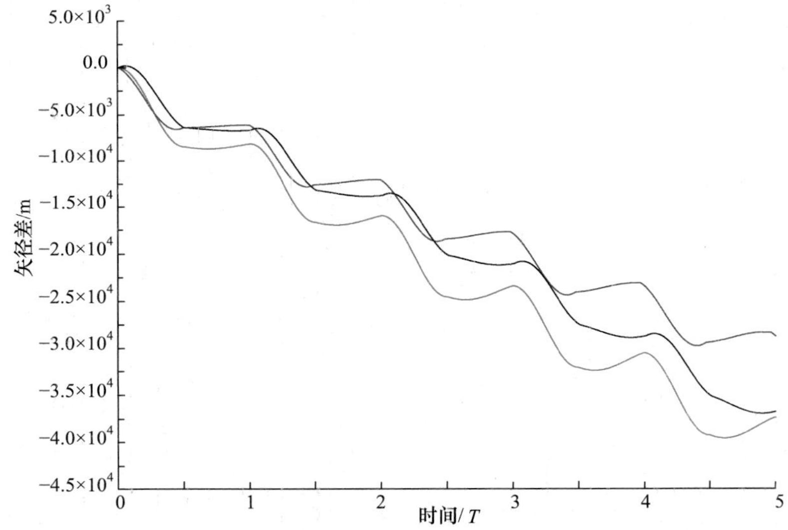

图 4.51　长方体空间碎片同面圆轨道、反向、大轨道高度差飞行时矢径差的变化

横轴坐标为平台运动周期 T。首先，当空间碎片反向迎面飞行时(红线)，轨道高度差为 0，矢径差逐渐减小且减小量最大约为 40km；其次，当空间碎片反向下方飞行时(蓝线)，空间碎片轨道低于平台轨道 50km，矢径差逐渐减小且减小量最大约为 30km；最后，当空间碎片反向上方飞行时(黑线)，空间碎片轨道高于平台轨道 50km，矢径差逐渐减小且减小量最大约为 36km。

图 4.52 为长方体空间碎片同面圆轨道、反向、大轨道高度差飞行时偏心率的变化。首先，当空间碎片反向迎面飞行时(红线)，偏心率最大约为 0.00062；其次，当空间碎片反向下方飞行时(蓝线)，偏心率最大约为 0.0005；最后，当空间碎片反向上方飞行时(黑线)，偏心率最大约为 0.0005，但是，与空间碎片反向下方飞行情况比较，相邻两次激光操控所引起的偏心率上下波动量小一些。

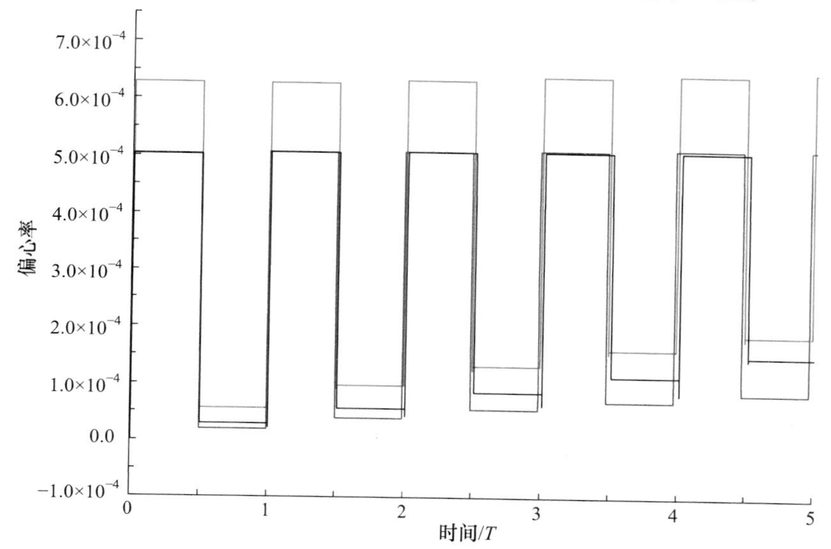

图 4.52　长方体空间碎片同面圆轨道、反向、大轨道高度差飞行时偏心率的变化

图 4.53 为长方体空间碎片同面圆轨道、反向、小轨道高度差飞行时矢径差的变化(变轨后矢径与原矢径之差)。首先，当空间碎片反向上方飞行时(黑线)，空间碎片轨道高于平台轨道 5km，矢径差逐渐减小且减小量最大约为 41km；其次，当空间碎片反向下方飞行时(蓝线)，空间碎片轨道低于平台轨道 5km，矢径差逐渐减小且减小量最小约为 38km；最后，当空间碎片反向迎面飞行时(红线)，轨道高度差为 0，矢径差逐渐减小且减小量约为 40km，在上述两者之间。

图 4.54 为长方体空间碎片同面圆轨道、反向、小轨道高度差飞行时偏心率的变化。在空间碎片反向上方飞行(黑线)、空间碎片反向下方飞行(蓝线)、空间碎片反向迎面飞行(红线)等情况下，首先，最大偏心率基本相同，约为 0.00062；其次，相邻两次激光操控所引起的偏心率上下波动量，在空间碎片反向上方飞行时(黑线)最小，在空间碎片反向下方飞行时(蓝线)最大，在空间碎片反向迎面飞行时(红线)介于两者之间。

图 4.55 为长方体空间碎片同面圆轨道、反向、迎面飞行时碎片平台距离的变化。在一个平台运动周期 T 内，出现 2 次激光操控窗口。

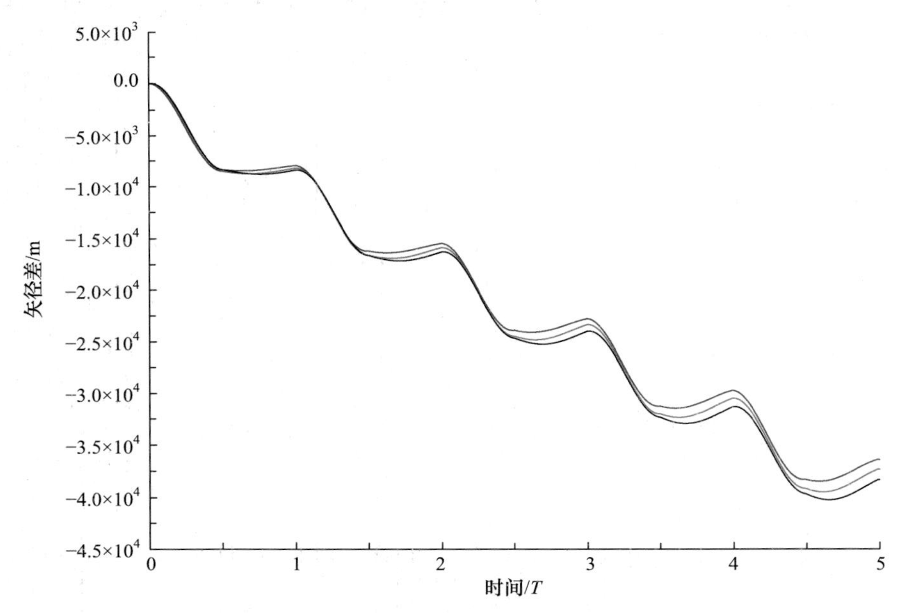

图 4.53　长方体空间碎片同面圆轨道、反向、小轨道高度差飞行时矢径差的变化

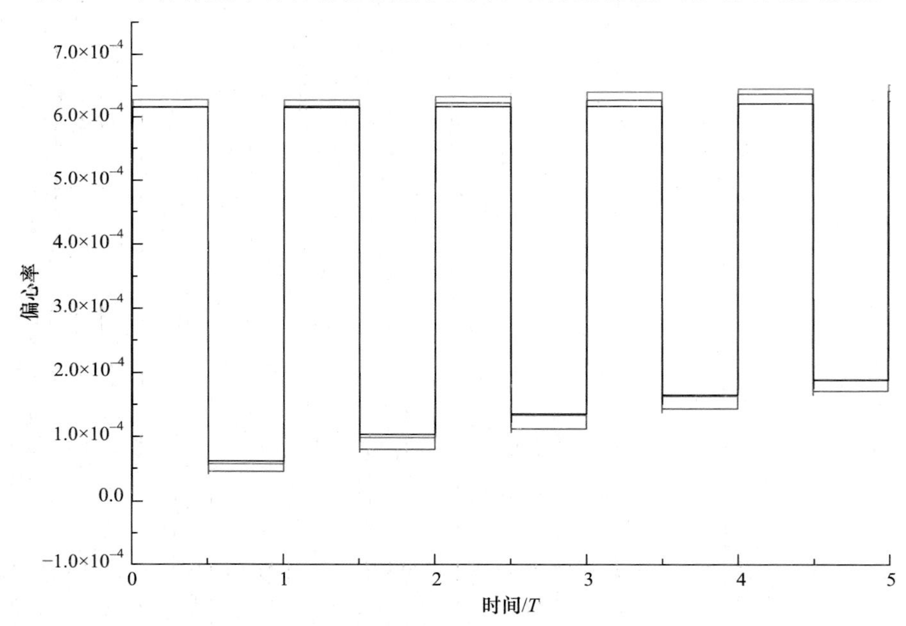

图 4.54　长方体空间碎片同面圆轨道、反向、小轨道高度差飞行时偏心率的变化

在长方体空间碎片相同质量条件下，研究长方体形体对激光操控的影响。图 4.56 为长方体空间碎片同面圆轨道、反向、迎面飞行时矢径差的变化(长方体形体不同)。初始欧拉角和初始角速度都为 0。首先，当长方体空间碎片尺寸取 $(a,b,c)=(10,10,10)$

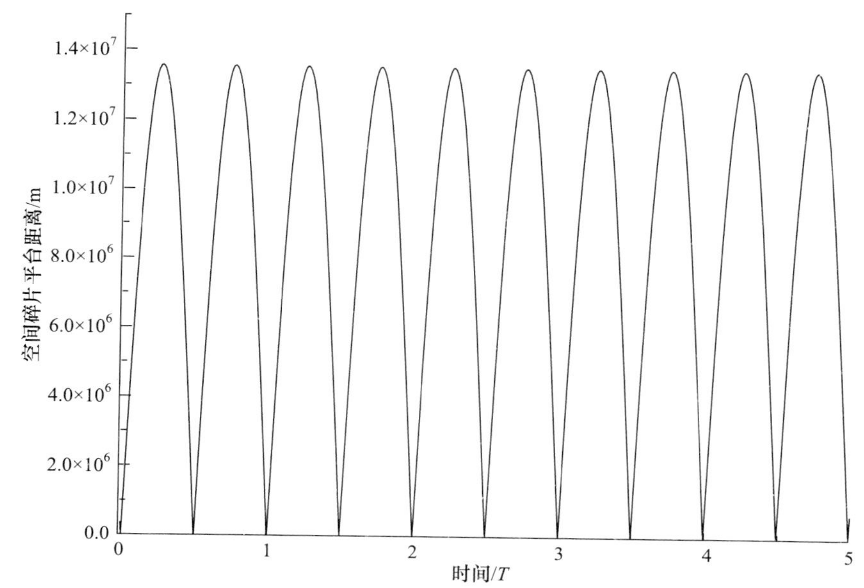

图 4.55　长方体空间碎片同面圆轨道、反向、迎面飞行时空间碎片平台距离的变化

(红线)和 $(a,b,c)=(5,10,20)$ (黑线)时，矢径差逐渐减小且减小量最大约为 40km；其次，当长方体空间碎片尺寸取 $(a,b,c)=(20,20,2.5)$ 时(蓝线)，矢径差逐渐减小且减小量最小约为 20km。这表明长方体形体对激光操控效果有显著的影响。

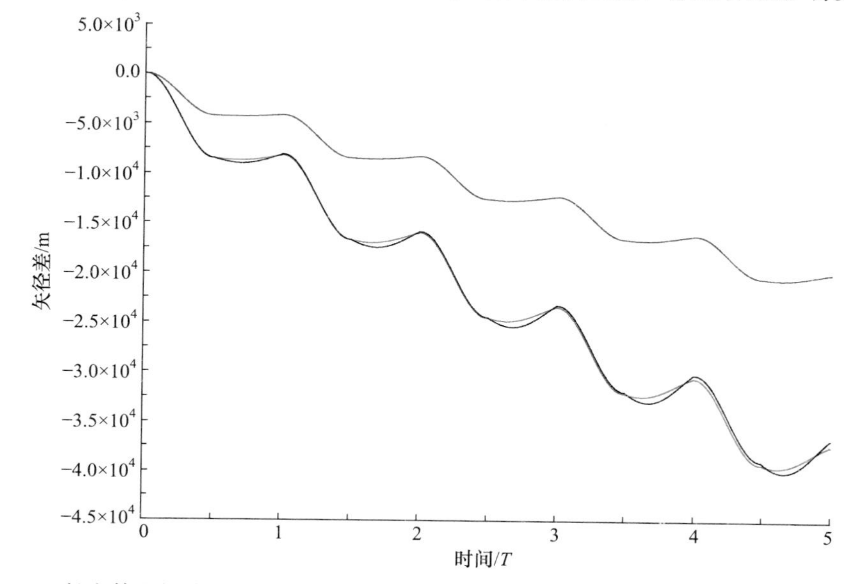

图 4.56　长方体空间碎片同面圆轨道、反向、迎面飞行时矢径差的变化(长方体形体不同)

在相同长方体形体条件下，研究初始欧拉角对激光操控的影响。图 4.57 为长

方体空间碎片同面圆轨道、反向、迎面飞行时矢径差的变化。长方体空间碎片尺寸取 $(a,b,c)=(20,20,2.5)$ ，初始姿态角分别为

$$(\varphi_{\text{deb},0},\theta_{\text{deb},0},\psi_{\text{deb},0},\dot{\varphi}_{\text{deb},0},\dot{\theta}_{\text{deb},0},\dot{\psi}_{\text{deb},0})=(0,0,0,0,0,0) \tag{4.203}$$

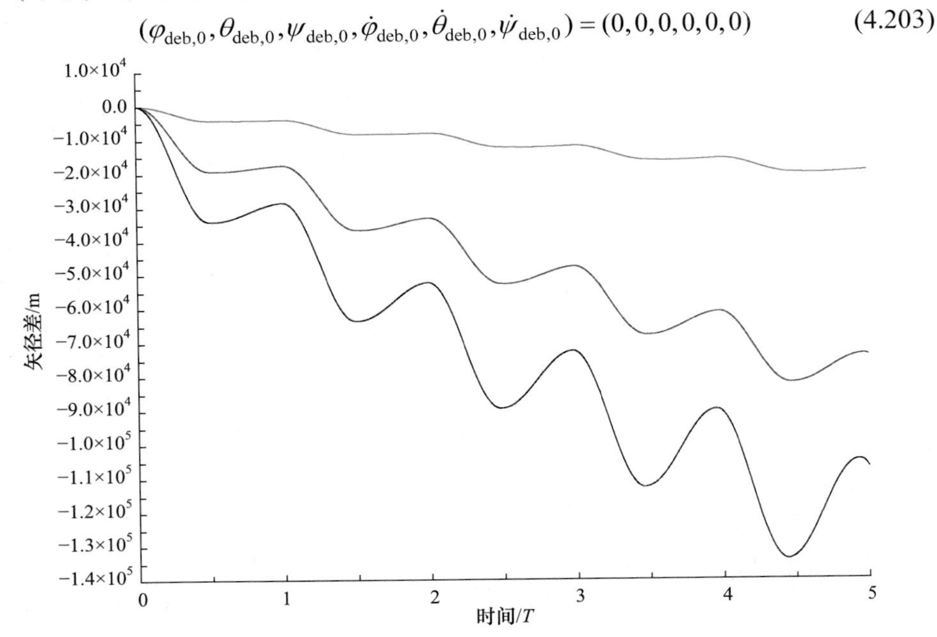

图 4.57　长方体空间碎片同面圆轨道、反向、迎面飞行时矢径差的变化
(空间碎片形体相同、初始欧拉角不同)

$$(\varphi_{\text{deb},0},\theta_{\text{deb},0},\psi_{\text{deb},0},\dot{\varphi}_{\text{deb},0},\dot{\theta}_{\text{deb},0},\dot{\psi}_{\text{deb},0})=(\pi/4,0,0,0,0,0) \tag{4.204}$$

$$(\varphi_{\text{deb},0},\theta_{\text{deb},0},\psi_{\text{deb},0},\dot{\varphi}_{\text{deb},0},\dot{\theta}_{\text{deb},0},\dot{\psi}_{\text{deb},0})=(\pi/2,0,0,0,0,0) \tag{4.205}$$

首先，当 $\varphi_{\text{deb},0}=0$ 时(红线)，矢径差逐渐减小且减小量约为 20km；其次，当 $\varphi_{\text{deb},0}=\pi/4$ 时(蓝线)，矢径差逐渐减小且减小量约为 80km；最后，当 $\varphi_{\text{deb},0}=\pi/2$ 时(黑线)，矢径差逐渐减小且减小量约为 135km。这表明初始欧拉角对激光操控效果有显著的影响。

在相同圆柱体形体和初始欧拉角条件下，研究初始角速度对激光操控的影响。图 4.58 为长方体空间碎片同面圆轨道、反向、迎面飞行时矢径差的变化。长方体空间碎片尺寸为 $(a,b,c)=(20,20,2.5)$ ，初始欧拉角和初始角速度分别为

$$(\varphi_{\text{deb},0},\theta_{\text{deb},0},\psi_{\text{deb},0},\dot{\varphi}_{\text{deb},0},\dot{\theta}_{\text{deb},0},\dot{\psi}_{\text{deb},0})=(\pi/2,0,0,0,0,0) \tag{4.206}$$

$$(\varphi_{\text{deb},0},\theta_{\text{deb},0},\psi_{\text{deb},0},\dot{\varphi}_{\text{deb},0},\dot{\theta}_{\text{deb},0},\dot{\psi}_{\text{deb},0})=(\pi/2,0,0,5\pi,0,0) \tag{4.207}$$

首先，当 $\varphi_{\text{deb},0}=\pi/2$ 和 $\dot{\varphi}_{\text{deb},0}=0$ 时(下方曲线)，矢径差逐渐减小且减小量约为 135km；其次，当 $\varphi_{\text{deb},0}=\pi/2$ 和 $\dot{\varphi}_{\text{deb},0}=5\pi$ 时(上方曲线)，矢径差逐渐减小且

减小量约为 82km。这表明初始角速度对激光操控效果有显著的影响。

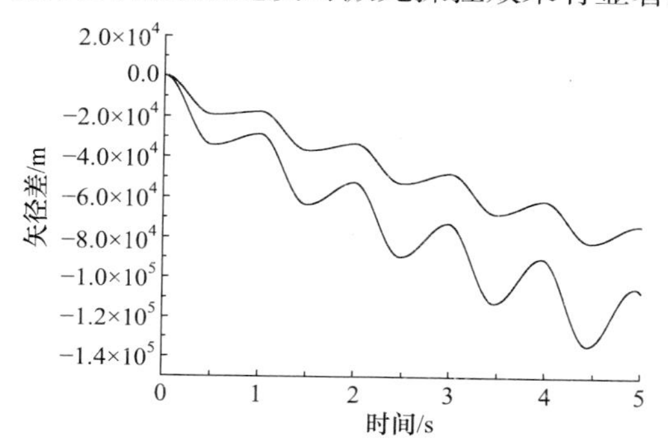

图 4.58　长方体空间碎片同面圆轨道、反向、迎面飞行时矢径差的变化(空间碎片形体和初始欧拉角相同、初始角速度不同)

图 4.59 为长方体空间碎片同面圆轨道、反向、迎面飞行时轨道参数的变化(一个激光操控窗口)。长方体空间碎片和平台轨道高度都为 400km，长方体空间碎片尺寸为 $(a,b,c)=(20,20,2.5)$，姿态角为 $\varphi_{\text{deb},0}=\pi/4$，角速度都为 0。空间碎片约在 10s 时进入激光操控窗口，激光操控窗口的时间长度约为 10s，空间碎片半长轴减小 10km 和近地点半径减小 19km(实线和下方虚线)，远地点半径基本不变(上方虚线)，偏心率增大到 0.0014(红实线)。

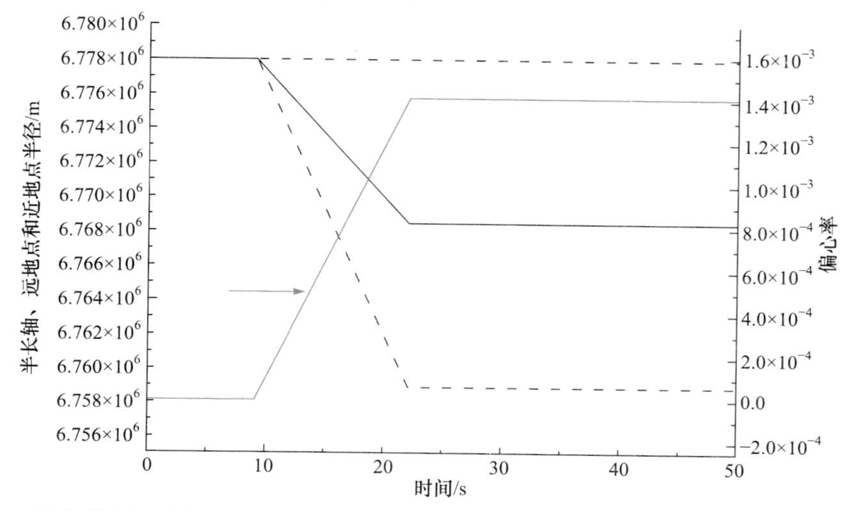

图 4.59　长方体空间碎片同面圆轨道、反向、迎面飞行时轨道参数的变化(一个激光操控窗口)

图 4.60 为长方体空间碎片同面圆轨道、反向、迎面飞行时轨道倾角和升交点赤经的变化(一个激光操控窗口)。由图 4.60 可知，在一个激光操控窗口内，轨道倾角和升交点赤经都有所增大。

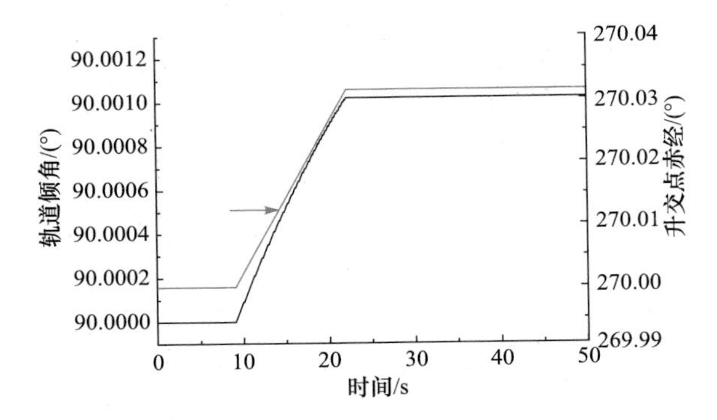

图 4.60　长方体空间碎片同面圆轨道、反向、迎面飞行时轨道倾角和升交点赤经的变化(一个激光操控窗口)

图 4.61 为长方体空间碎片异面圆轨道、反向、迎面飞行时轨道倾角和升交点赤经的变化(多个激光操控窗口)。由图 4.61 可知，多个激光操控窗口内，空间碎片轨道倾角先由小到大、再由大到小变化，空间碎片升交点赤经始终增大(初始升交点赤经为 270°)。

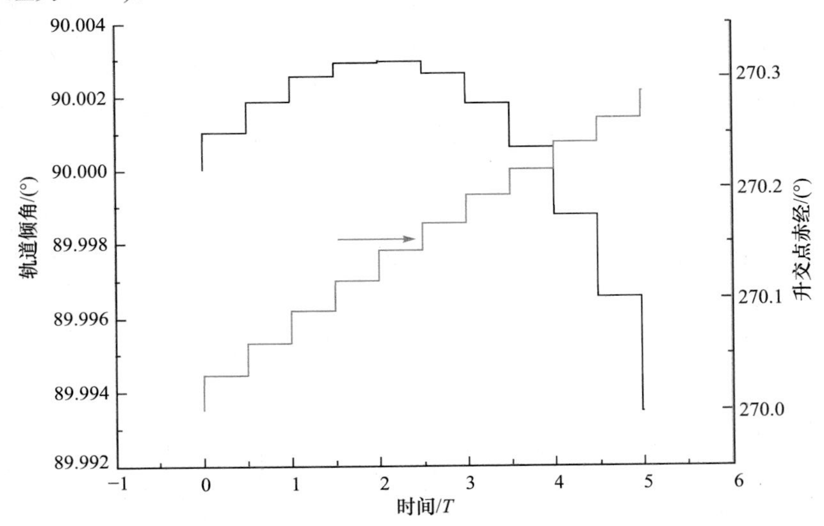

图 4.61　长方体空间碎片异面圆轨道、反向、迎面飞行时轨道倾角和升交点赤经的变化(多个激光操控窗口)

图 4.62 为长方体空间碎片异面圆轨道、反向、迎面飞行时轨道倾角的变化(多个激光操控窗口、升交点赤经不同)。由图 4.62 可知，多个激光操控窗口内，初始升交点赤经为 260°、270°和 280°条件下，空间碎片轨道倾角变化都有所不同(黑线为 260°、红线为 270°和蓝线为 280°)。

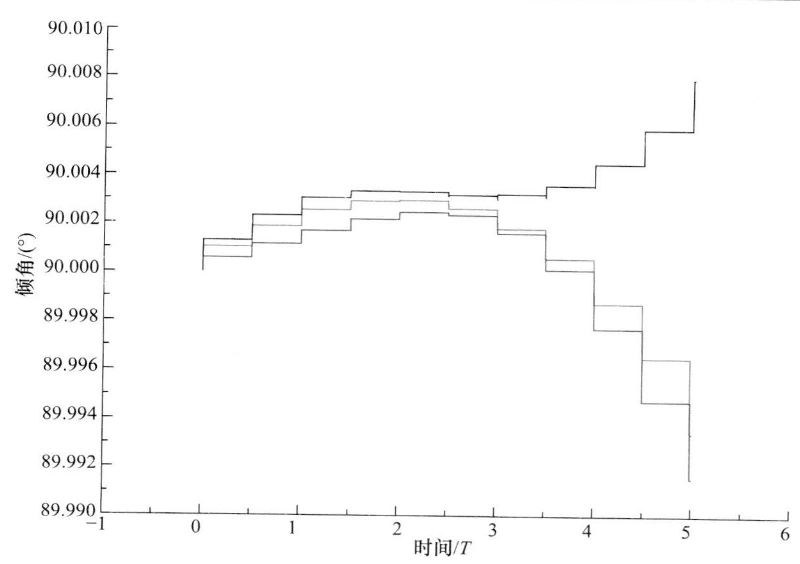

图 4.62　长方体空间碎片异面圆轨道、反向、迎面飞行时轨道倾角的变化
(多个激光操控窗口、升交点赤经不同)

当长方体空间碎片同面或异面、反向、上方/迎面/下方飞行时，长方体空间碎片的激光烧蚀力方向偏离激光辐照方向，因此激光操控具有如下特点：

(1) 当空间碎片反向飞行时，激光操控窗口的时间长度很短，激光操控窗口的间隔时间也较短(每半个平台运动周期可相遇一次)。

(2) 在多个激光操控窗口内，激光烧蚀力作用下，空间碎片矢径差总是减小(变轨后矢径与原矢径之差)，并且在上方、小轨道高度差飞行情况下，空间碎片轨道与平台轨道有可能出现交汇现象。

(3) 激光操控效果与长方体形体(长度、宽度和高度取值)和质量、初始欧拉角和初始角速度等有关，并且还与空间碎片和平台轨道之间的异面角度有关。

2. 空间碎片同面圆轨道、同向飞行

图 4.63 为长方体空间碎片同面圆轨道、同向、上方、大轨道高度差飞行时矢径差的变化(一个激光操控窗口)。长方体空间碎片尺寸、空间碎片轨道高度和平台轨道高度、空间碎片初始欧拉角和初始角速度，分别为

$$(a,b,c)=(10,10,10;5,10,20;20,20,2.5)\ (\text{cm}) \tag{4.208}$$

$$(H_{\text{deb},0},H_{\text{sta},0})=(450,400)\ (\text{km}) \tag{4.209}$$

$$(\varphi_{\text{deb},0},\theta_{\text{deb},0},\psi_{\text{deb},0},\dot{\varphi}_{\text{deb},0},\dot{\theta}_{\text{deb},0},\dot{\psi}_{\text{deb},0})=(0,0,0,0,0,0) \tag{4.210}$$

横轴坐标为平台运动周期 T。

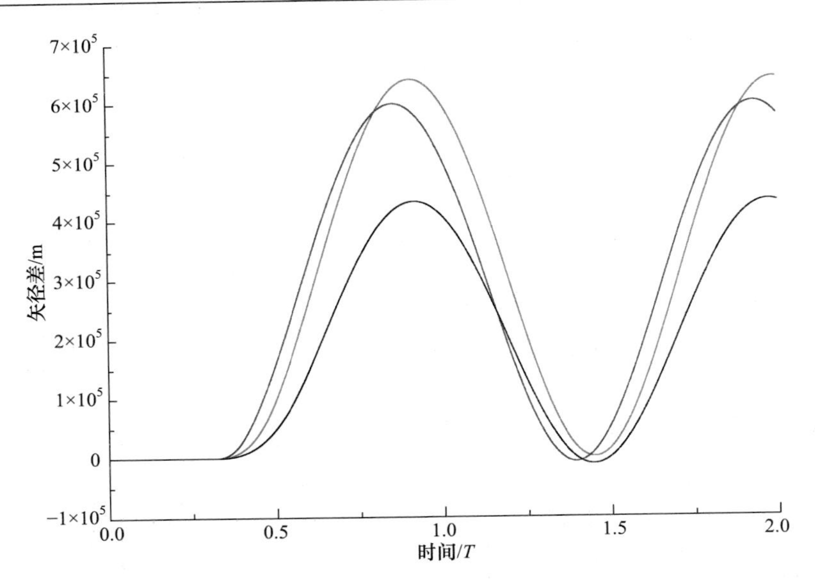

图 4.63　长方体空间碎片同面圆轨道、同向、上方、大轨道高度差飞行时矢径差的变化(一个激光操控窗口)

首先，当空间碎片尺寸为$(a,b,c)=(10,10,10)$时(红线)，与原轨道矢径 6828km 比较，矢径差最大约为 650km 和最小约为−3m；其次，当空间碎片尺寸为$(a,b,c)=(5,10,20)$时(蓝线)，与原轨道矢径 6828km 比较，矢径差最大约为 600km 和最小约为−8.2km；最后，当空间碎片尺寸为$(a,b,c)=(20,20,2.5)$时(黑线)，与原轨道矢径 6828km 比较，矢径差最大约为 430km 和最小约为−12.2km。此时，空间碎片偏心率的变化如图 4.64 所示，由图 4.64 可知，激光操控窗口的时间长度有一定变化，但是由于同向飞行，激光操控窗口的时间长度都较长。激光操控的效果是将圆轨道变为椭圆轨道，并且长方体形体对激光操控效果有显著的影响。

图 4.65 为长方体空间碎片同面圆轨道、同向、下方、大轨道高度差飞行时矢径差的变化(一个激光操控窗口)。长方体空间碎片尺寸、空间碎片轨道高度和平台轨道高度、空间碎片初始欧拉角和初始角速度分别为

$$(a,b,c)=(10,10,10;5,10,20;20,20,2.5)\ (\text{cm}) \tag{4.211}$$

$$(H_{\text{deb},0},H_{\text{sta},0})=(400,450)\ (\text{km}) \tag{4.212}$$

$$(\varphi_{\text{deb},0},\theta_{\text{deb},0},\psi_{\text{deb},0},\dot{\varphi}_{\text{deb},0},\dot{\theta}_{\text{deb},0},\dot{\psi}_{\text{deb},0})=(0,0,0,0,0,0) \tag{4.213}$$

时间单位为平台运动周期 T。首先，当空间碎片尺寸为$(a,b,c)=(10,10,10)$时(红线)，与原轨道矢径 6778km 比较，矢径差最大约为 440km 和最小约为−49km；其次，当空间碎片尺寸为$(a,b,c)=(5,10,20)$时(蓝线)，与原轨道矢径 6778km 比较，矢

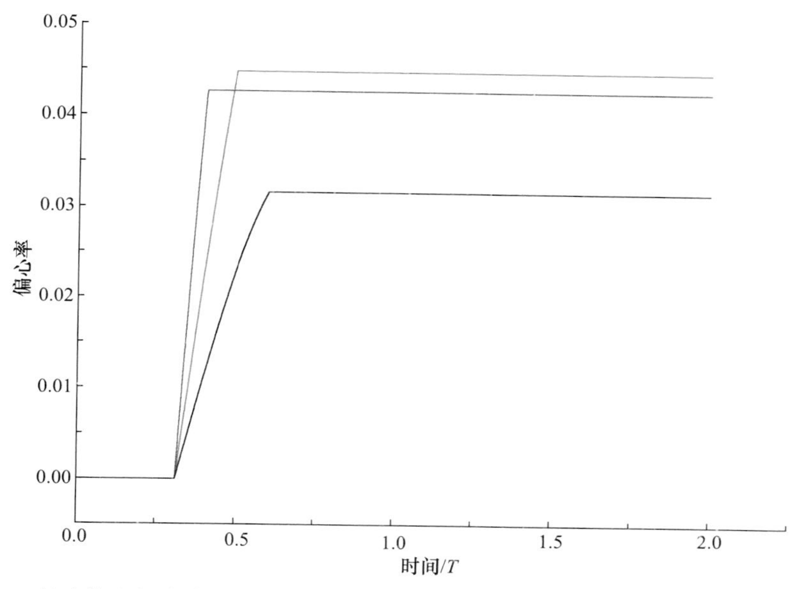

图 4.64　长方体空间碎片同面圆轨道、同向、上方、大轨道高度差飞行时偏心率的变化

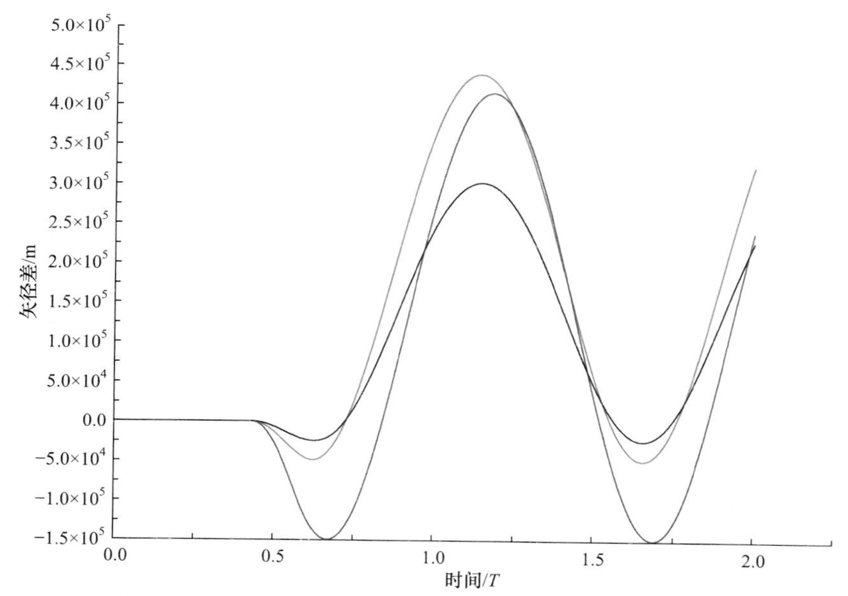

图 4.65　长方体空间碎片同面圆轨道、同向、下方、大轨道高度差飞行时矢径差的变化（一个激光操控窗口）

径差最大约为 400km 和最小约为−149km；最后，当空间碎片尺寸为 $(a,b,c)=(20,20,2.5)$ 时(黑线)，与原轨道矢径 6778km 比较，矢径差最大约为 300km 和最小约为−24km。此时，空间碎片偏心率的变化如图 4.66 所示。由图 4.66 可知，激光操

控窗口的时间长度有一定变化，但是，由于同向飞行，激光操控窗口的时间长度都较长。激光操控的效果是将圆轨道变为椭圆轨道，并且长方体形体对激光操控效果有显著的影响，同时增大了空间碎片在远地点与平台交汇的可能性。

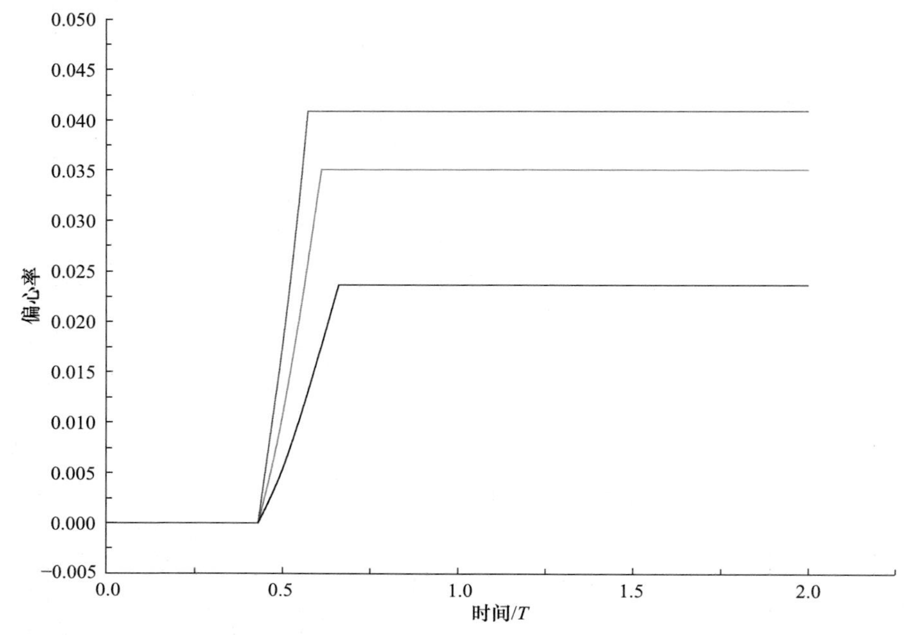

图 4.66 长方体空间碎片同面圆轨道、同向、下方、大轨道高度差飞行时偏心率的变化

图 4.67 为长方体空间碎片同面圆轨道、同向、上方、小轨道高度差飞行时矢径差的变化(一个激光操控窗口)。长方体空间碎片尺寸、空间碎片轨道高度和平台轨道高度、空间碎片初始欧拉角和初始角速度分别为

$$(a,b,c)=(10,10,10;5,10,20;20,20,2.5)\ (\text{cm}) \tag{4.214}$$

$$(H_{\text{deb},0},H_{\text{sta},0})=(405,400)\ (\text{km}) \tag{4.215}$$

$$(\varphi_{\text{deb},0},\theta_{\text{deb},0},\psi_{\text{deb},0},\dot{\varphi}_{\text{deb},0},\dot{\theta}_{\text{deb},0},\dot{\psi}_{\text{deb},0})=(0,0,0,0,0,0) \tag{4.216}$$

横轴坐标为平台运动周期 T。

首先，当空间碎片尺寸为 $(a,b,c)=(10,10,10)$ 时(红线)，与原轨道矢径 6783km 比较，矢径差最大约为 470km 和最小约为 28km；其次，当空间碎片尺寸为 $(a,b,c)=(5,10,20)$ 时(蓝线)，与原轨道矢径 6783km 比较，矢径差最大约为 500km 和最小约为 40km；最后，当空间碎片尺寸为 $(a,b,c)=(20,20,2.5)$ 时(黑线)，与原轨道矢径 6783km 比较，矢径差最大约为 480km 和最小约为 29km。此时，空间碎片偏心率的变化如图 4.68 所示，由图 4.68 可知，激光操控的效果是将圆轨道变为椭圆轨道，并且长方体形体对激光操控效果有显著的影响，以及空间碎片进出激光

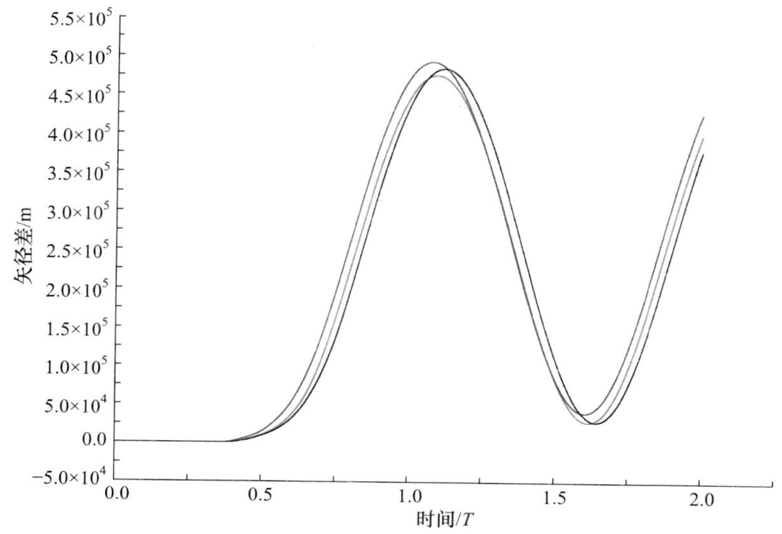

图 4.67　长方体空间碎片同面圆轨道、同向、上方、小轨道高度差飞行时矢径差的变化（一个激光操控窗口）

操控窗口 2～4 次，经历了 2～4 次打出去、飞进来的过程，使得空间碎片偏心率发生 2～4 次变化。

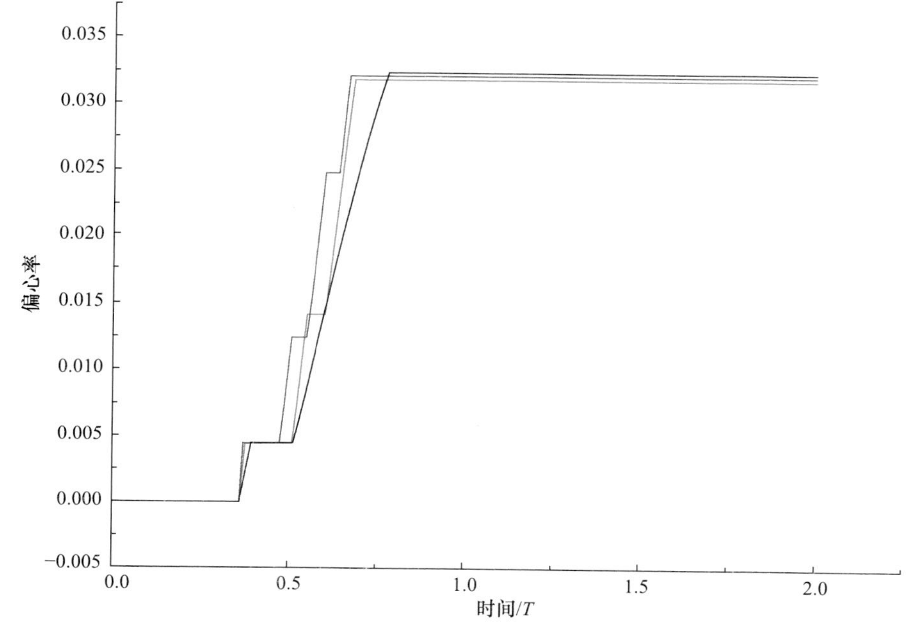

图 4.68　长方体空间碎片同面圆轨道、同向、上方、小轨道高度差飞行时偏心率的变化

以上研究了空间碎片同面圆轨道、同向、上方、小轨道高度差飞行时，长方体空间碎片相同质量条件下，长方体形体对激光操控的影响。下面以长方体空间碎片尺寸 $(a,b,c)=(20,20,2.5)$ 为例，研究初始欧拉角和初始角速度的影响。轨道高度为 $(H_{\text{deb},0},H_{\text{sta},0})=(405,400)\,(\text{km})$，初始欧拉角分别为

$$(\varphi_{\text{deb},0},\theta_{\text{deb},0},\psi_{\text{deb},0},\dot{\varphi}_{\text{deb},0},\dot{\theta}_{\text{deb},0},\dot{\psi}_{\text{deb},0})=(0,0,0,0,0,0) \tag{4.217}$$

$$(\varphi_{\text{deb},0},\theta_{\text{deb},0},\psi_{\text{deb},0},\dot{\varphi}_{\text{deb},0},\dot{\theta}_{\text{deb},0},\dot{\psi}_{\text{deb},0})=(\pi/4,0,0,0,0,0) \tag{4.218}$$

$$(\varphi_{\text{deb},0},\theta_{\text{deb},0},\psi_{\text{deb},0},\dot{\varphi}_{\text{deb},0},\dot{\theta}_{\text{deb},0},\dot{\psi}_{\text{deb},0})=(\pi/2,0,0,0,0,0) \tag{4.219}$$

图 4.69 为长方体空间碎片同面圆轨道、同向、上方、小轨道高度差飞行时矢径差的变化(长方体形体相同、初始欧拉角不同)。首先，当 $\varphi_{\text{deb},0}=0$ 时(红线)，矢径差最小改变量为 28km；其次，当 $\varphi_{\text{deb},0}=\pi/4$ 时(蓝线)，矢径差最小改变量为−23km；最后，当 $\varphi_{\text{deb},0}=\pi/2$ 时(黑线)，矢径差最小改变量为−41km。这表明初始欧拉角对激光操控效果有显著的影响。

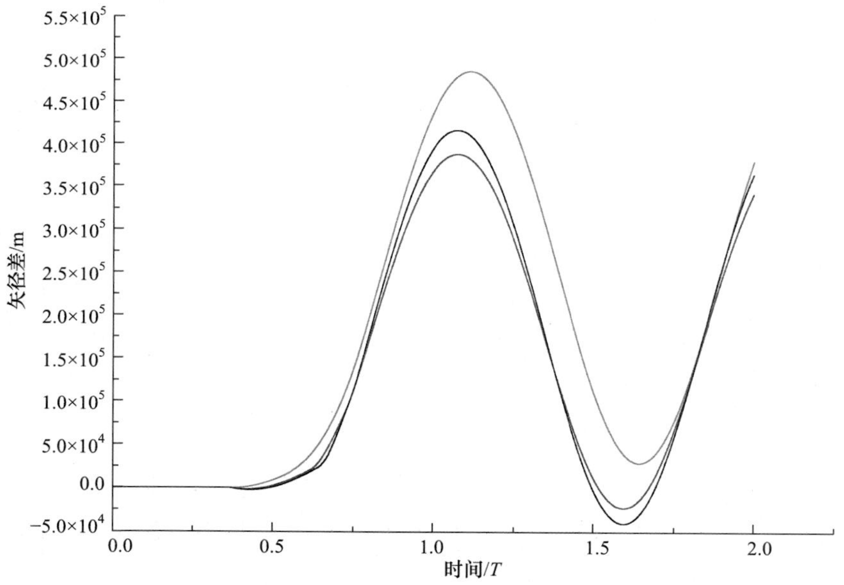

图 4.69　长方体空间碎片同面圆轨道、同向、上方、小轨道高度差飞行时矢径差的变化(长方体形体相同、初始欧拉角不同)

下面研究相同长方体形体和初始欧拉角条件下，初始角速度对激光操控的影响。图 4.70 为长方体空间碎片同面圆轨道、同向、上方、小轨道高度差飞行时矢径差的变化(一个激光操控窗口)。长方体空间碎片尺寸为 $(a,b,c)=(20,20,2.5)$，轨道高度为 $(H_{\text{deb},0},H_{\text{sta},0})=(405,400)\,(\text{km})$，初始欧拉角和初始角速度分别为

$$(\varphi_{\text{deb},0}, \theta_{\text{deb},0}, \psi_{\text{deb},0}, \dot{\varphi}_{\text{deb},0}, \dot{\theta}_{\text{deb},0}, \dot{\psi}_{\text{deb},0}) = (\pi/2, 0, 0, 0, 0, 0) \tag{4.220}$$

$$(\varphi_{\text{deb},0}, \theta_{\text{deb},0}, \psi_{\text{deb},0}, \dot{\varphi}_{\text{deb},0}, \dot{\theta}_{\text{deb},0}, \dot{\psi}_{\text{deb},0}) = (\pi/2, 0, 0, 5\pi, 0, 0) \tag{4.221}$$

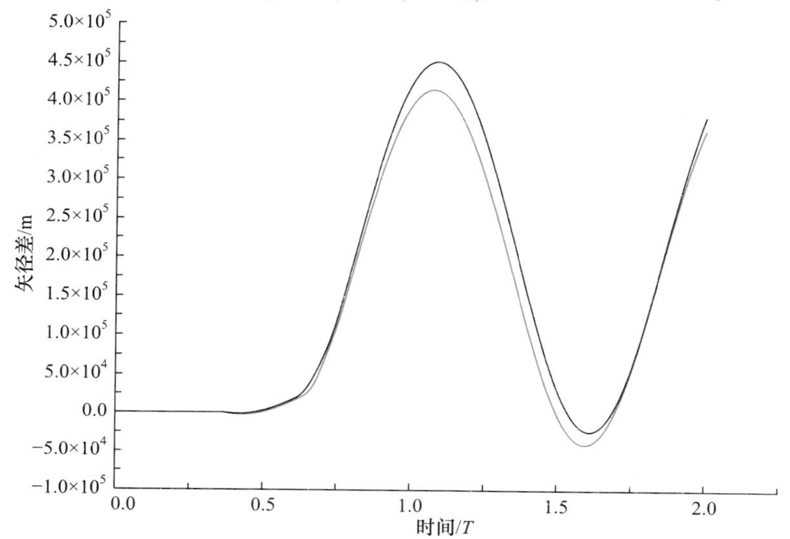

图 4.70　长方体空间碎片同面圆轨道、同向、上方、小轨道高度差飞行时矢径差的变化
(长方体形体和初始欧拉角相同、角速度不同)

图 4.70 中红线为 $\varphi_{\text{deb},0} = \pi/2$ 和 $\dot{\varphi}_{\text{deb},0} = 0$ 情况；黑线为 $\varphi_{\text{deb},0} = \pi/2$ 和 $\dot{\varphi}_{\text{deb},0} = 5\pi$ 情况，表明初始角速度对激光操控效果有一定的影响。

图 4.71 为长方体空间碎片同面圆轨道、同向、上方、小轨道高度差飞行时轨道倾角和升交点赤经的变化(一个激光操控窗口)。轨道高度为 $(H_{\text{deb},0}, H_{\text{sta},0}) = (405, 400)$ (km)，长方体空间碎片尺寸为 $(a,b,c) = (20, 20, 2.5)$，欧拉角为 $\varphi_{\text{deb},0} = \pi/4$，角速度

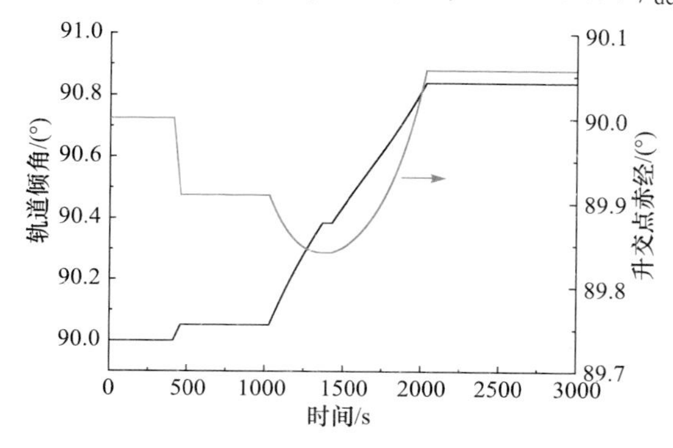

图 4.71　长方体空间碎片同面圆轨道、同向、上方、小轨道高度差飞行时轨道倾角和升交点赤经的变化(一个激光操控窗口)

都为 0。空间碎片轨道倾角逐渐增大，升交点赤经先由大到小、再由小到大变化。图 4.72 为长方体空间碎片同面圆轨道、同向、上方、小轨道高度差飞行时空间碎片平台距离和偏心率的变化(一个激光操控窗口)，从空间碎片平台距离变化可知，空间碎片进出激光操控窗口 3 次，空间碎片偏心率对应有 3 个阶段变化。

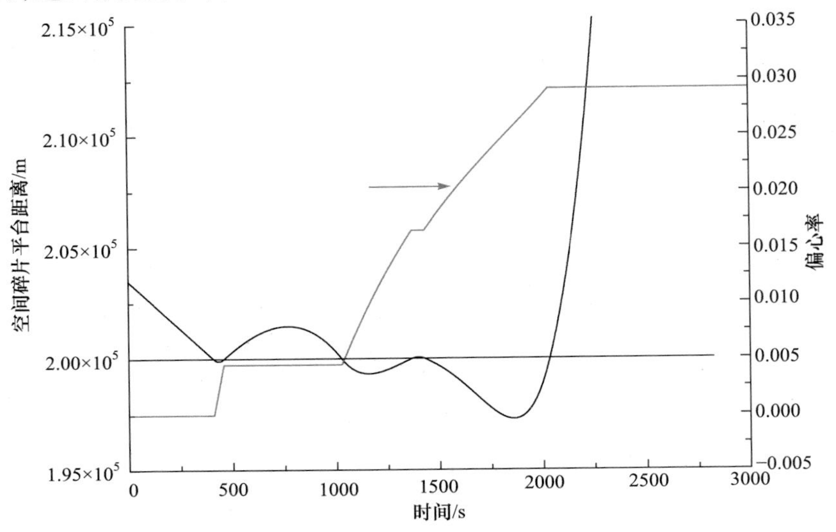

图 4.72　长方体空间碎片同面圆轨道、同向、上方、小轨道高度差飞行时空间碎片平台距离和偏心率的变化(一个激光操控窗口)

图 4.73 为长方体空间碎片同面圆轨道、同向、下方、小轨道高度差飞行时矢径差的变化(一个激光操控窗口)。长方体空间碎片尺寸、空间碎片轨道高度和平台轨道高度、空间碎片初始欧拉角和初始角速度分别为

$$(a,b,c)=(10,10,10;5,10,20;20,20,2.5)\ (\mathrm{cm}) \tag{4.222}$$

$$(H_{\mathrm{deb},0},H_{\mathrm{sta},0})=(400,405)\ (\mathrm{km}) \tag{4.223}$$

$$(\varphi_{\mathrm{deb},0},\theta_{\mathrm{deb},0},\psi_{\mathrm{deb},0},\dot{\varphi}_{\mathrm{deb},0},\dot{\theta}_{\mathrm{deb},0},\dot{\psi}_{\mathrm{deb},0})=(0,0,0,0,0,0) \tag{4.224}$$

横轴坐标为平台运动周期 T。首先，当长方体空间碎片尺寸为 $(a,b,c)=(10,10,10)$ 时(红线)，与原轨道矢径 6778km 比较，矢径差最大约为 700km 和最小约为−52.0km；其次，当长方体空间碎片尺寸为 $(a,b,c)=(5,10,20)$ 时(蓝线)，与原轨道矢径 6778km 比较，矢径差最大约为 1100km 和最小约为−23km；最后，当长方体空间碎片尺寸为 $(a,b,c)=(20,20,2.5)$ 时(黑线)，与原轨道矢径 6778km 比较，矢径差最大约为 600km 和最小约为−7km。激光操控的效果是将圆轨道变为椭圆轨道，并且长方体形体对激光操控效果有显著的影响，增大了空间碎片与平台轨道交汇可能性。

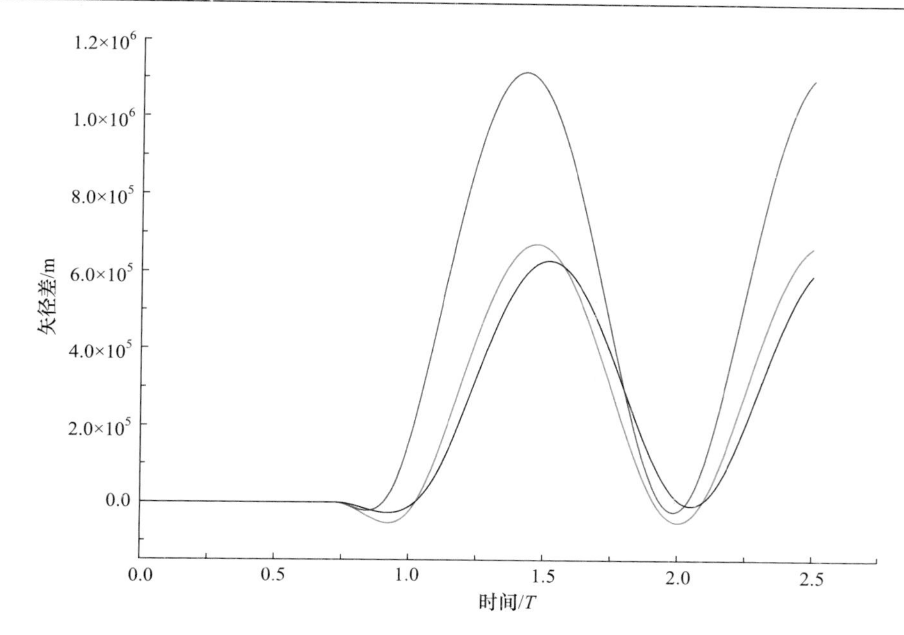

图 4.73　长方体空间碎片同面圆轨道、同向、下方、小轨道高度差飞行时矢径差的变化(一个激光操控窗口)

图 4.74 为长方体空间碎片同面圆轨道、同向、相同轨道高度飞行时矢径差的变化(一个激光操控窗口)。空间碎片和平台轨道高度都为 400km，空间碎片初始欧

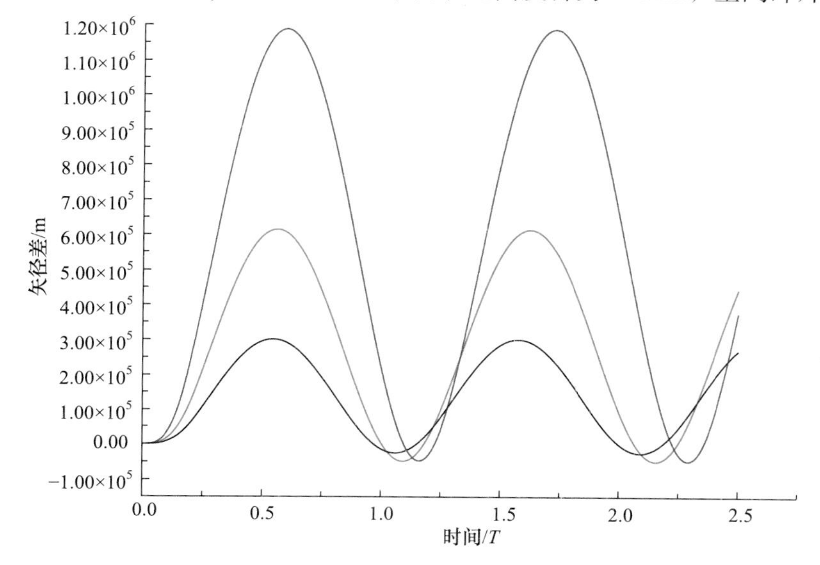

图 4.74　长方体空间碎片同面圆轨道、同向、相同轨道高度飞行时矢径差的变化(一个激光操控窗口)

拉角和初始角速度都为 0 。首先，当长方体空间碎片尺寸为$(a,b,c)=(5,10,20)$时(蓝线)，矢径差变化最大约为 1200km 和最小约为–49km；其次，当长方体空间碎片尺寸为$(a,b,c)=(20,20,2.5)$时(黑线)，矢径差变化最大约为 300km 和最小约为–24km；最后，当长方体空间碎片尺寸为$(a,b,c)=(10,10,10)$时(红线)，矢径差变化最大约为 600km 和最小约为–48km。图 4.75 为长方体空间碎片尺寸为$(a,b,c)=(5,10,20)$时，空间碎片平台距离变化，空间碎片与平台经过约 15 个平台运动周期 T 才能相遇一次。这表明在激光烧蚀力作用下碎片加速，在激光操控窗口区域是空间碎片近地点区域，远地点半径增大较大。

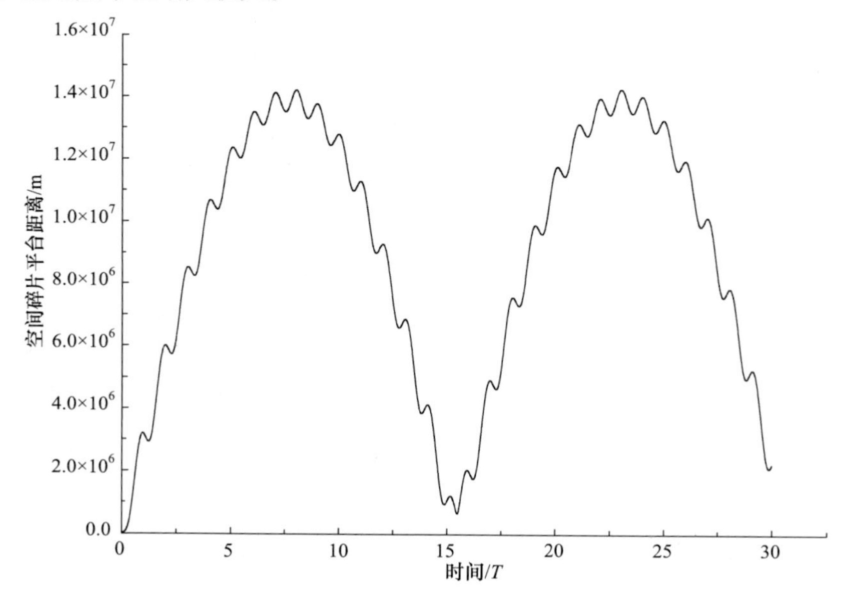

图 4.75　长方体空间碎片同面圆轨道、同向、相同轨道高度飞行时空间碎片与平台距离变化(2 个激光操控窗口内)

当长方体空间碎片同面、同向飞行时，圆柱体激光烧蚀力方向偏离激光辐照方向，因此激光操控具有以下特点：

(1) 当空间碎片同向飞行时，激光操控窗口的时间长度较长，激光操控窗口的间隔时间也大幅延长(空间碎片与平台经过十多个平台运动周期 T 可相遇一次)。

(2) 在多个激光操控窗口内，在激光烧蚀力作用下，空间碎片矢径差总是增大(变轨后矢径与原矢径之差)，并且空间碎片在相同轨道高度或下方飞行时，空间碎片轨道与平台轨道有可能出现交汇现象。

(3) 激光操控效果与长方体形体(长度、宽度和高度取值)和质量、初始欧拉角和初始角速度等有关，并且与空间碎片和平台轨道之间的异面角度有关。

3. 球体、圆柱体、长方体碎片比较

在相同质量条件下，为了对球体、圆柱体、长方体空间碎片运动轨道的激光操控效果进行比较，设球体、圆柱体、长方体空间碎片的尺寸分别为

$$R=5\ ,\quad (R,H)=(5,20/3)\ ,\quad (a,b,c)=(5,10,10\pi/3)\,(\mathrm{cm}) \tag{4.225}$$

空间碎片和平台轨道高度、初始欧拉角和初始角速度分别为

$$(H_{\mathrm{deb},0},H_{\mathrm{sta},0})=(400,400)\,(\mathrm{km}) \tag{4.226}$$

$$(\varphi_{\mathrm{deb},0},\theta_{\mathrm{deb},0},\psi_{\mathrm{deb},0},\dot{\varphi}_{\mathrm{deb},0},\dot{\theta}_{\mathrm{deb},0},\dot{\psi}_{\mathrm{deb},0})=(\pi/4,\pi/4,0,0,0,0) \tag{4.227}$$

图 4.76 为球体、圆柱体、长方体空间碎片矢径差的变化，球体空间碎片矢径差为−39km(红线)，圆柱体空间碎片矢径差为−47km(蓝线)，长方体空间碎片矢径差为−38km(黑线)。

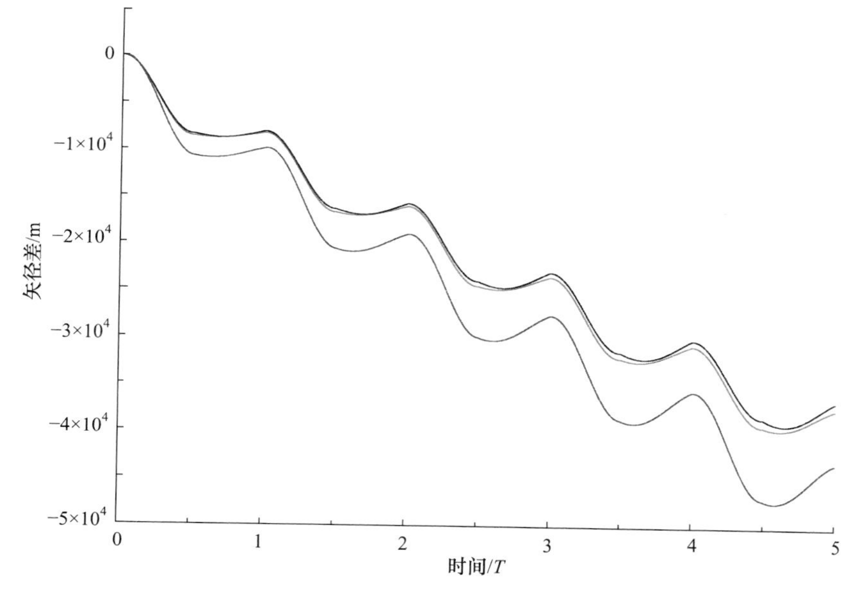

图 4.76　球体、圆柱体、长方体空间碎片矢径差的变化

图 4.77 为球体、圆柱体、长方体空间碎片轨道倾角的变化，球体空间碎片轨道倾角不变(红线)，圆柱体空间碎片轨道倾角先由小到大、再由大到小变化(蓝线)，长方体空间碎片轨道倾角先由小到大、再由大到小变化(黑线)。

图 4.78 为球体、圆柱体、长方体空间碎片升交点赤经的变化，球体空间碎片升交点赤经不变(红线)，圆柱体空间碎片升交点赤经逐渐增大(蓝线)，长方体空间碎片升交点赤经逐渐增大(黑线)，但是增大程度小于圆柱体空间碎片。

球体空间碎片由于是中心对称的，因此激光烧蚀力方向与激光辐照方向相同，当空间碎片和平台在同一轨道面内时，在激光烧蚀力作用下，空间碎

片不会出现轨道倾角和升交点赤经的变化；圆柱体和长方体空间碎片，由于激光烧蚀力方向偏离激光辐照方向，因此在激光烧蚀力作用下，空间碎片将出现轨道倾角和升交点赤经的变化。

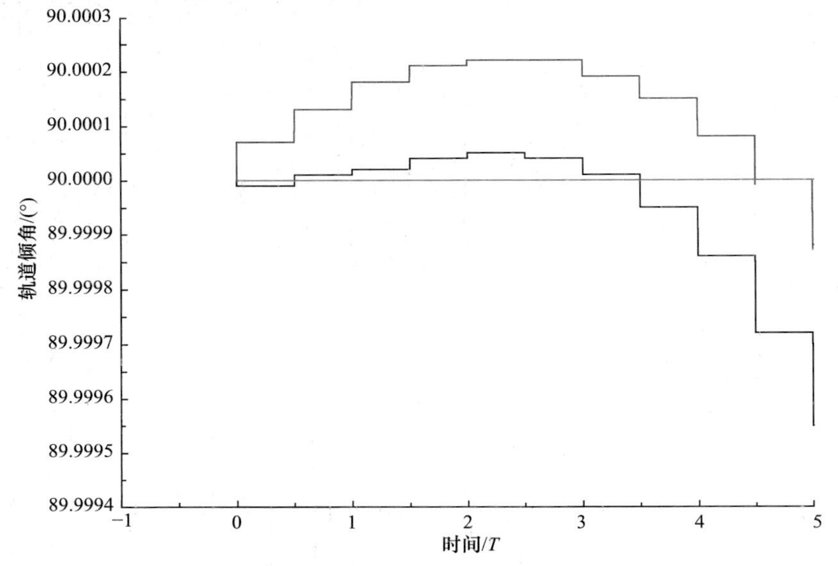

图 4.77　球体、圆柱体、长方体空间碎片轨道倾角的变化

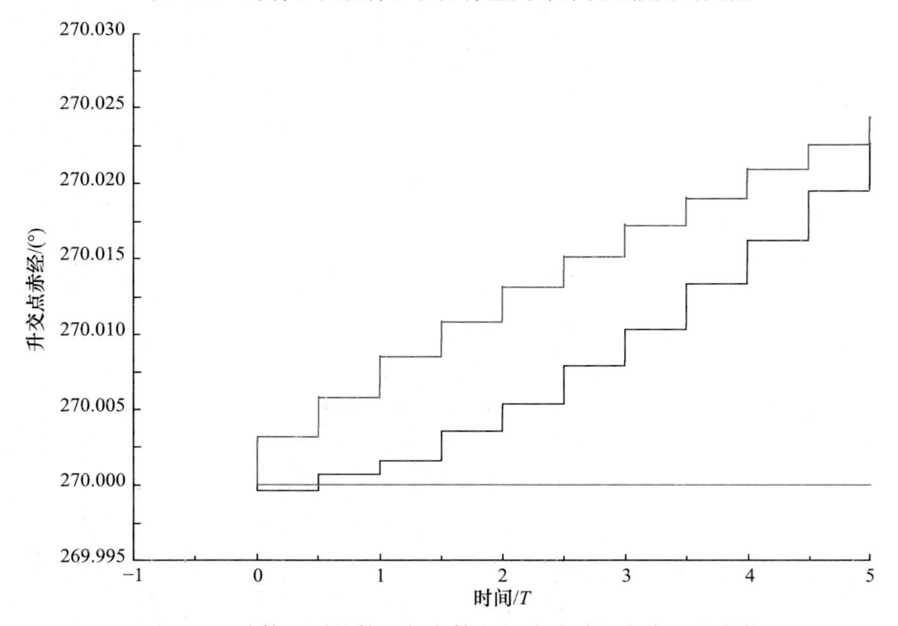

图 4.78　球体、圆柱体、长方体空间碎片升交点赤经的变化

4.5.8　小结

在长方体空间碎片激光操控中，激光烧蚀力方向不但偏离激光辐照方向，而且偏离激光辐照方向与长方体空间碎片中心轴所构成平面，但是激光烧蚀力不产生对质心的力矩，具有以下结论：

1) 长方体空间碎片反向飞行情况

(1) 当空间碎片反向飞行时，激光操控窗口的时间长度很短，激光操控窗口的间隔时间也较短(空间碎片与平台经过每半个平台运动周期 T 可相遇一次)。

(2) 在多个激光操控窗口内，在激光烧蚀力作用下，空间碎片矢径差总是减小(变轨后矢径与原矢径之差)，并且在上方、小轨道高度差飞行情况下，空间碎片轨道与平台轨道有可能出现交汇现象。

(3) 激光操控效果与长方体形体(长度、宽度和高度取值)和质量、初始欧拉角和初始角速度等有关，并且与空间碎片和平台轨道之间的异面角度有关。

2) 长方体空间碎片同向飞行情况

(1) 当空间碎片同向飞行时，激光操控窗口的时间长度较长，激光操控窗口的间隔时间也大幅增长(空间碎片与平台经过十多个平台运动周期 T 可相遇一次)。

(2) 在多个激光操控窗口内，在激光烧蚀力作用下，T 碎片矢径差总是增大(变轨后矢径与原矢径之差)，并且空间碎片在相同轨道高度或下方飞行时，空间碎片轨道与平台轨道有可能出现交汇现象。

(3) 激光操控效果与长方体形体(长度、宽度和高度取值)和质量、初始欧拉角和初始角速度等有关，并且与空间碎片和平台轨道之间的异面角度有关。

3) 球体、圆柱体和长方体空间碎片比较

(1) 球体空间碎片的激光烧蚀力方向与激光辐照方向相同，空间碎片转动状态对激光烧蚀力没有影响，激光烧蚀力对其质心的力矩为零；圆柱体空间碎片的激光烧蚀力方向，在激光辐照方向与其中心轴所构成的平面上且偏离激光辐照方向，空间碎片转动状态对激光烧蚀力有影响，激光烧蚀力对其质心的力矩为零；长方体空间碎片的激光烧蚀力方向，不但偏离激光辐照方向与其中心轴所构成的平面且偏离激光辐照方向，空间碎片转动状态对激光烧蚀力有影响，激光烧蚀力对其质心的力矩为零。

(2) 因球体空间碎片的激光烧蚀力不产生其轨道面的侧向分量，故其轨道倾角和升交点赤经都没有变化；因圆柱体和长方体空间碎片的激光烧蚀力产生其轨道面的侧向分量，故其轨道倾角和升交点赤经都发生变化。

(3) 圆柱体和长方体空间碎片比较，长方体形体(长度、宽度和高度取值和比例)和转动状态对激光烧蚀力的影响更为复杂多样。

第 5 章　激光操控空间碎片运动姿态的方法

第 4 章分析和讨论了远距离、大光斑、全覆盖激光操控方式，主要特点是远距离发射激光，采用大光斑全覆盖方式辐照并烧蚀空间碎片表面，产生激光烧蚀力。第 4 章主要用于空间碎片旋转运动状态无法识别的厘米级空间碎片的激光操控，目的是利用激光烧蚀力操控空间碎片的运动轨道。

本章分析和讨论近距离、小光斑、点覆盖激光操控方式，主要特点是近距离发射激光，采用小光斑点覆盖方式辐照并烧蚀空间碎片表面局部一点，产生激光烧蚀力的力矩。其主要用于近距离伴飞下，目标旋转运动状态可辨识的较大尺寸空间碎片的激光操控，目的是利用激光烧蚀力所产生的力矩，操控空间碎片的运动姿态。

首先，提出激光烧蚀力作用下空间碎片运动姿态的分析方法，用于空间碎片姿态激光操控过程中，分析空间碎片运动姿态的变化；其次，提出激光烧蚀力作用下空间碎片运动轨道的分析方法，用于空间碎片运动姿态激光操控过程中，分析空间碎片运动轨道的变化；最后，提出薄板、圆柱体和长方体等典型空间碎片的激光操控运动姿态的方法，并提出激光烧蚀消旋策略，获得典型空间碎片运动姿态和运动轨道的变化规律。

5.1　激光烧蚀力作用下空间碎片运动姿态的分析方法

第 4 章激光操控空间碎片的运动轨道，是在大光斑激光、全覆盖空间碎片情况下进行的，对于球体、圆柱体、长方体等空间碎片，激光烧蚀力不产生对其质心的力矩，所以激光烧蚀力只影响空间碎片运动轨道。

在激光操控空间碎片的运动姿态中，是在小光斑激光、点覆盖空间碎片表面局部辐射点情况下进行的，激光烧蚀力产生对空间碎片质心的力矩，因此激光烧蚀力的力矩影响空间碎片运动姿态，并且激光烧蚀力还影响目标的运动轨道。

因此，在激光操控空间碎片运动姿态中，既要考虑激光烧蚀力所产生的力矩对空间碎片运动姿态的影响，还要考虑激光烧蚀力对空间碎片运动轨道的影响。

5.1.1　近距离、小光斑、点覆盖激光操控的特点分析

图 5.1 为薄板空间碎片，质心为 C，以质心为原点建立体固联坐标系 $X_bY_bZ_b$，

(a,b,c) 为空间碎片沿着 X_b 轴、Y_b 轴和 Z_b 轴的尺寸，薄板空间碎片围绕 X_b 轴的转动角速度为 ω_{x_b}，为了削减角速度 ω_{x_b}，施加激光烧蚀力(激光辐照方向为 $\boldsymbol{L}_R$)，使其所产生的激光烧蚀力的力矩与角速度 ω_{x_b} 方向相反，激光辐照点为 (x_{b0},y_{b0},z_{b0})。

近距离是指平台在近距离伴飞，能够辨识空间碎片运动姿态状态，并且按照产生反向力矩的要求施加激光烧蚀力。例如，在图 5.1 中，在施加激光烧蚀力之前，能够辨识空间碎片的角速度 ω_{x_b} 的方向，根据空间碎片转动特点，施加激光烧蚀力使得空间碎片获得反向角速度，达到降低空间碎片角速度的目的。

小光斑是指激光光斑尺寸远小于空间碎片表面几何尺寸。例如，在图 5. 1 中，激光光斑半径为 r_L，满足 $r_L \ll a$ 和 $r_L \ll b$。

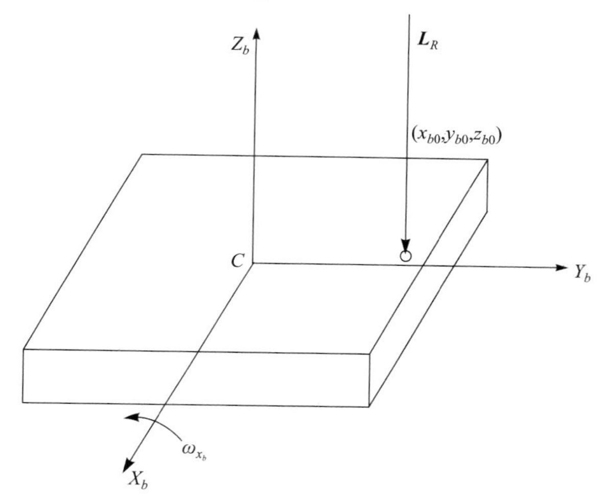

图 5.1　小光斑、点覆盖激光操控

点覆盖是指激光光斑尺寸远小于空间碎片表面几何尺寸，激光光斑尺寸相对于空间碎片几何尺寸可忽略不计，认为激光光斑作用在空间碎片表面一点上。

在激光操控空间碎片运动姿态中，利用激光烧蚀力所产生的力矩，使得空间碎片降低角速度或削减空间碎片旋转角速度，在这个过程中，激光烧蚀力对空间碎片运动轨道产生变轨作用，因此需要同时考虑激光烧蚀力的力矩对空间碎片运动姿态的影响，以及激光烧蚀力对空间碎片运动轨道的影响，并且激光烧蚀力的力矩、激光烧蚀力都具有瞬间作用的特点。

5.1.2　空间碎片体固联坐标系

利用以空间碎片的质心为原点、三个相互正交的惯性主轴为坐标轴构成的右旋坐标系，建立空间碎片体固联坐标系，表示为 $X_bY_bZ_b$。

设 $t=0$ 时刻纵向横向坐标系 STW 为 $(STW)_{t=0}$，$(STW)_{t=0}$ 到体固联坐标系 $X_bY_bZ_b$ (两者坐标原点都为空间碎片质心)，经过了顺序旋转角度 (ψ,θ,φ)，即通过 321 旋转变换为

$$(STW)_{t=0} \to X_bY_bZ_b : W(\psi) \to T(\theta) \to S(\varphi) \tag{5.1}$$

当空间碎片角速度为 $(\dot{\varphi},\dot{\theta},\dot{\psi})$ 时(角速度之间并不垂直)，在体固联坐标系 $X_bY_bZ_b$ 中角速度为

$$\begin{bmatrix} \omega_{x_b} \\ \omega_{y_b} \\ \omega_{z_b} \end{bmatrix} = \begin{bmatrix} 1 & 0 & -\sin\theta \\ 0 & \cos\varphi & \cos\theta\sin\varphi \\ 0 & -\sin\varphi & \cos\theta\cos\varphi \end{bmatrix} \begin{bmatrix} \dot{\varphi} \\ \dot{\theta} \\ \dot{\psi} \end{bmatrix} \tag{5.2}$$

注意，该变换矩阵不是正交矩阵，其逆矩阵为

$$\begin{bmatrix} 1 & 0 & -\sin\theta \\ 0 & \cos\varphi & \cos\theta\sin\varphi \\ 0 & -\sin\varphi & \cos\theta\cos\varphi \end{bmatrix}^{-1} = \frac{1}{\cos\theta} \begin{bmatrix} \cos\theta & \sin\theta\sin\varphi & \sin\theta\cos\varphi \\ 0 & \cos\theta\cos\varphi & -\cos\theta\sin\varphi \\ 0 & \sin\varphi & \cos\varphi \end{bmatrix} \tag{5.3}$$

式中，当 $\cos\theta \to 0$ 时，逆矩阵计算出现奇异性，也就是当由角速度 $(\omega_{x_b},\omega_{y_b},\omega_{z_b})^{\mathrm{T}}$ 直接求解 $(\dot{\varphi},\dot{\theta},\dot{\psi})$ 时，将出现奇异性。

5.1.3　空间碎片姿态动力学方程

1. 激光烧蚀力作用下空间碎片姿态动力学方程

在体固联坐标系 $X_bY_bZ_b$ 中，空间碎片的主轴惯性矩为 $(I_{x_b},I_{y_b},I_{z_b})$，激光烧蚀力的力矩为 $\boldsymbol{L}_{X_b}=(L_{x_b},L_{y_b},L_{z_b})^{\mathrm{T}}$，在激光烧蚀力力矩的作用下，空间碎片的姿态动力学方程为

$$\begin{cases} I_{x_b}\dot{\omega}_{x_b}-(I_{y_b}-I_{z_b})\omega_{y_b}\omega_{z_b}=L_{x_b} \\ I_{y_b}\dot{\omega}_{y_b}-(I_{z_b}-I_{x_b})\omega_{z_b}\omega_{x_b}=L_{y_b} \\ I_{z_b}\dot{\omega}_{z_b}-(I_{x_b}-I_{y_b})\omega_{x_b}\omega_{y_b}=L_{z_b} \end{cases} \tag{5.4}$$

设激光烧蚀力作用时间为 τ'_L，由于激光脉宽 τ_L 为纳秒量级，因此可认为激光烧蚀力所产生的力矩为瞬间作用力矩，其冲量矩为 $\boldsymbol{L}_{X_b}\tau'_L=(L_{x_b}\tau'_L,L_{y_b}\tau'_L,L_{z_b}\tau'_L)^{\mathrm{T}}$，空间碎片的姿态动力学方程为

$$\begin{cases} \Delta\omega_{x_b}=[L_{x_b}t'_L+(I_{y_b}-I_{z_b})\omega_{y_b}\omega_{z_b}\tau'_L]/I_{x_b} \\ \Delta\omega_{y_b}=[L_{y_b}\tau'_L+(I_{z_b}-I_{x_b})\omega_{z_b}\omega_{x_b}\tau'_L]/I_{y_b} \\ \Delta\omega_{z_b}=[L_{z_b}\tau'_L+(I_{x_b}-I_{y_b})\omega_{x_b}\omega_{y_b}\tau'_L]/I_{z_b} \end{cases} \tag{5.5}$$

如果空间碎片初始角速度为 $(\omega_{x_b,0},\omega_{y_b,0},\omega_{z_b,0})^{\mathrm{T}}$，那么在单脉冲激光烧蚀冲量

矩 $\boldsymbol{L}_{X_b}\tau_L' = (L_{x_b}\tau_L', L_{y_b}\tau_L', L_{z_b}\tau_L')^{\mathrm{T}}$ 作用下，瞬间获得角速度增量为 $(\Delta\omega_{x_b}, \Delta\omega_{y_b}, \Delta\omega_{z_b})^{\mathrm{T}}$，在冲量矩作用后，角速度为 $(\omega_{x_b,1}, \omega_{y_b,1}, \omega_{z_b,1})^{\mathrm{T}}(\omega_{x_b,0} + \Delta\omega_{x_b}, \omega_{y_b,0} + \Delta\omega_{y_b}, \omega_{z_b,0} + \Delta\omega_{z_b})^{\mathrm{T}}$，也就是在激光烧蚀力的力矩作用下，空间碎片瞬间获得角速度增量。

2. 无激光烧蚀力作用下空间碎片姿态动力学方程

在无激光烧蚀力的力矩作用时，空间碎片的姿态动力学方程为

$$\begin{cases} I_{x_b}\dot{\omega}_{x_b} - (I_{y_b} - I_{z_b})\omega_{y_b}\omega_{z_b} = 0 \\ I_{y_b}\dot{\omega}_{y_b} - (I_{z_b} - I_{x_b})\omega_{z_b}\omega_{x_b} = 0 \\ I_{z_b}\dot{\omega}_{z_b} - (I_{x_b} - I_{y_b})\omega_{x_b}\omega_{y_b} = 0 \end{cases} \tag{5.6}$$

5.1.4 空间碎片姿态运动学方程

空间碎片的运动姿态采用欧拉角表示，为了解决欧拉角计算的奇异性问题，采用四元数计算方法。

坐标系 $(STW)_{t=0}$ 经过顺序旋转变换 321，达到主轴坐标系 $X_bY_bZ_b$，采用四元数表示的姿态运动学方程为

$$\begin{bmatrix} \dfrac{\mathrm{d}q_0}{\mathrm{d}t} \\ \dfrac{\mathrm{d}q_1}{\mathrm{d}t} \\ \dfrac{\mathrm{d}q_2}{\mathrm{d}t} \\ \dfrac{\mathrm{d}q_3}{\mathrm{d}t} \end{bmatrix} = \frac{1}{2}\begin{bmatrix} 0 & -\omega_{x_b} & -\omega_{y_b} & -\omega_{z_b} \\ \omega_{x_b} & 0 & \omega_{z_b} & -\omega_{y_b} \\ \omega_{y_b} & -\omega_{z_b} & 0 & \omega_{x_b} \\ \omega_{z_b} & \omega_{y_b} & -\omega_{x_b} & 0 \end{bmatrix}\begin{bmatrix} q_0 \\ q_1 \\ q_2 \\ q_3 \end{bmatrix} \tag{5.7}$$

由欧拉角到四元数的变换 $(\varphi, \theta, \psi) \to (q_0, q_1, q_2, q_3)$ 具体为

$$q_0 = \cos(\varphi/2)\cos(\theta/2)\cos(\psi/2) + \sin(\varphi/2)\sin(\theta/2)\sin(\psi/2) \tag{5.8}$$

$$q_1 = \sin(\varphi/2)\cos(\theta/2)\cos(\psi/2) - \cos(\varphi/2)\sin(\theta/2)\sin(\psi/2) \tag{5.9}$$

$$q_2 = \cos(\varphi/2)\sin(\theta/2)\cos(\psi/2) + \sin(\varphi/2)\cos(\theta/2)\sin(\psi/2) \tag{5.10}$$

$$q_3 = \cos(\varphi/2)\cos(\theta/2)\sin(\psi/2) - \sin(\varphi/2)\sin(\theta/2)\cos(\psi/2) \tag{5.11}$$

该变换可用于四元数赋初值。

5.1.5 坐标旋转变换矩阵

1. 四元数表示的旋转变换矩阵

设 $t=0$ 时刻径向横向坐标系 STW 为 $(STW)_{t=0}$，坐标系 $(STW)_{t=0}$ 到体固联坐

标系 $X_bY_bZ_b$（两者坐标原点都为空间碎片质心），经过了顺序旋转角度 (ψ,θ,φ)，即通过 321 旋转变换为

$$(STW)_{t=0} \to X_bY_bZ_b : W(\psi) \to T(\theta) \to S(\varphi) \tag{5.12}$$

用欧拉角表示的坐标旋转变换矩阵为

$$\boldsymbol{Q}_{X_bS_0} = R_1(\varphi)R_2(\theta)R_3(\psi)$$
$$= \begin{bmatrix} \cos\theta\cos\psi & \cos\theta\sin\psi & -\sin\theta \\ \sin\varphi\sin\theta\cos\psi - \cos\varphi\sin\psi & \sin\varphi\sin\theta\sin\psi + \cos\varphi\cos\psi & \sin\varphi\cos\theta \\ \cos\varphi\sin\theta\cos\psi + \sin\varphi\sin\psi & \cos\varphi\sin\theta\sin\psi - \sin\varphi\cos\psi & \cos\varphi\cos\theta \end{bmatrix} \tag{5.13}$$

用四元数表示的坐标旋转变换矩阵为

$$\boldsymbol{Q}_{X_bS_0} = \begin{bmatrix} q_0^2 + q_1^2 - q_2^2 - q_3^2 & 2q_0q_3 + 2q_1q_2 & -2q_0q_2 + 2q_1q_3 \\ -2q_0q_3 + 2q_1q_2 & q_0^2 - q_1^2 + q_2^2 - q_3^2 & 2q_0q_1 + 2q_2q_3 \\ 2q_0q_2 + 2q_1q_3 & -2q_0q_1 + 2q_2q_3 & q_0^2 - q_1^2 - q_2^2 + q_3^2 \end{bmatrix} \tag{5.14}$$

式中，$q_0^2 + q_1^2 + q_2^2 + q_3^2 = 1$。

2. 欧拉角计算

在分析计算空间碎片运动姿态过程中，采用四元数解决了欧拉角计算中奇异性问题，但是有时需要计算输出欧拉角以直观地考察空间碎片姿态变化。

比较由欧拉角表示的旋转变换矩阵和由四元数表示的旋转变换矩阵，可知四元数到姿态角的变换 $(q_0,q_1,q_2,q_3) \to (\varphi,\theta,\psi)$ 为

$$\frac{\sin\varphi}{\cos\varphi} = \frac{2(q_2q_3 + q_0q_1)}{1 - 2(q_1^2 + q_2^2)} \tag{5.15}$$

$$\frac{\sin\psi}{\cos\psi} = \frac{2(q_1q_2 + q_0q_3)}{1 - 2(q_2^2 + q_3^2)} \tag{5.16}$$

$$\sin\theta = -2(q_3q_1 - q_0q_2) \tag{5.17}$$

$$\cos\theta\sin\psi \propto 2(q_1q_2 + q_0q_3) \tag{5.18}$$

$$\cos\theta\cos\psi \propto 1 - 2(q_2^2 + q_3^2) \tag{5.19}$$

式中，要求 $\cos\theta \neq 0$。上述公式可用于根据四元数计算欧拉角。

由四元数计算欧拉角的方法如下：

(1) 根据 $\sin\varphi / \cos\varphi$ 求解角度 φ；

(2) 根据 $\sin\psi / \cos\psi$ 求解角度 ψ；

(3) 根据 $\sin\theta$ 、$\cos\theta\sin\psi$ 和 $\cos\theta\cos\psi$ 求解角度 θ。

根据正弦和余弦比值计算角度方法已在 2.3.3 节讨论过，下面讨论根据 $\sin\theta$ 、$\cos\theta\sin\psi$ 和 $\cos\theta\cos\psi$ 求解角度 θ 的方法。定义 $\cos\theta$ 的符号函数为

$$\operatorname{sgn}(\cos\theta)=\begin{cases}\operatorname{sgn}\{\sin\psi[2(q_1q_2+q_0q_3)]\}, & |\sin\psi|\geqslant|\cos\psi|\\ \operatorname{sgn}\left\{\cos\psi[1-2(q_2^2+q_3^2)]\right\}, & |\sin\psi|<|\cos\psi|\end{cases} \tag{5.20}$$

当 $\sin\theta\geqslant 0$ 和 $\operatorname{sgn}(\cos\theta)\geqslant 0$ 时，有

$$\theta=\arcsin(\sin\theta) \tag{5.21}$$

当 $\sin\theta\geqslant 0$ 和 $\operatorname{sgn}(\cos\theta)<0$ 时，有

$$\theta=\pi-\arcsin(\sin\theta) \tag{5.22}$$

当 $\sin\theta<0$ 和 $\operatorname{sgn}(\cos\theta)<0$ 时，有

$$\theta=-\pi-\arcsin(\sin\theta) \tag{5.23}$$

当 $\sin\theta<0$ 和 $\operatorname{sgn}(\cos\theta)\geqslant 0$ 时，有

$$\theta=\arcsin(\sin\theta) \tag{5.24}$$

注意：为讨论问题方便，欧拉角 (φ,θ,ψ) 可定义在 $[0,2\pi)$ 或 $(-\pi,\pi]$ 区间内。关于角度定义在 $[0,2\pi)$ 的情况，2.3.3 节讨论过；关于角度定义在 $(-\pi,\pi]$ 的情况，就是式(5.17)～式(5.21)所表示的情况。

5.1.6　空间碎片姿态运动分析方法

激光器重频为 f_T ，激光脉宽为 τ_L (纳秒级脉宽)，激光烧蚀力或其力矩的作用时间为 τ_L' (很小，可认为瞬间作用)，激光烧蚀力的间隔时间为 $s_L=1/f_T$ 。

在激光烧蚀力的力矩作用下，空间碎片姿态运动的分析方法如下。

(1) 已知空间碎片初始欧拉角和初始角速度为 $(\varphi_0,\theta_0,\psi_0,\dot{\varphi}_0,\dot{\theta}_0,\dot{\psi}_0)$ ，首先，由 $(\varphi_0,\theta_0,\psi_0,\dot{\varphi}_0,\dot{\theta}_0,\dot{\psi}_0)$ 可确定初始角速度为 $(\omega_{x_b,0},\omega_{y_b,0},\omega_{z_b,0})^{\mathrm{T}}$ ，即

$$\begin{bmatrix}\omega_{x_b,0}\\ \omega_{y_b,0}\\ \omega_{z_b,0}\end{bmatrix}=\begin{bmatrix}1 & 0 & -\sin\theta_0\\ 0 & \cos\varphi_0 & \cos\theta_0\sin\varphi_0\\ 0 & -\sin\varphi_0 & \cos\theta_0\cos\varphi_0\end{bmatrix}\begin{bmatrix}\dot{\varphi}_0\\ \dot{\theta}_0\\ \dot{\psi}_0\end{bmatrix} \tag{5.25}$$

其次，由初始欧拉角 $(\varphi_0,\theta_0,\psi_0)^{\mathrm{T}}$ 确定初始四元数 $(q_{0,0},q_{1,0},q_{2,0},q_{3,0})^{\mathrm{T}}$ ，具体为

$$q_{0,0}=\cos(\varphi_0/2)\cos(\theta_0/2)\cos(\psi_0/2)+\sin(\varphi_0/2)\sin(\theta_0/2)\sin(\psi_0/2) \tag{5.26}$$

$$q_{1,0}=\sin(\varphi_0/2)\cos(\theta_0/2)\cos(\psi_0/2)-\cos(\varphi_0/2)\sin(\theta_0/2)\sin(\psi_0/2) \tag{5.27}$$

$$q_{2,0}=\cos(\varphi_0/2)\sin(\theta_0/2)\cos(\psi_0/2)+\sin(\varphi_0/2)\cos(\theta_0/2)\sin(\psi_0/2) \tag{5.28}$$

$$q_{3,0}=\cos(\varphi_0/2)\cos(\theta_0/2)\sin(\psi_0/2)-\sin(\varphi_0/2)\sin(\theta_0/2)\cos(\psi_0/2) \tag{5.29}$$

(2) 当有激光烧蚀力作用时，在激光烧蚀力的力矩作用下，目标瞬间获得的

角速度增量为

$$\begin{cases}\Delta\omega_{x_b} = [L_{x_b}\tau'_L + (I_{y_b} - I_{z_b})\omega_{y_b}\omega_{z_b}\tau'_L] / I_{x_b} \\ \Delta\omega_{y_b} = [L_{y_b}\tau'_L + (I_{z_b} - I_{x_b})\omega_{z_b}\omega_{x_b}\tau'_L] / I_{y_b} \\ \Delta\omega_{z_b} = [L_{z_b}\tau'_L + (I_{x_b} - I_{y_b})\omega_{x_b}\omega_{y_b}\tau'_L] / I_{z_b}\end{cases} \tag{5.30}$$

在单脉冲激光烧蚀冲量矩 $\boldsymbol{L}_{X_b}\tau'_L = (L_{x_b}\tau'_L, L_{y_b}\tau'_L, L_{z_b}\tau'_L)^{\mathrm{T}}$ 的作用下，角速度具体为

$$(\omega_{x_b,1}, \omega_{y_b,1}, \omega_{z_b,1})^{\mathrm{T}} = (\omega_{x_b,0} + \Delta\omega_{x_b}, \omega_{y_b,0} + \Delta\omega_{y_b}, \omega_{z_b,0} + \Delta\omega_{z_b})^{\mathrm{T}} \tag{5.31}$$

激光烧蚀力的力矩瞬间作用，表示姿态运动的四元数和欧拉角保持不变。

(3) 当无激光烧蚀力作用时，在激光烧蚀力的力矩间隔时间 s_L 内，向量 $(\omega_{x_b}, \omega_{y_b}, \omega_{z_b}, q_0, q_1, q_2, q_3)^{\mathrm{T}}$ 满足以下方程组：

$$\begin{cases}\dfrac{\mathrm{d}\omega_{x_b}}{\mathrm{d}t} = \dfrac{I_{y_b} - I_{z_b}}{I_{x_b}}\omega_{y_b}\omega_{z_b} \\ \dfrac{\mathrm{d}\omega_{y_b}}{\mathrm{d}t} = \dfrac{I_{z_b} - I_{x_b}}{I_{y_b}}\omega_{z_b}\omega_{x_b} \\ \dfrac{\mathrm{d}\omega_{z_b}}{\mathrm{d}t} = \dfrac{I_{x_b} - I_{y_b}}{I_{z_b}}\omega_{x_b}\omega_{y_b}\end{cases} \tag{5.32}$$

$$\begin{bmatrix}\dfrac{\mathrm{d}q_0}{\mathrm{d}t} \\ \dfrac{\mathrm{d}q_1}{\mathrm{d}t} \\ \dfrac{\mathrm{d}q_2}{\mathrm{d}t} \\ \dfrac{\mathrm{d}q_3}{\mathrm{d}t}\end{bmatrix} = \frac{1}{2}\begin{bmatrix}0 & -\omega_{x_b} & -\omega_{y_b} & -\omega_{z_b} \\ \omega_{x_b} & 0 & \omega_{z_b} & -\omega_{y_b} \\ \omega_{y_b} & -\omega_{z_b} & 0 & \omega_{x_b} \\ \omega_{z_b} & \omega_{y_b} & -\omega_{x_b} & 0\end{bmatrix}\begin{bmatrix}q_0 \\ q_1 \\ q_2 \\ q_3\end{bmatrix} \tag{5.33}$$

(4) 重复步骤(2)和步骤(3)，获得激光烧蚀力的力矩作用下空间碎片角速度的变化规律，如果需要考察欧拉角变化规律，那么可由四元数计算欧拉角。

5.1.7　无外力矩作用下空间碎片姿态运动的特点

研究空间碎片运动姿态的激光操控方法，需要正确给出空间碎片的初始欧拉角和初始角速度。在激光烧蚀操控空间碎片之前，空间碎片处于无外力矩作用状态，应满足无外力矩作用下空间碎片姿态动力学方程和运动学方程。

首先，讨论只有角速度 $\dot{\varphi}_0 \neq 0$ 且为常数的情况。在体固联坐标系中初始角速度为 $(\omega_{x_b,0}, \omega_{y_b,0}, \omega_{z_b,0})^{\mathrm{T}} = (\dot{\varphi}_0, 0, 0)^{\mathrm{T}}$，根据空间碎片姿态动力学方程可知，在 $t \neq 0$ 的

任意时刻，欧拉角为

$$\begin{cases}\varphi=\varphi_0+\dot{\varphi}_0 t\\ \theta=\theta_0\\ \psi=\psi_0\end{cases} \tag{5.34}$$

如果(a,b,c)为长方体空间碎片沿着X_b轴、Y_b轴和Z_b轴的尺寸，取长方体空间碎片尺寸为$(a,b,c)=(10,\ 20,\ 30)$ (cm)，那么初始欧拉角和初始角速度为$(\varphi_0,\theta_0,\psi_0,\ \dot{\varphi}_0,\dot{\theta}_0,\dot{\psi}_0)=(\pi/4,\pi/4,\ \pi/4,1,0,0)$。此时，$\omega_{x_b}=1\text{rad/s}$和$\omega_{y_b}=\omega_{z_b}=0$，欧拉角为

$$\begin{cases}\varphi=\pi/4+t\\ \theta=\pi/4\\ \psi=\pi/4\end{cases} \tag{5.35}$$

图 5.2 为无外力矩作用时空间碎片欧拉角$\varphi=\pi/4+t$的变化，其变化定义在$(-\pi,\pi]$区间。

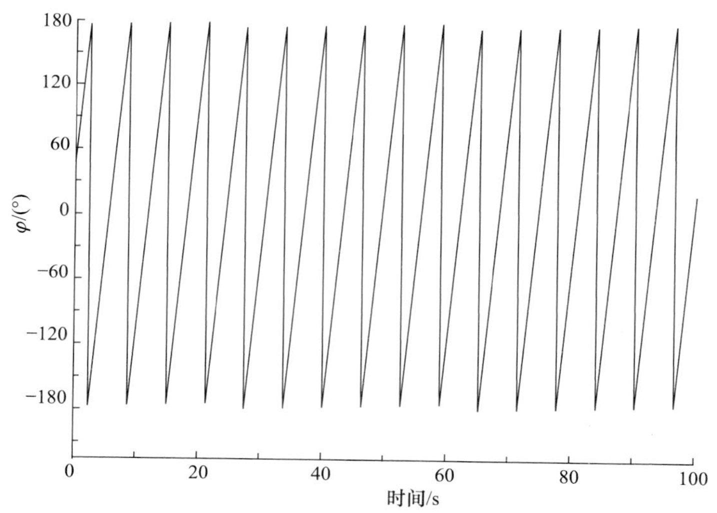

图 5.2　无外力矩作用时空间碎片欧拉角φ的变化(初始角速度$\dot{\varphi}_0\neq 0$)

其次，讨论只有角速度$\dot{\theta}_0\neq 0$且为常数情况。如果取长方体空间碎片尺寸为$(a,b,c)=(10,20,30)$ (cm)，那么初始欧拉角和初始角速度为$(\varphi_0,\theta,\psi_0,\dot{\varphi}_0,\dot{\theta},\dot{\psi}_0)=(\pi/4,\pi/4,\pi/4,0,1,0)$。初始角速度为$(\omega_{x_b,0},\omega_{y_b,0},\omega_{z_b,0})^{\mathrm{T}}=(0,\cos\varphi_0\dot{\theta}_0,-\sin\varphi_0\dot{\theta}_0)^{\mathrm{T}}$。此时，角速度$\omega_{x_b}$、$\omega_{y_b}$和$\omega_{z_b}$周期性变化，三个欧拉角呈现复杂的周期性变化。图 5.3 为无外力矩作用时空间碎片角速度$\omega_{X_b}=\sqrt{(\omega_{x_b})^2+(\omega_{y_b})^2+(\omega_{z_b})^2}$的变化，图 5.4 为无外力矩作用时空间碎片欧拉角φ的变化。

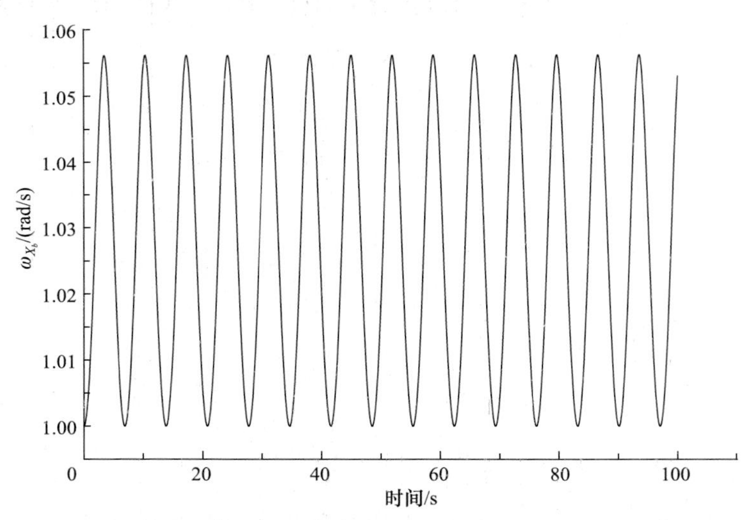

图 5.3　无外力矩作用时空间碎片角速度的变化(初始角速度 $\dot{\theta}_0 \neq 0$)

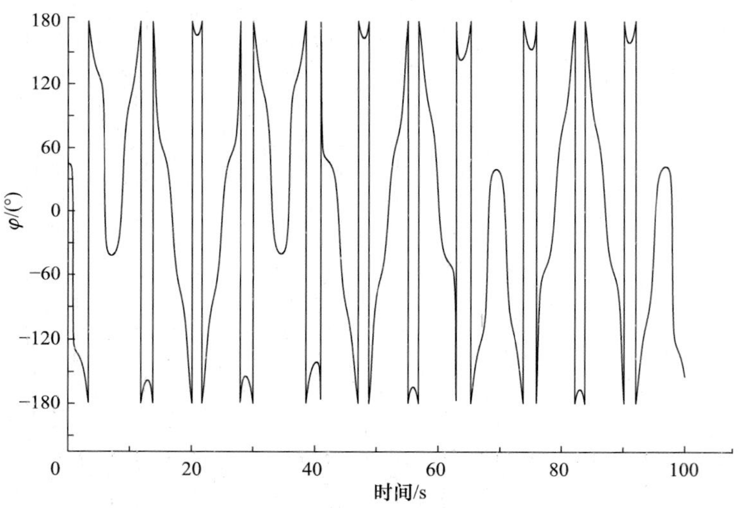

图 5.4　无外力矩作用时空间碎片欧拉角 φ 的变化(初始角速度 $\dot{\theta}_0 \neq 0$)

最后，讨论只有角速度 $\dot{\psi}_0 \neq 0$ 且为常数情况。如果取长方体空间碎片尺寸为 $(a,b,c)=(10,20,30)$ (cm)，那么初始欧拉角和初始角速度为 $(\varphi_0,\theta_0,\psi_0,\dot{\varphi}_0,\dot{\theta}_0,\dot{\psi}_0)=(\pi/4,\pi/4,\pi/4,0,0,1)$。

初始角速度为

$$(\omega_{x_b,0},\omega_{y_b,0},\omega_{z_b,0})^{\mathrm{T}}=(-\sin\theta_0\dot{\psi}_0,\cos\theta_0\sin\varphi_0\dot{\psi}_0,\cos\theta_0\cos\varphi_0\dot{\psi}_0)^{\mathrm{T}} \tag{5.36}$$

此时，角速度 ω_{x_b}、ω_{y_b} 和 ω_{z_b} 周期性变化，角速度 $\omega_{X_b}=\sqrt{(\omega_{x_b})^2+(\omega_{y_b})^2+(\omega_{z_b})^2}$

也周期性变化，三个欧拉角呈现复杂的周期性变化。图 5.5 为无外力矩作用时空间碎片欧拉角 φ 的变化。

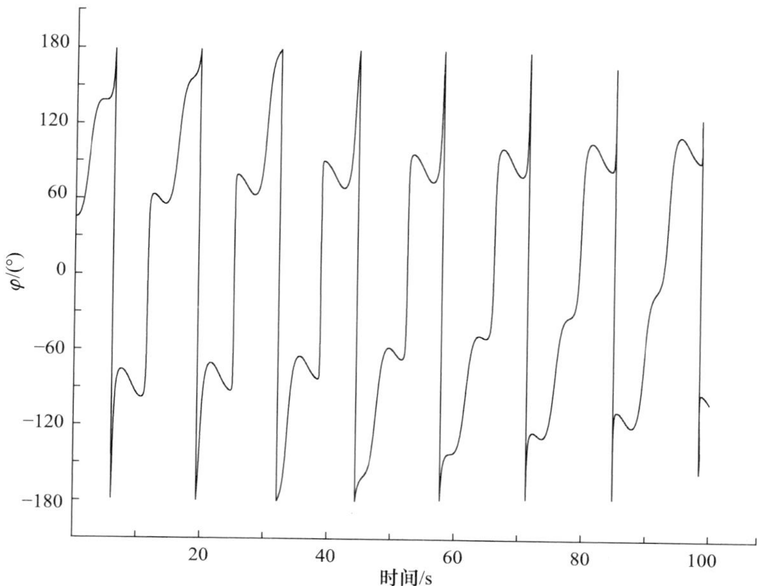

图 5.5　无外力矩作用时空间碎片欧拉角 φ 的变化(初始角速度 $\dot{\psi}_0 \neq 0$)

5.2　激光烧蚀力作用下空间碎片运动轨道的分析方法

在激光操控空间碎片运动姿态中，采用近距离、小光斑、点覆盖激光辐照方式，与大光斑、全覆盖时激光操控空间碎片运动轨道比较，一般情况下，由于激光烧蚀力很小，因此可忽略激光烧蚀力对空间碎片运动轨道的影响。

但是，在完成激光操控空间碎片运动姿态分析后，需要分析激光烧蚀力对空间碎片运动轨道的影响程度，还要进一步分析激光烧蚀力对其运动轨道的影响，分析方法与第 4 章分析方法类似，不同点在于小光斑、点覆盖下激光烧蚀力的分析方法不同。

5.2.1　近距离、小光斑、点覆盖下激光烧蚀力和力矩分析

下面以激光辐照球体、圆柱体和薄板空间碎片表面一点的情况为例，分析近距离、小光斑、点覆盖条件下激光烧蚀力和力矩的特点。

1. 激光辐照球体空间碎片表面一点情况

在第 4 章的激光操控空间碎片运动轨道中，激光辐照方式是在远距离、大光斑、全覆盖条件下进行的，而在激光操控空间碎片运动姿态中，激光辐照方式是

在近距离、小光斑、点覆盖条件下进行的，所产生的激光烧蚀力和力矩的特点不同、分析方法也不同。

如图 5.6 所示，以球体空间碎片质心 C 为原点，建立体固联坐标系 $X_bY_bZ_b$。激光功率密度为 I_L，脉宽为 τ_L，激光束横截面半径为 r_L (横截面面积为 $A_L=\pi r_L^2$)，$F_L=I_L\tau_L$ 为激光束横截面上单位面积的入射激光能量。

激光辐照方向单位矢量为 $\boldsymbol{e}=(e_x,e_y,e_z)$，由于激光光斑尺寸远小于球体几何尺寸，因此可认为激光辐照球体空间碎片表面一点 (x_{b0},y_{b0},z_{b0})，该点处球面的法向单位矢量为 $\boldsymbol{n}=(n_x,n_y,n_z)$，球面上该点处激光单脉冲冲量为

$$\boldsymbol{I}=\left[C_mF_L\cos(\boldsymbol{e},\boldsymbol{n})A_L\right]\boldsymbol{n} \tag{5.37}$$

$$\cos(\boldsymbol{e},\boldsymbol{n})=e_xn_x+e_yn_y+e_zn_z \tag{5.38}$$

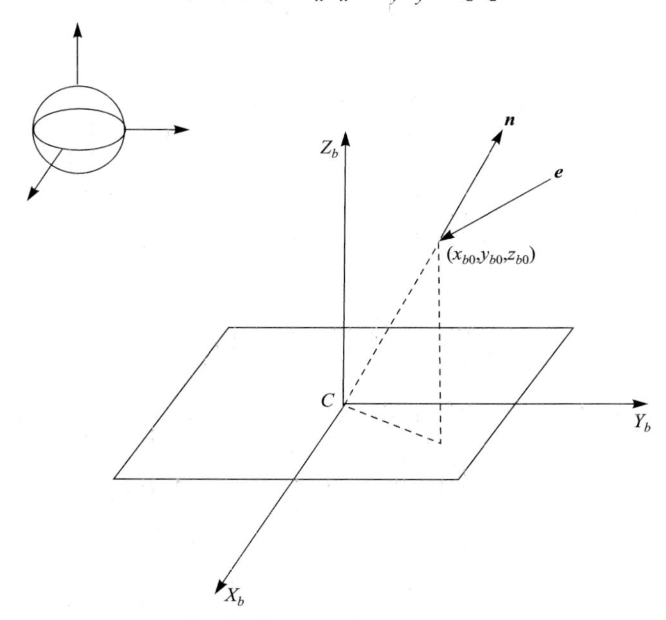

图 5.6　激光辐照球体空间碎片表面一点

设激光烧蚀力作用时间为 τ_L'，单脉冲平均激光烧蚀力为 $\bar{F}_L$，则单脉冲激光烧蚀冲量为

$$\left|\bar{F}_L\tau_L'\right|=C_mF_L\left|\cos(\boldsymbol{e},\boldsymbol{n})\right|A_L \tag{5.39}$$

因此，在小光斑、点覆盖下，球体空间碎片单位质量的激光烧蚀力为 f_L，空间碎片单位质量的激光烧蚀冲量为

$$\left|f_L\tau_L'\right|=\frac{\left|\overline{F}_L\tau_L'\right|}{m}=\frac{C_mF_L\left|\cos(\boldsymbol{e},\boldsymbol{n})\right|A_L}{\dfrac{4}{3}\pi R^3\rho} \tag{5.40}$$

式中，R 为球体半径；ρ 为材料密度。

为了与大光斑、全覆盖情况比较，将空间碎片单位质量的激光烧蚀冲量表示为

$$\left|f_L\tau_L'\right|=\frac{C_mF_L}{2R\rho}\cdot\frac{3\left|\cos(\boldsymbol{e},\boldsymbol{n})\right|}{2}\cdot\frac{A_L}{\pi R^2} \tag{5.41}$$

式中，$C_mF_L/(2R\rho)$ 相当于大光斑、全覆盖下球体空间碎片单位质量的激光烧蚀冲量，$3\left|\cos(\boldsymbol{e},\boldsymbol{n})\right|/2\leqslant 3/2$，$A_L/(\pi R^2)\to 0$，因此在小光斑、点覆盖下，球体空间碎片单位质量的激光烧蚀冲量将很小。

若在体固联坐标系 $X_bY_bZ_b$ 中，单位矢量 $\boldsymbol{e}=(e_x,e_y,e_z)$ 和 $\boldsymbol{n}=(n_x,n_y,n_z)$，则有

$$\begin{cases}I_x=\cos(\boldsymbol{e},\boldsymbol{n})n_xC_mF_LA_L\\I_y=\cos(\boldsymbol{e},\boldsymbol{n})n_yC_mF_LA_L\\I_z=\cos(\boldsymbol{e},\boldsymbol{n})n_zC_mF_LA_L\end{cases} \tag{5.42}$$

点 (x_{b0},y_{b0},z_{b0}) 的位置矢量为 $\boldsymbol{r}=(x_{b0},y_{b0},z_{b0})^{\mathrm{T}}$，其单位矢量为 $\boldsymbol{n}=(n_x,n_y,n_z)$，可表示为

$$\boldsymbol{r}=\left|\boldsymbol{r}\right|\boldsymbol{n}=\sqrt{x_{b0}^2+y_{b0}^2+z_{b0}^2}\,\boldsymbol{n} \tag{5.43}$$

单脉冲激光烧蚀冲量矩为

$$\boldsymbol{L}_I=\boldsymbol{r}\times\boldsymbol{I}=\begin{vmatrix}\hat{\boldsymbol{X}}_b & \hat{\boldsymbol{Y}}_b & \hat{\boldsymbol{Z}}_b\\ \left|\boldsymbol{r}\right|n_x & \left|\boldsymbol{r}\right|n_y & \left|\boldsymbol{r}\right|n_z\\ \cos(\boldsymbol{e},\boldsymbol{n})C_mF_LA_Ln_x & \cos(\boldsymbol{e},\boldsymbol{n})C_mF_LA_Ln_y & \cos(\boldsymbol{e},\boldsymbol{n})C_mF_LA_Ln_z\end{vmatrix}=0 \tag{5.44}$$

式中，$(\hat{\boldsymbol{X}}_b,\hat{\boldsymbol{Y}}_b,\hat{\boldsymbol{Z}}_b)$ 为体固联坐标系 $X_bY_bZ_b$ 的单位矢量。显然，由于单脉冲激光烧蚀冲量矩为零，因此激光烧蚀力的力矩为零。

在小光斑、点覆盖条件下，球体空间碎片的激光烧蚀力和力矩具有如下特点：

(1) 激光辐照并烧蚀球体空间碎片表面一点，激光烧蚀力方向为该点处法向的反方向，与大光斑、全覆盖情况比较，球体空间碎片单位质量的激光烧蚀力很小。

(2) 激光烧蚀力通过球体空间碎片质心，不产生对质心的力矩。

2. 激光辐照圆柱体空间碎片表面一点情况

如图 5.7 所示，以圆柱体空间碎片质心 C 为原点，建立体固联坐标系 $X_bY_bZ_b$，激光辐照方向单位矢量为 $\boldsymbol{e}=(e_x,e_y,e_z)$，激光辐照圆柱体空间碎片表面一点

(x_{b0}, y_{b0}, z_{b0})，该点处的法向单位矢量为 $\boldsymbol{n}=(n_x, n_y, 0)$，圆柱体空间碎片表面上该点处单脉冲激光烧蚀冲量为

$$\boldsymbol{I}=\left[C_m F_L \cos(\boldsymbol{e},\boldsymbol{n}) A_L\right]\boldsymbol{n} \tag{5.45}$$

$$\cos(\boldsymbol{e},\boldsymbol{n})=e_x n_x+e_y n_y \tag{5.46}$$

式中，$F_L=I_L\tau_L$ 为激光束横截面上单位面积入射激光能量。激光烧蚀力方向为该点表面法向矢量的反方向。

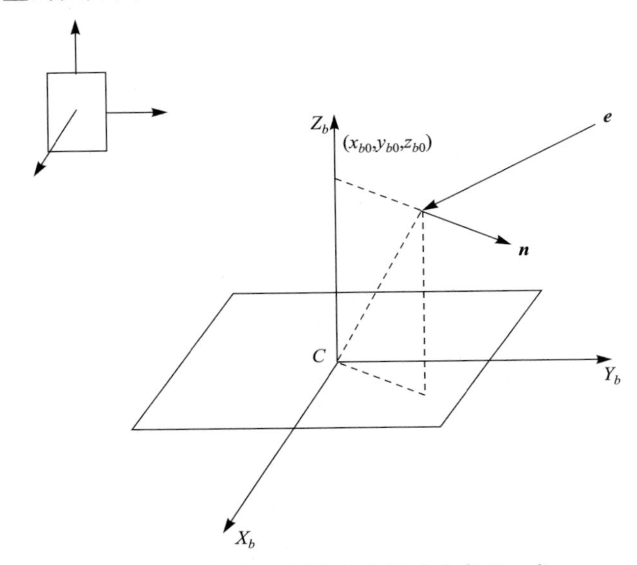

图 5.7　激光辐照圆柱体空间碎片表面一点

设激光烧蚀力作用时间为 τ_L'，单脉冲平均激光烧蚀力为 $\overline{F}_L$，则单脉冲激光烧蚀冲量为

$$\left|\overline{F}_L\tau_L'\right|=C_m F_L\left|\cos(\boldsymbol{e},\boldsymbol{n})\right|A_L \tag{5.47}$$

因此，在小光斑、点覆盖下，圆柱体空间碎片单位质量的激光烧蚀力为 f_L，空间碎片单位质量的激光烧蚀冲量为

$$\left|f_L\tau_L'\right|=\frac{\left|\overline{F}_L\tau_L'\right|}{m}=\frac{C_m F_L\left|\cos(\boldsymbol{e},\boldsymbol{n})\right|A_L}{\pi R^2 H\rho} \tag{5.48}$$

式中，R 为圆柱体空间碎片底面半径；H 为圆柱体空间碎片高度；ρ 为材料密度。

为了与大光斑、全覆盖情况比较，将单位质量的激光烧蚀冲量表示为

$$\left|f_L\tau_L'\right|=\frac{C_m F_L}{H\rho}\cdot\left|\cos(\boldsymbol{e},\boldsymbol{n})\right|\cdot\frac{A_L}{\pi R^2} \tag{5.49}$$

式中，$C_m F_L/(H\rho)$ 与大光斑、全覆盖下圆柱体空间碎片单位质量的激光烧蚀冲

量成正比，$|\cos(\boldsymbol{e},\boldsymbol{n})| \leqslant 1$，$A_L/(\pi R^2) \to 0$，因此在小光斑、点覆盖下，圆柱体空间碎片单位质量的激光烧蚀冲量将很小。

在体固联坐标系 $X_bY_bZ_b$ 中，单位矢量为 $\boldsymbol{e}=(e_x,e_y,e_z)$ 和 $\boldsymbol{n}=(n_x,n_y,0)$，单脉冲激光烧蚀冲量为

$$\begin{cases} I_x = \cos(\boldsymbol{e},\boldsymbol{n})C_m F_L A_L n_x \\ I_y = \cos(\boldsymbol{e},\boldsymbol{n})C_m F_L A_L n_y \\ I_z = 0 \end{cases} \tag{5.50}$$

圆柱体空间碎片表面一点 (x_{b0},y_{b0},z_{b0}) 处的法向单位矢量为 $\boldsymbol{n}=(n_x,n_y,0)$，满足

$$n_x = \frac{x_{b0}}{\sqrt{x_{b0}^2+y_{b0}^2}}, \quad n_y = \frac{y_{b0}}{\sqrt{x_{b0}^2+y_{b0}^2}} \tag{5.51}$$

圆柱体空间碎片表面一点 (x_{b0},y_{b0},z_{b0}) 处的位置矢量为 $\boldsymbol{r}=(x_{b0},y_{b0},z_{b0})^{\mathrm{T}}$，单脉冲激光烧蚀冲量矩为

$$\boldsymbol{L}_I = \boldsymbol{r}\times\boldsymbol{I} = \begin{vmatrix} \hat{\boldsymbol{X}}_b & \hat{\boldsymbol{Y}}_b & \hat{\boldsymbol{Z}}_b \\ x_{b0} & y_{b0} & z_{b0} \\ \cos(\boldsymbol{e},\boldsymbol{n})C_m F_L A_L n_x & \cos(\boldsymbol{e},\boldsymbol{n})C_m F_L A_L n_y & 0 \end{vmatrix} \tag{5.52}$$

进一步改写为

$$\begin{aligned} \boldsymbol{L}_I &= \cos(\boldsymbol{e},\boldsymbol{n})C_m F_L A_L \begin{vmatrix} \hat{\boldsymbol{X}}_b & \hat{\boldsymbol{Y}}_b & \hat{\boldsymbol{Z}}_b \\ x_{b0} & y_{b0} & z_{b0} \\ \dfrac{x_{b0}}{\sqrt{x_{b0}^2+y_{b0}^2}} & \dfrac{y_{b0}}{\sqrt{x_{b0}^2+y_{b0}^2}} & 0 \end{vmatrix} \\ &= \cos(\boldsymbol{e},\boldsymbol{n})C_m F_L A_L \left(-\frac{y_{b0}}{\sqrt{x_{b0}^2+y_{b0}^2}} z_{b0}\hat{\boldsymbol{X}}_b + \frac{x_{b0}}{\sqrt{x_{b0}^2+y_{b0}^2}} z_{b0}\hat{\boldsymbol{Y}}_b \right) \end{aligned} \tag{5.53}$$

式中，$(\hat{\boldsymbol{X}}_b,\hat{\boldsymbol{Y}}_b,\hat{\boldsymbol{Z}}_b)$ 为体固联坐标系 $X_bY_bZ_b$ 的单位矢量。显然，单脉冲激光烧蚀冲量不能产生圆柱体空间碎片中心轴方向的冲量矩，只能产生垂直圆柱体空间碎片中心轴方向的冲量矩，即激光烧蚀力只能产生垂直圆柱体空间碎片中心轴方向的力矩。

在小光斑、点覆盖条件下，圆柱体空间碎片的激光烧蚀力和力矩具有如下特点：

(1) 激光辐照并烧蚀圆柱体空间碎片表面一点，激光烧蚀力方向为该点处法向的反方向，与大光斑、全覆盖情况比较，空间碎片单位质量的激光烧蚀力很小。

(2) 激光烧蚀力不能产生圆柱体空间碎片中心轴方向的力矩，只能产生垂直圆柱体空间碎片中心轴方向的力矩。

3. 激光辐照薄板空间碎片表面一点情况

如图 5.8 所示，以薄板空间碎片质心 C 为原点，建立体固联坐标系 $X_bY_bZ_b$，激光辐照方向单位矢量为 $\boldsymbol{e}=(e_x,e_y,e_z)$，激光辐照薄板空间碎片表面一点 $(x_{b0},y_{b0},0)$，薄板空间碎片的法向单位矢量为 $\boldsymbol{n}=(0,0,1)$，薄板空间碎片表面该点处单脉冲激光烧蚀冲量为

$$\boldsymbol{I}=\left[C_mF_L\cos(\boldsymbol{e},\boldsymbol{n})A_L\right]\boldsymbol{n} \tag{5.54}$$

$$\cos(\boldsymbol{e},\boldsymbol{n})=e_z \tag{5.55}$$

式中，$F_L=I_L\tau_L$ 为激光束横截面上单位面积入射激光能量。

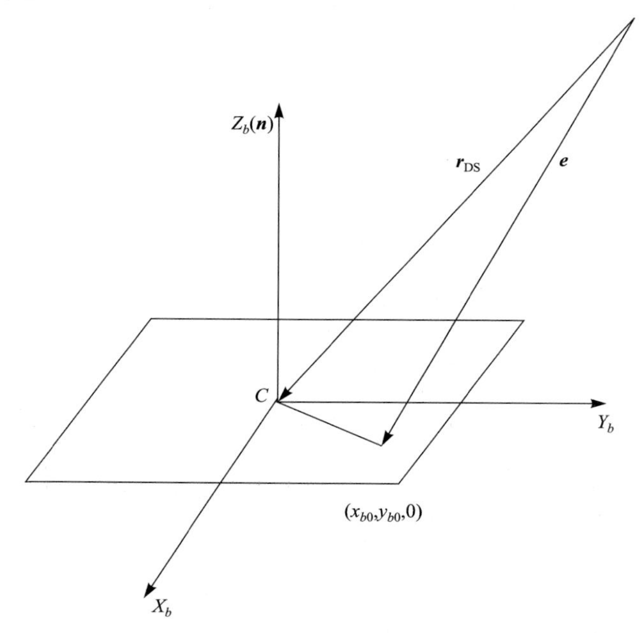

图 5.8　激光辐照薄板空间碎片表面一点

设激光烧蚀力作用时间为 τ_L'，单脉冲平均激光烧蚀力为 $\overline{F}_L$，则单脉冲激光烧蚀冲量为

$$\left|\overline{F}_L\tau_L'\right|=C_mF_L\left|\cos(\boldsymbol{e},\boldsymbol{n})\right|A_L \tag{5.56}$$

因此，小光斑、点覆盖下，薄板空间碎片单位质量的激光烧蚀力为 f_L，空间碎片单位质量的激光烧蚀冲量为

$$\left|f_L\tau'_L\right| = \frac{\left|\bar{F}_L\tau'_L\right|}{m} = \frac{C_m F_L \left|\cos(\boldsymbol{e},\boldsymbol{n})\right| A_L}{abc\rho} \tag{5.57}$$

式中，(a,b,c) 为薄板空间碎片沿着 (X_b,Y_b,Z_b) 方向的尺寸；ρ 为材料密度。

为了与大光斑、全覆盖情况进行比较，将单位质量的激光烧蚀冲量表示为

$$\left|f_L\tau'_L\right| = \frac{C_m F_L \left|\sin\theta_R\right|}{c\rho}\cdot\frac{\left|\cos(\boldsymbol{e},\boldsymbol{n})\right|}{\left|\sin\theta_R\right|}\cdot\frac{A_L}{ab} \tag{5.58}$$

式中，$C_m F\left|\sin\theta_R\right|/(c\rho)$ 为大光斑、全覆盖下薄板空间碎片单位质量的激光烧蚀冲量。θ_R 为 $\boldsymbol{r}_{\mathrm{DS}}$(空间碎片平台位置矢量)与 X_bY_b 平面的仰角，由于 $\sqrt{x_{b0}^2+y_{b0}^2}$ 远小于空间碎片平台距离，有 $\left|\cos(\boldsymbol{e},\boldsymbol{n})\right|\approx\left|\sin\theta_R\right|$ 且 $A_L/(ab)\to 0$，因此在小光斑、点覆盖下，薄板空间碎片单位质量的激光烧蚀冲量将很小。

在体固联坐标系 $X_bY_bZ_b$ 中，单位矢量为 $\boldsymbol{e}=(e_x,e_y,e_z)$ 和 $\boldsymbol{n}=(0,0,1)$，则有

$$\begin{cases} I_x = 0 \\ I_y = 0 \\ I_z = e_z C_m F_L A_L \end{cases} \tag{5.59}$$

薄板空间碎片表面一点 $(x_{b0},y_{b0},0)$ 处的位置矢量为 $\boldsymbol{r}=(x_{b0},y_{b0},0)^{\mathrm{T}}$，单脉冲激光烧蚀冲量矩为

$$\boldsymbol{L}_I = \boldsymbol{r}\times\boldsymbol{I} = \begin{vmatrix} \hat{\boldsymbol{X}}_b & \hat{\boldsymbol{Y}}_b & \hat{\boldsymbol{Z}}_b \\ x_{b0} & y_{b0} & 0 \\ 0 & 0 & e_z C_m F_L A_L \end{vmatrix} = e_z C_m F_L A_L y_{b0}\hat{\boldsymbol{X}}_b - e_z C_m F_L A_L x_{b0}\hat{\boldsymbol{Y}}_b \tag{5.60}$$

式中，$(\hat{\boldsymbol{X}}_b,\hat{\boldsymbol{Y}}_b,\hat{\boldsymbol{Z}}_b)$ 为体固联坐标系 $X_bY_bZ_b$ 的单位矢量。显然，单脉冲激光烧蚀冲量不能产生薄板空间碎片法向的冲量矩，只能产生垂直薄板空间碎片法向的冲量矩，即激光烧蚀力只能产生垂直薄板空间碎片法向的力矩。

在小光斑、点覆盖条件下，薄板空间碎片的激光烧蚀力和力矩具有如下特点：

(1) 激光辐照并烧蚀薄板空间碎片表面一点，激光烧蚀力方向为该点处法向的反方向，与大光斑、全覆盖情况比较，薄板空间碎片单位质量的激光烧蚀力很小。

(2) 激光烧蚀力不能产生薄板空间碎片法向的力矩，只能产生垂直法向的力矩。

综上：①在激光操控空间碎片运动姿态中，采用小光斑、点覆盖方式，激光辐照并烧蚀空间碎片表面一点，与大光斑、全覆盖时激光操控空间碎片轨道运动比较，所产生激光烧蚀力很小；②在激光操控空间碎片运动姿态中，激光烧蚀力所产生力矩与空间碎片形体和表面形状密切相关，具体问题还要具体分析。

5.2.2　有激光烧蚀力时空间碎片运动轨道的分析方法

已知空间碎片轨道参数为(a,e,i,Ω,ω,M)，在小偏心率条件下，以轨道参数$(a,i,\Omega,\xi=e\sin\omega,\eta=e\cos\omega,\lambda=M+\omega)$表示。

在径向横向坐标系 STW 中，空间碎片的单位质量激光烧蚀力为$\boldsymbol{f}_{L,S}=(f_{L,S},f_{L,T},f_{L,W})^{\mathrm{T}}$，激光烧蚀力作用时间为$\tau_L'$，空间碎片单位质量激光烧蚀冲量为

$$\begin{cases}\Delta v_{L,S}=f_{L,S}\tau_L' \\ \Delta v_{L,T}=f_{L,T}\tau_L' \\ \Delta v_{L,W}=f_{L,W}\tau_L'\end{cases} \tag{5.61}$$

式中，空间碎片单位质量的激光烧蚀冲量为$\boldsymbol{f}_{L,S}\tau_L'=(f_{L,S}\tau_L',f_{L,T}\tau_L',f_{L,W}\tau_L')^{\mathrm{T}}$。

如果认为激光烧蚀力瞬间作用，那么在该时刻轨道参数改变量为

$$\Delta a=\frac{2}{n\sqrt{1-e^2}}\left[\Delta v_{L,S}(e\sin f)+\Delta v_{L,T}\frac{p}{r}\right] \tag{5.62}$$

$$\Delta i=\frac{r\cos u}{na^2\sqrt{1-e^2}}\Delta v_{L,W} \tag{5.63}$$

$$\Delta\Omega=\frac{r\sin u}{na^2\sqrt{1-e^2}\sin i}\Delta v_{L,W} \tag{5.64}$$

$$\Delta\xi=-\eta\cos i\Delta\Omega+\frac{\sqrt{1-e^2}}{na}\left[\begin{aligned}&-\Delta v_{L,S}\cos u+\Delta v_{L,T}(\sin u+\sin\tilde{u})\\&+\Delta v_{L,T}\frac{\eta e\sin E}{\sqrt{1-e^2}\left(1+\sqrt{1-e^2}\right)}\end{aligned}\right] \tag{5.65}$$

$$\Delta\eta=\xi\cos i\Delta\Omega+\frac{\sqrt{1-e^2}}{na}\left[\begin{aligned}&\Delta v_{L,S}\sin u+\Delta v_{L,T}(\cos u+\cos\tilde{u})\\&-\Delta v_{L,T}\frac{\xi e\sin E}{\sqrt{1-e^2}\left(1+\sqrt{1-e^2}\right)}\end{aligned}\right] \tag{5.66}$$

$$\begin{aligned}\Delta\lambda=&\,n\tau_L'-\cos i\Delta\Omega-\frac{2r}{na^2}\Delta v_{L,S}\\&+\frac{\sqrt{1-e^2}}{na\left(1+\sqrt{1-e^2}\right)}\left[-\Delta v_{L,S}(e\cos f)+\Delta v_{L,T}\left(1+\frac{r}{p}\right)(e\sin f)\right]\end{aligned} \tag{5.67}$$

式中，$u=\omega+f$；$\tilde{u}=\omega+E$。

5.2.3　无激光烧蚀力时空间碎片运动轨道的分析方法

当只有地球中心引力场作用、无激光烧蚀力作用时，根据空间碎片轨道摄动

方程可得

$$\frac{\mathrm{d}\lambda}{\mathrm{d}t}=n \tag{5.68}$$

即轨道参数 $(a,i,\Omega,\xi=e\sin\omega,\eta=e\cos\omega,\lambda=M+\omega)$ 中，只有 λ 变化，具体为

$$\lambda=\lambda_0+n(t-t_0) \tag{5.69}$$

式中，$t=t_0$ 时，初始条件为 $\lambda=\lambda_0$。

在给定 (ξ,η,λ) 条件下，根据开普勒方程迭代求解 $\tilde{u}$，进而计算 $\sin\tilde{u}$ 和 $\cos\tilde{u}$。采用迭代方法求解开普勒方程，令

$$\tilde{u}=\lambda+\eta\sin\tilde{u}-\xi\cos\tilde{u} \tag{5.70}$$

迭代起步初值可取 $\tilde{u}_0=\lambda$。相关变量的代换方法可参看第 4 章。

5.2.4 激光操控窗口和判据

在赤道惯性坐标系 XYZ 中，空间碎片位置矢量为 $\boldsymbol{r}_{\mathrm{deb},X}=(r_{\mathrm{deb},x},r_{\mathrm{deb},y},r_{\mathrm{deb},z})^{\mathrm{T}}$，平台速度矢量为 $\boldsymbol{v}_{\mathrm{sta},X}=(v_{\mathrm{sta},x},v_{\mathrm{sta},y},v_{\mathrm{sta},z})^{\mathrm{T}}$，平台位置矢量为 $\boldsymbol{r}_{\mathrm{sta},X}=(r_{\mathrm{sta},x},r_{\mathrm{sta},y},r_{\mathrm{sta},z})^{\mathrm{T}}$，空间碎片与平台位置矢量为 $\boldsymbol{r}_{\mathrm{DS},X}=\boldsymbol{r}_{\mathrm{deb},X}-\boldsymbol{r}_{\mathrm{sta},X}$，激光操控窗口和判据为

$$r_{\mathrm{DS},X}\leqslant r_{L,\max} \tag{5.71}$$

$$\gamma_{L,\max}\geqslant\arccos\frac{\boldsymbol{v}_{\mathrm{sta},X}\cdot\boldsymbol{r}_{\mathrm{DS},X}}{|\boldsymbol{v}_{\mathrm{sta},X}||\boldsymbol{r}_{\mathrm{DS},X}|},\quad\frac{\boldsymbol{v}_{\mathrm{sta},X}\cdot\boldsymbol{r}_{\mathrm{DS},X}}{|\boldsymbol{v}_{\mathrm{sta},X}||\boldsymbol{r}_{\mathrm{DS},X}|}\geqslant 0 \tag{5.72}$$

$$r_{\mathrm{DS},X}\geqslant r_{\mathrm{DS},\min} \tag{5.73}$$

式中，$r_{L,\max}$ 为最大激光作用距离，$\gamma_{L,\max}\in[0,\pi/2)$ 为最大激光发射角(激光辐照方向与平台当地速度方向之间的夹角)。其中，式(5.71)是探测、捕获、跟踪、瞄准、发射等综合能力的要求；式(5.72)是空间碎片在平台前方运动且在激光发射角以内的要求；式(5.73)是空间碎片与平台防止碰撞的要求。

5.3 薄板空间碎片激光操控运动姿态分析方法

对于长方体空间碎片，如果在某个方向尺寸远小于其他两个方向尺寸，可将其看作薄板空间碎片。

薄板空间碎片的激光操控运动姿态是最简单的情况，为了达到由浅入深、循序渐进的目的，下面讨论薄板空间碎片的激光操控运动姿态的方法。

5.3.1 空间碎片和平台的初始轨道参数

图 5.9 所示天基平台为 Satellite，空间碎片为 Debris，$X_bY_bZ_b$ 为空间碎片的

主轴坐标系(体固联坐标系)，天基平台近距离伴飞，瞄准空间碎片表面的一点(x_{b0}, y_{b0}, z_{b0})发射激光束(激光烧蚀力的作用点)，使得空间碎片在激光烧蚀力的力矩作用下转动减速。

在赤道惯性坐标系 XYZ 中，空间碎片在 YZ 平面上运动，初始轨道参数为$(a_{\text{deb},0}, e_{\text{deb},0}, i_{\text{deb},0}, \Omega_{\text{deb},0}, \omega_{\text{deb},0}, M_{\text{deb},0})$。平台的初始轨道参数为$(a_{\text{sta},0}, e_{\text{sta},0}, i_{\text{sta},0}, \Omega_{\text{sta},0}, \omega_{\text{sta},0}, M_{\text{sta},0})$。

当空间碎片相对平台同向运动时，轨道倾角和升交点赤经分别为

$$i_{\text{deb},0} = i_{\text{sta},0} = \pi/2, \quad \Omega_{\text{deb},0} = \Omega_{\text{sta},0} = \pi/2 \tag{5.74}$$

近地点幅角为

$$\omega_{\text{sta},0} = \pi/2, \quad \omega_{\text{deb},0} = \pi/2 + \Delta\omega_{\text{deb},0} \tag{5.75}$$

式中，$\Delta\omega_{\text{deb},0} > 0$表示空间碎片在平台的前方运动。

空间碎片和平台的轨道半长轴和偏心率选取越接近，可提供的激光操控窗口越长。

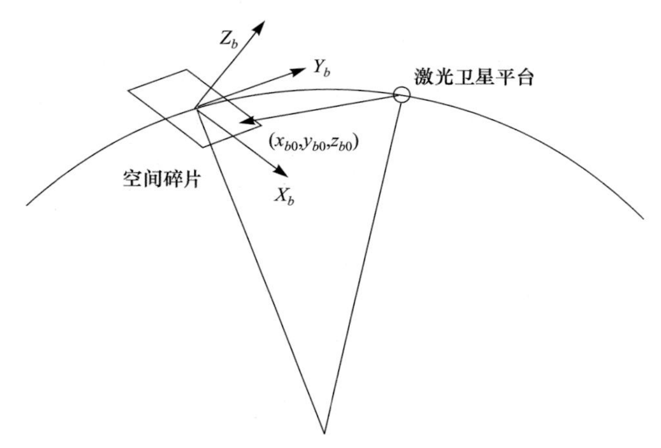

图 5.9　薄板空间碎片的激光操控运动姿态

5.3.2　空间碎片和平台的位置和速度

考虑到小偏心率情况，在平台和空间碎片运动轨道分析和计算中，轨道参数采用$(a, i, \Omega, \xi = e\sin\omega, \eta = e\cos\omega, \lambda = M + \omega)$的表示方法。

已知空间碎片或平台的轨道参数为$(a, i, \Omega, \xi, \eta, \lambda)$，采用开普勒方程：

$$\tilde{u} = \lambda + \eta\sin\tilde{u} - \xi\cos\tilde{u} \tag{5.76}$$

迭代计算$\tilde{u}$，以及$\sin\tilde{u}$和$\cos\tilde{u}$、$\sin u$和$\cos u$、$e\sin f$和$e\cos f$、$e\sin E$和$e\cos E$、r和p等。

在赤道惯性坐标系 XYZ 中，空间碎片或平台的位置矢量和速度矢量采用以下

公式计算：

$$\boldsymbol{r}_X = \boldsymbol{R}_3(-\Omega)\boldsymbol{R}_1(-i)\begin{bmatrix} r\cos u \\ r\sin u \\ 0 \end{bmatrix} \tag{5.77}$$

$$\boldsymbol{v}_X = \boldsymbol{R}_3(-\Omega)\boldsymbol{R}_1(-i)\sqrt{\frac{\mu}{p}}\begin{bmatrix} -(\sin u + \xi) \\ \cos u + \eta \\ 0 \end{bmatrix} \tag{5.78}$$

式中，$\boldsymbol{R}(\cdot)$ 为单轴旋转变换矩阵，下标为旋转轴序号。

5.3.3　空间碎片运动姿态分析

1. 空间碎片初始运动姿态选取

根据讨论问题的需要，可选取空间碎片初始欧拉角和角速度为

$$(\varphi_0, \theta_0, \psi_0, \dot{\varphi}_0, \dot{\theta}_0, \dot{\psi}_0) \tag{5.79}$$

在体固联坐标系 $X_b Y_b Z_b$ 中，初始角速度为

$$\begin{bmatrix} \omega_{x_b,0} \\ \omega_{y_b,0} \\ \omega_{z_b,0} \end{bmatrix} = \begin{bmatrix} 1 & 0 & -\sin\theta_0 \\ 0 & \cos\varphi_0 & \cos\theta_0\sin\varphi_0 \\ 0 & -\sin\varphi_0 & \cos\theta_0\cos\varphi_0 \end{bmatrix}\begin{bmatrix} \dot{\varphi}_0 \\ \dot{\theta}_0 \\ \dot{\psi}_0 \end{bmatrix} \tag{5.80}$$

2. 有激光烧蚀力矩的空间碎片运动姿态

一旦空间碎片进入激光操控窗口内，就瞄准空间碎片发射激光，空间碎片瞬间获得的角速度增量具体为

$$\begin{cases} \Delta\omega_{x_b} = [L_{x_b}\tau_L' + (I_{y_b} - I_{z_b})\omega_{y_b}\omega_{z_b}\tau_L'] / I_{x_b} \\ \Delta\omega_{y_b} = [L_{y_b}\tau_L' + (I_{z_b} - I_{x_b})\omega_{z_b}\omega_{x_b}\tau_L'] / I_{y_b} \\ \Delta\omega_{z_b} = [L_{z_b}\tau_L' + (I_{x_b} - I_{y_b})\omega_{x_b}\omega_{y_b}\tau_L'] / I_{z_b} \end{cases} \tag{5.81}$$

式中，单脉冲激光烧蚀冲量矩为 $\boldsymbol{L}_{X_b}\tau_L' = (L_{x_b}\tau_L', L_{y_b}\tau_L', L_{z_b}\tau_L')^{\mathrm{T}}$。激光烧蚀力的力矩瞬间作用，使得表示运动姿态的四元数和欧拉角保持不变。

3. 无激光烧蚀力矩的空间碎片运动姿态

在任意两个激光烧蚀力矩作用的时间间隔内，无激光烧蚀力矩作用，采用向

量$(\omega_{x_b},\omega_{y_b},\omega_{z_b},q_0,q_1,q_2,q_3)^{\mathrm{T}}$表示空间碎片的角速度和姿态，空间碎片无外力矩作用下姿态动力学方程和运动学方程为

$$\begin{cases}\dfrac{\mathrm{d}\omega_{x_b}}{\mathrm{d}t}=\dfrac{I_{y_b}-I_{z_b}}{I_{x_b}}\omega_{y_b}\omega_{z_b}\\[2ex]\dfrac{\mathrm{d}\omega_{y_b}}{\mathrm{d}t}=\dfrac{I_{z_b}-I_{x_b}}{I_{y_b}}\omega_{z_b}\omega_{x_b}\\[2ex]\dfrac{\mathrm{d}\omega_{z_b}}{\mathrm{d}t}=\dfrac{I_{x_b}-I_{y_b}}{I_{z_b}}\omega_{x_b}\omega_{y_b}\end{cases} \tag{5.82}$$

$$\begin{bmatrix}\dfrac{\mathrm{d}q_0}{\mathrm{d}t}\\ \dfrac{\mathrm{d}q_1}{\mathrm{d}t}\\ \dfrac{\mathrm{d}q_2}{\mathrm{d}t}\\ \dfrac{\mathrm{d}q_3}{\mathrm{d}t}\end{bmatrix}=\frac{1}{2}\begin{bmatrix}0 & -\omega_{x_b} & -\omega_{y_b} & -\omega_{z_b}\\ \omega_{x_b} & 0 & \omega_{z_b} & -\omega_{y_b}\\ \omega_{y_b} & -\omega_{z_b} & 0 & \omega_{x_b}\\ \omega_{z_b} & \omega_{y_b} & -\omega_{x_b} & 0\end{bmatrix}\begin{bmatrix}q_0\\ q_1\\ q_2\\ q_3\end{bmatrix} \tag{5.83}$$

4. 坐标旋转变换

在赤道惯性坐标系XYZ中，设$t=0$时刻径向横向坐标系STW为$(STW)_{t=0}$，坐标系$(STW)_{t=0}$到体固联坐标系$X_bY_bZ_b$(两者坐标原点都为空间碎片质心)经过顺序旋转角度(ψ,θ,φ)实现，已知空间碎片在$t\geqslant 0$的任意时刻的欧拉角为$(\varphi_{\mathrm{deb}},\theta_{\mathrm{deb}},\psi_{\mathrm{deb}})$，横向坐标系变换为体固联坐标系，可表示为

$$(STW)_{t=0}\to X_bY_bZ_b:W(\psi_{\mathrm{deb}})\to T(\theta_{\mathrm{deb}})\to S(\varphi_{\mathrm{deb}}) \tag{5.84}$$

旋转变换矩阵为

$$\boldsymbol{Q}_{X_bS_0}=\boldsymbol{R}_1(\varphi_{\mathrm{deb}})\boldsymbol{R}_2(\theta_{\mathrm{deb}})\boldsymbol{R}_3(\psi_{\mathrm{deb}}) \tag{5.85}$$

其逆矩阵为

$$\boldsymbol{Q}_{S_0X_b}=[\boldsymbol{Q}_{X_bS_0}]^{\mathrm{T}}=\boldsymbol{R}_3(-\psi_{\mathrm{deb}})\boldsymbol{R}_2(-\theta_{\mathrm{deb}})\boldsymbol{R}_1(-\varphi_{\mathrm{deb}}) \tag{5.86}$$

式中，$\boldsymbol{Q}_{X_bS_0}$和$\boldsymbol{Q}_{S_0X_b}$是随着时间不断变化的，为了防止计算过程中出现奇异性，$\boldsymbol{Q}_{X_bS_0}$和$\boldsymbol{Q}_{S_0X_b}$需要采用四元数表示。

在$t=0$时刻，赤道惯性坐标系XYZ通过依次绕Z轴旋转$\varOmega_{\mathrm{deb},0}$、绕$X$轴旋转$i_{\mathrm{deb},0}$、绕$Z$轴旋转$u_{\mathrm{deb},0}=\omega_{\mathrm{deb},0}+f_{\mathrm{deb},0}$，变换到坐标系$(STW)_{t=0}$，表示为

$$XYZ\to(STW)_{t=0}:Z(\varOmega_{\mathrm{deb},0})\to X(i_{\mathrm{deb},0})\to Z(u_{\mathrm{deb},0}) \tag{5.87}$$

旋转变换矩阵为

$$\boldsymbol{Q}_{S_0X}=\boldsymbol{R}_3(u_{\text{deb},0})\boldsymbol{R}_1(i_{\text{deb},0})\boldsymbol{R}_3(\varOmega_{\text{deb},0}) \tag{5.88}$$

其逆矩阵为

$$\boldsymbol{Q}_{XS_0}=\boldsymbol{R}_3(-\varOmega_{\text{deb},0})\boldsymbol{R}_1(-i_{\text{deb},0})\boldsymbol{R}_3(-u_{\text{deb},0}) \tag{5.89}$$

式中，$\boldsymbol{Q}_{S_0X}$ 和 $\boldsymbol{Q}_{XS_0}$ 是不随着时间变化的。

$XYZ\to(STW)_{t=0}\to X_bY_bZ_b$ 的旋转变换矩阵为

$$\boldsymbol{Q}_{X_bX}=\boldsymbol{Q}_{X_bS_0}\boldsymbol{Q}_{S_0X} \tag{5.90}$$

并且有

$$\boldsymbol{Q}_{XX_b}=\boldsymbol{Q}_{XS_0}\boldsymbol{Q}_{S_0X_b} \tag{5.91}$$

5.3.4　激光烧蚀力和力矩

如图 5.10 所示，在体固联坐标系 $X_bY_bZ_b$ 中，空间碎片平台位置矢量为 $\boldsymbol{r}_{\text{DS},X_b}$，激光辐照点为 $\boldsymbol{r}_{b0}=(x_{b0},y_{b0},0)^{\text{T}}$，由于空间碎片存在初始角速度 $\omega_{x_b,0}$，因此利用激光烧蚀力施加反向力矩以达到降低转动角速度的目的，激光辐照方向矢量为

$$\boldsymbol{L}_{R,X_b}=\boldsymbol{r}_{\text{DS},X_b}+\boldsymbol{r}_{b0} \tag{5.92}$$

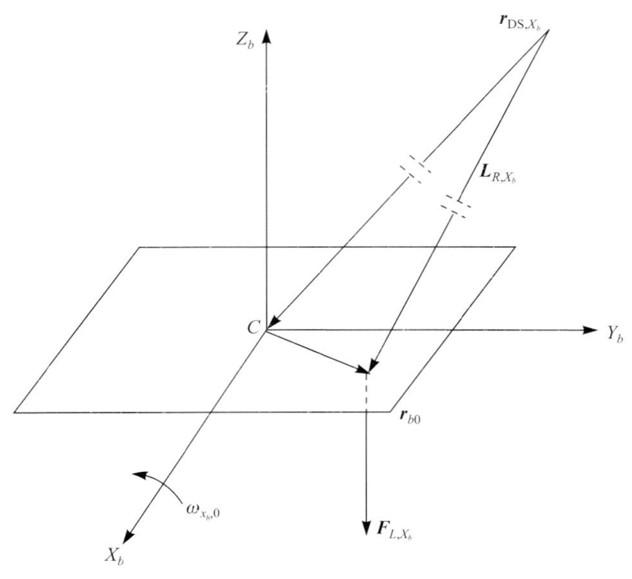

图 5.10　薄板空间碎片的激光辐照方向与激光烧蚀力方向

在赤道惯性坐标系 XYZ 中，在任意时刻空间碎片位置矢量为 $\boldsymbol{r}_{\text{deb},X}=(r_{\text{deb},x},r_{\text{deb},y},r_{\text{deb},z})^{\text{T}}$，平台位置矢量为 $\boldsymbol{r}_{\text{sta},X}=(r_{\text{sta},x},r_{\text{sta},y},r_{\text{sta},z})^{\text{T}}$，空间碎片平台位置矢量为

$$\boldsymbol{r}_{\mathrm{DS},X}=\boldsymbol{r}_{\mathrm{deb},X}-\boldsymbol{r}_{\mathrm{sta},X}=\begin{bmatrix} r_{\mathrm{deb},x}-r_{\mathrm{sta},x} \\ r_{\mathrm{deb},y}-r_{\mathrm{sta},y} \\ r_{\mathrm{deb},z}-r_{\mathrm{sta},z} \end{bmatrix} \tag{5.93}$$

在体固联坐标系 $X_bY_bZ_b$ 中，空间碎片平台位置矢量 $\boldsymbol{r}_{\mathrm{DS},X_b}$ 为

$$\boldsymbol{r}_{\mathrm{DS},X_b}=\boldsymbol{Q}_{X_bX}\boldsymbol{r}_{\mathrm{DS},X} \tag{5.94}$$

激光辐照方向矢量为

$$\boldsymbol{L}_{R,X_b}=\boldsymbol{Q}_{X_bX}\boldsymbol{r}_{\mathrm{DS},X}+\boldsymbol{r}_{b0} \tag{5.95}$$

如果激光辐照方向矢量为 $\boldsymbol{L}_{R,X_b}=(L_{R,x_b},L_{R,y_b},L_{R,z_b})^{\mathrm{T}}$，那么根据薄板空间碎片激光辐照方向矢量与激光烧蚀力方向矢量之间的关系，可知激光烧蚀力方向单位矢量为

$$\hat{\boldsymbol{F}}_{L,X_b}=\begin{cases} \hat{\boldsymbol{Z}}_b, & L_{R,z_b}>0 \\ -\hat{\boldsymbol{Z}}_b, & L_{R,z_b}<0 \\ 0, & L_{R,z_b}=0 \end{cases} \tag{5.96}$$

式中，$\hat{\boldsymbol{Z}}_b=(0,0,1)^{\mathrm{T}}$ 为 Z_b 轴方向单位矢量。

薄板空间碎片尺寸 (a,b,c) 为沿着 X_b 轴、Y_b 轴和 Z_b 轴的尺寸，并且 $c\ll a$ 和 $c\ll b$，激光光斑半径为 r_L，激光光斑横截面面积为 $A_L=\pi r_L^2$，激光功率密度为 I_L，激光脉宽为 τ_L，激光烧蚀力的作用时间为 τ_L'，空间碎片材料的冲量耦合系数为 C_m。

激光辐照方向单位矢量为 $\hat{\boldsymbol{L}}_{R,X_b}=(\hat{L}_{R,x_b},\hat{L}_{R,y_b},\hat{L}_{R,z_b})^{\mathrm{T}}$，激光辐照方向单位矢量与 X_bY_b 平面的仰角为 $\theta_R\in[-\pi/2,\pi/2]$，可表示为

$$\theta_R=\arcsin(\hat{L}_{R,z_b}) \tag{5.97}$$

单脉冲激光烧蚀冲量的大小为

$$\left|\boldsymbol{F}_{L,X_b}\right|\tau_L'=C_mI_L\tau_LA_L\left|\sin\theta_R\right| \tag{5.98}$$

空间碎片单位质量激光烧蚀冲量的大小为

$$\left|\boldsymbol{f}_{L,X_b}\right|\tau_L'=\frac{C_mI_L\tau_LA_L\left|\sin\theta_R\right|}{abc\rho}=\frac{A_L}{ab}\frac{C_mI_L\tau_L}{c\rho}\left|\sin\theta_R\right| \tag{5.99}$$

式中，$\boldsymbol{f}_{L,X_b}$ 为空间碎片单位质量的激光烧蚀力；ρ 为空间碎片材料密度；$F_L=I_L\tau_L$ 为激光束横截面上单位面积入射激光能量。

引入符号函数：

$$\operatorname{sgn}(x)=\begin{cases}1, & x>0\\ 0, & x=0\\ -1, & x<0\end{cases} \tag{5.100}$$

薄板空间碎片单位质量的激光烧蚀冲量为

$$\begin{aligned}\boldsymbol{f}_{L,X_b}\tau_L' &= \left(\frac{A_L}{ab}\right)\frac{C_m F_L}{c\rho}\left|\sin\theta_R\right|\hat{\boldsymbol{F}}_{L,X_b}\\ &= \left(\frac{A_L}{ab}\right)\frac{C_m F_L}{c\rho}\left|\hat{L}_{R,z_b}\right|\operatorname{sgn}(\hat{L}_{R,z_b})\hat{\boldsymbol{Z}}_b\end{aligned} \tag{5.101}$$

该式的物理意义是单脉冲激光能量对空间碎片所产生的单位质量的激光烧蚀冲量。

薄板空间碎片单脉冲激光烧蚀冲量为

$$\boldsymbol{F}_{L,X_b}\tau_L' = A_L C_m F_L\left|\hat{L}_{R,z_b}\right|\operatorname{sgn}(\hat{L}_{R,z_b})\hat{\boldsymbol{Z}}_b = \left|\boldsymbol{I}_{L,X_b}\right|\operatorname{sgn}(\hat{L}_{R,z_b})\hat{\boldsymbol{Z}}_b \tag{5.102}$$

该式的物理意义是单脉冲激光能量对空间碎片所产生的激光烧蚀冲量，其大小为

$$\left|\boldsymbol{I}_{L,X_b}\right| = C_m F_L A_L\left|\hat{L}_{R,z_b}\right| \tag{5.103}$$

激光烧蚀力 $\boldsymbol{F}_{L,X_b}$ 产生的力矩为

$$\begin{aligned}\boldsymbol{L}_{X_b} = \boldsymbol{r}_{b0}\times\boldsymbol{F}_{L,X_b} &= \begin{vmatrix}\hat{\boldsymbol{X}}_b & \hat{\boldsymbol{Y}}_b & \hat{\boldsymbol{Z}}_b\\ x_{b0} & y_{b0} & 0\\ 0 & 0 & \left|\boldsymbol{I}_{L,X_b}\right|\operatorname{sgn}(\hat{L}_{R,z_b})/\tau_L'\end{vmatrix}\\ &= \left[\left|\boldsymbol{I}_{L,X_b}\right|\operatorname{sgn}(\hat{L}_{R,z_b})y_{b0}\hat{\boldsymbol{X}}_b - \left|\boldsymbol{I}_{L,X_b}\right|\operatorname{sgn}(\hat{L}_{R,z_b})x_{b0}\hat{\boldsymbol{Y}}_b\right]/\tau_L'\end{aligned} \tag{5.104}$$

式中，$\boldsymbol{L}_{X_b}\tau_L' = \boldsymbol{r}_{b0}\times(\boldsymbol{F}_{L,X_b}\tau_L')$ 为单脉冲激光烧蚀冲量矩，表示单脉冲激光能量对空间碎片所产生的激光烧蚀冲量矩。

显然，对于薄板空间碎片激光烧蚀力只能产生垂直平面法向的力矩，并且激光烧蚀力的力矩符号与激光辐照点位置 $(x_{b0}, y_{b0}, 0)$ 和辐照方向 $\hat{L}_{R,z_b}$ 有关。

5.3.5　激光烧蚀消旋策略分析

在激光操控空间碎片运动姿态中，对于已有初始转动状态的空间碎片，通过加载激光烧蚀力的力矩，降低其转动角速度的过程，称为激光烧蚀消旋。

由于激光烧蚀力的力矩与空间碎片的形体和表面形状密切相关，因此根据空间碎片初始转动的特点，激光束应瞄准空间碎片表面的特定点才能产生反向角速度，达到激光烧蚀消旋的目的，称为激光消旋策略。

如果空间碎片存在初始角速度 $\omega_{x_b,0}>0$，那么对于激光辐照点 $\boldsymbol{r}_{b0}=(x_{b0},y_{b0},0)^{\mathrm{T}}$，激光烧蚀力 $\boldsymbol{F}_{L,X_b}$ 产生的力矩为

$$\boldsymbol{L}_{X_b}=\left[\left|\boldsymbol{I}_{L,X_b}\right|\mathrm{sgn}(\hat{L}_{R,z_b})y_{b0}\hat{\boldsymbol{X}}_b-\left|\boldsymbol{I}_{L,X_b}\right|\mathrm{sgn}(\hat{L}_{R,z_b})x_{b0}\hat{\boldsymbol{Y}}_b\right]/\tau_L' \tag{5.105}$$

消旋的要求为：仅产生 X_b 轴方向的负向激光烧蚀力矩，不产生 Y_b 轴方向的激光烧蚀力矩，表示为

$$x_{b0}=0 \tag{5.106}$$

$$\boldsymbol{L}_{X_b}=\left|\boldsymbol{I}_{L,X_b}\right|\mathrm{sgn}(\hat{L}_{R,z_b})y_{b0}\hat{\boldsymbol{X}}_b/\tau_L'<0 \tag{5.107}$$

即消旋的要求为

$$x_{b0}=0\text{，}\quad \mathrm{sgn}(\hat{L}_{R,z_b})y_{b0}<0 \tag{5.108}$$

即有

$$(x_{b0},y_{b0},0)=(0,b/2,0)\text{，}\quad \hat{L}_{R,z_b}<0 \tag{5.109}$$

$$(x_{b0},y_{b0},0)=(0,-b/2,0)\text{，}\quad \hat{L}_{R,z_b}>0 \tag{5.110}$$

同理，可讨论初始角速度 $\omega_{x_b,0}<0$ 的情况。薄板空间碎片的激光烧蚀消旋策略如下：

① 当空间碎片存在初始角速度 $\omega_{x_b,0}>0$ 时，如果 $\hat{L}_{R,z_b}<0$，那么瞄准空间碎片表面点 $(x_{b0},y_{b0},0)=(0,b/2,0)$ 发射激光产生反向激光烧蚀力的力矩；如果 $\hat{L}_{R,z_b}>0$，那么瞄准空间碎片表面点 $(x_{b0},y_{b0},0)=(0,-b/2,0)$ 发射激光产生反向激光烧蚀力的力矩。

② 当空间碎片存在初始角速度 $\omega_{x_b,0}<0$ 时，如果 $\hat{L}_{R,z_b}<0$，那么瞄准空间碎片表面点 $(x_{b0},y_{b0},0)=(0,-b/2,0)$ 发射激光产生反向激光烧蚀力的力矩；如果 $\hat{L}_{R,z_b}>0$，那么瞄准空间碎片表面点 $(x_{b0},y_{b0},0)=(0,b/2,0)$ 发射激光产生反向激光烧蚀力的力矩。

③ 如果空间碎片同时存在初始角速度 $\omega_{x_b,0}\neq 0$ 和 $\omega_{y_b,0}\neq 0$，那么对两个方向角速度可采用依次分别消旋的方法。

在上述激光消旋策略中，由 $\hat{L}_{R,z_b}$ 的正负号选取激光辐照点 $\boldsymbol{r}_{b0}=(0,\pm b/2,0)^{\mathrm{T}}$，而 $\hat{L}_{R,z_b}$ 的计算又要求先确定 $\boldsymbol{r}_{b0}=(0,\pm b/2,0)^{\mathrm{T}}$，若出现两者相互矛盾的情况，则需要予以解决。

激光辐照方向矢量为

$$\boldsymbol{L}_{R,X_b}=\boldsymbol{Q}_{X_bX}\boldsymbol{r}_{\mathrm{DS},X}+\boldsymbol{r}_{b0}=\boldsymbol{r}_{\mathrm{DS},X_b}+\boldsymbol{r}_{b0} \tag{5.111}$$

设 $\boldsymbol{L}_{R,X_b}=(L_{R,x_b},L_{R,y_b},L_{R,z_b})^{\mathrm{T}}$ 和 $\boldsymbol{r}_{\mathrm{DS},X_b}=(r_{\mathrm{DS},x_b},r_{\mathrm{DS},y_b},r_{\mathrm{DS},z_b})^{\mathrm{T}}$，$\hat{\boldsymbol{Z}}_b=(0,0,1)^{\mathrm{T}}$ 为

Z_b 轴方向单位矢量，由于 $\hat{\boldsymbol{Z}}_b=(0,0,1)^{\mathrm{T}}$ 和 $\boldsymbol{r}_{b0}=(x_{b0},y_{b0},0)^{\mathrm{T}}$ 相互垂直，因此有

$$L_{R,z_b}=\boldsymbol{L}_{R,X_b}\cdot\hat{\boldsymbol{Z}}_b=\boldsymbol{r}_{\mathrm{DS},X_b}\cdot\hat{\boldsymbol{Z}}_b+\boldsymbol{r}_{b0}\cdot\hat{\boldsymbol{Z}}_b=\boldsymbol{r}_{\mathrm{DS},X_b}\cdot\hat{\boldsymbol{Z}}_b=r_{\mathrm{DS},z_b}\tag{5.112}$$

在薄板空间碎片激光烧蚀消旋策略中，具体采用如下做法：

在赤道惯性坐标系 XYZ 中计算空间碎片平台位置矢量 $\boldsymbol{r}_{\mathrm{DS},X}$，并变换为体固联坐标系 $X_bY_bZ_b$ 中空间碎片平台位置矢量 $\boldsymbol{r}_{\mathrm{DS},X_b}$，根据激光烧蚀消旋策略，激光辐照方向矢量为

$$\boldsymbol{L}_{R,X_b}=\begin{cases}\boldsymbol{r}_{\mathrm{DS},X_b}+(0,b/2,0)^{\mathrm{T}}, & r_{\mathrm{DS},z_b}<0\,,\ \omega_{x_b}>0\\ \boldsymbol{r}_{\mathrm{DS},X_b}+(0,-b/2,0)^{\mathrm{T}}, & r_{\mathrm{DS},z_b}<0\,,\ \omega_{x_b}<0\\ \boldsymbol{r}_{\mathrm{DS},X_b}+(0,-b/2,0)^{\mathrm{T}}, & r_{\mathrm{DS},z_b}>0\,,\ \omega_{x_b}>0\\ \boldsymbol{r}_{\mathrm{DS},X_b}+(0,b/2,0)^{\mathrm{T}}, & r_{\mathrm{DS},z_b}>0\,,\ \omega_{x_b}<0\\ \boldsymbol{r}_{\mathrm{DS},X_b}+(0,0,-r_{\mathrm{DS},z_b})^{\mathrm{T}}, & r_{\mathrm{DS},z_b}=0\,,\ \omega_{x_b}=0\end{cases}\tag{5.113}$$

并且有

$$\hat{L}_{R,z_b}=\frac{L_{R,z_b}}{\sqrt{(L_{R,x_b})^2+(L_{R,y_b})^2+(L_{R,z_b})^2}}\tag{5.114}$$

式(5.113)中第五种情况是针对激光烧蚀力和力矩都为零的情况进行定义的。此时，薄板空间碎片单位质量的激光烧冲量为

$$\boldsymbol{f}_{L,X_b}\tau_L'=\left(\frac{A_L}{ab}\right)\frac{C_mF_L}{c\rho}\left|\hat{L}_{R,z_b}\right|\mathrm{sgn}(\hat{L}_{R,z_b})\hat{\boldsymbol{Z}}_b\tag{5.115}$$

薄板空间碎片单脉冲激光烧蚀冲量矩(激光烧蚀力 $\boldsymbol{F}_{L,X_b}$ 的冲量矩)为

$$\boldsymbol{L}_{X_b}\tau_L'=\begin{cases}-C_mF_LA_L\left|\hat{L}_{R,z_b}\right|(b/2)\hat{\boldsymbol{X}}_b, & \omega_{x_b}>0\\ C_mF_LA_L\left|\hat{L}_{R,z_b}\right|(b/2)\hat{\boldsymbol{X}}_b, & \omega_{x_b}<0\\ 0, & \omega_{x_b}=0\end{cases}\tag{5.116}$$

5.3.6　基本步骤和流程

图 5.11 为薄板空间碎片激光操控运动姿态方法的基本步骤和流程，其他形体空间碎片分析方法类似，只是激光烧蚀力和力矩的分析方法不同。

在具体计算时，需注意以下几点：

(1) 空间碎片和平台的位置矢量是在赤道惯性坐标系 XYZ 中给出的，激光烧蚀力是在体固联坐标系 $X_bY_bZ_b$ 中计算的，需要将空间碎片和平台的位置矢量变换

为 $X_bY_bZ_b$ 中的表达式，变换过程为

$$XYZ \to (STW)_{t=0} \to X_bY_bZ_b \tag{5.117}$$

(2) 激光烧蚀力是在体固联坐标系 $X_bY_bZ_b$ 中计算的，在计算激光烧蚀力作用下的空间碎片轨道摄动方程时，需要将其变换为径向横向坐标系中的表达式，变换过程为

$$X_bY_bZ_b \to (STW)_{t=0} \to XYZ \to STW \tag{5.118}$$

(3) 激光烧蚀力和力矩是同时、瞬间作用的，激光烧蚀力改变空间碎片运动轨道，按照小偏心率下轨道摄动方程计算；激光烧蚀力矩改变空间碎片运动姿态，按照姿态动力学方程和运动学方程计算。

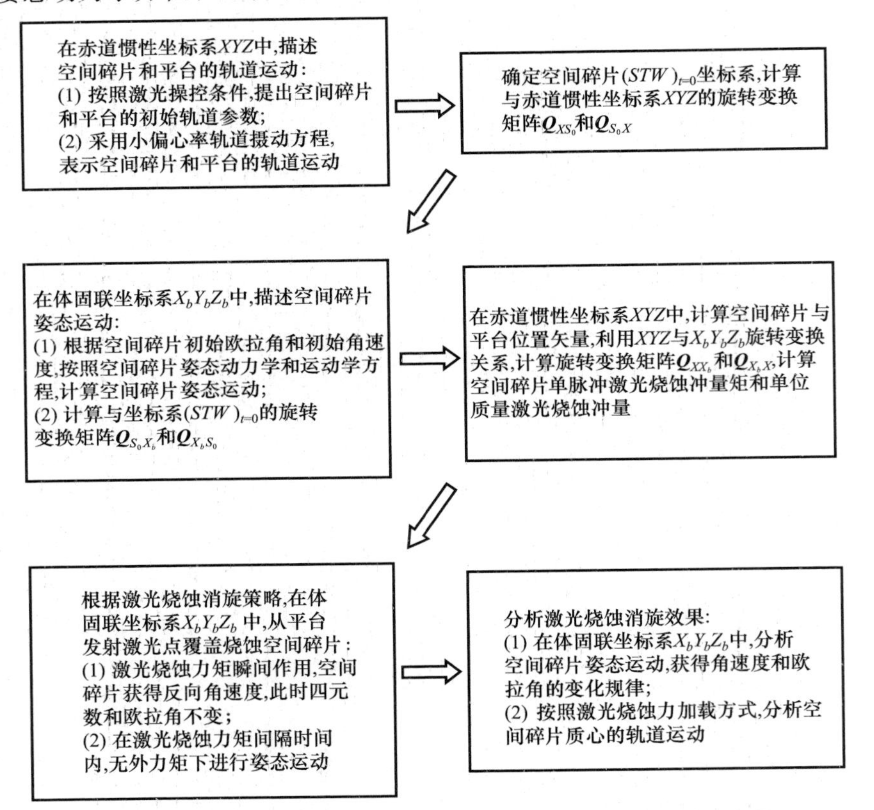

图 5.11 薄板空间碎片激光操控运动姿态方法的基本步骤和流程

(4) 在激光脉冲间隔时间内，没有激光烧蚀力和力矩作用时，按照无外力和外力矩的轨道摄动方程和姿态动力学方程计算。

5.3.7 计算分析

激光重频为 10Hz，脉宽为 10ns，激光烧蚀力作用时间为 100ns，激光功率密

度为10^{13} W/m^2 (10^9 W/cm^2)。薄板空间碎片为铝材，密度为2700kg/m^3，冲量耦合系数取为5×10^{-5} N·s/J (相当于下限保守值)，地球平均半径取为$R_0 = 6378$km 。

薄板空间碎片尺寸为(a,b,c)(分别对应$X_bY_bZ_b$坐标轴的尺寸)，则主轴转动惯量为

$$I_{b_z} = \frac{M}{12}(a^2+b^2)\,,\quad I_{b_y} = \frac{M}{12}(a^2+c^2)\,,\quad I_{b_x} = \frac{M}{12}(b^2+c^2)\,,\quad M = abc\rho \qquad (5.119)$$

式中，ρ为空间碎片材料密度。

取薄板空间碎片尺寸为$a \geqslant 50$cm 、$b \geqslant 50$cm 和$c = 1$cm 。初始欧拉角和初始角速度为$(\varphi_0,\theta_0,\psi_0,\dot{\varphi}_0,\dot{\theta}_0,\dot{\psi}_0) = (\pi/4,\pi/4,\pi/4,1,0,0)$ 。空间碎片和平台轨道高度为 400km，空间碎片相对平台同向运动，轨道倾角、升交点赤经和近地点幅角分别为

$$i_{\mathrm{deb},0} = i_{\mathrm{sta},0} = \pi/2 \qquad (5.120)$$

$$\Omega_{\mathrm{deb},0} = \Omega_{\mathrm{sta},0} = \pi/2 \qquad (5.121)$$

$$\omega_{\mathrm{sta},0} = \pi/2\,,\quad \omega_{\mathrm{deb},0} = \pi/2 + \Delta\omega_{\mathrm{deb},0} \qquad (5.122)$$

式中，$\Delta\omega_{\mathrm{deb},0} > 0$表示空间碎片在平台的前方运动。近距离伴飞、可辨识空间碎片姿态运动的距离为$r_{\mathrm{DS,iden}}$，则有

$$\Delta\omega_{\mathrm{deb},0} = \frac{r_{\mathrm{DS,iden}}}{R_0} \qquad (5.123)$$

1. 薄板空间碎片$\omega_{x_b,0} \neq 0$且尺寸为 50cm/50cm/1cm 的情况

在体固联坐标系$X_bY_bZ_b$中，薄板空间碎片的初始角速度为$\omega_{x_b,0} = 1$rad/s 。远场激光光斑半径为$r_L = 1$cm，激光器平均功率为3.141593×10^2 W (激光单脉冲能量为3.141593×10J)。按照激光烧蚀消旋策略，对薄板空间碎片施加激光烧蚀力矩。

图 5.12 为薄板空间碎片角速度ω_{x_b}随着时间的变化，由于反向激光烧蚀力矩的作用，薄板空间碎片角速度ω_{x_b}不断减小，最后减小为1.624253×10^{-4}rad/s，耗时 64.8s，此时$\omega_{y_b} = \omega_{z_b} = 0$ 。

图 5.13 为薄板空间碎片欧拉角φ随着时间的变化。由于反向激光烧蚀力矩的作用，薄板空间碎片转动周期不断增大，当欧拉角为$\varphi \approx 100°$时，$\omega_{x_b} = 0$，此时$\theta = \psi = 45°$不变。

在整个空间碎片消旋过程中，激光的能耗为$3.141593\times10^2\times64.8 = 2.035752\times10^4$ J 。

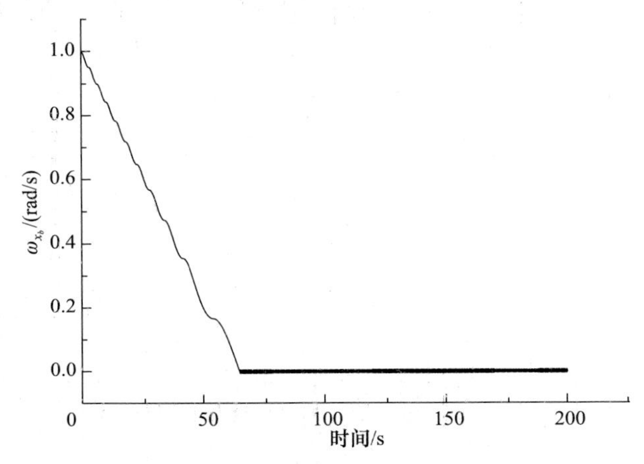

图 5.12　薄板空间碎片角速度 ω_{x_b} 随着时间的变化(尺寸为 50cm/50cm/1cm)

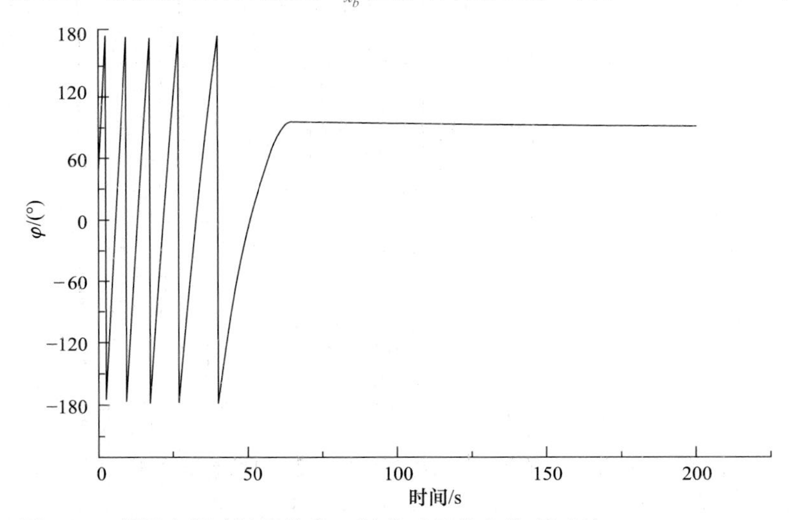

图 5.13　薄板空间碎片欧拉角 φ 随着时间的变化(尺寸为 50cm/50cm/1cm)

图 5.14 为薄板空间碎片半长轴、远地点和近地点半径的变化。图中，近地点半径基本不变(蓝线)，远地点半径(红线)和半长轴(黑线)有所变化，当整个激光操控过程结束时，远地点半径增大约 200m，半长轴增大约 100m。

图 5.15 为空间碎片平台距离和矢径差的变化。当整个激光操控过程结束时，空间碎片平台距离变化小于 3m，空间碎片矢径差(空间碎片矢径与操控前矢径之差)减小不到 1m。

图 5.16 为空间碎片升交点赤经、轨道倾角和偏心率的变化。图中，空间碎片升交点赤经(上方黑线)增大 1.6×10^{-4}°，轨道倾角基本不变(下方黑线)，偏心率增大为 1.4×10^{-5}。

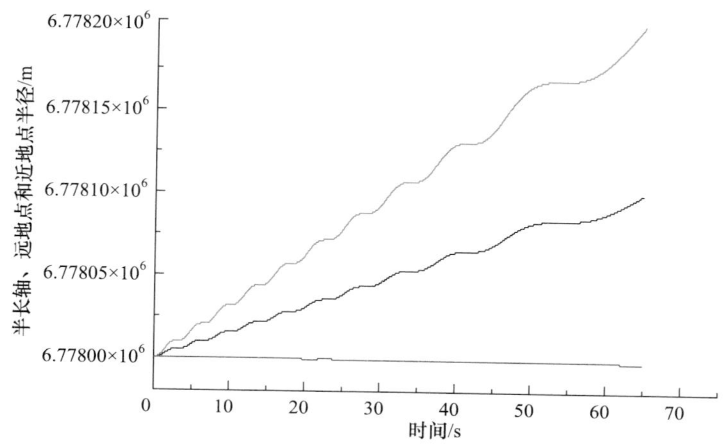

图 5.14　薄板空间碎片半长轴、远地点和近地点半径的变化(尺寸为 50cm/50cm/1cm)

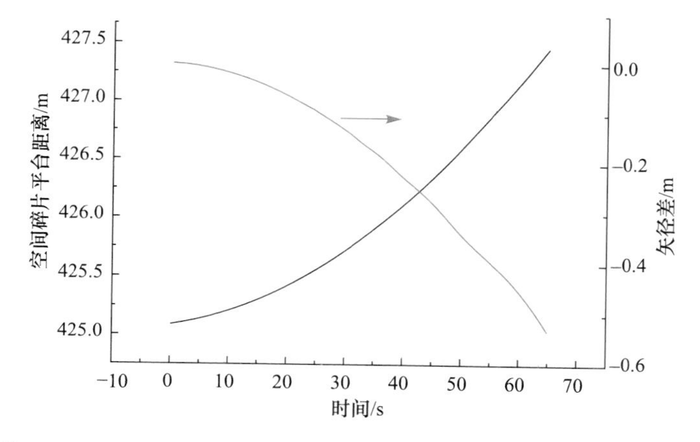

图 5.15　空间碎片平台距离和矢径差的变化(尺寸为 50cm/50cm/1cm)

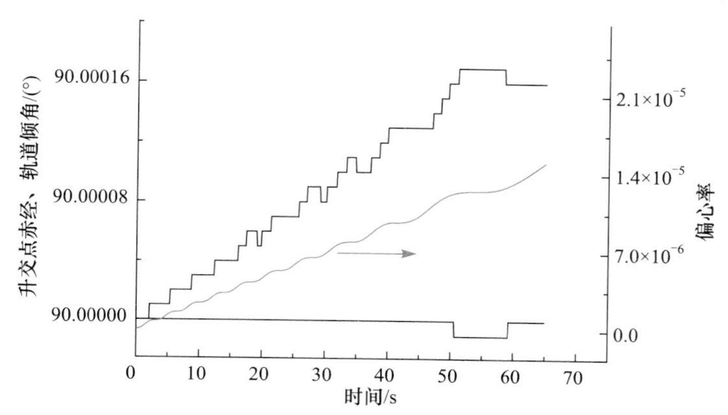

图 5.16　空间碎片升交点赤经、轨道倾角和偏心率的变化(尺寸为 50cm/50cm/1cm)

2. 薄板空间碎片 $\omega_{x_b,0} \neq 0$ 且尺寸为 100cm/100cm/1cm 的情况

在体固联坐标系 $X_b Y_b Z_b$ 中，薄板空间碎片的初始角速度为 $\omega_{x_b,0} = 1\text{rad/s}$ 。远场激光光斑半径为 $r_L = 1\text{cm}$ ，激光器平均功率为 $3.141593 \times 10^2\ \text{W}$ (激光单脉冲能量为 $3.141593 \times 10\text{J}$)。按照激光烧蚀消旋策略，对薄板空间碎片施加激光烧蚀力矩。

图 5.17 为薄板空间碎片角速度 ω_{x_b} 随着时间的变化。由于反向激光烧蚀力矩的作用，薄板空间碎片角速度 ω_{x_b} 不断减小，最后减小为 $2.577937 \times 10^{-4}\ \text{rad/s}$ ，耗时 478s，此时 $\omega_{y_b} = \omega_{z_b} = 0$ 。

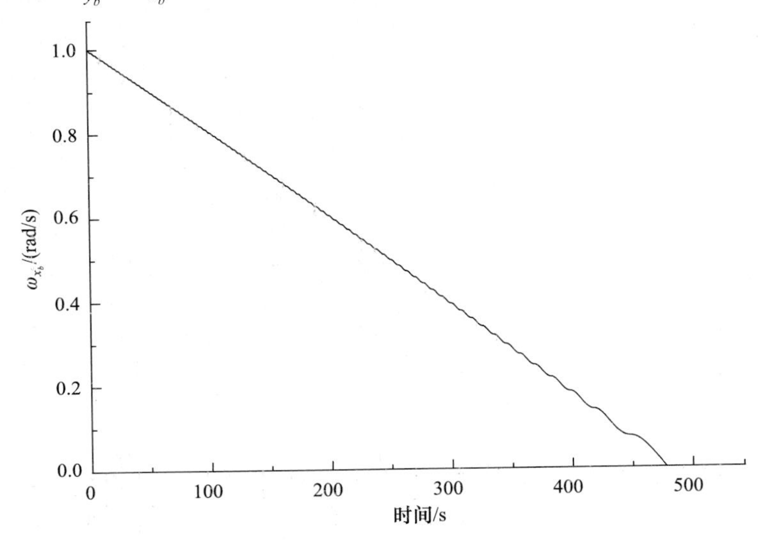

图 5.17　薄板空间碎片角速度 ω_{x_b} 随着时间的变化(尺寸为 100cm/100cm/1cm)

图 5.18 为薄板空间碎片欧拉角 φ 随着时间的变化。由于反向激光烧蚀力矩的作用，薄板空间碎片转动周期不断增大，当欧拉角为 $\varphi \approx 100°$ 时， $\omega_{x_b} = 0$ ，此时 $\theta = \psi = 45°$ 不变。

图 5.19 为薄板空间碎片半长轴、远地点和近地点半径、偏心率的变化。图中，近地点半径基本不变(蓝线)，远地点半径(红线)和半长轴(黑线)有所变化，当整个激光操控过程结束时，远地点半径增大约 450m，半长轴增大约 220m，偏心率增大为 3.0×10^{-5}。在整个空间碎片消旋过程中，激光的能耗为 $3.141593 \times 10^2 \times 478 = 1.501681 \times 10^5\ \text{J}$ 。

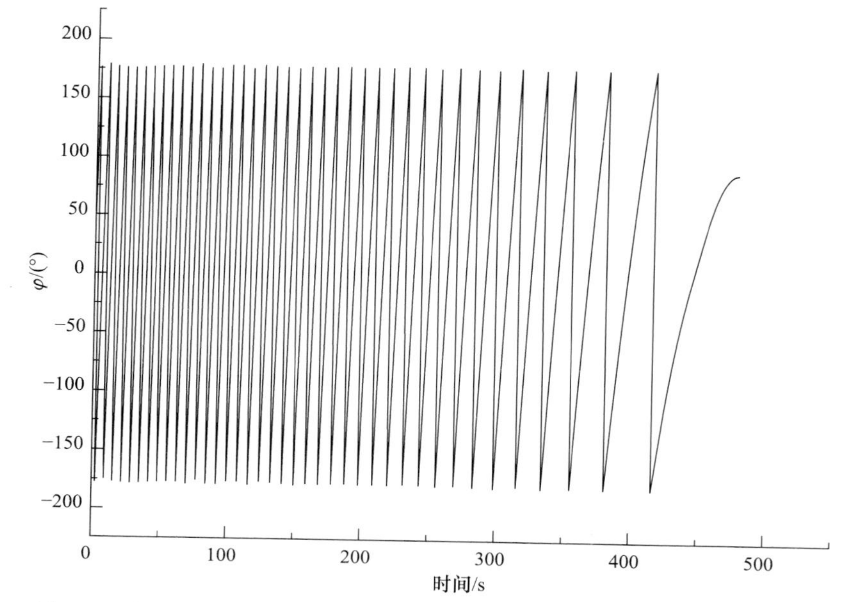

图 5.18　薄板空间碎片欧拉角 φ 随着时间的变化(尺寸为 100cm/100cm/1cm)

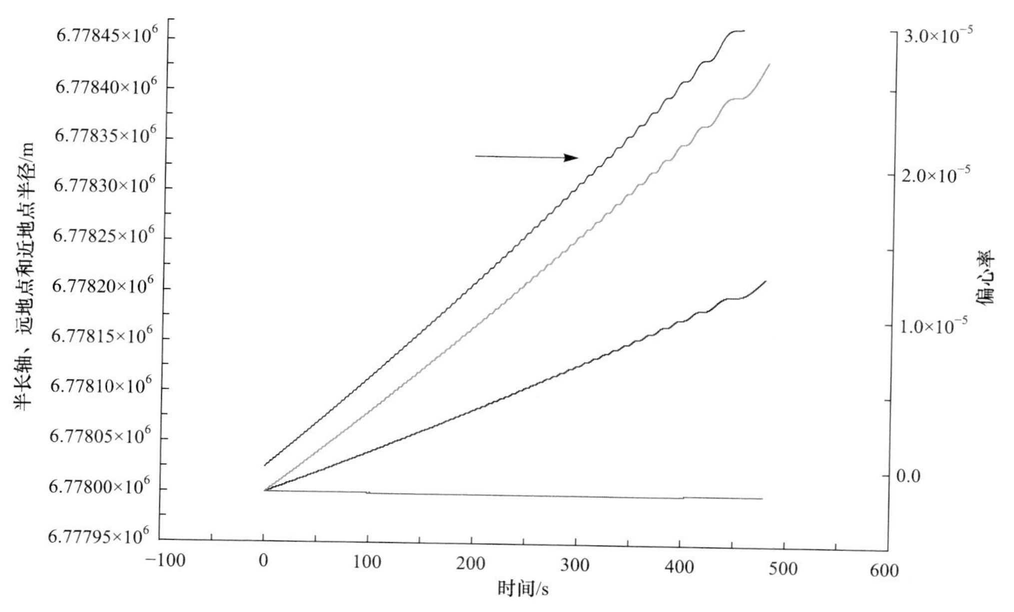

图 5.19　薄板空间碎片半长轴、远地点和近地点半径、偏心率的变化(尺寸为 100cm/100cm/1cm)

3. 薄板空间碎片 $\omega_{x_b,0} \neq 0$ 且尺寸为其他情况

在体固联坐标系 $X_bY_bZ_b$ 中，薄板空间碎片的初始角速度为 $\omega_{x_b,0} = 1\text{rad/s}$ 。激光重频为 10Hz，脉宽为 10ns，激光烧蚀力作用时间为 100ns，激光功率密度为 $10^{13}\,\text{W/m}^2$ ($10^9\,\text{W/cm}^2$)。表 5.1 为不同激光光斑、不同激光器平均功率、不同薄板空间碎片尺寸条件下，激光烧蚀消旋的效果。

根据表 5.1 可知，当薄板空间碎片的初始角速度为 $\omega_{x_b,0} = 1\text{rad/s}$ 时，在 70W 级激光器平均功率下，可对 40cm 以下薄板空间碎片进行激光消旋；在 300W 级激光器平均功率下，可对 50～150cm 薄板空间碎片进行激光消旋；在 3000W 级激光器平均功率下，可对 200～300cm 薄板空间碎片进行激光消旋。并且，在激光消旋过程中，激光烧蚀力对空间碎片运动轨道影响较小。

表 5.1　薄板空间碎片的激光烧蚀消旋的效果

激光光斑半径/cm 激光平均功率/W	碎片尺寸 (*a*/*b*/*c*)/cm	消旋后 角速度/(rad/s)	耗时/s	半长轴变化/m	远地点半径变化/m
0.5 7.853982×10^{1}	10/10/1	6.11×10^{-2}	1.8	19	40
	20/20/1	3.52×10^{-3}	34.3	48	97
	40/40/1	1.07×10^{-4}	126.1	83	166
1 3.141593×10^{2}	50/50/1	1.624×10^{-4}	64.8	100	202
	100/100/1	2.58×10^{-4}	478	217	434
	150/150/1	8.09×10^{-5}	1585	326	634
3 2.827433×10^{3}	200/200/1	2.239×10^{-5}	427.1	427	856
	250/250/1	1.09×10^{-4}	802.9	561	1114
	300/300/1	7.73×10^{-5}	1383.1	654	1289

注：激光重频为 10Hz，脉宽为 10ns，功率密度为 10^{13}W/m^2，薄板空间碎片初始角速度为 1rad/s。

4. 薄板空间碎片 $\omega_{x_b,0} \neq 0 / \omega_{y_b,0} \neq 0 / \omega_{z_b,0} \neq 0$ 情况

取薄板空间碎片尺寸为 $a \geqslant 50\text{cm}$ 、 $b \geqslant 50\text{cm}$ 和 $c = 1\text{cm}$ 。初始欧拉角和初始角速度为 $(\varphi_0,\theta_0,\psi_0,\dot{\varphi}_0,\dot{\theta}_0,\dot{\psi}_0) = (\pi/4,\pi/4,\pi/4,0,0,1)$ 和 $(\omega_{x_b,0},\omega_{y_b,0},\omega_{z_b,0})^{\mathrm{T}} = (-\sin\theta_0\dot{\psi}_0,\cos\theta_0\sin\varphi_0\dot{\psi}_0,\cos\theta_0\cos\varphi_0\dot{\psi}_0)^{\mathrm{T}}$ 。当没有激光烧蚀力矩作用时，空间碎片角速度 ω_{x_b} 和 ω_{y_b} 周期性变化(图 5.20 和图 5.21 中虚线所示)， $\omega_{z_b} = 0.5\text{rad/s}$ 。

按照激光烧蚀消旋策略，施加反向激光烧蚀力矩(激光束半径为 1cm，激光器平均功率为 3.141593×10^{2}W)。

图 5.20 为空间碎片角速度 ω_{x_b} 随着时间的变化(红线)，约 160s 时达到消旋的目的；图 5.21 为空间碎片角速度 ω_{y_b} 随着时间的变化(红线)，约 160s 时也达到消旋的目的。空间碎片角速度 $\omega_{z_b}=0.5\text{rad/s}$ 保持不变，即该角速度分量不能进行激光烧蚀消旋。

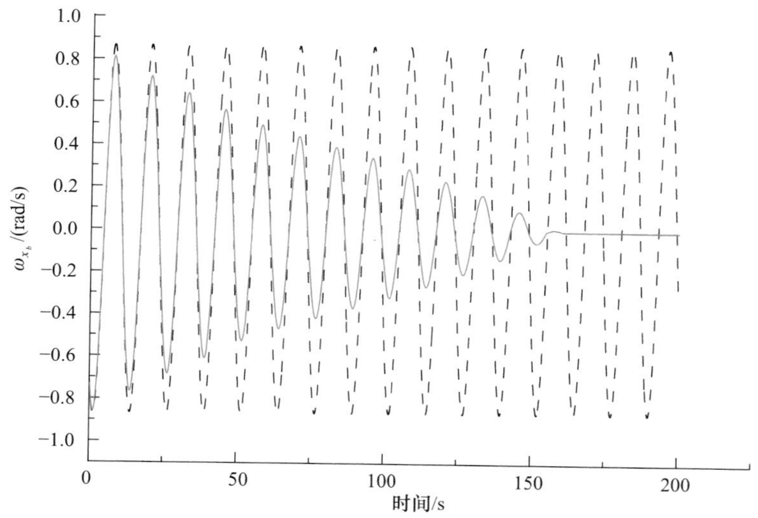

图 5.20　空间碎片角速度 ω_{x_b} 随着时间的变化(尺寸为 50cm/50cm/1cm)

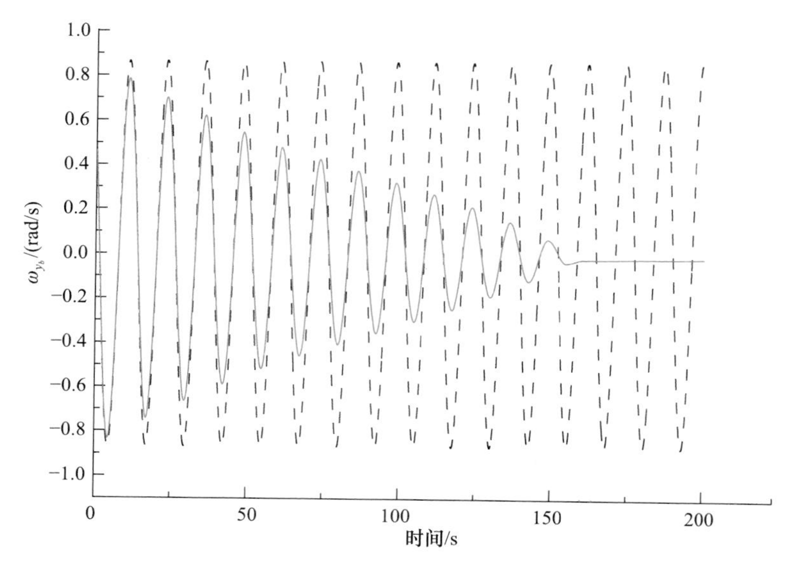

图 5.21　空间碎片角速度 ω_{y_b} 随着时间的变化(尺寸为 50cm/50cm/1cm)

5.3.8 小结

在天基平台近距离伴飞、可辨识空间碎片姿态运动条件下，从天基平台发射激光对薄板空间碎片运动姿态进行操控，具有以下特点：

(1) 激光烧蚀消旋过程需要按照激光烧蚀消旋策略，对空间碎片施加反向激光烧蚀力矩。激光烧蚀消旋不能消除薄板空间碎片平面法向的角速度，只能消除垂直薄板空间碎片平面法向的角速度。

(2) 相对空间碎片运动轨道的激光操控，空间碎片运动姿态的激光操控所需激光器平均功率较小，并且对碎片运动轨道的影响较小。

例如，当薄板空间碎片的初始角速度为 $\omega_{x_b,0}=1\text{rad/s}$ 时，在 70W 级激光器平均功率下，可对 40cm 以下薄板空间碎片进行激光消旋；在 300W 级激光器平均功率下，可对 50～150cm 薄板空间碎片进行激光消旋；在 3000W 级激光器平均功率下，可对 200～300cm 薄板空间碎片进行激光消旋。并且，在激光消旋过程中，激光烧蚀力对空间碎片运动轨道的影响较小。

5.4 圆柱体空间碎片的激光操控运动姿态的方法

对于圆柱体空间碎片，空间碎片和平台的初始轨道参数、空间碎片和平台的位置和速度、空间碎片运动姿态分析等，与薄板空间碎片类似(其他空间碎片也类似)。不同点在于激光烧蚀力和力矩的分析方法，以及激光烧蚀消旋策略的分析方法。

因此,下面着重分析和讨论圆柱体空间碎片的激光烧蚀力和力矩的分析方法，以及激光烧蚀消旋策略的分析方法。

5.4.1 激光烧蚀力和力矩

如图 5.22 所示，圆柱体空间碎片的底面半径为 R，高度为 H，质心为 C，在体固联坐标系 $X_bY_bZ_b$ 中(以质心为原点)，空间碎片平台位置矢量为 $\boldsymbol{r}_{\mathrm{DS},X_b}$，激光辐照点为 $\boldsymbol{r}_{b0}=(x_{b0},y_{b0},z_{b0})^{\mathrm{T}}$，由于空间碎片存在初始角速度 $\omega_{x_b,0}$，因此利用激光烧蚀力施加反向力矩以达到降低转动角速度的目的。

激光辐照方向矢量为

$$\boldsymbol{L}_{R,X_b}=\boldsymbol{r}_{\mathrm{DS},X_b}+\boldsymbol{r}_{b0} \tag{5.124}$$

在赤道惯性坐标系 XYZ 中，任意时刻空间碎片位置矢量为 $\boldsymbol{r}_{\mathrm{deb},X}=(r_{\mathrm{deb},x},r_{\mathrm{deb},y},r_{\mathrm{deb},z})^{\mathrm{T}}$，平台位置矢量为 $\boldsymbol{r}_{\mathrm{sta},X}=(r_{\mathrm{sta},x},r_{\mathrm{sta},y},r_{\mathrm{sta},z})^{\mathrm{T}}$，空间碎片平台位置矢量为

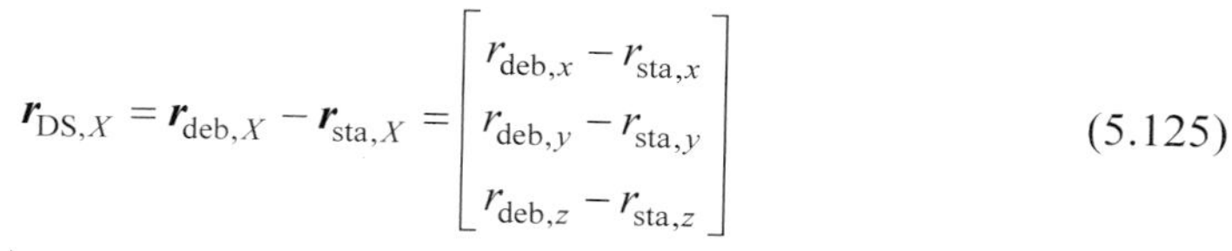

$$\boldsymbol{r}_{\mathrm{DS},X} = \boldsymbol{r}_{\mathrm{deb},X} - \boldsymbol{r}_{\mathrm{sta},X} = \begin{bmatrix} r_{\mathrm{deb},x} - r_{\mathrm{sta},x} \\ r_{\mathrm{deb},y} - r_{\mathrm{sta},y} \\ r_{\mathrm{deb},z} - r_{\mathrm{sta},z} \end{bmatrix} \tag{5.125}$$

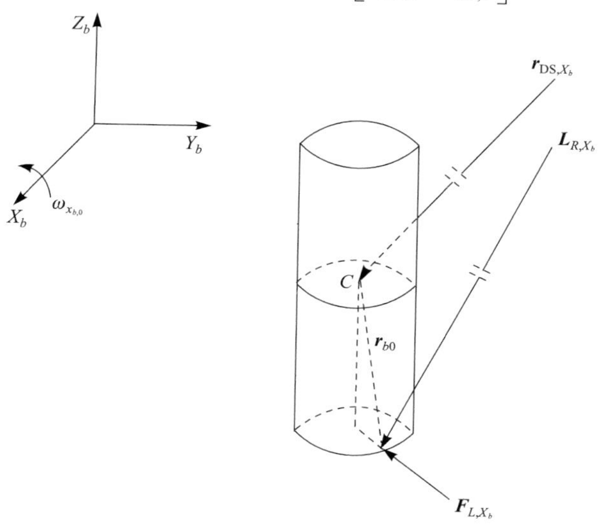

图 5.22　圆柱体空间碎片的激光辐照方向与激光烧蚀力方向

在体固联坐标系 $X_bY_bZ_b$ 中，空间碎片平台位置矢量 $\boldsymbol{r}_{\mathrm{DS},X_b}$ 为

$$\boldsymbol{r}_{\mathrm{DS},X_b} = \boldsymbol{Q}_{X_bX}\boldsymbol{r}_{\mathrm{DS},X} \tag{5.126}$$

激光辐照方向矢量为

$$\boldsymbol{L}_{R,X_b} = \boldsymbol{r}_{\mathrm{DS},X_b} + \boldsymbol{r}_{b0} = \boldsymbol{Q}_{X_bX}\boldsymbol{r}_{\mathrm{DS},X} + \boldsymbol{r}_{b0} \tag{5.127}$$

在激光辐照点 $\boldsymbol{r}_{b0} = (x_{b0}, y_{b0}, z_{b0})^{\mathrm{T}}$ 处，圆柱体空间碎片表面法向单位矢量 $\hat{\boldsymbol{n}}_{X_b} = (\hat{n}_{x_b}, \hat{n}_{y_b}, \hat{n}_{z_b})^{\mathrm{T}}$ 为

$$\hat{\boldsymbol{n}}_{X_b} = (x_{b0} / R, y_{b0} / R, 0)^{\mathrm{T}} \tag{5.128}$$

激光辐照方向矢量为 $\boldsymbol{L}_{R,X_b} = (L_{R,x_b}, L_{R,y_b}, L_{R,z_b})^{\mathrm{T}}$，激光能够辐照点 $\boldsymbol{r}_{b0} = (x_{b0}, y_{b0}, z_{b0})^{\mathrm{T}}$ 的条件为

$$\hat{\boldsymbol{n}}_{X_b} \cdot \boldsymbol{L}_{R,X_b} = \frac{x_{b0}}{R} L_{R,x_b} + \frac{y_{b0}}{R} L_{R,y_b} < 0 \tag{5.129}$$

单脉冲激光烧蚀冲量为

$$\boldsymbol{F}_{L,X_b}\tau_L' = -C_m I_L \tau_L A_L \left|\cos(\hat{\boldsymbol{n}}_{X_b}, \boldsymbol{L}_{R,X_b})\right| \hat{\boldsymbol{n}}_{X_b} \tag{5.130}$$

$$\cos(\hat{\boldsymbol{n}}_{X_b}, \boldsymbol{L}_{R,X_b}) = \frac{\hat{\boldsymbol{n}}_{X_b} \cdot \boldsymbol{L}_{R,X_b}}{\left|\boldsymbol{L}_{R,X_b}\right|}, \quad \hat{\boldsymbol{n}}_{X_b} \cdot \boldsymbol{L}_{R,X_b} < 0 \tag{5.131}$$

式中，$\boldsymbol{F}_{L,X_b}$ 为单脉冲平均激光烧蚀力；C_m 为空间碎片材料的冲量耦合系数；I_L 为激光功率密度；τ_L 为激光脉宽；τ'_L 为激光烧蚀力的作用时间；$A_L = \pi r_L^2$ 为激光光斑横截面面积，r_L 为激光光斑半径，并且 $r_L \ll R$ 和 $r_L \ll H$ 。

空间碎片单位质量的激光烧蚀冲量为

$$\boldsymbol{f}_{L,X_b}\tau'_L = -\frac{C_m I_L \tau_L A_L \left|\cos(\hat{\boldsymbol{n}}_{X_b}, \boldsymbol{L}_{R,X_b})\right|}{\pi R^2 H \rho}\hat{\boldsymbol{n}}_{X_b} \tag{5.132}$$

$$\cos(\hat{\boldsymbol{n}}_{X_b}, \boldsymbol{L}_{R,X_b}) = \frac{\hat{\boldsymbol{n}}_{X_b} \cdot \boldsymbol{L}_{R,X_b}}{\left|\boldsymbol{L}_{R,X_b}\right|}, \quad \hat{\boldsymbol{n}}_{X_b} \cdot \boldsymbol{L}_{R,X_b} < 0 \tag{5.133}$$

式中，$\boldsymbol{f}_{L,X_b}$ 为空间碎片单位质量的激光烧蚀力；ρ 为空间碎片材料密度。

单脉冲激光烧蚀冲量矩(激光烧蚀冲量 $\boldsymbol{F}_{L,X_b}\tau'_L$ 的冲量矩)为

$$\begin{aligned}
\boldsymbol{L}_{X_b}\tau'_L &= \boldsymbol{r}_{b0} \times (\boldsymbol{F}_{L,X_b}\tau'_L) \\
&= \begin{vmatrix} \hat{\boldsymbol{X}}_b & \hat{\boldsymbol{Y}}_b & \hat{\boldsymbol{Z}}_b \\ x_{b0} & y_{b0} & z_{b0} \\ -C_m I_L \tau_L A_L \left|\cos(\hat{\boldsymbol{n}}_{X_b}, \boldsymbol{L}_{R,X_b})\right| \hat{n}_{x_b} & -C_m I_L \tau_L A_L \left|\cos(\hat{\boldsymbol{n}}_{X_b}, \boldsymbol{L}_{R,X_b})\right| \hat{n}_{y_b} & 0 \end{vmatrix} \\
&= C_m I_L \tau_L A_L \left|\cos(\hat{\boldsymbol{n}}_{X_b}, \boldsymbol{L}_{R,X_b})\right| \hat{n}_{y_b} z_{b0} \hat{\boldsymbol{X}}_b - C_m I_L \tau_L A_L \left|\cos(\hat{\boldsymbol{n}}_{X_b}, \boldsymbol{L}_{R,X_b})\right| \hat{n}_{x_b} z_{b0} \hat{\boldsymbol{Y}}_b
\end{aligned} \tag{5.134}$$

式中，$\boldsymbol{L}_{X_b} = \boldsymbol{r}_{b0} \times \boldsymbol{F}_{L,X_b}$ 为单脉冲激光烧蚀力矩。

显然，激光烧蚀力不能产生圆柱体空间碎片轴线方向的力矩，只能产生垂直轴线方向的力矩，也就是激光烧蚀力矩不能对圆柱体空间碎片轴线方向角速度进行消旋，只能对垂直轴线方向角速度进行消旋。

5.4.2 激光烧蚀消旋策略分析

对于圆柱体空间碎片，只能对角速度 ω_{x_b} 和 ω_{y_b} 进行激光烧蚀消旋，不能对角速度 ω_{z_b} 进行激光烧蚀消旋。

1. 对角速度 ω_{x_b} 的激光烧蚀消旋策略

根据单脉冲激光烧蚀冲量矩表达式，当空间碎片角速度 $\omega_{x_b} > 0$ 时，为了只产生 X_b 轴方向的反向力矩且不产生 Y_b 轴方向的力矩，要求

$$\hat{n}_{y_b} z_{b0} = (y_{b0} / R) z_{b0} < 0 \text{，} \hat{n}_{x_b} = x_{b0} / R = 0 \tag{5.135}$$

即要求 $y_{b0}z_{b0} < 0$，$x_{b0} = 0$。进一步，为了产生最大的反向力矩，要求

$$|y_{b0}| = R \text{，} |z_{b0}| = H / 2 \tag{5.136}$$

同理，当空间碎片角速度 $\omega_{x_b} < 0$ 时，为了只产生 X_b 轴方向的反向力矩且不产生 Y_b 轴方向的力矩，要求

$$y_{b0}z_{b0} > 0 \text{，} x_{b0} = 0 \text{，} |y_{b0}| = R \text{，} |z_{b0}| = H / 2 \tag{5.137}$$

此时，圆柱体空间碎片表面法向单位矢量 $\hat{\boldsymbol{n}}_{X_b} = (\hat{n}_{x_b}, \hat{n}_{y_b}, \hat{n}_{z_b})^{\mathrm{T}}$ 为

$$\hat{\boldsymbol{n}}_{X_b} = (0, y_{b0} / R, 0)^{\mathrm{T}} \tag{5.138}$$

如果空间碎片平台位置矢量为 $\boldsymbol{r}_{\mathrm{DS},X_b} = (r_{\mathrm{DS},x_b}, r_{\mathrm{DS},y_b}, r_{\mathrm{DS},z_b})^{\mathrm{T}}$，那么激光能够辐照点 $\boldsymbol{r}_{b0} = (x_{b0}, y_{b0}, z_{b0})^{\mathrm{T}}$ 的条件为

$$\hat{\boldsymbol{n}}_{X_b} \cdot \boldsymbol{L}_{R,X_b} = \hat{\boldsymbol{n}}_{X_b} \cdot \boldsymbol{r}_{\mathrm{DS},X_b} + \hat{\boldsymbol{n}}_{X_b} \cdot \boldsymbol{r}_{b0} = \frac{y_{b0}}{R} r_{\mathrm{DS},y_b} + \frac{(y_{b0})^2}{R} < 0 \tag{5.139}$$

该条件改写为

$$r_{\mathrm{DS},y_b} < -R \text{，} y_{b0} = R \tag{5.140}$$

$$r_{\mathrm{DS},y_b} > R \text{，} y_{b0} = -R \tag{5.141}$$

如果 $-R \leqslant r_{\mathrm{DS},y_b} \leqslant R$，那么激光束不能辐照点 $\boldsymbol{r}_{b0} = (0, \pm R, \pm H / 2)^{\mathrm{T}}$，即不能产生激光烧蚀力和力矩。

表 5.2 为空间碎片平台位置矢量与激光辐照点的关系。进一步结合空间碎片单脉冲激光烧蚀冲量矩和单位质量激光烧蚀冲量的表达式，可提出对角速度 ω_{x_b} 的激光烧蚀消旋策略，具体如下。

表 5.2　$\omega_{x_b} \neq 0$ 时空间碎片平台位置矢量与激光辐照点的关系

$\boldsymbol{r}_{\mathrm{DS},y_b}$	$\boldsymbol{r}_{b0} = (x_{b0}, y_{b0}, z_{b0})^{\mathrm{T}}$		激光烧蚀冲量矩和冲量
$\boldsymbol{r}_{\mathrm{DS},y_b} < -R$	$\omega_{x_b} > 0$	$(0, R, -H/2)$	计算冲量矩和冲量
	$\omega_{x_b} < 0$	$(0, R, H/2)$	计算冲量矩和冲量
	$\omega_{x_b} = 0$	不计算	令冲量矩和冲量为零
$\boldsymbol{r}_{\mathrm{DS},y_b} > R$	$\omega_{x_b} > 0$	$(0, -R, H/2)$	计算冲量矩和冲量
	$\omega_{x_b} < 0$	$(0, -R, -H/2)$	计算冲量矩和冲量
	$\omega_{x_b} = 0$	不计算	令冲量矩和冲量为零
$-R \leqslant \boldsymbol{r}_{\mathrm{DS},y_b} \leqslant R$	不计算		令冲量矩和冲量为零

根据空间碎片平台位置矢量 $\boldsymbol{r}_{\mathrm{DS},X_b}=(r_{\mathrm{DS},x_b},r_{\mathrm{DS},y_b},r_{\mathrm{DS},z_b})^{\mathrm{T}}$ 的特点，结合圆柱体空间碎片单脉冲激光烧蚀冲量矩和单位质量激光烧蚀冲量的特点，瞄准激光辐照点 $\boldsymbol{r}_{b0}=(0,\pm R,\pm H/2)^{\mathrm{T}}$ 发射激光进行空间碎片运动姿态的操控。激光辐照方向矢量为

$$\boldsymbol{L}_{R,X_b}=\boldsymbol{r}_{\mathrm{DS},X_b}+\boldsymbol{r}_{b0} \tag{5.142}$$

式中

$$\boldsymbol{r}_{b0}=\begin{cases}(0,R,-H/2)^{\mathrm{T}}, & r_{\mathrm{DS},y_b}<-R\,;\omega_{x_b}>0\\(0,R,H/2)^{\mathrm{T}}, & r_{\mathrm{DS},y_b}<-R\,;\omega_{x_b}<0\\(0,-R,H/2)^{\mathrm{T}}, & r_{\mathrm{DS},y_b}>R\,;\omega_{x_b}>0\\(0,-R,-H/2)^{\mathrm{T}}, & r_{\mathrm{DS},y_b}>R\,;\omega_{x_b}<0\\(0,0,0)^{\mathrm{T}}, & -R\leqslant r_{\mathrm{DS},y_b}\leqslant R\,;\omega_{x_b}=0\end{cases} \tag{5.143}$$

空间碎片单位质量激光烧蚀冲量和单脉冲激光烧蚀冲量矩分别为

$$\boldsymbol{f}_{L,X_b}\tau_L'=-\frac{C_m I_L\tau_L A_L\left|\cos(\hat{\boldsymbol{n}}_{X_b},\boldsymbol{L}_{R,X_b})\right|}{\pi R^2 H\rho}\hat{\boldsymbol{n}}_{X_b} \tag{5.144}$$

$$\boldsymbol{L}_{X_b}\tau_L'=\begin{cases}-C_m I_L\tau_L A_L\left|\cos(\hat{\boldsymbol{n}}_{X_b},\boldsymbol{L}_{R,X_b})\right|(H/2)\hat{\boldsymbol{X}}_b, & r_{\mathrm{DS},y_b}<-R;\omega_{x_b}>0\\C_m I_L\tau_L A_L\left|\cos(\hat{\boldsymbol{n}}_{X_b},\boldsymbol{L}_{R,X_b})\right|(H/2)\hat{\boldsymbol{X}}_b, & r_{\mathrm{DS},y_b}<-R;\omega_{x_b}<0\\-C_m I_L\tau_L A_L\left|\cos(\hat{\boldsymbol{n}}_{X_b},\boldsymbol{L}_{R,X_b})\right|(H/2)\hat{\boldsymbol{X}}_b, & r_{\mathrm{DS},y_b}>R;\omega_{x_b}>0\\C_m I_L\tau_L A_L\left|\cos(\hat{\boldsymbol{n}}_{X_b},\boldsymbol{L}_{R,X_b})\right|(H/2)\hat{\boldsymbol{X}}_b, & r_{\mathrm{DS},y_b}>R;\omega_{x_b}<0\\0, & -R\leqslant r_{\mathrm{DS},y_b}\leqslant R;\omega_{x_b}=0\end{cases} \tag{5.145}$$

式中

$$\hat{\boldsymbol{n}}_{X_b}=\begin{cases}(0,1,0)^{\mathrm{T}}, & r_{\mathrm{DS},y_b}<-R;\omega_{x_b}>0\\(0,1,0)^{\mathrm{T}}, & r_{\mathrm{DS},y_b}<-R;\omega_{x_b}<0\\(0,-1,0)^{\mathrm{T}}, & r_{\mathrm{DS},y_b}>R;\omega_{x_b}>0\\(0,-1,0)^{\mathrm{T}}, & r_{\mathrm{DS},y_b}>R;\omega_{x_b}<0\\(0,0,0)^{\mathrm{T}}, & -R\leqslant r_{\mathrm{DS},y_b}\leqslant R;\omega_{x_b}=0\end{cases} \tag{5.146}$$

$$\left|\cos(\hat{\boldsymbol{n}}_{X_b},\boldsymbol{L}_{R,X_b})\right|=\frac{\left|\hat{\boldsymbol{n}}_{X_b}\cdot\boldsymbol{L}_{R,X_b}\right|}{\left|\boldsymbol{L}_{R,X_b}\right|} \tag{5.147}$$

2. 对角速度 ω_{y_b} 的激光烧蚀消旋策略

同上，当 $\omega_{y_b} \neq 0$ 时，如果 $-R \leqslant r_{\mathrm{DS},x_b} \leqslant R$，那么激光束不能辐照点 $\boldsymbol{r}_{b0} = (\pm R, 0, \pm H/2)^{\mathrm{T}}$，即不能产生激光烧蚀力和力矩。

表 5.3 为空间碎片平台位置矢量与激光辐照点的关系，进一步结合空间碎片单脉冲激光烧蚀冲量矩和单位质量激光烧蚀冲量的表达式，可提出对角速度 ω_{y_b} 的激光烧蚀消旋策略，具体如下。

表 5.3　$\omega_{y_b} \neq 0$ 时空间碎片平台位置矢量与激光辐照点的关系

$\boldsymbol{r}_{\mathrm{DS},x_b}$	$\boldsymbol{r}_{b0}=(x_{b0}, y_{b0}, z_{b0})^{\mathrm{T}}$		激光烧蚀冲量矩和冲量
$\boldsymbol{r}_{\mathrm{DS},x_b} < -R$	$\omega_{y_b} > 0$	$(R, 0, H/2)$	计算冲量矩和冲量
	$\omega_{y_b} < 0$	$(R, 0, -H/2)$	计算冲量矩和冲量
	$\omega_{y_b} = 0$	不计算	令冲量矩和冲量为零
$\boldsymbol{r}_{\mathrm{DS},x_b} > R$	$\omega_{y_b} > 0$	$(-R, 0, -H/2)$	计算冲量矩和冲量
	$\omega_{y_b} < 0$	$(-R, 0, H/2)$	计算冲量矩和冲量
	$\omega_{y_b} = 0$	不计算	令冲量矩和冲量为零
$-R \leqslant \boldsymbol{r}_{\mathrm{DS},x_b} \leqslant R$	不计算		令冲量矩和冲量为零

根据空间碎片平台位置矢量 $\boldsymbol{r}_{\mathrm{DS},X_b} = (r_{\mathrm{DS},x_b}, r_{\mathrm{DS},y_b}, r_{\mathrm{DS},z_b})^{\mathrm{T}}$ 的特点，结合圆柱体空间碎片单脉冲激光烧蚀冲量矩和单位质量激光烧蚀冲量的特点，瞄准激光辐照点 $\boldsymbol{r}_{b0} = (\pm R, 0, \pm H/2)^{\mathrm{T}}$ 发射激光进行空间碎片运动姿态的操控。激光辐照方向矢量为

$$\boldsymbol{L}_{R,X_b} = \boldsymbol{r}_{\mathrm{DS},X_b} + \boldsymbol{r}_{b0} \tag{5.148}$$

式中

$$\boldsymbol{r}_{b0} = \begin{cases} (R, 0, H/2)^{\mathrm{T}}, & r_{\mathrm{DS},x_b} < -R; \omega_{y_b} > 0 \\ (R, 0, -H/2)^{\mathrm{T}}, & r_{\mathrm{DS},x_b} < -R; \omega_{y_b} < 0 \\ (-R, 0, -H/2)^{\mathrm{T}}, & r_{\mathrm{DS},x_b} > R; \omega_{y_b} > 0 \\ (-R, 0, H/2)^{\mathrm{T}}, & r_{\mathrm{DS},x_b} > R; \omega_{y_b} < 0 \\ (0, 0, 0)^{\mathrm{T}}, & -R \leqslant r_{\mathrm{DS},x_b} \leqslant R; \omega_{y_b} = 0 \end{cases} \tag{5.149}$$

空间碎片单位质量激光烧蚀冲量和单脉冲激光烧蚀冲量矩分别为

$$\boldsymbol{f}_{L,X_b}\tau_L' = -\frac{C_m I_L \tau_L A_L \left|\cos(\hat{\boldsymbol{n}}_{X_b}, \boldsymbol{L}_{R,X_b})\right|}{\pi R^2 H \rho}\hat{\boldsymbol{n}}_{X_b} \tag{5.150}$$

$$\boldsymbol{L}_{X_b}\tau_L' = \begin{cases} -C_m I_L \tau_L A_L \left|\cos(\hat{\boldsymbol{n}}_{X_b}, \boldsymbol{L}_{R,X_b})\right|(H/2)\hat{\boldsymbol{Y}}_b, & r_{\mathrm{DS},x_b} < -R;\ \omega_{y_b} > 0 \\ C_m I_L \tau_L A_L \left|\cos(\hat{\boldsymbol{n}}_{X_b}, \boldsymbol{L}_{R,X_b})\right|(H/2)\hat{\boldsymbol{Y}}_b, & r_{\mathrm{DS},x_b} < -R;\ \omega_{y_b} < 0 \\ -C_m I_L \tau_L A_L \left|\cos(\hat{\boldsymbol{n}}_{X_b}, \boldsymbol{L}_{R,X_b})\right|(H/2)\hat{\boldsymbol{Y}}_b, & r_{\mathrm{DS},x_b} > R;\ \omega_{y_b} > 0 \\ C_m I_L \tau_L A_L \left|\cos(\hat{\boldsymbol{n}}_{X_b}, \boldsymbol{L}_{R,X_b})\right|(H/2)\hat{\boldsymbol{Y}}_b, & r_{\mathrm{DS},x_b} > R;\ \omega_{y_b} < 0 \\ 0, & -R \leqslant r_{\mathrm{DS},x_b} \leqslant R;\ \omega_{y_b} = 0 \end{cases} \tag{5.151}$$

式中

$$\hat{\boldsymbol{n}}_{X_b} = \begin{cases} (1,0,0)^{\mathrm{T}}, & r_{\mathrm{DS},x_b} < -R;\ \omega_{y_b} > 0 \\ (1,0,0)^{\mathrm{T}}, & r_{\mathrm{DS},x_b} < -R;\ \omega_{y_b} < 0 \\ (-1,0,0)^{\mathrm{T}}, & r_{\mathrm{DS},x_b} > R;\ \omega_{y_b} > 0 \\ (-1,0,0)^{\mathrm{T}}, & r_{\mathrm{DS},x_b} > R;\ \omega_{y_b} < 0 \\ (0,0,0)^{\mathrm{T}}, & -R \leqslant r_{\mathrm{DS},x_b} \leqslant R;\ \omega_{y_b} = 0 \end{cases} \tag{5.152}$$

$$\left|\cos(\hat{\boldsymbol{n}}_{X_b}, \boldsymbol{L}_{R,X_b})\right| = \frac{\left|\hat{\boldsymbol{n}}_{X_b} \cdot \boldsymbol{L}_{R,X_b}\right|}{\left|\boldsymbol{L}_{R,X_b}\right|} \tag{5.153}$$

5.4.3 计算分析

激光重频为 10Hz，脉宽为 10ns，激光烧蚀力作用时间为 100ns，激光功率密度为$10^{13}\,\mathrm{W/m^2}$ ($10^9\,\mathrm{W/cm^2}$)。薄板空间碎片为铝材，密度为 $2700\mathrm{kg/m^3}$，冲量耦合系数取为 $5\times10^{-5}\,\mathrm{N\cdot s/J}$ (相当于下限保守值)，地球平均半径取为 $R_0 = 6378\mathrm{km}$。

若圆柱体空间碎片的底面半径为 R，高度为 H (轴线方向尺寸)，则主轴转动惯量为

$$I_{b_x} = I_{b_y} = \frac{1}{4}\left(R^2 + \frac{H^2}{3}\right)M,\quad I_{b_z} = \frac{R^2}{2}M,\quad M = \pi R^2 H\rho \tag{5.154}$$

式中，ρ 为空间碎片材料密度。

取薄壁圆筒空间碎片尺寸为 $R \geqslant 25\mathrm{cm}$ (底面外半径)、$r \geqslant 24\mathrm{cm}$ (底面内半径)和 $H \geqslant 50\mathrm{cm}$，壁厚为 1cm，薄壁圆筒空间碎片转动惯量为外圆柱体空间碎片转动惯量与内圆柱体空间碎片转动惯量之差。空间碎片初始欧拉角和初始角速度为

$$(\varphi_0, \theta_0, \psi_0, \dot{\varphi}_0, \dot{\theta}_0, \dot{\psi}_0) = (\pi/4, \pi/4, \pi/4, 1, 0, 0) \tag{5.155}$$

空间碎片和平台轨道高度均为 400km，空间碎片相对平台同向运动，轨道倾角、升交点赤经和近地点幅角分别为

$$i_{\mathrm{deb},0} = i_{\mathrm{sta},0} = \pi / 2\,, \quad \Omega_{\mathrm{deb},0} = \Omega_{\mathrm{sta},0} = \pi / 2 \tag{5.156}$$

$$\omega_{\mathrm{sta},0} = \pi / 2\,, \quad \omega_{\mathrm{deb},0} = \pi / 2 + \Delta\omega_{\mathrm{deb},0} \tag{5.157}$$

式中，$\Delta\omega_{\mathrm{deb},0} > 0$ 为空间碎片在平台的前方运动。若近距离伴飞、可辨识空间碎片姿态运动的距离为 $r_{\mathrm{DS,iden}}$，则有

$$\Delta\omega_{\mathrm{deb},0} = \frac{r_{\mathrm{DS,iden}}}{R_0} \tag{5.158}$$

1. 薄壁圆筒空间碎片 $\omega_{x_b,0} \neq 0$ 且尺寸为 25cm/24cm/50cm 的情况

薄壁圆筒空间碎片尺寸为 $(R,r,H)=(25,24,50)$ (cm)，在体固联坐标系 $X_bY_bZ_b$ 中，空间碎片的初始角速度为 $\omega_{x_b,0} = 1\mathrm{rad/s}$。远场激光光斑半径为 $r_L = 1\mathrm{cm}$，激光器平均功率为 $3.141593\times10^2\,\mathrm{W}$ (激光单脉冲能量为 $3.141593\times10\mathrm{J}$)。按照激光烧蚀消旋策略，对薄壁圆筒空间碎片施加激光烧蚀力矩。

图 5.23 为薄壁圆筒空间碎片角速度 ω_{x_b} 随着时间的变化。由于反向激光烧蚀力矩的作用，空间碎片角速度 ω_{x_b} 不断减小，最后减小为 $1.547134\times10^{-4}\,\mathrm{rad/s}$，耗时 450.2s，此时 $\omega_{y_b} = \omega_{z_b} = 0$。

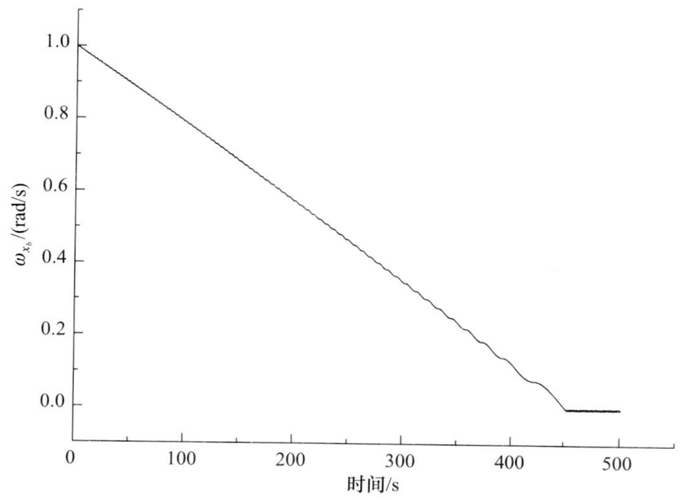

图 5.23　薄壁圆筒空间碎片角速度 ω_{x_b} 随着时间的变化(尺寸为 25cm/24cm/50cm)

图 5.24 为薄壁圆筒空间碎片欧拉角 φ 随着时间的变化，由于反向激光烧蚀力矩的作用，空间碎片转动周期不断增大，当欧拉角为 $\varphi\approx4°$ 时，$\omega_{x_b}=0$，此时

$\theta = \psi = 45^\circ$ 不变。

图 5.24　薄壁圆筒空间碎片欧拉角 φ 随着时间的变化(尺寸为 25cm/24cm/50cm)

在整个空间碎片消旋过程中，激光的能耗为 $3.141593 \times 10^2 \times 450.2 = 1.414345 \times 10^5\,\text{J}$。

图 5.25 为薄壁圆筒空间碎片半长轴、远地点和近地点半径的变化。图中，近地点半径基本不变(蓝线)，远地点半径(红线)和半长轴(黑线)有所变化，当整个激光操控过程结束时，远地点半径增大约 500m，半长轴增大约 250m。

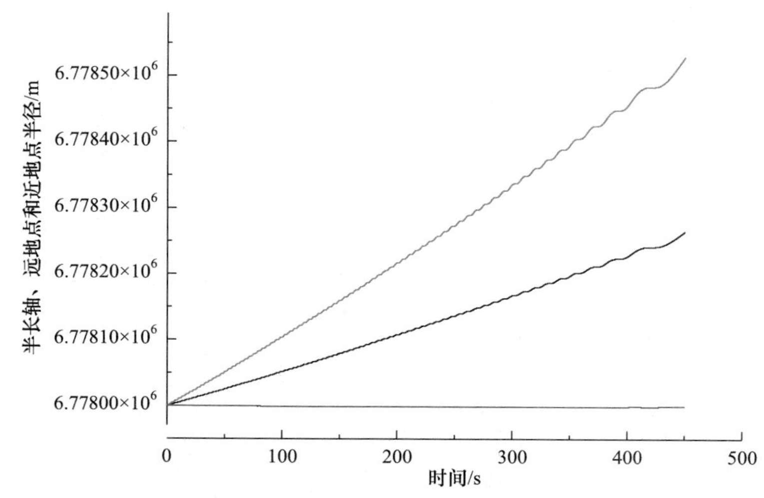

图 5.25　薄壁圆筒空间碎片半长轴、远地点和近地点半径的变化(尺寸为 25cm/24cm/50cm)

图 5.26 为空间碎片平台距离和碎片矢径差的变化，当整个激光操控过程结束时，空间碎片平台距离变化小于 40m，空间碎片矢径差(空间碎片矢径与操控前矢径之差)变化为−1.25～2m。

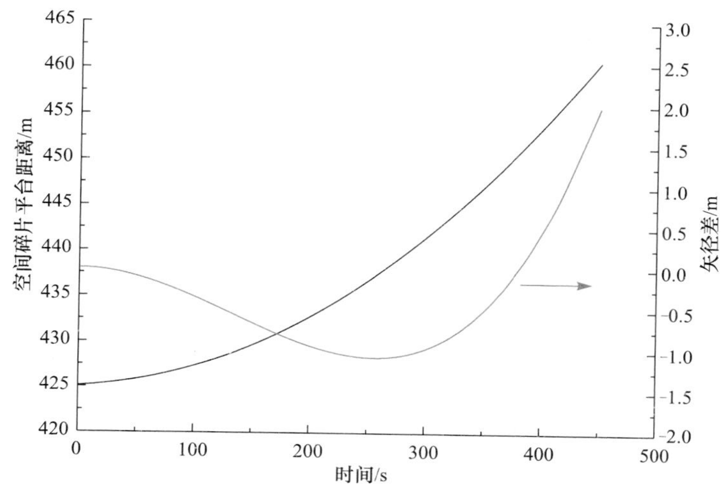

图 5.26　空间碎片平台距离和矢径差的变化(尺寸为 25cm/24cm/50cm)

图 5.27 为空间碎片升交点赤经、轨道倾角和偏心率的变化。空间碎片升交点赤经(上方黑线)增大 3×10^{-4}°，轨道倾角基本不变(下方黑线)，偏心率增大为 4×10^{-5}。

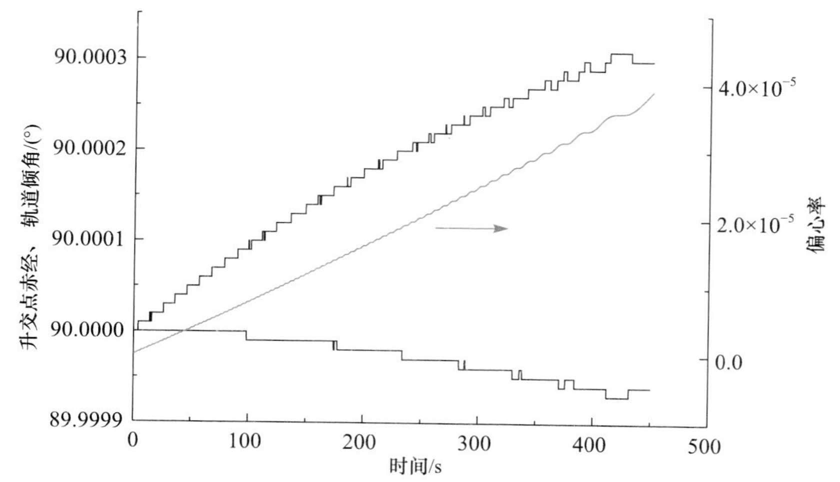

图 5.27　空间碎片升交点赤经、轨道倾角和偏心率的变化(尺寸为 25cm/24cm/50cm)

2. 薄壁圆筒空间碎片 $\omega_{x_b,0} \neq 0$ 且尺寸为其他情况

在体固联坐标系 $X_bY_bZ_b$ 中，薄壁圆筒空间碎片的初始角速度为 $\omega_{x_b,0} = 1\text{rad/s}$ 。激光重频为 10Hz，脉宽为 10ns，激光烧蚀力作用时间为 100ns，激光功率密度为 $10^{13}\,\text{W/m}^2$ ($10^9\,\text{W/cm}^2$)。表 5.4 为不同激光光斑、激光器平均功率、空间碎片尺寸条件下，激光烧蚀消旋的效果。根据表 5.4 可知，当空间碎片的初始角速度为 $\omega_{x_b,0} = 1\text{rad/s}$ 时，在 300W 级激光器平均功率下，可对 50cm×50cm 和壁厚 1cm 以下薄壁圆筒空间碎片进行激光消旋；在 3000W 级激光器平均功率下，可对 140cm×140cm 和壁厚 1cm 以下薄壁圆筒空间碎片进行激光消旋；在 8000W 级激光器平均功率下，可对 240cm×240cm 和壁厚 1cm 以下薄壁圆筒空间碎片进行激光消旋。并且，在激光消旋过程中，激光烧蚀力对空间碎片轨道影响较小。

表 5.4 薄壁圆筒空间碎片的激光烧蚀消旋的效果

激光光斑半径/cm 激光平均功率/W	空间碎片尺寸 (*R*/*r*/*H*)/cm	耗时/s	能耗/J	半长轴 变化/m	远地点半径变化/m
1 3.141593×10²	15/14/30	96.4	3.028495×10⁴	151	304
	25/24/50	450.2	1.414345×10⁵	265	529
3 2.827433×10³	50/49/100	406.4	1.149069×10⁶	532	1066
	70/69/140	1087.4	3.074551×10⁶	779	1536
5 7.853982×10³	100/99/200	1141	8.961393×10⁶	1100	2179
	120/119/240	2030.4	1.594672×10⁷	1103	2232

注：激光重频为 10Hz，脉宽为 10ns，功率密度为 10^{13}W/m^2，空间碎片初始角速度为 1rad/s。

3. 薄壁圆筒空间碎片 $\omega_{x_b,0} \neq 0$ 和 $\omega_{y_b,0} \neq 0$ 情况

取薄壁圆筒空间碎片尺寸为 $(R,r,H) = (25,24,50)$ (cm)。初始欧拉角和初始角速度为 $(\varphi_0,\theta_0,\psi_0,\dot{\varphi}_0,\dot{\theta}_0,\dot{\psi}_0) = (0,0,0,1,1,0)$ ，此时，初始角速度为 $\omega_{x_b,0} = \omega_{y_b,0} = 1\text{rad/s}$ 和 $\omega_{z_b,0} = 0$ 。

图 5.28 为空间碎片角速度随着激光烧蚀消旋时间的变化。首先，对角速度 ω_{x_b} 激光烧蚀消旋，角速度由 $\omega_{x_b,0} = 1\text{rad/s}$ 开始逐渐减小(黑线)，约 500s 时对该角速度消旋结束；其次，对角速度 ω_{y_b} 激光烧蚀消旋，角速度由 $\omega_{y_b,0} = 1\text{rad/s}$ 开始逐渐减小(红线)，约 1000s 时对该角速度消旋结束。并且，在激光烧蚀消旋过程中，$\omega_{z_b} = \omega_{z_b,0} = 0$ 保持不变(蓝线)。

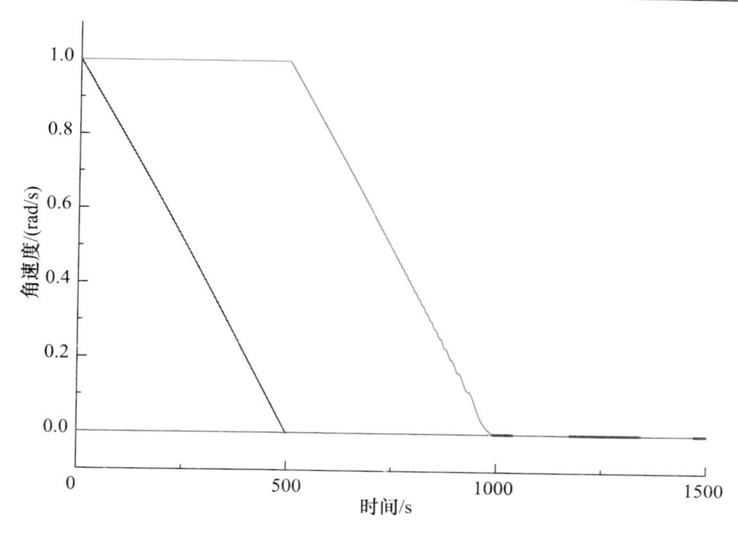

图 5.28 空间碎片角速度随着激光烧蚀消旋时间的变化(尺寸为 25cm/24cm/50cm)

图 5.29 为空间碎片欧拉角随着激光烧蚀消旋时间的变化。在约 1000s 时，对角速度 ω_{x_b} 和 ω_{y_b} 的激光烧蚀消旋结束，欧拉角趋于稳定，$\varphi \approx 179°$ (黑线)、$\theta \approx -75°$ (红线)、$\psi \approx 148°$ (蓝线)。

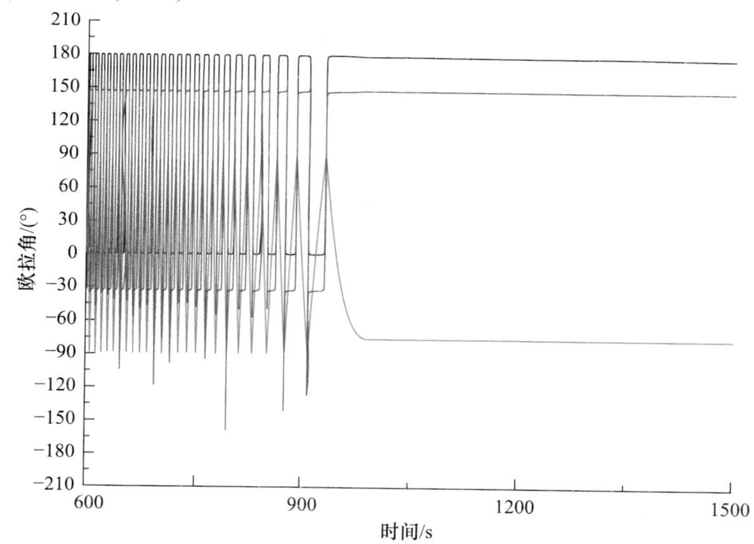

图 5.29 空间碎片欧拉角随着激光烧蚀消旋时间的变化(尺寸为 25cm/24cm/50cm)

图 5.30 为空间碎片半长轴、远地点和近地点半径的变化。图中，近地点半径基本不变(蓝线)，远地点半径(红线)和半长轴(黑线)有所变化，当整个激光操控过程结束时，远地点半径增大约 950m，半长轴增大约 500m。

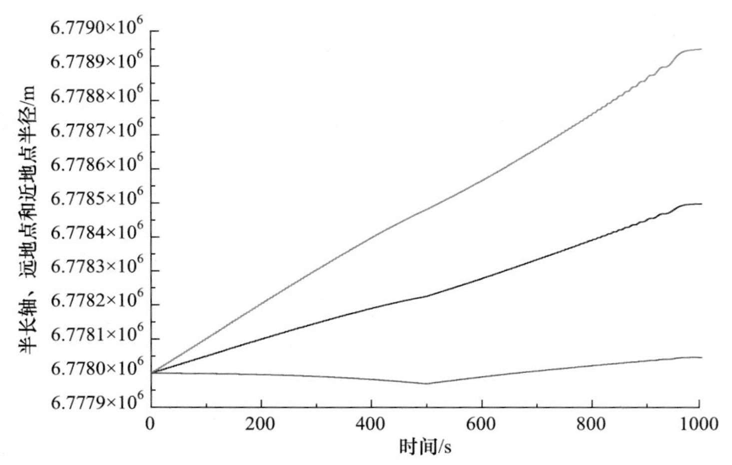

图 5.30　空间碎片半长轴、远地点和近地点半径的变化(尺寸为 25cm/24cm/50cm)

显然，对于圆柱体空间碎片，激光烧蚀消旋方法可有效减小角速度 ω_{x_b} 和 ω_{y_b}，并且在激光烧蚀消旋过程中，空间碎片轨道参数变化较小。

5.4.4　小结

在天基平台近距离伴飞、可辨识空间碎片姿态运动条件下，从天基平台发射激光对薄壁圆筒空间碎片运动姿态进行操控，具有以下特点：

(1) 激光烧蚀消旋过程需要按照激光烧蚀消旋策略，对空间碎片施加激光烧蚀力矩。激光烧蚀消旋不能消除薄壁圆筒空间碎片轴线方向的角速度，只能消除垂直轴线方向的角速度。

(2) 相对空间碎片轨道的激光操控，空间碎片姿态的激光操控所需激光器平均功率较小，并且对空间碎片轨道影响较小。

例如，当薄壁圆筒空间碎片的初始角速度为 $\omega_{x_b,0}=1\text{rad/s}$ 时，在 300W 级激光器平均功率下，可对 50cm×50cm 和壁厚 1cm 以下薄壁圆筒空间碎片进行激光消旋；在 3000W 级激光器平均功率下，可对 140cm×140cm 和壁厚 1cm 以下薄壁圆筒空间碎片进行激光消旋；在 8000W 级激光器平均功率下，可对 240cm×240cm 和壁厚 1cm 以下薄壁圆筒空间碎片进行激光消旋。并且，在激光消旋过程中，激光烧蚀力对空间碎片轨道影响较小。

5.5　长方体空间碎片激光操控运动姿态的方法

对于长方体空间碎片，空间碎片和平台的初始轨道参数、空间碎片和平台的位置与速度、空间碎片运动姿态分析等，与薄板空间碎片类似。

因此，下面着重分析和讨论长方体空间碎片激光烧蚀力和力矩的分析方法，以及激光烧蚀消旋策略的分析方法。

5.5.1　激光烧蚀力和力矩

对于长方体空间碎片，分析激光烧蚀力和力矩，以及制定激光烧蚀消旋策略，涉及众多复杂因素。首先，激光可辐照长方体空间碎片的一个面、两个面、多个面，需要解决激光辐照哪些面的建立判据和建模计算问题；其次，在每个激光辐照面上根据产生正向或反向激光烧蚀力矩的要求，又有两个辐照点需要判别选择，需要解决激光辐照哪个辐照点的建立判据和建模计算问题；再次，激光辐照多个面且每个辐照面又有多个辐照点，需要解决激光辐照哪个面上哪个点才能实现激光烧蚀力矩极大化的问题；最后，对于三个轴向角速度分量，分别需要三次消旋过程，消旋操控过程十分复杂。

1. 激光辐照面和激光辐照点的特点

如图 5.31 所示，以长方体质心为原点，建立体固联坐标系 $X_bY_bZ_b$，长方体空间碎片的尺寸为 (a,b,c)（分别对应 X_b 轴、Y_b 轴和 Z_b 轴方向尺寸）。

在赤道惯性坐标系 XYZ 中，在任意时刻空间碎片位置矢量为 $\boldsymbol{r}_{\text{deb},X}=(r_{\text{deb},x},r_{\text{deb},y},r_{\text{deb},z})^{\text{T}}$，平台位置矢量为 $\boldsymbol{r}_{\text{sta},X}=(r_{\text{sta},x},r_{\text{sta},y},r_{\text{sta},z})^{\text{T}}$，空间碎片平台位置矢量为

$$\boldsymbol{r}_{\text{DS},X}=\boldsymbol{r}_{\text{deb},X}-\boldsymbol{r}_{\text{sta},X}=\begin{bmatrix} r_{\text{deb},x}-r_{\text{sta},x} \\ r_{\text{deb},y}-r_{\text{sta},y} \\ r_{\text{deb},z}-r_{\text{sta},z} \end{bmatrix} \tag{5.159}$$

在体固联坐标系 $X_bY_bZ_b$ 中，空间碎片平台位置矢量表示为 $\boldsymbol{r}_{\text{DS},X_b}=(r_{\text{DS},x_b},r_{\text{DS},y_b},r_{\text{DS},z_b})^{\text{T}}$，激光辐照方向矢量为 $\boldsymbol{L}_{R,X_b}=(L_{R,x_b},L_{R,y_b},L_{R,z_b})^{\text{T}}$，满足

$$\boldsymbol{L}_{R,X_b}=\boldsymbol{Q}_{X_bX}\boldsymbol{r}_{\text{DS},X}+\boldsymbol{r}_{b0}=\boldsymbol{r}_{\text{DS},X_b}+\boldsymbol{r}_{b0} \tag{5.160}$$

式中，$\boldsymbol{r}_{b0}=(x_{b0},y_{b0},z_{b0})^{\text{T}}$ 为激光辐照点位置矢量。

如图 5.31 所示，长方体空间碎片的激光辐照面和激光辐照点具有以下特点：

(1) 为了操控 X_b 轴方向角速度，需要产生该方向的反向激光烧蚀力矩，且不产生其他轴向激光烧蚀力矩，以免干扰其他轴向角速度。

首先，能够操控 X_b 轴方向角速度的激光辐照面(法向单位矢量表示)为 $\boldsymbol{n}_2^+=(0,1,0)^{\text{T}}$、$\boldsymbol{n}_2^-=(0,-1,0)^{\text{T}}$、$\boldsymbol{n}_3^+=(0,0,1)^{\text{T}}$ 和 $\boldsymbol{n}_3^-=(0,0,-1)^{\text{T}}$。

其次，能够操控 X_b 轴方向角速度，对其他轴向角速度不产生干扰的激光辐

照点应在 Y_bZ_b 平面内且分布在该横截面的角点处(红点和黑点)，角点处激光烧蚀力矩极大化。

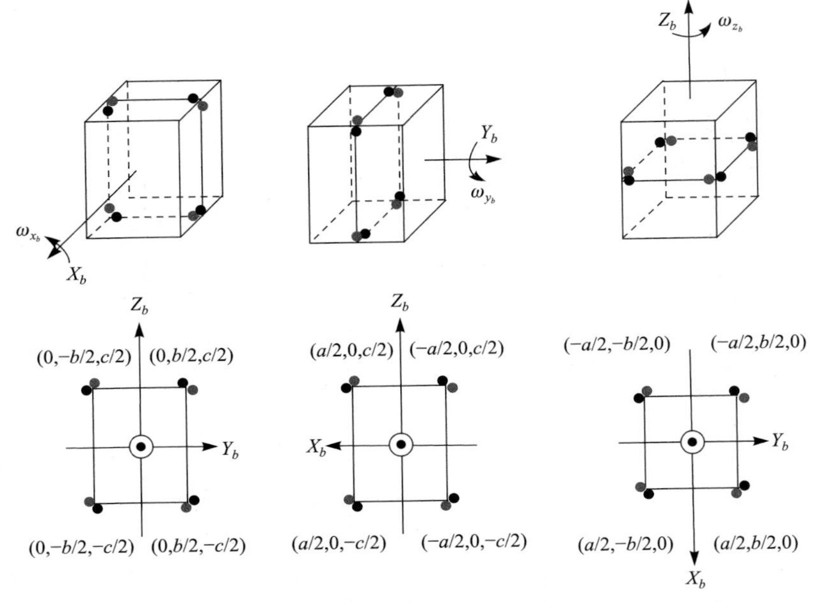

图 5.31 长方体空间碎片的激光辐照面和激光辐照点

再次，当激光辐照点为红点时，产生角速度 $\omega_{x_b} > 0$；当激光辐照点为黑点时，产生角速度 $\omega_{x_b} < 0$，在横截面角点处，由于激光光斑尺寸远小于长方体尺寸，可认为红点和黑点坐标是相同的，但是黑点和红点处于长方体不同表面上(红点分布在逆时针位置，黑点分布在顺时针位置)。

激光辐照点位置矢量为 $\boldsymbol{r}_{b0} = (0, b/2, c/2)^{\mathrm{T}}$、$\boldsymbol{r}_{b0} = (0, -b/2, c/2)^{\mathrm{T}}$、$\boldsymbol{r}_{b0} = (0, -b/2, -c/2)^{\mathrm{T}}$ 和 $\boldsymbol{r}_{b0} = (0, b/2, -c/2)^{\mathrm{T}}$。

(2) 为了操控 Y_b 轴方向角速度，仅需产生该方向的反向激光烧蚀力矩，此时，激光辐照面为 $\boldsymbol{n}_1^{\pm} = (\pm1, 0, 0)^{\mathrm{T}}$ 和 $\boldsymbol{n}_3^{\pm} = (0, 0, \pm1)^{\mathrm{T}}$；激光辐照点应在 X_bZ_b 横截面角点处的两个侧面上，激光辐照点为红点时产生正向激光烧蚀力矩；激光辐照点的位置矢量为 $\boldsymbol{r}_{b0} = (a/2, 0, c/2)^{\mathrm{T}}$、$\boldsymbol{r}_{b0} = (a/2, 0, -c/2)^{\mathrm{T}}$、$\boldsymbol{r}_{b0} = (-a/2, 0, -c/2)^{\mathrm{T}}$ 和 $\boldsymbol{r}_{b0} = (-a/2, 0, c/2)^{\mathrm{T}}$。

(3) 为了操控 Z_b 轴方向角速度，仅需产生该方向的反向激光烧蚀力矩，此时，激光辐照面为 $\boldsymbol{n}_1^{\pm} = (\pm1, 0, 0)^{\mathrm{T}}$ 和 $\boldsymbol{n}_2^{\pm} = (0, \pm1, 0)^{\mathrm{T}}$；激光辐照点应在 X_bY_b 横截面角点处的两个侧面上，激光辐照点为红点时产生正向激光烧蚀力矩；激光辐照点的位置矢量为 $\boldsymbol{r}_{b0} = (a/2, b/2, 0)^{\mathrm{T}}$、$\boldsymbol{r}_{b0} = (-a/2, b/2, 0)^{\mathrm{T}}$、$\boldsymbol{r}_{b0} = (-a/2, -b/2, 0)^{\mathrm{T}}$ 和 $\boldsymbol{r}_{b0} =$

$(a/2,-b/2,0)^{\mathrm{T}}$。

2. 单脉冲激光烧蚀冲量矩和单位质量激光烧蚀冲量

激光辐照方向矢量将决定应该选择哪些激光辐照面和哪个激光辐照点，使得单脉冲激光烧蚀力矩极大化。

(1) 当 X_b 轴方向角速度 $\omega_{x_b} \neq 0$ 时，激光辐照面为 $\boldsymbol{n}_2^+ = (0,1,0)^{\mathrm{T}}$、$\boldsymbol{n}_2^- = (0,-1,0)^{\mathrm{T}}$、$\boldsymbol{n}_3^+ = (0,0,1)^{\mathrm{T}}$ 和 $\boldsymbol{n}_3^- = (0,0,-1)^{\mathrm{T}}$。激光辐照方向单位矢量为 $\hat{\boldsymbol{L}}_{R,X_b} = (\hat{L}_{R,x_b}, \hat{L}_{R,y_b}, \hat{L}_{R,z_b})^{\mathrm{T}}$，激光辐照面法向单位矢量为 $\boldsymbol{n}_{X_b} = (n_{x_b}, n_{y_b}, n_{z_b})^{\mathrm{T}}$，激光能够辐照某个激光辐照面的充分必要条件为

$$\boldsymbol{n}_{X_b} \cdot \hat{\boldsymbol{L}}_{R,X_b} = n_{x_b}\hat{L}_{R,x_b} + n_{y_b}\hat{L}_{R,y_b} + n_{z_b}\hat{L}_{R,z_b} < 0 \tag{5.161}$$

每个激光辐照面上，激光辐照点的位置矢量为

$$\boldsymbol{r}_{b0}^+\big|\boldsymbol{n}_2^+ = (0,b/2,c/2)^{\mathrm{T}}, \quad \boldsymbol{r}_{b0}^-\big|\boldsymbol{n}_2^+ = (0,b/2,-c/2)^{\mathrm{T}} \tag{5.162}$$

$$\boldsymbol{r}_{b0}^+\big|\boldsymbol{n}_3^+ = (0,-b/2,c/2)^{\mathrm{T}}, \quad \boldsymbol{r}_{b0}^-\big|\boldsymbol{n}_3^+ = (0,b/2,c/2)^{\mathrm{T}} \tag{5.163}$$

$$\boldsymbol{r}_{b0}^+\big|\boldsymbol{n}_2^- = (0,-b/2,-c/2)^{\mathrm{T}}, \quad \boldsymbol{r}_{b0}^-\big|\boldsymbol{n}_2^- = (0,-b/2,c/2)^{\mathrm{T}} \tag{5.164}$$

$$\boldsymbol{r}_{b0}^+\big|\boldsymbol{n}_3^- = (0,b/2,-c/2)^{\mathrm{T}}, \quad \boldsymbol{r}_{b0}^-\big|\boldsymbol{n}_3^- = (0,-b/2,-c/2)^{\mathrm{T}} \tag{5.165}$$

式中，$\boldsymbol{r}_{b0}^+$ 上标“+”表示产生正向激光烧蚀力矩的辐照点；$\boldsymbol{r}_{b0}^-$ 上标“−”表示产生负向激光烧蚀力矩的辐照点。

激光辐照面上激光辐照点所产生的单脉冲激光烧蚀冲量矩为

$$\boldsymbol{L}_I(\boldsymbol{r}_{b0}^+\big|\boldsymbol{n}_2^+) = C_m F_L A_L \left|\cos(\boldsymbol{n}_2^+, \hat{\boldsymbol{L}}_{R,X_b})\right|(c/2) = C_m F_L A_L \left|\hat{L}_{R,y_b}\right|(c/2) \tag{5.166}$$

$$\boldsymbol{L}_I(\boldsymbol{r}_{b0}^-\big|\boldsymbol{n}_2^+) = -C_m F_L A_L \left|\cos(\boldsymbol{n}_2^+, \hat{\boldsymbol{L}}_{R,X_b})\right|(c/2) = -C_m F_L A_L \left|\hat{L}_{R,y_b}\right|(c/2) \tag{5.167}$$

$$\boldsymbol{L}_I(\boldsymbol{r}_{b0}^+\big|\boldsymbol{n}_3^+) = C_m F_L A_L \left|\cos(\boldsymbol{n}_3^+, \hat{\boldsymbol{L}}_{R,X_b})\right|(b/2) = C_m F_L A_L \left|\hat{L}_{R,z_b}\right|(b/2) \tag{5.168}$$

$$\boldsymbol{L}_I(\boldsymbol{r}_{b0}^-\big|\boldsymbol{n}_3^+) = -C_m F_L A_L \left|\cos(\boldsymbol{n}_3^+, \hat{\boldsymbol{L}}_{R,X_b})\right|(b/2) = -C_m F_L A_L \left|\hat{L}_{R,z_b}\right|(b/2) \tag{5.169}$$

$$\boldsymbol{L}_I(\boldsymbol{r}_{b0}^+\big|\boldsymbol{n}_2^-) = C_m F_L A_L \left|\cos(\boldsymbol{n}_2^-, \hat{\boldsymbol{L}}_{R,X_b})\right|(c/2) = C_m F_L A_L \left|\hat{L}_{R,y_b}\right|(c/2) \tag{5.170}$$

$$\boldsymbol{L}_I(\boldsymbol{r}_{b0}^-\big|\boldsymbol{n}_2^-) = -C_m F_L A_L \left|\cos(\boldsymbol{n}_2^-, \hat{\boldsymbol{L}}_{R,X_b})\right|(c/2) = -C_m F_L A_L \left|\hat{L}_{R,y_b}\right|(c/2) \tag{5.171}$$

$$\boldsymbol{L}_I(\boldsymbol{r}_{b0}^+\big|\boldsymbol{n}_3^-) = C_m F_L A_L \left|\cos(\boldsymbol{n}_3^-, \hat{\boldsymbol{L}}_{R,X_b})\right|(b/2) = C_m F_L A_L \left|\hat{L}_{R,z_b}\right|(b/2) \tag{5.172}$$

$$\boldsymbol{L}_I(\boldsymbol{r}_{b0}^-\big|\boldsymbol{n}_3^-) = -C_m F_L A_L \left|\cos(\boldsymbol{n}_3^-, \hat{\boldsymbol{L}}_{R,X_b})\right|(b/2) = -C_m F_L A_L \left|\hat{L}_{R,z_b}\right|(b/2) \tag{5.173}$$

式中，C_m 为空间碎片材料的冲量耦合系数；F_L 为激光束横截面上单位面积激光能量；A_L 为激光光斑横截面面积。

对应地，空间碎片单位质量的激光烧蚀冲量为

$$\boldsymbol{I}_{X_b}(\boldsymbol{r}_{b0}^{+}|\boldsymbol{n}_2^{+})=C_mF_LA_L\cos(\boldsymbol{n}_2^{+},\hat{\boldsymbol{L}}_{R,X_b})/M(\boldsymbol{n}_2^{+})=C_mF_LA_L\left|\hat{L}_{R,y_b}\right|/M(-\boldsymbol{n}_2^{+}) \quad (5.174)$$

$$\boldsymbol{I}_{X_b}(\boldsymbol{r}_{b0}^{-}|\boldsymbol{n}_2^{+})=C_mF_LA_L\cos(\boldsymbol{n}_2^{+},\hat{\boldsymbol{L}}_{R,X_b})/M(\boldsymbol{n}_2^{+})=C_mF_LA_L\left|\hat{L}_{R,y_b}\right|/M(-\boldsymbol{n}_2^{+}) \quad (5.175)$$

$$\boldsymbol{I}_{X_b}(\boldsymbol{r}_{b0}^{+}|\boldsymbol{n}_3^{+})=C_mF_LA_L\cos(\boldsymbol{n}_3^{+},\hat{\boldsymbol{L}}_{R,X_b})/M(\boldsymbol{n}_3^{+})=C_mF_LA_L\left|\hat{L}_{R,z_b}\right|/M(-\boldsymbol{n}_3^{+}) \quad (5.176)$$

$$\boldsymbol{I}_{X_b}(\boldsymbol{r}_{b0}^{-}|\boldsymbol{n}_3^{+})=C_mF_LA_L\cos(\boldsymbol{n}_3^{+},\hat{\boldsymbol{L}}_{R,X_b})/M(\boldsymbol{n}_3^{+})=C_mF_LA_L\left|\hat{L}_{R,z_b}\right|/M(-\boldsymbol{n}_3^{+}) \quad (5.177)$$

$$\boldsymbol{I}_{X_b}(\boldsymbol{r}_{b0}^{+}|\boldsymbol{n}_2^{-})=C_mF_LA_L\cos(\boldsymbol{n}_2^{-},\hat{\boldsymbol{L}}_{R,X_b})/M(\boldsymbol{n}_2^{-})=C_mF_LA_L\left|\hat{L}_{R,y_b}\right|/M(-\boldsymbol{n}_2^{-}) \quad (5.178)$$

$$\boldsymbol{I}_{X_b}(\boldsymbol{r}_{b0}^{-}|\boldsymbol{n}_2^{-})=C_mF_LA_L\cos(\boldsymbol{n}_2^{-},\hat{\boldsymbol{L}}_{R,X_b})/M(\boldsymbol{n}_2^{-})=C_mF_LA_L\left|\hat{L}_{R,y_b}\right|/M(-\boldsymbol{n}_2^{-}) \quad (5.179)$$

$$\boldsymbol{I}_{X_b}(\boldsymbol{r}_{b0}^{+}|\boldsymbol{n}_3^{-})=C_mF_LA_L\cos(\boldsymbol{n}_3^{-},\hat{\boldsymbol{L}}_{R,X_b})/M(\boldsymbol{n}_3^{-})=C_mF_LA_L\left|\hat{L}_{R,z_b}\right|/M(-\boldsymbol{n}_3^{-}) \quad (5.180)$$

$$\boldsymbol{I}_{X_b}(\boldsymbol{r}_{b0}^{-}|\boldsymbol{n}_3^{-})=C_mF_LA_L\cos(\boldsymbol{n}_3^{-},\hat{\boldsymbol{L}}_{R,X_b})/M(\boldsymbol{n}_3^{-})=C_mF_LA_L\left|\hat{L}_{R,z_b}\right|/M(-\boldsymbol{n}_3^{-}) \quad (5.181)$$

式中，$M=abc\rho$ 为长方体空间碎片质量；ρ 为空间碎片材料密度。

(2) 当 Y_b 轴方向角速度 $\omega_{y_b}\neq 0$ 时，激光辐照面为 $\boldsymbol{n}_1^{+}=(1,0,0)^{\mathrm{T}}$、$\boldsymbol{n}_1^{-}=(-1,0,0)^{\mathrm{T}}$、$\boldsymbol{n}_3^{+}=(0,0,1)^{\mathrm{T}}$ 和 $\boldsymbol{n}_3^{-}=(0,0,-1)^{\mathrm{T}}$。激光辐照方向单位矢量为 $\hat{\boldsymbol{L}}_{R,X_b}=(\hat{L}_{R,x_b},\hat{L}_{R,y_b},\hat{L}_{R,z_b})^{\mathrm{T}}$，激光辐照面法向单位矢量为 $\boldsymbol{n}_{X_b}=(n_{x_b},n_{y_b},n_{z_b})^{\mathrm{T}}$，激光能够辐照某个激光辐照面的充分必要条件为

$$\boldsymbol{n}_{X_b}\cdot\hat{\boldsymbol{L}}_{R,X_b}=n_{x_b}\hat{L}_{R,x_b}+n_{y_b}\hat{L}_{R,y_b}+n_{z_b}\hat{L}_{R,z_b}<0 \quad (5.182)$$

每个激光辐照面上，激光辐照点的位置矢量为

$$\boldsymbol{r}_{b0}^{+}|\boldsymbol{n}_1^{+}=(a/2,0,-c/2)^{\mathrm{T}},\quad \boldsymbol{r}_{b0}^{-}|\boldsymbol{n}_1^{+}=(a/2,0,c/2)^{\mathrm{T}} \quad (5.183)$$

$$\boldsymbol{r}_{b0}^{+}|\boldsymbol{n}_3^{+}=(a/2,0,c/2)^{\mathrm{T}},\quad \boldsymbol{r}_{b0}^{-}|\boldsymbol{n}_3^{+}=(-a/2,0,c/2)^{\mathrm{T}} \quad (5.184)$$

$$\boldsymbol{r}_{b0}^{+}|\boldsymbol{n}_1^{-}=(-a/2,0,c/2)^{\mathrm{T}},\quad \boldsymbol{r}_{b0}^{-}|\boldsymbol{n}_1^{-}=(-a/2,0,-c/2)^{\mathrm{T}} \quad (5.185)$$

$$\boldsymbol{r}_{b0}^{+}|\boldsymbol{n}_3^{-}=(-a/2,0,-c/2)^{\mathrm{T}},\quad \boldsymbol{r}_{b0}^{-}|\boldsymbol{n}_3^{-}=(a/2,0,-c/2)^{\mathrm{T}} \quad (5.186)$$

式中，$\boldsymbol{r}_{b0}^{+}$ 上标“+”表示产生正向激光烧蚀力矩的辐照点；$\boldsymbol{r}_{b0}^{-}$ 上标“−”表示产生负向激光烧蚀力矩的辐照点。

激光辐照面上激光辐照点产生的单脉冲激光烧蚀冲量矩为

$$\boldsymbol{L}_I(\boldsymbol{r}_{b0}^{+}|\boldsymbol{n}_1^{+})=C_mF_LA_L\left|\cos(\boldsymbol{n}_1^{+},\hat{\boldsymbol{L}}_{R,X_b})\right|(c/2)=C_mF_LA_L\left|\hat{L}_{R,x_b}\right|(c/2) \quad (5.187)$$

$$\boldsymbol{L}_I(\boldsymbol{r}_{b0}^{-}|\boldsymbol{n}_1^{+})=-C_mF_LA_L\left|\cos(\boldsymbol{n}_1^{+},\hat{\boldsymbol{L}}_{R,X_b})\right|(c/2)=-C_mF_LA_L\left|\hat{L}_{R,x_b}\right|(c/2) \quad (5.188)$$

$$\boldsymbol{L}_I(\boldsymbol{r}_{b0}^{+}|\boldsymbol{n}_3^{+})=C_mF_LA_L\left|\cos(\boldsymbol{n}_3^{+},\hat{\boldsymbol{L}}_{R,X_b})\right|(a/2)=C_mF_LA_L\left|\hat{L}_{R,z_b}\right|(a/2) \quad (5.189)$$

$$\boldsymbol{L}_I(\boldsymbol{r}_{b0}^-|\boldsymbol{n}_3^+) = -C_m F_L A_L \left|\cos(\boldsymbol{n}_3^+, \hat{\boldsymbol{L}}_{R,X_b})\right|(a/2) = -C_m F_L A_L \left|\hat{L}_{R,z_b}\right|(a/2) \quad (5.190)$$

$$\boldsymbol{L}_I(\boldsymbol{r}_{b0}^+|\boldsymbol{n}_1^-) = C_m F_L A_L \left|\cos(\boldsymbol{n}_1^-, \hat{\boldsymbol{L}}_{R,X_b})\right|(c/2) = C_m F_L A_L \left|\hat{L}_{R,x_b}\right|(c/2) \quad (5.191)$$

$$\boldsymbol{L}_I(\boldsymbol{r}_{b0}^-|\boldsymbol{n}_1^-) = -C_m F_L A_L \left|\cos(\boldsymbol{n}_1^-, \hat{\boldsymbol{L}}_{R,X_b})\right|(c/2) = -C_m F_L A_L \left|\hat{L}_{R,x_b}\right|(c/2) \quad (5.192)$$

$$\boldsymbol{L}_I(\boldsymbol{r}_{b0}^+|\boldsymbol{n}_3^-) = C_m F_L A_L \left|\cos(\boldsymbol{n}_3^-, \hat{\boldsymbol{L}}_{R,X_b})\right|(a/2) = C_m F_L A_L \left|\hat{L}_{R,z_b}\right|(a/2) \quad (5.193)$$

$$\boldsymbol{L}_I(\boldsymbol{r}_{b0}^+|\boldsymbol{n}_3^-) = C_m F_L A_L \left|\cos(\boldsymbol{n}_3^-, \hat{\boldsymbol{L}}_{R,X_b})\right|(a/2) = C_m F_L A_L \left|\hat{L}_{R,z_b}\right|(a/2) \quad (5.194)$$

式中，C_m 为空间碎片材料的冲量耦合系数；F_L 为激光束横截面上单位面积激光能量；A_L 为激光光斑横截面面积。

对应地，空间碎片单位质量的激光烧蚀冲量为

$$\boldsymbol{I}_{X_b}(\boldsymbol{r}_{b0}^+|\boldsymbol{n}_1^+) = C_m F_L A_L \cos(\boldsymbol{n}_1^+, \hat{\boldsymbol{L}}_{R,X_b}) / M(\boldsymbol{n}_1^+) = C_m F_L A_L \left|\hat{L}_{R,x_b}\right| / M(-\boldsymbol{n}_1^+) \quad (5.195)$$

$$\boldsymbol{I}_{X_b}(\boldsymbol{r}_{b0}^-|\boldsymbol{n}_1^+) = C_m F_L A_L \cos(\boldsymbol{n}_1^+, \hat{\boldsymbol{L}}_{R,X_b}) / M(\boldsymbol{n}_1^+) = C_m F_L A_L \left|\hat{L}_{R,x_b}\right| / M(-\boldsymbol{n}_1^+) \quad (5.196)$$

$$\boldsymbol{I}_{X_b}(\boldsymbol{r}_{b0}^+|\boldsymbol{n}_3^+) = C_m F_L A_L \cos(\boldsymbol{n}_3^+, \hat{\boldsymbol{L}}_{R,X_b}) / M(\boldsymbol{n}_3^+) = C_m F_L A_L \left|\hat{L}_{R,z_b}\right| / M(-\boldsymbol{n}_3^+) \quad (5.197)$$

$$\boldsymbol{I}_{X_b}(\boldsymbol{r}_{b0}^-|\boldsymbol{n}_3^+) = C_m F_L A_L \cos(\boldsymbol{n}_3^+, \hat{\boldsymbol{L}}_{R,X_b}) / M(\boldsymbol{n}_3^+) = C_m F_L A_L \left|\hat{L}_{R,z_b}\right| / M(-\boldsymbol{n}_3^+) \quad (5.198)$$

$$\boldsymbol{I}_{X_b}(\boldsymbol{r}_{b0}^+|\boldsymbol{n}_1^-) = C_m F_L A_L \cos(\boldsymbol{n}_1^-, \hat{\boldsymbol{L}}_{R,X_b}) / M(\boldsymbol{n}_1^-) = C_m F_L A_L \left|\hat{L}_{R,x_b}\right| / M(-\boldsymbol{n}_1^-) \quad (5.199)$$

$$\boldsymbol{I}_{X_b}(\boldsymbol{r}_{b0}^-|\boldsymbol{n}_1^-) = C_m F_L A_L \cos(\boldsymbol{n}_1^-, \hat{\boldsymbol{L}}_{R,X_b}) / M(\boldsymbol{n}_1^-) = C_m F_L A_L \left|\hat{L}_{R,x_b}\right| / M(-\boldsymbol{n}_1^-) \quad (5.200)$$

$$\boldsymbol{I}_{X_b}(\boldsymbol{r}_{b0}^+|\boldsymbol{n}_3^-) = C_m F_L A_L \cos(\boldsymbol{n}_3^-, \hat{\boldsymbol{L}}_{R,X_b}) / M(\boldsymbol{n}_3^-) = C_m F_L A_L \left|\hat{L}_{R,z_b}\right| / M(-\boldsymbol{n}_3^-) \quad (5.201)$$

$$\boldsymbol{I}_{X_b}(\boldsymbol{r}_{b0}^-|\boldsymbol{n}_3^-) = C_m F_L A_L \cos(\boldsymbol{n}_3^-, \hat{\boldsymbol{L}}_{R,X_b}) / M(\boldsymbol{n}_3^-) = C_m F_L A_L \left|\hat{L}_{R,z_b}\right| / M(-\boldsymbol{n}_3^-) \quad (5.202)$$

式中，$M = abc\rho$ 为长方体空间碎片质量；ρ 为空间碎片材料密度。

(3) 当 Z_b 轴方向角速度 $\omega_{z_b} \neq 0$ 时，激光辐照面为 $\boldsymbol{n}_1^+ = (1,0,0)^{\mathrm{T}}$、$\boldsymbol{n}_1^- = (-1,0,0)^{\mathrm{T}}$、$\boldsymbol{n}_2^+ = (0,1,0)^{\mathrm{T}}$ 和 $\boldsymbol{n}_2^- = (0,-1,0)^{\mathrm{T}}$。激光辐照方向单位矢量为 $\hat{\boldsymbol{L}}_{R,X_b} = (\hat{L}_{R,x_b}, \hat{L}_{R,y_b}, \hat{L}_{R,z_b})^{\mathrm{T}}$，激光辐照面法向单位矢量为 $\boldsymbol{n}_{X_b} = (n_{x_b}, n_{y_b}, n_{z_b})^{\mathrm{T}}$，激光能够辐照某个激光辐照面的充分必要条件为

$$\boldsymbol{n}_{X_b} \cdot \hat{\boldsymbol{L}}_{R,X_b} = n_{x_b}\hat{L}_{R,x_b} + n_{y_b}\hat{L}_{R,y_b} + n_{z_b}\hat{L}_{R,z_b} < 0 \quad (5.203)$$

每个激光辐照面上，激光辐照点的位置矢量为

$$\boldsymbol{r}_{b0}^+|\boldsymbol{n}_2^+ = (-a/2, b/2, 0)^{\mathrm{T}},\quad \boldsymbol{r}_{b0}^-|\boldsymbol{n}_2^+ = (a/2, b/2, 0)^{\mathrm{T}} \quad (5.204)$$

$$\boldsymbol{r}_{b0}^+|\boldsymbol{n}_1^+ = (a/2, b/2, 0)^{\mathrm{T}},\quad \boldsymbol{r}_{b0}^-|\boldsymbol{n}_1^+ = (a/2, -b/2, 0)^{\mathrm{T}} \quad (5.205)$$

$$\boldsymbol{r}_{b0}^+|\boldsymbol{n}_2^- = (a/2, -b/2, 0)^{\mathrm{T}},\quad \boldsymbol{r}_{b0}^-|\boldsymbol{n}_2^- = (-a/2, -b/2, 0)^{\mathrm{T}} \quad (5.206)$$

$$\boldsymbol{r}_{b0}^{+}\left|\boldsymbol{n}_1^{-}\right.=(-a/2,-b/2,0)^{\mathrm{T}}\text{，}\ \boldsymbol{r}_{b0}^{-}\left|\boldsymbol{n}_1^{-}\right.=(-a/2,b/2,0)^{\mathrm{T}} \tag{5.207}$$

式中，$\boldsymbol{r}_{b0}^{+}$上标“+”表示产生正向激光烧蚀力矩的辐照点；$\boldsymbol{r}_{b0}^{-}$上标“–”表示产生负向激光烧蚀力矩的辐照点。

激光辐照面上激光辐照点，所产生单脉冲激光烧蚀冲量矩为

$$\boldsymbol{L}_I(\boldsymbol{r}_{b0}^{+}\left|\boldsymbol{n}_1^{+}\right.)=C_mF_LA_L\left|\cos(\boldsymbol{n}_1^{+},\hat{\boldsymbol{L}}_{R,X_b})\right|(b/2)=C_mF_LA_L\left|\hat{L}_{R,x_b}\right|(b/2) \tag{5.208}$$

$$\boldsymbol{L}_I(\boldsymbol{r}_{b0}^{-}\left|\boldsymbol{n}_1^{+}\right.)=-C_mF_LA_L\left|\cos(\boldsymbol{n}_1^{+},\hat{\boldsymbol{L}}_{R,X_b})\right|(b/2)=-C_mF_LA_L\left|\hat{L}_{R,x_b}\right|(b/2) \tag{5.209}$$

$$\boldsymbol{L}_I(\boldsymbol{r}_{b0}^{+}\left|\boldsymbol{n}_2^{+}\right.)=C_mF_LA_L\left|\cos(\boldsymbol{n}_2^{+},\hat{\boldsymbol{L}}_{R,X_b})\right|(a/2)=C_mF_LA_L\left|\hat{L}_{R,y_b}\right|(a/2) \tag{5.210}$$

$$\boldsymbol{L}_I(\boldsymbol{r}_{b0}^{-}\left|\boldsymbol{n}_2^{+}\right.)=-C_mF_LA_L\left|\cos(\boldsymbol{n}_2^{+},\hat{\boldsymbol{L}}_{R,X_b})\right|(a/2)=-C_mF_LA_L\left|\hat{L}_{R,y_b}\right|(a/2) \tag{5.211}$$

$$\boldsymbol{L}_I(\boldsymbol{r}_{b0}^{+}\left|\boldsymbol{n}_1^{-}\right.)=C_mF_LA_L\left|\cos(\boldsymbol{n}_1^{-},\hat{\boldsymbol{L}}_{R,X_b})\right|(b/2)=C_mF_LA_L\left|\hat{L}_{R,x_b}\right|(b/2) \tag{5.212}$$

$$\boldsymbol{L}_I(\boldsymbol{r}_{b0}^{-}\left|\boldsymbol{n}_1^{-}\right.)=-C_mF_LA_L\left|\cos(\boldsymbol{n}_1^{-},\hat{\boldsymbol{L}}_{R,X_b})\right|(b/2)=-C_mF_LA_L\left|\hat{L}_{R,x_b}\right|(b/2) \tag{5.213}$$

$$\boldsymbol{L}_I(\boldsymbol{r}_{b0}^{+}\left|\boldsymbol{n}_2^{-}\right.)=C_mF_LA_L\left|\cos(\boldsymbol{n}_2^{-},\hat{\boldsymbol{L}}_{R,X_b})\right|(a/2)=C_mF_LA_L\left|\hat{L}_{R,y_b}\right|(a/2) \tag{5.214}$$

$$\boldsymbol{L}_I(\boldsymbol{r}_{b0}^{-}\left|\boldsymbol{n}_2^{-}\right.)=-C_mF_LA_L\left|\cos(\boldsymbol{n}_2^{-},\hat{\boldsymbol{L}}_{R,X_b})\right|(a/2)=-C_mF_LA_L\left|\hat{L}_{R,y_b}\right|(a/2) \tag{5.215}$$

式中，C_m为空间碎片材料的冲量耦合系数；F_L为激光束横截面上单位面积激光能量；A_L为激光光斑横截面面积。

对应地，空间碎片单位质量的激光烧蚀冲量为

$$\boldsymbol{I}_{X_b}(\boldsymbol{r}_{b0}^{+}\left|\boldsymbol{n}_1^{+}\right.)=C_mF_LA_L\cos(\boldsymbol{n}_1^{+},\hat{\boldsymbol{L}}_{R,X_b})/M(\boldsymbol{n}_1^{+})=C_mF_LA_L\left|\hat{L}_{R,x_b}\right|/M(-\boldsymbol{n}_1^{+}) \tag{5.216}$$

$$\boldsymbol{I}_{X_b}(\boldsymbol{r}_{b0}^{-}\left|\boldsymbol{n}_1^{+}\right.)=C_mF_LA_L\cos(\boldsymbol{n}_1^{+},\hat{\boldsymbol{L}}_{R,X_b})/M(\boldsymbol{n}_1^{+})=C_mF_LA_L\left|\hat{L}_{R,x_b}\right|/M(-\boldsymbol{n}_1^{+}) \tag{5.217}$$

$$\boldsymbol{I}_{X_b}(\boldsymbol{r}_{b0}^{+}\left|\boldsymbol{n}_2^{+}\right.)=C_mF_LA_L\cos(\boldsymbol{n}_2^{+},\hat{\boldsymbol{L}}_{R,X_b})/M(\boldsymbol{n}_2^{+})=C_mF_LA_L\left|\hat{L}_{R,y_b}\right|/M(-\boldsymbol{n}_2^{+}) \tag{5.218}$$

$$\boldsymbol{I}_{X_b}(\boldsymbol{r}_{b0}^{-}\left|\boldsymbol{n}_2^{+}\right.)=C_mF_LA_L\cos(\boldsymbol{n}_2^{+},\hat{\boldsymbol{L}}_{R,X_b})/M(\boldsymbol{n}_2^{+})=C_mF_LA_L\left|\hat{L}_{R,y_b}\right|/M(-\boldsymbol{n}_2^{+}) \tag{5.219}$$

$$\boldsymbol{I}_{X_b}(\boldsymbol{r}_{b0}^{+}\left|\boldsymbol{n}_1^{-}\right.)=C_mF_LA_L\cos(\boldsymbol{n}_1^{-},\hat{\boldsymbol{L}}_{R,X_b})/M(\boldsymbol{n}_1^{-})=C_mF_LA_L\left|\hat{L}_{R,x_b}\right|/M(-\boldsymbol{n}_1^{-}) \tag{5.220}$$

$$\boldsymbol{I}_{X_b}(\boldsymbol{r}_{b0}^{-}\left|\boldsymbol{n}_1^{-}\right.)=C_mF_LA_L\cos(\boldsymbol{n}_1^{-},\hat{\boldsymbol{L}}_{R,X_b})/M(\boldsymbol{n}_1^{-})=C_mF_LA_L\left|\hat{L}_{R,x_b}\right|/M(-\boldsymbol{n}_1^{-}) \tag{5.221}$$

$$\boldsymbol{I}_{X_b}(\boldsymbol{r}_{b0}^{+}\left|\boldsymbol{n}_2^{-}\right.)=C_mF_LA_L\cos(\boldsymbol{n}_2^{-},\hat{\boldsymbol{L}}_{R,X_b})/M(\boldsymbol{n}_2^{-})=C_mF_LA_L\left|\hat{L}_{R,y_b}\right|/M(-\boldsymbol{n}_2^{-}) \tag{5.222}$$

$$\boldsymbol{I}_{X_b}(\boldsymbol{r}_{b0}^{-}\left|\boldsymbol{n}_2^{-}\right.)=C_mF_LA_L\cos(\boldsymbol{n}_2^{-},\hat{\boldsymbol{L}}_{R,X_b})/M(\boldsymbol{n}_2^{-})=C_mF_LA_L\left|\hat{L}_{R,y_b}\right|/M(-\boldsymbol{n}_2^{-}) \tag{5.223}$$

式中，$M=abc\rho$为长方体空间碎片质量；ρ为空间碎片材料密度。

5.5.2　激光烧蚀消旋策略分析

对于长方体空间碎片，根据空间碎片运动姿态不同、激光辐照方向不同，可分别施加三个轴向反向激光烧蚀力矩，即可对三个轴向角速度分别采用激光烧蚀

消旋的方法，达到操控空间碎片运动姿态的目的。

1. X_b 轴方向角速度 ω_{x_b} 的激光烧蚀消旋策略

(1) 当空间碎片角速度 $\omega_{x_b}<0$ 时，需要施加 X_b 轴正向激光烧蚀力矩。

选择能够产生正向激光烧蚀力矩的激光辐照面和激光辐照点，激光辐照点的位置矢量为

$$\boldsymbol{r}_{b0}^{+}\Big|\boldsymbol{n}_2^{+}=(0,b/2,c/2)^{\mathrm{T}},\quad \boldsymbol{r}_{b0}^{+}\Big|\boldsymbol{n}_2^{-}=(0,-b/2,-c/2)^{\mathrm{T}} \tag{5.224}$$

$$\boldsymbol{r}_{b0}^{+}\Big|\boldsymbol{n}_3^{+}=(0,-b/2,c/2)^{\mathrm{T}},\quad \boldsymbol{r}_{b0}^{+}\Big|\boldsymbol{n}_3^{-}=(0,b/2,-c/2)^{\mathrm{T}} \tag{5.225}$$

空间碎片平台位置矢量表示为 $\boldsymbol{r}_{\mathrm{DS},X_b}=(r_{\mathrm{DS},x_b},r_{\mathrm{DS},y_b},r_{\mathrm{DS},z_b})^{\mathrm{T}}$，激光辐照方向矢量为 $\boldsymbol{L}_{R,X_b}=(L_{R,x_b},L_{R,y_b},L_{R,z_b})^{\mathrm{T}}$，可分别计算得到激光辐照方向矢量

$$\boldsymbol{L}_{R,X_b}=\boldsymbol{r}_{\mathrm{DS},X_b}+\boldsymbol{r}_{b0} \tag{5.226}$$

和激光辐照方向单位矢量 $\hat{\boldsymbol{L}}_{R,X_b}=(\hat{L}_{R,x_b},\hat{L}_{R,y_b},\hat{L}_{R,z_b})^{\mathrm{T}}$，具体为

$$\hat{\boldsymbol{L}}_{R,X_b}=\begin{pmatrix}\hat{L}_{R,x_b}\\ \hat{L}_{R,y_b}\\ \hat{L}_{R,z_b}\end{pmatrix}=\frac{\boldsymbol{L}_{R,X_b}}{\left|\boldsymbol{L}_{R,X_b}\right|} \tag{5.227}$$

对于激光辐照面上激光辐照点，分别计算：

$$\cos(\boldsymbol{n}_2^{+},\hat{\boldsymbol{L}}_{R,X_b})=\hat{L}_{R,y_b}^{+},\quad \cos(\boldsymbol{n}_2^{-},\hat{\boldsymbol{L}}_{R,X_b})=\hat{L}_{R,y_b}^{-} \tag{5.228}$$

$$\cos(\boldsymbol{n}_3^{+},\hat{\boldsymbol{L}}_{R,X_b})=\hat{L}_{R,z_b}^{+},\quad \cos(\boldsymbol{n}_3^{-},\hat{\boldsymbol{L}}_{R,X_b})=\hat{\boldsymbol{L}}_{R,z_b}^{-} \tag{5.229}$$

根据其小于零确定激光辐照面(激光辐照哪个面)，进一步计算单脉冲激光烧蚀冲量矩：

$$\boldsymbol{L}_I(\boldsymbol{r}_{b0}^{+}\Big|\boldsymbol{n}_2^{+})=\boldsymbol{L}_I(\boldsymbol{r}_{b0}^{+}\Big|\boldsymbol{n}_2^{-})=C_m F_L A_L\left|\hat{L}_{R,y_b}\right|(c/2) \tag{5.230}$$

$$\boldsymbol{L}_I(\boldsymbol{r}_{b0}^{+}\Big|\boldsymbol{n}_3^{+})=\boldsymbol{L}_I(\boldsymbol{r}_{b0}^{+}\Big|\boldsymbol{n}_3^{-})=C_m F_L A_L\left|\hat{L}_{R,z_b}\right|(b/2) \tag{5.231}$$

在($\hat{L}_{R,y_b}^{+},\hat{L}_{R,y_b}^{-},\hat{L}_{R,z_b}^{+},\hat{L}_{R,z_b}^{-}$)中选取小于零的分量(表明激光能够辐照该辐照面)，分别计算单脉冲激光烧蚀冲量矩，再筛选冲量矩极大化的激光辐照点(表明在该辐照点激光烧蚀冲量矩取极大值)，最后计算该点对应的单脉冲激光烧蚀冲量矩和单位质量激光烧蚀冲量。

注意，需要判别无任何激光辐照面、仅有一个激光辐照面和多个激光辐照面三种情况。

(2) 当空间碎片角速度 $\omega_{x_b}>0$ 时，需要施加 X_b 轴负向激光烧蚀力矩。

选择能够产生负向激光烧蚀力矩的激光辐照面和激光辐照点，激光辐照点的

位置矢量为

$$\boldsymbol{r}_{b0}^{-}\Big|\boldsymbol{n}_2^{+}=(0,b/2,-c/2)^{\mathrm{T}}\,,\quad \boldsymbol{r}_{b0}^{-}\Big|\boldsymbol{n}_2^{-}=(0,-b/2,c/2)^{\mathrm{T}} \tag{5.232}$$

$$\boldsymbol{r}_{b0}^{-}\Big|\boldsymbol{n}_3^{+}=(0,b/2,c/2)^{\mathrm{T}}\,,\quad \boldsymbol{r}_{b0}^{-}\Big|\boldsymbol{n}_3^{-}=(0,-b/2,-c/2)^{\mathrm{T}} \tag{5.233}$$

空间碎片平台位置矢量表示为 $\boldsymbol{r}_{\mathrm{DS},X_b}=(r_{\mathrm{DS},x_b},r_{\mathrm{DS},y_b},r_{\mathrm{DS},z_b})^{\mathrm{T}}$，激光辐照方向矢量为 $\boldsymbol{L}_{R,X_b}=(L_{R,x_b},L_{R,y_b},L_{R,z_b})^{\mathrm{T}}$，可分别计算得到激光辐照方向矢量

$$\boldsymbol{L}_{R,X_b}=\boldsymbol{r}_{\mathrm{DS},X_b}+\boldsymbol{r}_{b0} \tag{5.234}$$

和激光辐照方向单位矢量 $\hat{\boldsymbol{L}}_{R,X_b}=(\hat{L}_{R,x_b},\hat{L}_{R,y_b},\hat{L}_{R,z_b})^{\mathrm{T}}$。

对于激光辐照面上激光辐照点，分别计算：

$$\cos(\boldsymbol{n}_2^{+},\hat{\boldsymbol{L}}_{R,X_b})=\hat{L}_{R,y_b}^{+}\,,\quad \cos(\boldsymbol{n}_2^{-},\hat{\boldsymbol{L}}_{R,X_b})=\hat{L}_{R,y_b}^{-} \tag{5.235}$$

$$\cos(\boldsymbol{n}_3^{+},\hat{\boldsymbol{L}}_{R,X_b})=\hat{L}_{R,z_b}^{+}\,,\quad \cos(\boldsymbol{n}_3^{-},\hat{\boldsymbol{L}}_{R,X_b})=\hat{L}_{R,z_b}^{-} \tag{5.236}$$

确定激光辐照面(激光辐照哪个面)，进一步地，计算单脉冲激光烧蚀冲量矩：

$$\boldsymbol{L}_I(\boldsymbol{r}_{b0}^{-}\Big|\boldsymbol{n}_2^{+})=\boldsymbol{L}_I(\boldsymbol{r}_{b0}^{-}\Big|\boldsymbol{n}_2^{-})=-C_mF_LA_L\Big|\hat{L}_{R,y_b}\Big|(c/2) \tag{5.237}$$

$$\boldsymbol{L}_I(\boldsymbol{r}_{b0}^{-}\Big|\boldsymbol{n}_3^{+})=\boldsymbol{L}_I(\boldsymbol{r}_{b0}^{-}\Big|\boldsymbol{n}_3^{-})=-C_mF_LA_L\Big|\hat{L}_{R,z_b}\Big|(b/2) \tag{5.238}$$

与角速度 $\omega_{x_b}<0$ 情况类似，对单脉冲激光烧蚀冲量矩进行极大化处理(绝对值极大化)。

2. Y_b 轴方向角速度 ω_{y_b} 的激光烧蚀消旋策略

(1) 当空间碎片角速度 $\omega_{y_b}<0$ 时，需要施加 Y_b 轴正向激光烧蚀力矩。

选择能够产生正向激光烧蚀力矩的激光辐照面和激光辐照点，激光辐照点的位置矢量为

$$\boldsymbol{r}_{b0}^{+}\Big|\boldsymbol{n}_1^{+}=(a/2,0,-c/2)^{\mathrm{T}}\,,\quad \boldsymbol{r}_{b0}^{+}\Big|\boldsymbol{n}_1^{-}=(-a/2,0,c/2)^{\mathrm{T}} \tag{5.239}$$

$$\boldsymbol{r}_{b0}^{+}\Big|\boldsymbol{n}_3^{+}=(a/2,0,c/2)^{\mathrm{T}}\,,\quad \boldsymbol{r}_{b0}^{+}\Big|\boldsymbol{n}_3^{-}=(-a/2,0,-c/2)^{\mathrm{T}} \tag{5.240}$$

空间碎片平台位置矢量表示为 $\boldsymbol{r}_{\mathrm{DS},X_b}=(r_{\mathrm{DS},x_b},r_{\mathrm{DS},y_b},r_{\mathrm{DS},z_b})^{\mathrm{T}}$，激光辐照方向矢量为 $\boldsymbol{L}_{R,X_b}=(L_{R,x_b},L_{R,y_b},L_{R,z_b})^{\mathrm{T}}$，可分别计算得到激光辐照方向矢量

$$\boldsymbol{L}_{R,X_b}=\boldsymbol{r}_{\mathrm{DS},X_b}+\boldsymbol{r}_{b0} \tag{5.241}$$

和激光辐照方向单位矢量 $\hat{\boldsymbol{L}}_{R,X_b}=(\hat{L}_{R,x_b},\hat{L}_{R,y_b},\hat{L}_{R,z_b})^{\mathrm{T}}$。

对于激光辐照面上激光辐照点，分别计算：

$$\cos(\boldsymbol{n}_1^{+},\hat{\boldsymbol{L}}_{R,X_b})=\hat{L}_{R,x_b}^{+}\,,\quad \cos(\boldsymbol{n}_1^{-},\hat{\boldsymbol{L}}_{R,X_b})=\hat{L}_{R,x_b}^{-} \tag{5.242}$$

$$\cos(\boldsymbol{n}_3^+, \hat{\boldsymbol{L}}_{R,X_b}) = \hat{L}_{R,z_b}^+ , \quad \cos(\boldsymbol{n}_3^-, \hat{\boldsymbol{L}}_{R,X_b}) = \hat{L}_{R,z_b}^- \tag{5.243}$$

确定激光辐照面(激光辐照哪个面)，进一步地，计算单脉冲激光烧蚀冲量矩：

$$\boldsymbol{L}_I(\boldsymbol{r}_{b0}^+ \big| \boldsymbol{n}_1^+) = \boldsymbol{L}_I(\boldsymbol{r}_{b0}^+ \big| \boldsymbol{n}_1^-) = C_m F_L A_L \left| \hat{L}_{R,x_b} \right| (c/2) \tag{5.244}$$

$$\boldsymbol{L}_I(\boldsymbol{r}_{b0}^+ \big| \boldsymbol{n}_3^+) = \boldsymbol{L}_I(\boldsymbol{r}_{b0}^+ \big| \boldsymbol{n}_3^-) = C_m F_L A_L \left| \hat{L}_{R,z_b} \right| (a/2) \tag{5.245}$$

与角速度 $\omega_{x_b} < 0$ 情况类似，对单脉冲激光烧蚀冲量矩进行极大化处理。

(2) 当空间碎片角速度 $\omega_{y_b} > 0$ 时，需要施加 Y_b 轴负向激光烧蚀力矩。

选择能够产生负向激光烧蚀力矩的激光辐照面和激光辐照点，激光辐照点的位置矢量为

$$\boldsymbol{r}_{b0}^- \big| \boldsymbol{n}_1^+ = (a/2, 0, c/2)^{\mathrm{T}} , \quad \boldsymbol{r}_{b0}^- \big| \boldsymbol{n}_1^- = (-a/2, 0, -c/2)^{\mathrm{T}} \tag{5.246}$$

$$\boldsymbol{r}_{b0}^- \big| \boldsymbol{n}_3^+ = (-a/2, 0, c/2)^{\mathrm{T}} , \quad \boldsymbol{r}_{b0}^- \big| \boldsymbol{n}_3^- = (a/2, 0, -c/2)^{\mathrm{T}} \tag{5.247}$$

空间碎片平台位置矢量表示为 $\boldsymbol{r}_{\mathrm{DS},X_b} = (r_{\mathrm{DS},x_b}, r_{\mathrm{DS},y_b}, r_{\mathrm{DS},z_b})^{\mathrm{T}}$，激光辐照方向矢量为 $\boldsymbol{L}_{R,X_b} = (L_{R,x_b}, L_{R,y_b}, L_{R,z_b})^{\mathrm{T}}$，可分别计算得到激光辐照方向矢量

$$\boldsymbol{L}_{R,X_b} = \boldsymbol{r}_{\mathrm{DS},X_b} + \boldsymbol{r}_{b0} \tag{5.248}$$

和激光辐照方向单位矢量 $\hat{\boldsymbol{L}}_{R,X_b} = (\hat{L}_{R,x_b}, \hat{L}_{R,y_b}, \hat{L}_{R,z_b})^{\mathrm{T}}$。

对于激光辐照面上激光辐照点，分别计算：

$$\cos(\boldsymbol{n}_1^+, \hat{\boldsymbol{L}}_{R,X_b}) = \hat{L}_{R,x_b}^+ , \quad \cos(\boldsymbol{n}_1^-, \hat{\boldsymbol{L}}_{R,X_b}) = \hat{L}_{R,x_b}^- \tag{5.249}$$

$$\cos(\boldsymbol{n}_3^+, \hat{\boldsymbol{L}}_{R,X_b}) = \hat{L}_{R,z_b}^+ , \quad \cos(\boldsymbol{n}_3^-, \hat{\boldsymbol{L}}_{R,X_b}) = \hat{L}_{R,z_b}^- \tag{5.250}$$

确定激光辐照面(激光辐照哪个面)，进一步地，计算单脉冲激光烧蚀冲量矩：

$$\boldsymbol{L}_I(\boldsymbol{r}_{b0}^- \big| \boldsymbol{n}_1^+) = \boldsymbol{L}_I(\boldsymbol{r}_{b0}^- \big| \boldsymbol{n}_1^-) = -C_m F_L A_L \left| \hat{L}_{R,x_b} \right| (c/2) \tag{5.251}$$

$$\boldsymbol{L}_I(\boldsymbol{r}_{b0}^- \big| \boldsymbol{n}_3^+) = \boldsymbol{L}_I(\boldsymbol{r}_{b0}^- \big| \boldsymbol{n}_3^-) = -C_m F_L A_L \left| \hat{L}_{R,z_b} \right| (a/2) \tag{5.252}$$

与角速度 $\omega_{x_b} < 0$ 情况类似，对单脉冲激光烧蚀冲量矩进行极大化处理(绝对值极大化)。

3. Z_b 轴方向角速度 ω_{z_b} 的激光烧蚀消旋策略

(1) 当空间碎片角速度 $\omega_{z_b} < 0$ 时，需要施加 Z_b 轴正向激光烧蚀力矩。

选择能够产生正向激光烧蚀力矩的激光辐照面和激光辐照点，激光辐照点的位置矢量为

$$\boldsymbol{r}_{b0}^{+}\Big|\boldsymbol{n}_1^{+}=(a/2,b/2,0)^{\mathrm{T}},\quad \boldsymbol{r}_{b0}^{+}\Big|\boldsymbol{n}_1^{-}=(-a/2,-b/2,0)^{\mathrm{T}} \tag{5.253}$$

$$\boldsymbol{r}_{b0}^{+}\Big|\boldsymbol{n}_2^{+}=(-a/2,b/2,0)^{\mathrm{T}},\quad \boldsymbol{r}_{b0}^{+}\Big|\boldsymbol{n}_2^{-}=(a/2,-b/2,0)^{\mathrm{T}} \tag{5.254}$$

空间碎片平台位置矢量表示为$\boldsymbol{r}_{\mathrm{DS},X_b}=(r_{\mathrm{DS},x_b},r_{\mathrm{DS},y_b},r_{\mathrm{DS},z_b})^{\mathrm{T}}$，激光辐照方向矢量为$\boldsymbol{L}_{R,X_b}=(L_{R,x_b},L_{R,y_b},L_{R,z_b})^{\mathrm{T}}$，可分别计算得到激光辐照方向矢量

$$\boldsymbol{L}_{R,X_b}=\boldsymbol{r}_{\mathrm{DS},X_b}+\boldsymbol{r}_{b0} \tag{5.255}$$

和激光辐照方向单位矢量$\hat{\boldsymbol{L}}_{R,X_b}=(\hat{L}_{R,x_b},\hat{L}_{R,y_b},\hat{L}_{R,z_b})^{\mathrm{T}}$。

对于激光辐照面上激光辐照点，分别计算：

$$\cos(\boldsymbol{n}_1^{+},\hat{\boldsymbol{L}}_{R,X_b})=\hat{L}_{R,x_b}^{+},\quad \cos(\boldsymbol{n}_1^{-},\hat{\boldsymbol{L}}_{R,X_b})=\hat{L}_{R,x_b}^{-} \tag{5.256}$$

$$\cos(\boldsymbol{n}_2^{+},\hat{\boldsymbol{L}}_{R,X_b})=\hat{L}_{R,y_b}^{+},\quad \cos(\boldsymbol{n}_2^{-},\hat{\boldsymbol{L}}_{R,X_b})=\hat{L}_{R,y_b}^{-} \tag{5.257}$$

确定激光辐照面(激光辐照哪个面)，进一步地，计算单脉冲激光烧蚀冲量矩：

$$\boldsymbol{L}_I(\boldsymbol{r}_{b0}^{+}\Big|\boldsymbol{n}_1^{+})=\boldsymbol{L}_I(\boldsymbol{r}_{b0}^{+}\Big|\boldsymbol{n}_1^{-})=C_mF_LA_L\left|\hat{L}_{R,x_b}\right|(b/2) \tag{5.258}$$

$$\boldsymbol{L}_I(\boldsymbol{r}_{b0}^{+}\Big|\boldsymbol{n}_2^{+})=\boldsymbol{L}_I(\boldsymbol{r}_{b0}^{+}\Big|\boldsymbol{n}_2^{-})=C_mF_LA_L\left|\hat{L}_{R,y_b}\right|(a/2) \tag{5.259}$$

与角速度$\omega_{x_b}<0$情况类似，对单脉冲激光烧蚀冲量矩进行极大化处理。

(2) 当空间碎片角速度$\omega_{z_b}>0$时，需要施加Y_b轴负向激光烧蚀力矩。

选择能够产生负向激光烧蚀力矩的激光辐照面和激光辐照点，激光辐照点的位置矢量为

$$\boldsymbol{r}_{b0}^{-}\Big|\boldsymbol{n}_1^{+}=(a/2,-b/2,0)^{\mathrm{T}},\quad \boldsymbol{r}_{b0}^{-}\Big|\boldsymbol{n}_1^{-}=(-a/2,b/2,0)^{\mathrm{T}} \tag{5.260}$$

$$\boldsymbol{r}_{b0}^{-}\Big|\boldsymbol{n}_2^{+}=(a/2,b/2,0)^{\mathrm{T}},\quad \boldsymbol{r}_{b0}^{-}\Big|\boldsymbol{n}_2^{-}=(-a/2,-b/2,0)^{\mathrm{T}} \tag{5.261}$$

空间碎片平台位置矢量表示为$\boldsymbol{r}_{\mathrm{DS},X_b}=(r_{\mathrm{DS},x_b},r_{\mathrm{DS},y_b},r_{\mathrm{DS},z_b})^{\mathrm{T}}$，激光辐照方向矢量为$\boldsymbol{L}_{R,X_b}=(L_{R,x_b},L_{R,y_b},L_{R,z_b})^{\mathrm{T}}$，可分别计算得到激光辐照方向矢量

$$\boldsymbol{L}_{R,X_b}=\boldsymbol{r}_{\mathrm{DS},X_b}+\boldsymbol{r}_{b0} \tag{5.262}$$

和激光辐照方向单位矢量$\hat{\boldsymbol{L}}_{R,X_b}=(\hat{L}_{R,x_b},\hat{L}_{R,y_b},\hat{L}_{R,z_b})^{\mathrm{T}}$。

对于激光辐照面上激光辐照点，分别计算：

$$\cos(\boldsymbol{n}_1^{+},\hat{\boldsymbol{L}}_{R,X_b})=\hat{L}_{R,x_b}^{+},\quad \cos(\boldsymbol{n}_1^{-},\hat{\boldsymbol{L}}_{R,X_b})=\hat{L}_{R,x_b}^{-} \tag{5.263}$$

$$\cos(\boldsymbol{n}_2^{+},\hat{\boldsymbol{L}}_{R,X_b})=\hat{L}_{R,y_b}^{+},\quad \cos(\boldsymbol{n}_2^{-},\hat{\boldsymbol{L}}_{R,X_b})=\hat{L}_{R,y_b}^{-} \tag{5.264}$$

确定激光辐照面(激光辐照哪个面)，进一步地，计算单脉冲激光烧蚀冲量矩：

$$\boldsymbol{L}_I(\boldsymbol{r}_{b0}^-|\boldsymbol{n}_1^+) = \boldsymbol{L}_I(\boldsymbol{r}_{b0}^-|\boldsymbol{n}_1^-) = -C_m F_L A_L \left|\hat{L}_{R,x_b}\right|(b/2) \tag{5.265}$$

$$\boldsymbol{L}_I(\boldsymbol{r}_{b0}^-|\boldsymbol{n}_2^+) = \boldsymbol{L}_I(\boldsymbol{r}_{b0}^-|\boldsymbol{n}_2^-) = -C_m F_L A_L \left|\hat{L}_{R,y_b}\right|(a/2) \tag{5.266}$$

与角速度 $\omega_{x_b} < 0$ 情况类似，对单脉冲激光烧蚀冲量矩进行极大化处理(绝对值极大化)。

4. 各轴向角速度激光烧蚀消旋结束的判据

以 X_b 轴方向角速度激光烧蚀消旋为例进行分析和讨论，由于空间碎片角速度 $\omega_{x_b} < 0$ 时施加正向激光烧蚀力矩、$\omega_{x_b} > 0$ 时施加负向激光烧蚀力矩，因此在激光烧蚀力矩作用下，角速度 ω_{x_b} 逐渐波动减小。

设时间采样步长为 Δt ，$t = i\Delta t(i = 0,1,2,\cdots)$ 时刻，角速度的采样值为 $\omega_{x_b,i}$ ，则采样序列为

$$\omega_{x_b,j+1}, \omega_{x_b,j+2}, \cdots, \omega_{x_b,j+n}, \quad j \geqslant 0 \tag{5.267}$$

采样数据窗长度为 n ，$\omega_{x_b,j+n}$ 为当前时刻采样值，序列检测的观测量为

$$\Omega_{X_b} = \left|\lg\left|\omega_{x_b,j+1}\right| \times \lg\left|\omega_{x_b,j+2}\right| \times \cdots \times \lg\left|\omega_{x_b,j+n}\right|\right| \tag{5.268}$$

设观测量的阈值为 $\Omega_{X_b,\mathrm{th}}$ ，X_b 轴方向角速度激光烧蚀消旋结束的判据为

$$\Omega_{X_b} \geqslant \Omega_{X_b,\mathrm{th}} \tag{5.269}$$

例如，如果 $\left|\omega_{x_b,j+i}\right| \leqslant 10^{-4}(1 \leqslant i \leqslant n)$ ，$\lg\left|\omega_{x_b,j+i}\right| \leqslant -4(1 \leqslant i \leqslant n)$ ，那么阈值为

$$\Omega_{X_b,\mathrm{th}} = \left|\overbrace{(-4) \times (-4) \times \cdots \times (-4)}^{n\text{个}}\right| = 4^n \tag{5.270}$$

当 $n = 20$ 时，阈值为 $\Omega_{X_b,\mathrm{th}} = 4^{20} < 1.1 \times 10^{12}$ 。同理，可得 Y_b 轴和 Z_b 轴方向角速度激光烧蚀消旋结束的判据为

$$\Omega_{Y_b} \geqslant \Omega_{Y_b,\mathrm{th}}, \quad \Omega_{Z_b} \geqslant \Omega_{Z_b,\mathrm{th}} \tag{5.271}$$

激光烧蚀消旋操控过程为：首先，对 X_b 轴角速度进行激光烧蚀消旋操控；其次，对 Y_b 轴角速度进行激光烧蚀消旋操控；最后，对 Z_b 轴角速度进行激光烧蚀消旋操控；重复上述过程直到三个方向角速度减小到满足要求为止。

5.5.3 计算分析

激光重频为 10Hz，脉宽为 10ns，激光烧蚀力作用时间为 100ns，激光功率密度为 $10^{13}\,\mathrm{W/m^2}$ ($10^9\,\mathrm{W/cm^2}$)。空间碎片为铝材，密度为 $2700\mathrm{kg/m^3}$ ，冲量耦合系数

取为 $5\times10^{-5}\,\mathrm{N\cdot s/J}$ (相当于下限保守值)，地球平均半径取为 $R_0=6378\mathrm{km}$。

长方体空间碎片尺寸为 (a,b,c) (分别对应体固联坐标系 $X_bY_bZ_b$ 坐标轴的尺寸)，则主轴转动惯量为

$$I_{b_z}=\frac{M}{12}(a^2+b^2)\,,\quad I_{b_y}=\frac{M}{12}(a^2+c^2)\,,\quad I_{b_x}=\frac{M}{12}(b^2+c^2)\,,\quad M=abc\rho \tag{5.272}$$

式中，ρ 为空间碎片材料密度。如果是薄壁长方体(薄壁箱体) 空间碎片，那么其转动惯量为外长方体空间碎片转动惯量与内长方体空间碎片转动惯量之差。

空间碎片和平台轨道高度为 400km，空间碎片相对平台同向运动，轨道倾角、升交点赤经和近地点幅角分别为

$$i_{\mathrm{deb},0}=i_{\mathrm{sta},0}=\pi/2\,,\quad \Omega_{\mathrm{deb},0}=\Omega_{\mathrm{sta},0}=\pi/2 \tag{5.273}$$

$$\omega_{\mathrm{sta},0}=\pi/2\,,\quad \omega_{\mathrm{deb},0}=\pi/2+\Delta\omega_{\mathrm{deb},0} \tag{5.274}$$

式中，$\Delta\omega_{\mathrm{deb},0}>0$ 表示空间碎片在平台的前方运动。若近距离伴飞、可辨识空间碎片姿态运动的距离为 $r_{\mathrm{DS,iden}}$，则有

$$\Delta\omega_{\mathrm{deb},0}=\frac{r_{\mathrm{DS,iden}}}{R_0} \tag{5.275}$$

1. 薄壁箱体空间碎片的激光烧蚀消旋

薄壁箱体空间碎片尺寸为 $(a,b,c)=(40,50,60)$ (外长方体空间碎片尺寸，单位：cm)，壁厚为 5mm。远场激光光斑半径为 $r_L=1\mathrm{cm}$，激光器平均功率为 $3.141593\times10^2\,\mathrm{W}$ (激光单脉冲能量为 $3.141593\times10\mathrm{J}$)。按照激光烧蚀消旋策略，对薄壁箱体空间碎片施加反向激光烧蚀力矩。空间碎片初始欧拉角和初始角速度为 $(\varphi_0,\theta_0,\psi_0,\dot{\varphi}_0,\dot{\theta}_0,\dot{\psi}_0)=(\pi/4,\pi/4,\pi/4,\pi/4,1,1,1)$。在体固联坐标系 $X_bY_bZ_b$ 中，空间碎片初始角速度为

$$\begin{bmatrix}\omega_{x_b,0}\\ \omega_{y_b,0}\\ \omega_{z_b,0}\end{bmatrix}=\begin{bmatrix}1 & 0 & -\sqrt{2}/2\\ 0 & \sqrt{2}/2 & 1/2\\ 0 & -\sqrt{2}/2 & 1/2\end{bmatrix}\begin{bmatrix}1\\1\\1\end{bmatrix}\approx\begin{bmatrix}0.292893\\ 1.207107\\ -0.207107\end{bmatrix} \tag{5.276}$$

图 5.32 为激光烧蚀消旋过程中角速度 ω_{x_b} 随着时间的变化。首先对角速度 ω_{x_b} 进行消旋，因此在单脉冲激光烧蚀冲量矩重复作用下，该角速度逐渐减小，当时间约为 800s 时，该方向角速度趋近于零，消旋结束。

图 5.33 为激光烧蚀消旋过程中角速度 ω_{y_b} 随着时间的变化。图中，在对角速度 ω_{x_b} 的消旋过程中，角速度 ω_{y_b} 也逐渐减小，当时间约为 800s 时，该方向角速度趋近于零，消旋结束。

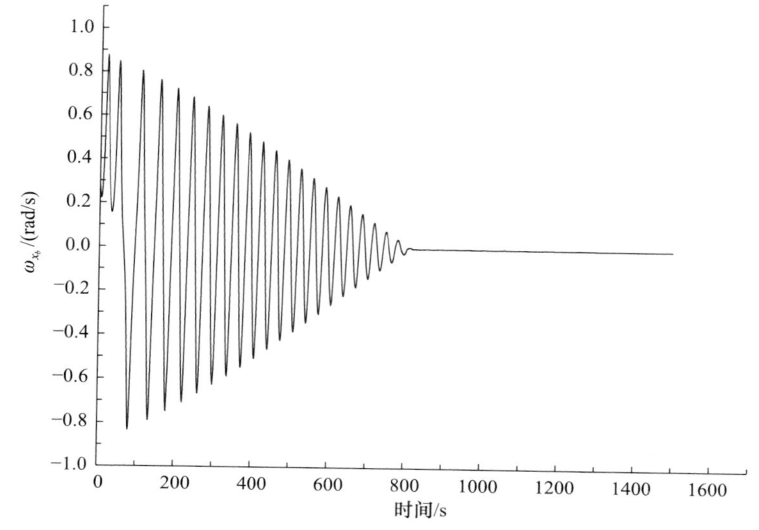

图 5.32　空间碎片尺寸为 40cm/50cm/60cm 时角速度 ω_{x_b} 随着时间的变化

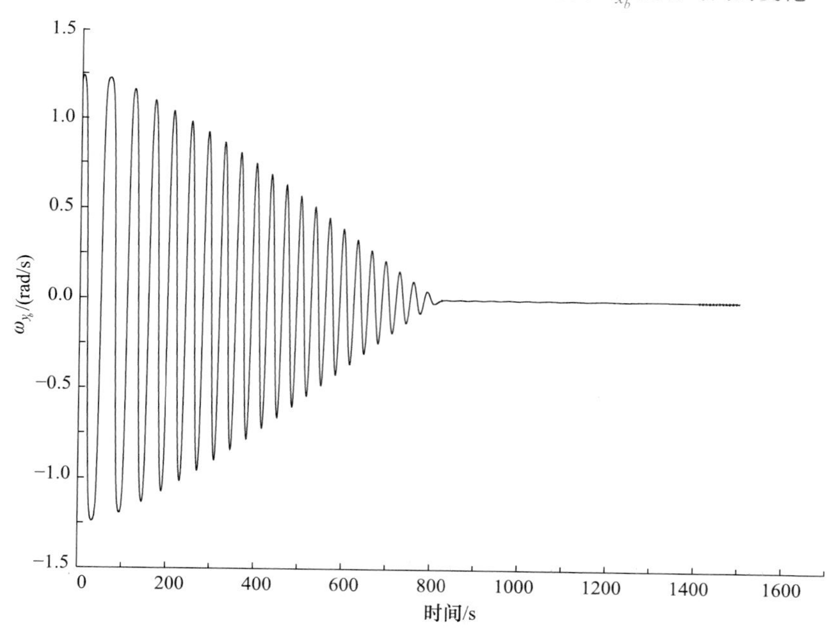

图 5.33　空间碎片尺寸为 40cm/50cm/60cm 时角速度 ω_{y_b} 随着时间的变化

具体计算表明，在对角速度 ω_{x_b} 进行激光烧蚀消旋后，对角速度 ω_{y_b} 进行了约 3s 的激光烧蚀消旋操控。

图 5.34 为激光烧蚀消旋过程中角速度 ω_{z_b} 随着时间的变化。在对角速度

ω_{x_b} 和 ω_{y_b} 的消旋过程中，角速度 ω_{z_b} 振荡减小并趋近于−1rad/s，当时间约为 820s 时开始对该方向角速度进行消旋，当时间达到 1400s 时该方向角速度趋近于零，消旋结束。

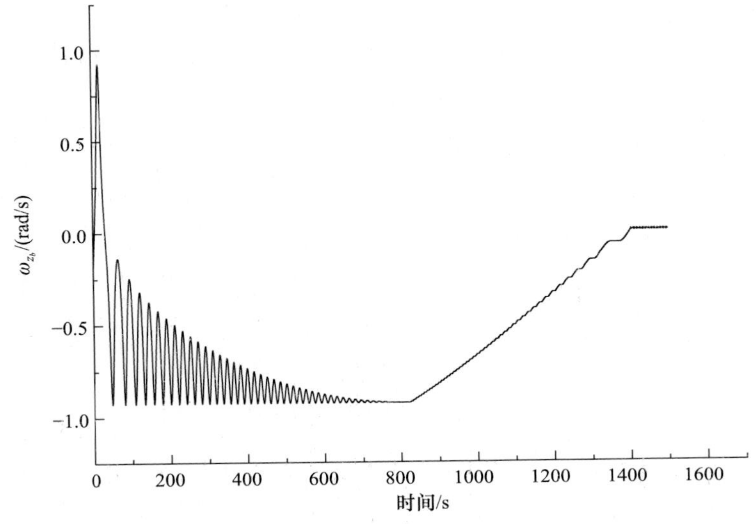

图 5.34　空间碎片尺寸为 40cm/50cm/60cm 时角速度 ω_{z_b} 随着时间的变化

图 5.35 给出了整个激光烧蚀消旋过程经历的阶段。阶段 1 表示对角速度 ω_{x_b} 的消旋阶段(第一个水平段，经历 0～820.3s)；阶段 2 表示对角速度 ω_{y_b} 的消旋阶段(垂直上升段，经历 820.4～823.6s)；阶段 3 表示对角速度 ω_{z_b} 的消旋阶段(第二个水平段，经历 823.7～1400s)。显然，由于在阶段 1 对角速度 ω_{x_b} 的消旋过程中，角速度 ω_{y_b} 逐渐减小到较小值，因此阶段 2 对角速度 ω_{y_b} 消旋过程时间很短。

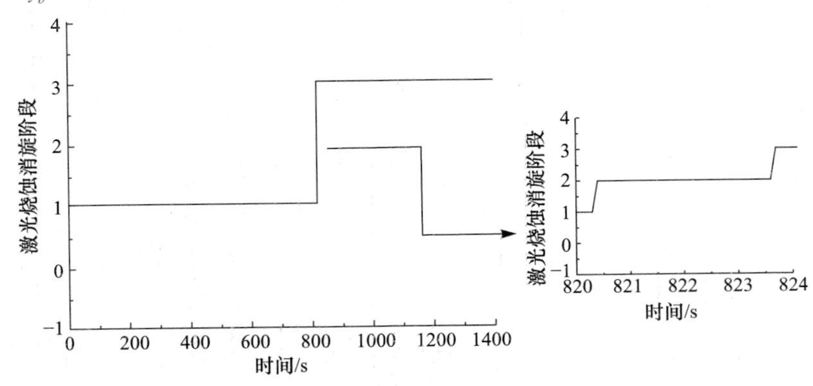

图 5.35　空间碎片尺寸为 40cm/50cm/60cm 时激光烧蚀消旋阶段

图 5.36 为激光烧蚀消旋进入消旋结束过程欧拉角的变化。欧拉角 ψ (黑线)在 $-180°\sim+180°$变化，表明薄壁箱体空间碎片旋转，并且角速度逐渐减小；欧拉角 θ (蓝线)在$-80°\sim+80°$变化，表明薄壁箱体空间碎片来回摇摆，并且角速度逐渐减小；欧拉角 φ (红线)在$-110°\sim+110°$变化，表明薄壁箱体空间碎片来回摇摆，并且角速度逐渐减小。

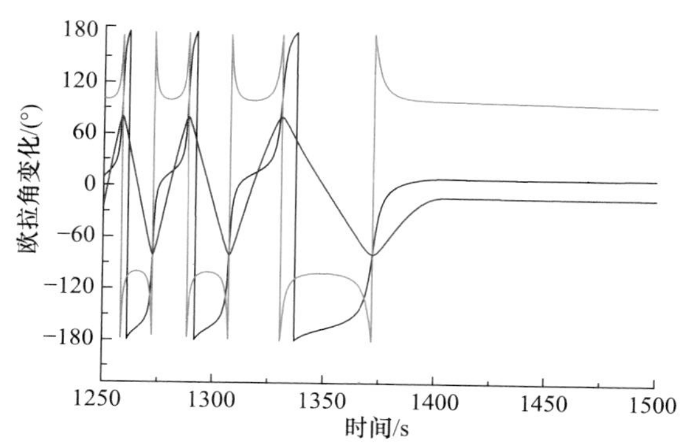

图 5.36　空间碎片尺寸为 40cm/50cm/60cm 时欧拉角的变化

图 5.37 为薄壁箱体空间碎片半长轴、远地点和近地点半径的变化，在整个激光烧蚀消旋操控过程中，近地点半径减小约 1000m(蓝线)，半长轴减小约 500m(黑线)，远地点半径基本不变(红线)。

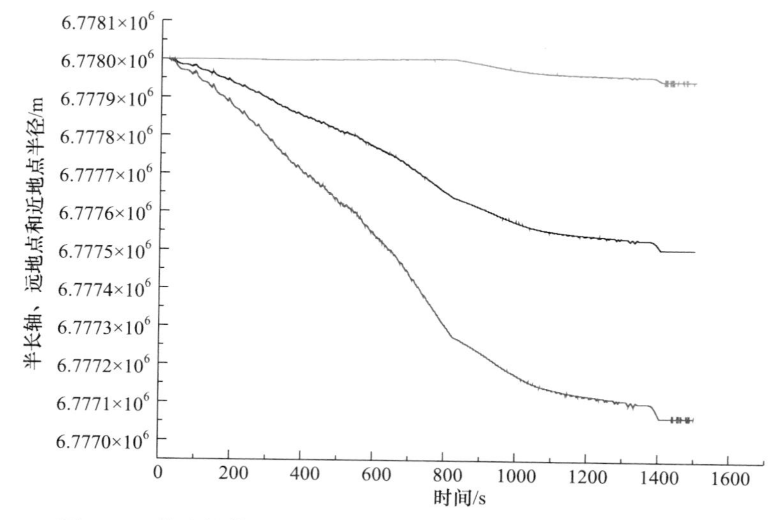

图 5.37　薄壁箱体空间碎片半长轴、远地点和近地点半径的变化

图 5.38 为薄壁箱体空间碎片升交点赤经、轨道倾角和偏心率的变化。空间碎片升交点赤经(变化较小的黑线)变化不大，轨道倾角(变化较大的黑线)减小为

3×10^{-4}°，偏心率增大为 6×10^{-5}。

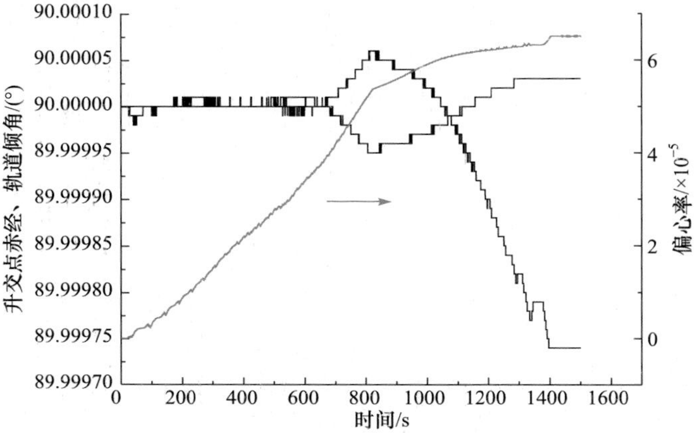

图 5.38　薄壁箱体空间碎片升交点赤经、轨道倾角和偏心率的变化

表 5.5 为不同激光光斑、不同激光器平均功率、不同碎片尺寸条件下，薄壁箱体空间碎片的激光烧蚀消旋的效果(壁厚为 5mm)。空间碎片初始欧拉角和初始角速度为 $(\varphi_0,\theta_0,\psi_0,\dot{\varphi}_0,\dot{\theta}_0,\dot{\psi}_0)=(\pi/4,\pi/4,\pi/4,1,1,1)$。

表 5.5　薄壁箱体空间碎片的激光烧蚀消旋的效果(壁厚为 5mm)

激光光斑半径/cm 激光平均功率/W	空间碎片尺寸 ($a/b/c$)/cm	耗时/s	能耗/J	阶段 1 结束/s	阶段 2 结束/s
1 3.141593×10^2	30/40/50	861	2.704912×10^5	409.2	414.2
	40/50/60	1443	4.533319×10^5	820.3	823.6
2 1.256637×10^3	40/50/60	800.1	1.005435×10^6	594.4	601.3
	80/90/100	3196.6	4.016966×10^6	1409.8	1421.6
5 7.853982×10^3	80/90/100	825.8	6.485818×10^6	612.3	614.8
	100/100/200	1360	1.068142×10^7	1268	1287.5

注：激光重频为 10Hz，脉宽为 10ns，功率密度为 10^{13}W/m^2，空间碎片初始角速度为 1rad/s。

根据表 5.5 可知，当空间碎片的初始角速度为 $\omega_{x_b,0}=\omega_{y_b,0}=\omega_{z_b,0}=1\text{rad/s}$ 时，在 300W 级激光器平均功率下，可对 40cm×50cm×60cm 和壁厚 5mm 以下薄壁箱体空间碎片进行激光消旋操控；在 1000W 级激光器平均功率下，可对 80cm×90cm×100cm 和壁厚 5mm 以下薄壁箱体空间碎片进行激光消旋操控；在 8000W 级激光器平均功率下，可对 100cm×100cm×200cm 和壁厚 5mm 以下薄壁箱体空间碎片进行激光消旋操控。并且，在激光消旋过程中，激光烧蚀力对空间碎片轨道影响较小。

2. 矩形平板空间碎片的激光烧蚀消旋

在前面分析和讨论薄板空间碎片时，由于 Z_b 轴方向尺寸很小，认为不存在激光辐照面和激光辐照点，因此不能对薄板空间碎片法向角速度进行激光烧蚀消旋。

实际上，薄板空间碎片是长方体空间碎片在某一个方向尺寸远小于其他方向尺寸时的特例，下面采用长方体空间碎片激光操控运动姿态的方法，对其进行准确的分析和讨论。

矩形平板空间碎片尺寸为 $(a,b,c)=(40,50,5)\,(\text{cm})$，平板空间碎片厚为 5cm。远场激光光斑半径为 $r_L = 1\text{cm}$，激光器平均功率为 $3.141593\times10^2\,\text{W}$（激光单脉冲能量为 $3.141593\times10\text{J}$）。空间碎片初始欧拉角和初始角速度为

$$(\varphi_0,\theta_0,\psi_0,\dot{\varphi}_0,\dot{\theta}_0,\dot{\psi}_0)=(\pi/4,\pi/4,\pi/4,1,1,1) \tag{5.277}$$

图 5.39 为矩形平板空间碎片三个轴向角速度随着时间的变化。当对 X_b 轴角速度进行激光烧蚀消旋时，角速度 ω_{x_b} 波动减小(黑线)，约 900s 消旋结束，此时，角速度 ω_{z_b} 也波动减小(蓝线)，约 900s 已经减小到较小程度；当对 Y_b 轴角速度进行激光烧蚀消旋时，角速度 ω_{y_b} 波动减小(红线)，约 1400s 消旋结束；当对 Z_b 轴角速度进行激光烧蚀消旋时，由于角速度 ω_{z_b} 已经减小到较小程度，因此激光烧蚀消旋时间很短。

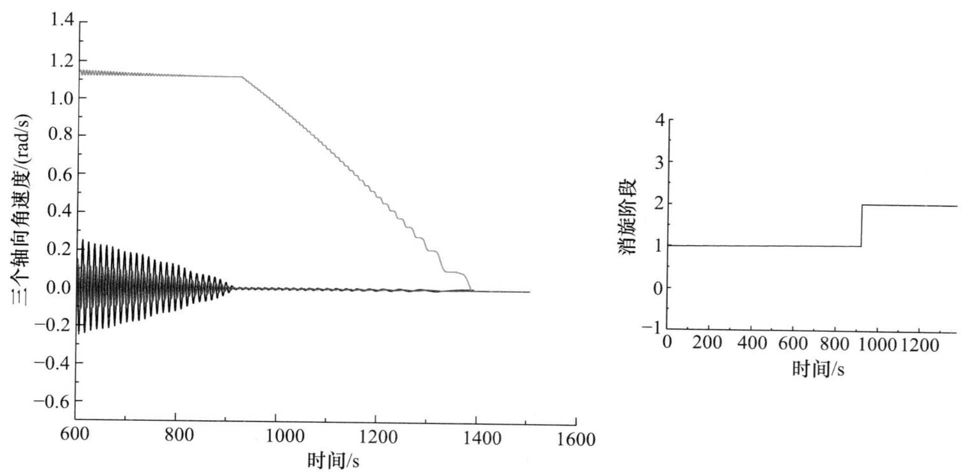

图 5.39　矩形平板空间碎片尺寸为 40cm/50cm/5cm 时角速度随着时间的变化

具体计算表明，阶段 1 持续时间为 0～920.1s，阶段 2 持续时间为 920.2～1385.5s，阶段 3 持续时间为 1385.6～1387.8s。

3. 长条杆空间碎片的激光烧蚀消旋

长条杆空间碎片是长方体空间碎片在某一个方向尺寸远大于其他方向尺寸时的特例。长条杆空间碎片尺寸为 $(a,b,c)=(10,10,100)$ (cm)，方形截面，长度为 100cm。远场激光光斑半径为 $r_L=1\text{cm}$，激光器平均功率为 $3.141593\times10^2\text{ W}$ (激光单脉冲能量为 $3.141593\times10\text{J}$)。空间碎片初始欧拉角和初始角速度为

$$(\varphi_0,\theta_0,\psi_0,\dot{\varphi}_0,\dot{\theta}_0,\dot{\psi}_0)=(\pi/4,\pi/4,\pi/4,1,1,1) \tag{5.278}$$

图 5.40 为长条杆空间碎片三个轴向角速度随着时间的变化，当对 X_b 轴角速度进行激光烧蚀消旋时，角速度 ω_{x_b} 波动减小(黑线)，约 2100s 消旋结束，此时，角速度 ω_{y_b} 也波动减小(红线)，并已经减小到较小程度；当对 Y_b 轴角速度进行激光烧蚀消旋时，角速度 ω_{y_b} 进一步波动减小(红线)，约 2100s 消旋结束；当对 Z_b 轴角速度进行激光烧蚀消旋时，角速度 ω_{z_b} 波动减小(蓝线)，激光烧蚀消旋时间很短。

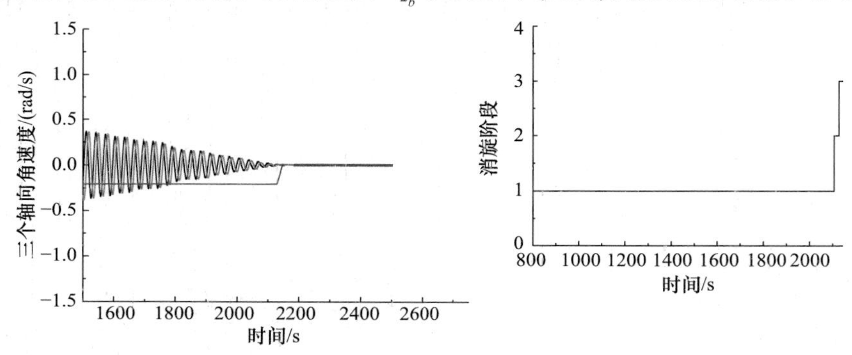

图 5.40 长条杆空间碎片尺寸为 10cm/10cm/100cm 时角速度随着时间的变化

具体计算表明，阶段 1 持续时间为 0～2105.6s，阶段 2 持续时间为 2106.7～2126.9s，阶段 3 持续时间为 2127～2146.5s。

5.5.4 小结

在天基平台近距离伴飞、可辨识空间碎片姿态运动条件下，从天基平台发射激光对长方体空间碎片运动姿态进行操控，具有以下特点：

(1) 激光烧蚀消旋过程需要按照激光烧蚀消旋策略，对空间碎片施加激光烧蚀力矩。对于长方体空间碎片，可通过对三个轴向角速度依次分别使用激光烧蚀消旋方法，达到消旋目的。

(2) 长方体空间碎片包括矩形平板空间碎片和矩形截面长条杆空间碎片，矩形平板空间碎片和矩形截面长条杆空间碎片，是长方体空间碎片在某一个方向尺寸远小于或远大于其他方向尺寸的特例。

(3) 相对空间碎片轨道的激光操控，空间碎片姿态的激光操控所需激光器平均功率较小，并且对空间碎片轨道影响较小。当空间碎片的初始角速度为 $\omega_{x_b,0}=\omega_{y_b,0}=\omega_{z_b,0}=1\text{rad/s}$ 时，在 300W 级激光器平均功率下，可对 40cm×50cm×60cm 和壁厚 5mm 以下薄壁箱体空间碎片进行激光消旋；在 1000W 级激光器平均功率下，可对 80cm× 90cm×100cm 和壁厚 5mm 以下薄壁箱体空间碎片进行激光消旋；在 8000W 级激光器平均功率下，可对 100cm×100cm×200cm 和壁厚 5mm 以下薄壁箱体空间碎片进行激光消旋。并且，在激光消旋过程中，激光烧蚀力对空间碎片轨道影响较小。